U0275536

国家科学技术学术著作出版基金资助出版
西北大学"211"工程重点建设项目

现代化学专著系列·典藏版　13

计量置换理论及应用

耿信笃　著

科学出版社

北京

内 容 简 介

本书系统地阐述了一种与组分在界面上迁移有关的全新理论——计量置换理论（SDT）及其在化学、化工、生物化学、分子生物学、基因工程和药学与在发展高新技术中的应用。全书共计十二章，涉及 4 个方面的内容：（1）从提出新概念到计量置换模型的建立，再到从理论上推导出液相色谱和物理化学中组分保留机理和吸附机理；（2）SDT 中多种参数的理论推导及应用；（3）在生物大分子中的应用，包括蛋白质分子的构象变化，蛋白质折叠、生物大分子的分离与纯化；（4）分离科学中长期存在的难点，包括：液-固界面热力学、收敛点的表征及 RPLC 中世界四大难题的解决。

本书可供化学、化工、生命科学、药学领域的高年级本科生、研究生、教师及工程师参考。

图书在版编目（CIP）数据

现代化学专著系列：典藏版 / 江明，李静海，沈家骢，等编著. —北京：科学出版社，2017.1

ISBN 978-7-03-051504-9

Ⅰ.①现… Ⅱ.①江… ②李… ③沈… Ⅲ.①化学 Ⅳ.①O6

中国版本图书馆 CIP 数据核字（2017）第 013428 号

责任编辑：黄　海/责任校对：鲁　素
责任印制：张　伟 / 封面设计：铭轩堂

科 学 出 版 社 出版
北京东黄城根北街 16 号
邮政编码：100717
http://www.sciencep.com
北京厚诚则铭印刷科技有限公司印刷
科学出版社发行　　各地新华书店经销

*

2017 年 1 月第 一 版　　开本：720×1000 B5
2017 年 1 月第一次印刷　　印张：22 1/4
字数：425 000

定价：7980.00 元（全 45 册）

（如有印装质量问题，我社负责调换）

前　言

　　当今科学技术的飞速发展促进了生产力的迅速提高，从而为人类社会的进步和繁荣做出了巨大的贡献。而科学新发现、新理论的问世，总会给高新技术产业的发展带来新的突破，为其指明方向和注入活力。人类社会文明的不断需求和生产力的持续发展，反过来又对科学和技术研究提出了一个又一个的难题以求解决。所以，人类文明、生产力和科学技术就是这样周而复始地相互促进和共同发展着。虽然如此，科技进步总是落后于社会生产力和人类文明的要求，这就使得科学家和工程师要不断地揭示自然界的奥秘，从表面上看来毫无联系和毫无规律的一些现象和数据中找出其内在的、能将这些现象联系起来的规律性的东西，也就是理论。

　　在过去的 30 年中，作为分离科学中新发展的分离手段之一的高效液相色谱，已从迅速的发展期走向成熟期，但在有关溶质保留机理方面出现了激烈地争论。在生命科学中，在追溯生命起源时也遇到了蛋白折叠机理问题。在用基因重组蛋白药物时又遇到了蛋白复性的分离和纯化及其工业化方面的难题。计量置换理论（stoichiometric displacement theory，SDT）的发展必然会与上述这些难题的提出和解决紧密地联系在一起。即便是在现今的刚刚处于发展初期的蛋白组学（proteomics）的研究中，也必然会遇到要用液相色谱法对复杂蛋白进行分离和纯化的问题。

　　SDT 是笔者、合作者及笔者的学生首次提出和系统发展的新创立的理论，国内外尚未有同类专著出版。本书所讲的 SDT 研究，是经历了从发现计量置换现象的存在，到提出计量置换概念，后发展成为一个理论模型，再到具有一套完整体系的一个理论。虽然有许多 SDT 论文发表，然而所发表的论文是按当时的认识和科学技术上提出问题的先后为顺序，而并非是按认识论上的先易后难的顺序向世人公布的。况且一些在国内外多种期刊上发表的论文也并非能被更多的读者容易见到，所以有必要从学科分类、认识论及逻辑性等方面将 SDT 重新整理一下，以使其更加条理化和系统化。在此过程中又能从理论上对 SDT 进行再提高，并将其在化学、化工、生物化学、药学、分子生物学及基因工程中的应用集中在一起进行介绍，这样或许能使工作在这些领域中的科学家及工程师能更容易、更深刻和更系统地理解 SDT，并从中有所收益。

　　SDT 在一些重要的观点上与已有的许多权威理论是有抵触的，这或许是该理论具有生命力的原因之一吧！所以应用此新理论在实践及发展高新技术产业中有时会出现与经典理论的预计和解释完全相反的结果。例如，依据传统的观点，反相高效液相色谱、正相色谱、离子交换色谱、亲和色谱、疏水相互作用色谱、纸色谱和薄层色谱各自有着截然不同的保留机理；而依据 SDT，上述这 7 类色谱的保留机理却是相同的，均遵守 SDT。又如依据荣获 1952 年诺贝尔化学奖的液-液分配色谱理论，包括生物大分子和小分子溶质在内的组分，用色谱分离的柱效取决于所用色谱柱的柱长，色谱柱愈长，分离效果愈佳；而依据 SDT，生物大分子的色谱分离效果基本上与柱长无关，从而发展了"饼形"色谱柱并称为"色谱饼"。用该色谱饼还可对变性蛋白复性并同时进行纯化，以解决重组蛋白药物工业生产中的关键技术性难题。

用 SDT 也解决了在相界面上的许多难题，如建立了液-固吸附体系中组分的定量吸附机理，并依此将沿用了近一个世纪的、经验的 Freundlich（弗仑德利希）公式和 Langmuir（朗缪尔）公式从理论上推导出来，还得到了扩展的朗缪尔公式。依据 SDT，才能在国际上发展了用液相色谱（LC）法进行变性蛋白折叠的新方法，并称之为"液相色谱蛋白折叠法"。

在国内外的一些大学所设立的分离科学课程中和已出版的一些著作中，已将 SDT 简要地介绍给了学生和广大的读者。SDT 也作为一章写进了《现代分离科学理论导引》一书。这本书在 2001 年由高等教育出版社出版，由教育部研究生工作办公室推荐为研究生教学用书。在该书出版后的三年多的时间里，有不少的研究生及其他读者曾以各种形式询问有关这一章中的不明白的问题，表明了他们对 SDT 的浓厚兴趣。然而，从另一方面讲，以"压缩饼干"的形式介绍 SDT 的确为读者深入理解 SDT 的内容增加了难度。早在 1991 年由国家教育委员会科技司编写并由南京大学出版社出版的《中国高等学校重大科技成果与研究进展选编》一书中，发表了从十一届三中全会以来全国高等学校的数以万计的科技成果中筛选出的 57 项重大成果介绍，SDT 及应用就是其中之一，所以很有必要详尽地将 SDT 展现给读者。相信本书的出版会对读者更加深入和广泛地研究 SDT 以及解决更多的、在界面上的理论和实际问题有所帮助。

SDT 的研究只是刚刚开始，SDT 本身及应用仍需做大量的工作，笔者只求这本书能起到"抛砖引玉"的作用，期望对 SDT 感兴趣的科技工作者、大学生和研究生勇于参与这一理论的研究工作。若发现 SDT 有错误和不妥之处，谨请批评指正！

在过去的 20 余年时间中，笔者在研究和发展 SDT 及其应用方面的研究经费是来自于国家有关部委及陕西省有关部门，包括国务院引进国外智力领导小组办公室项目、国家自然科学基金委员会的基础研究和高技术新概念项目、国家计划委员会高技术产业化司的产业化项目、科技部的"863"生物技术项目和国家科技攻关项目、教育部的留学回国人员资助项目、陕西省省长基金、陕西省计划委员会高技术产业化项目、陕西省科技厅、陕西省教育厅的基础及应用研究项目。科技部国家科学技术学术著作出版基金委员会及西北大学"211"工程重点建设项目资助本书出版。对于上述这些主管部门的支持，笔者在此一并致谢！

1989 年，笔者合作人 Fred E.Regnier（弗莱德·依·瑞格涅尔）教授荣获美国化学会的分离科学奖，SDT 是其主要贡献之一。笔者也因在 SDT 方面的研究成果曾在 1988 年获国家教育委员会科技进步一等奖，1993 年和 1998 年又先后两次获陕西省科技进步一等奖和 1994 年美国匹兹堡第 10 届国际发明与博览会金奖，笔者对这些部门给予 SDT 的肯定、鼓励和荣誉表示感谢。

在笔者过去的研究工作中，我国及国际上老一辈的化学家和工作在各个领域的科学家都曾给予笔者以大力的支持和帮助，他们对笔者寄予了很大的期望，然而笔者所完成的只是期望中很少的一部分，在此也谨向这些老一辈科学家的支持表示感谢！而对所做的不满意之处，笔者表示歉意并请予以谅解。

笔者诚挚地感谢中国科学院高鸿院士、周同惠院士、陆婉珍院士长期以来对 SDT 研究的大力支持和推荐出版本书。笔者感谢龚波林教授在第 6～8 章、王骊丽博士在第 9～10 章、王超展博士在第 3～5 章和第 12 章撰写过程中的大力协助，同时也感谢西北纺织工程学院的耿信鹏教授和西北大学的白泉副教授对书中有关章节的阅读和修改，西北大学的卫引茂副教授及申烨华副教授对本书的撰写提出的宝贵意见。

耿信笃
2004 年春季于西安

目　　录

第一章 绪 论

§1.1 问题的提出

1952 年英国生物化学家马丁（Martin）和辛格（Synge）因提出了液-液分配色谱中的塔板理论而荣获了诺贝尔化学奖[1]。该理论的实质是将溶质在不相混溶的两相有机溶剂中的分配机理引入到色谱中来。不同于分配机理认为的溶质在两相中的一次性分配，塔板理论认为溶质是在流动相和吸附在支持体表面上的、与流动相组成不同的液相之间的多次分配，或者是类似于串级萃取，使得在后者条件下的分离效果远较前者为佳，结果用液相色谱法（LC）分离了许多复杂的、用其他方法难以分离的组分。依据塔板理论，色谱柱愈长，即理论塔板数愈多，则分离效果愈佳。依此发展了气相色谱分析方法及以后的高效液相色谱法。这两种色谱法的出现，不仅解决了诸如复杂的石油和天然气中复杂成分的分离和分析以及在生产制备中的许多难题，而且对科学的发展也起到了至关重要的作用。截止到 1975 年的统计，除有 2 项诺贝尔奖是专门发给对发展色谱学的贡献外，在另外的 12 次诺贝尔奖中，色谱均做出了重要的贡献，换句话讲，没有色谱，就很难、或者根本就没有这 12 次诺贝尔奖[2]。迄今为止，马丁和辛格的塔板理论仍然被广泛地采用着。

在马丁和辛格获诺贝尔奖 6 年后，即 1958 年，笔者跨进了大学校门学习化学，马丁和辛格的塔板分配理论自然是学习化学和分离方法中的极为重要的内容。笔者当时一方面努力学习这一理论，另一方面就对该理论有迷惑不解之处。例如依据这一理论，LC 中的分离仅与该溶质在流动相和被吸附在担体表面上的液体间的分配系数有关，除非担体性质会影响该吸附层的化学组成，否则，即便担体性质变了，也应与担体（或固定相）本身性质无关。既然如此，那为什么科学家又要发展诸多种类不同的固定相和研究包括物理性质在内的固定性质对组分分离的影响呢？科学家承认固定相性质对溶质保留有贡献，为什么还坚持溶质的保留是分配机理呢？将这一理论应用到反相高效液相色谱（RPLC）中溶质的保留机理时，这个让人迷惑不解的问题就显得尤为突出。

无论从发表论文的数量和应用的广泛程度上讲，在高效液相色谱（HPLC）中 RPLC 都是最多的。所以上述这种迷惑不解的难题也就出现在许多色谱学家的脑海中，并且直至今天色谱学家都在一直思考着如何解决这一难题。出现争论的历史渊源是，除马丁和辛格的液-液分配色谱外，还有另一次诺贝尔奖专门授予瑞典科学家迪塞留斯（Tiselius）对吸附色谱（实为电泳与吸附色谱）的贡献[2]。

这就成了许多色谱学家围绕着在RPLC中溶质保留是属马丁和辛格所提出的分配机理、还是迪塞留斯提出的吸附机理、或者是二者的混合机理的长期争论不清的难题。1993年"Journal of Chromatography"出了一个专门讨论在RPLC中溶质保留机理的专辑，在前言中三位主编提出了在RPLC中的四大难题，以求世界各国科学家去努力解决并称其为RPLC中世界四大难题[3]。这四大难题之一就是溶质的保留机理是分配、吸附还是二者的混合机理。如果是最后一种情况，那么分配和吸附机理各自的贡献又是多少？虽然这只是该四大难题之一，但却是该四大难题的核心。换句话讲，只要这一难题得到解决，其他三个难题也就能较容易地得到答案。

在上世纪80年代初期，笔者曾在美国明尼苏达大学化学系和普渡大学生化系用RPLC进行生物大分子的分离和纯化的理论研究。首先要解决的便是生物大分子在RPLC中的保留机理。这个在笔者脑海中埋藏了20多年的未曾解决的"固定相对色谱保留的贡献如何与马丁-辛格塔板分配理论协调一致"的难题又一次摆在了笔者的面前。从理论上讲，如果把分子质量大于2 000 Da（非法定单位，$1Da=1u=1.660\ 54\times10^{-27}kg$，下同）作为人为的大、小分子的分界限的话，那么蛋白质的分子质量一般都大于10 000 Da，应为大分子。在RPLC中所用固定相表面一般键合的是十八烷基，而在该固定相表面上所吸附的流动相只有1到几个分子层的厚度，很难设想，一个分子质量高达万级Da的蛋白质，或分子质量仅为几千Da的多肽能在分子质量小于100 Da的几个分子层的有机溶剂相中进行诸如液-液萃取一样的相分配。这种理论分析的结果是显而易见的，也就是说，至少是对于生物大分子而言，在RPLC中的保留机理不会是分配机理。做出这样的回答不仅要有实验结果的证实，而且也要求有强有力的理论支持。

笔者在实验中发现：①在RPLC中生物大分子的分离效果优劣几乎与所用色谱柱的长度无关，这也就是在上世纪80年代中期用柱长2～5cm的色谱柱分离生物大分子的理由。这与马丁-辛格塔板理论中色谱柱愈长，分离效果愈佳的理论相矛盾；②在RPLC中所用有机溶剂的洗脱范围非常狭窄，表现为或吸附在固定相表面"不动"，或"瞬时"解吸到流动相中，并随同流动相一起流出色谱柱，几乎呈现不出如像马丁-辛格塔板理论中所描述的吸附和解吸附的多次的"分配"过程。这一过程后来有科学称其为"开"和"关"[4]以及"有"和"无"[5]的保留机理；③生物大分子的保留和分离效果只与其同固定相表面的实际接触表面面积有关，而与固定相的总面积大小无关。这就产生了当今在分离生物大分子时只能用大孔基质，如大孔硅胶，表现出生物大分子分离不仅与键合相的化学组成有关，而且与其载体的物理特征有关，这也是用马丁-辛格的分配色谱理论无法做出解释的实验事实。

要解释上述实验中的这些现象就必须建立一个能将生物大分子保留与RPLC中流动相和固定相的贡献均包括在内的、新的生物大分子的保留机理。通常色谱学家认为，RPLC 中的溶质保留的分配机理主要由流动相来决定，而在正相色谱（NPC）中，溶质的保留则由吸附机理，即主要由固定相来决定。如果新建立的理论能将这两者的贡献都包括在内，则不仅可以解释实验中的现象，而且还有可能将在 RPLC 中长期争论的溶质保留属分配机理还是吸附机理统一在该新的理论之中，从而使这一难题得到解决。

问题是如何在此新思路的基础上建立一个既具有物理图像又有牢固理论基础的理论模型来将上述各个因素统一起来并以数学方式表达出来，这必须要有一个好的方法学以对此进行探索。从研究方法论讲，可分为两大类：①从微观角度，以分子力学的观点来计算溶质分子与流动相和固定相间相互作用力的大小，以表示各种参数间的定量关系。由于分子间相互作用力的大小取决于力的作用性质，每种力的算式都相当复杂，难以在实际中应用，加之有的分子间的相互作用力，如氢键，其公认的计算作用力大小的公式尚不存在，这就更加增加了运用这种方法的难度；②用宏观方法进行研究，即采用热力学的方法，将 RPLC 体系中的每一种分子间的相互作用力，都用一个热力学平衡来表示，并用平衡常数的大小表征其相互作用力的大小。因在一个已建立了化学平衡的 RPLC 体系中，各步热力学平衡常数最终可以用一个总的热力学平衡常数来表示，而不必知道每一步热力学平衡常数的绝对值，这样既可以考虑色谱体系中的包括溶质与流动相和固定相间相互作用的这两种分子间相互作用在内的多种分子间的相互作用，还考虑了 RPLC 体系中各种因素对溶质保留的贡献，又在理论处理上十分简便和便于实际中的应用。显然方法②是应当首选的方法。

§1.2　计量置换概念及发展史

我国著名的物理化学家、原北京大学副校长傅鹰教授曾经讲过，"一种科学的历史是那种科学中一个最重要的部分，其教育意义是非常之大的，因为科学只能给我们知识，而历史却能给我们智慧"[6]。因此有必要将计量置换理论（stoichiometric displacement theory，SDT）的发展史列为一节专门描述。

1982 年底，笔者在美国普渡大学生化系研究 5 种蛋白质在以异丙醇-磷酸盐缓冲液为流动相，以十八硅烷基（ODS）为键合配基的 RPLC 柱上的保留行为时发现，这 5 种蛋白质的容量因子对数 $\lg k'$ 与流动相中异丙醇体积分数（φ_c）间的线性关系没有双对数（$\lg k'$-$\lg \varphi_c$）间的线性关系好，这与当时已被广泛应用的、小分子溶质在 RPLC 中的保留行为适用于前者的经验作图法是不同的。接着又发现在用醇的准同系物（甲醇、乙醇、异丙醇）-三氟乙酸体系及不同浓度的甲酸-水体系为流动相时，从分子质量 3 350 Da 的糖原（glycogen）到 335 000 Da 的铁蛋白（ferritin）等 10 余种蛋白质和多肽进行检验时，发现了 $\lg k'$-$\lg \varphi_c$ 的这种双对数间的线性关系的确存在，均优于其 $\lg k'$-φ_c 间的线性关系。如何从理论上对这一规律进行描述并建立起一个如上所述的具有物理模型并能从理论上推导出该模型的数学表达式，就成为当时首先要解决的问题。

如前所述，只考虑到溶质在二液相间的分配，而忽略了固定相对溶质保留的贡献是分配理论的缺陷。而其他一些科学家为了强调固定相对溶质保留的贡献，强调了固定相对溶质的吸附，从而又忽略了流动相对溶质保留的贡献，这显然也欠妥当的。从分子相互作用的角度来讲，前者仅考虑到流动相与溶质分子间的相互作用，后者则是仅考虑了溶质分子与固定相间的分子作用，两者都不能令人信服。同时将两者对溶质保留的贡献都考虑，应该是新保留机理的核心。

在 RPLC 中，如果把流动相中的水仅当做流动相中有机溶剂的稀释剂来看，共计有以下 5 种分子间的相互作用，即溶质-有机溶剂（溶质在流动相中的溶剂化），固定相-有机溶剂（固定相的溶剂化），溶质-固定相（未溶剂化溶质与未溶剂化固定相），溶剂化溶质-溶剂化固定相（实际上是指通常讲的溶质在固定相上的吸附）和溶剂化溶质-有机剂，从溶剂化固定相上解吸附（即通常讲的溶质从固定相上的解吸附，或半溶剂化溶质的完全溶剂化）。笔者等[7]在将这 5 种分子间的相互作用以 5 个化学平衡来表示，并在平衡式配平后以平衡常数表征，就得到了 5 个平衡常数。再将这 5 个化学平衡进行联立，便得到了能将该 5 个平衡常数包含在内的只含有一个总平衡常数的表达式。最后又将该总平衡常数的表达式与溶质在两相中的活度分配系数之间相联系，便得到上述的"双对数"间的线性关系。但流动相中有机溶剂浓度不是体积分数，而是摩尔浓度。在赋予该表达式以物理意义后，则该 SDT 的表达式可描述为"当 1 mol 溶剂化溶质被溶剂化固定相吸附时，在溶质与固定相接触界面上会释放出一定计量物质的量的有机溶剂"。该一定计量有机溶剂物质的量便是迄今仍在运用的，在 SDT 中的 Z 值，并且可用这种新的双对数线性作图的斜率，以实验方法求得。从实验中测出 Z 值由两部分组成：一是在溶质与固定相接触界面处，从溶剂化溶质表面释放（或被挤压，或置换）出的该有机溶剂的物质的量为 q；另一个则是与其相对应的从溶剂化固定相表面被置换出来的该有机溶剂的物质的量，并以 nr（n 和 r 的物理意义将在第三章中详细描述）表示。这便是在 RPLC 中生物大分子的保留机理，从建立物理模型，到理论推导，再到实验检验就已全部完成。1983 年 10 月在法国召开的"第三届蛋白、多肽和多糖 HPLC 学术报告会"上报告了该模型建立、数学推导及实验检验的全部科学论据，并在翌年以《在 RPLC 中蛋白质的保留机理》为题全文发表[7]。

这种双对数的线性关系与当时已有的运用在正相色谱的双对数的线性关系在数学上是相同的。然而，不同的是后者是一个半经验的关系式，而且双对数线性作图的斜率并不能再分成如前面所述的、该新模型的 nr 及 q 值，这种差别是十分重要的。虽然当时笔者及其合作者并不知道如何分别测定出 nr 和 q 值，但在经过近 20 年以后，笔者等成功地测定了该两种量[8]，并用 nr 表征了固定相，也就是 RPLC 中吸附机理对溶质保留的贡献，而 q 值则用于表征 RPLC 中流动相，也就是分配机理对溶质保留的贡献，从而解决了前述的 RPLC 中世界四大难题中的关键性的难题。在 1984 年发表的这篇论文[7]中发现 Z 值与蛋白质分子质量呈线性关系，为迄今用 Z 值作为 LC 中的一个新的表征参数奠定了基础。在此期间也有人用离子交换色谱和亲和色谱以生物大分子检验了这种"双对数"的线性关系[9,10]。

虽然，在 1984 年就发表了现仍然在沿用的、在 SDT 研究方面的最基础性的研究工作，但当时并未明确提出"计量置换"这个概念。重要原因之一是上述的"双对数"线性关系当时还是仅用生物大分子做了检验。为了检验其是否也适用于小分子溶质，笔者等又用了 24 种非极性的苯及苯环的衍生物对这种"双对数"线性关系进行了检验，其实验数据与用该公式的预计结果符合程度甚佳，也较当时沿用的属经验公式的"对数-体积分数"线性关系要好。1985 年笔者等又发表了题为《在 RPLC 中非极性溶质与溶剂间的计量置换》的论文[11]。这篇论文并非是简单地提出了"计量置换"这一概念和验证了该"双对数"线性关系，其两个重要结论之一是不仅纠正了当时在 RPLC 中广泛沿用的 Synder 经验公式中对数-体积分数线性做图的斜率 S 是一个处于 3～5 范围内的、与溶质种类无关的常数的错误结论[11]，而且提出了溶质保留与其同固定相的实际接触面积有关，为现代生产中生物大分子的分离必须要用大孔色谱填料奠定了理论基础。此外，还得出了另一个重要结论，那就是 Z 和 $\lg I$（双对数线性作图的截距）间有极佳的线性关系。虽然当时并不知道为什么该二参数间有如此极佳的线性关系，但为后来研究 RPLC 中热力学和最近用 SDT 解决 RPLC 中世界四大理论难题提供了好的实验方法和准确的实验数据。

至此，SDT 已完成了在 RPLC 中建立溶质计量置换保留模型（stoichiometric displacement model for retention，SDM-R)① 的阶段。

1984 年夏季笔者从美国回国，在实验室尚缺乏高效液相色谱仪的情况下充分利用了文献中已发表的实验数据继续了这项研究。

笔者认为，虽然 RPLC 只是 HPLC 中的一种，然而在 RPLC 中的 5 种分子间的相互作用力却存在于任何一种 HPLC 或通常的 LC 中，如正相色谱（NPC）、纸色谱（PC）、薄层色谱（TLC）、亲和色谱（AFC）、疏水相互作用色谱（HIC）和离子交换色谱（IEC）中，故这 6 种色谱体系中各组分间相互作用均可用化学平衡方法描述。虽然所有分子间的相互作用力大小应与分子间相互作用力的类型不同，但它们毫无例外的仍可用化学平衡进行描述，故 SDM-R 应适用于描述除排阻色谱（SEC）以外的 LC 中的每一种色谱中溶质的保留机理，换句话讲，SDM-R 应当能成为 LC 中溶质保留的统一模型。

① 只在讲述 SDT 发展史时用 SDM，SDM-R 和以下将要提到 SDM-A，以表明笔者当时对 SDT 研究的深入程度。在本书的其他处一律用 SDT，SDT-R 和 SDT-A。

笔者等用 SDM-R 先后以文献中已发表的数据对 PC 和 TLC[12]及 NPC[13]进行了拟合，与预计结果一致。这就激发了笔者产生了以下两种想法：①最初的 SDM-R 本是从流动相仅为二组分（即水和一种有机溶剂）和在溶质洗脱过程中流动相中有机溶剂浓度变化范围不太宽的条件下推导出来的，如果要使其应用范围变宽，使其既适用于多组分组成的流动相，又能在有机溶剂变化范围很宽的条件下适用，更能适用于除 SEC 以外各类 LC 中溶质的保留，就应当对 SDM-R 进行进一步发展以得到一个新的表达式；②在物理化学中研究液-固吸附体系中溶质吸附时，当时还没有一个定量吸附模型。物理化学家均是将沿用了近一个世纪的、仅适用于气-固吸附的弗仑德利希（Freundlich）经验公式和朗缪尔（Langmuir）公式应用于液-固吸附体系中，虽然后者在气-固吸附中为理论模型，但将其应用于液-固吸附体系时，也变成了经验公式。所以，这时该二公式均成了经验公式。液-固吸附体系中组分在吸附剂表面上的吸附与 LC 体系中溶质在固定相表面上的保留在实质上是一样的，两种体系均是由固相、液相和液相中有被吸附的溶质组成，因此用化学平衡方法也应当能描述液-固吸附体系中各种分子间的相互作用力，从而可用与推导 SDM-R 相同的方法推导出适用于液-固吸附体系中的溶质计量置换吸附模型（stoichiometric displacement model for adsorption, SDM-A）。

1989 年笔者等发表了适用于多组分体系和有机溶剂全浓度范围的 HPLC 中溶质计量置换的统一保留模型，在用合理的假定和简化后，从该统一保留模型演变出了在 HPLC 中多种主要保留模型的数学表达式[14,15]。

在 1988 年笔者又发表了 SDM-A，并应用傅鹰教授以及他领导的北京大学胶体与界面化学实验室多年来（1929～1964 年）发表的大量的各种类型的液-固吸附原始数据对 SDT-A 进行了检验[16]。这里要特别指出的是，在查阅文献中发现，丁莹茹教授和傅鹰教授早在 1954 年就发现了溶质与溶剂和不同溶质间的顶替作用[17]。笔者等的研究结果发现，原来在液-固吸附体系中为经验型的弗仑德利希公式是可以从理论上推导出来的，换句话讲，弗仑德利希公式仅仅是 SDM-A 的一种特殊表达式。

虽然 SDM-R 描述的是溶质的分配系数（它直接与溶质的容量因子有关）与流动相中有机溶剂活度间的定量关系，而 SDM-A 则描述的是溶质的分配系数与溶质本身在体相中活度间的定量关系，但二者均可用计量置换的概念和化学平衡方法，从理论上推导出来，使得二者成为一对"姊妹"公式。这样就把长期以来并无密切联系的色谱学家研究的 LC 中溶质的保留机理和物理化学家研究的液-固吸附体系中溶质吸附机理这两种机理统一起来。

一个模型的建立一定要用实验数据对其进行检验以表明它的合理性，但这才是研究该模型的开始。要使一个模型变成一个系统的和完整的理论，还必须满足以下两个条件：一是要能合理地解释其他模型解释不了的自然现象和尚未预言的事实，从而推动在本研究所属领域中，甚至更广阔领域中科学的发展和预测新的发现；二是要能解决生产及实验中提出的关键性的技术难题，从而推动社会生产力的发展，这样才能使其具有强大的生命力并为广大的科学家和工程师所接受。为此，首先要对该"姊妹"公式进行更深入地研究和发展。例如，Z 值可以准确测量，但是，如前所述，它的两个分量 nr 和 q 如何准确测量？还有前面已经提及的，在 RPLC 中 SDM-R 中的两个线性参数 $\lg I$ 和 Z 之间有极佳的线性关系的原因和如何从理论上推导出这种线性关系。这样才能得出该线性作图所得斜率及截距的准确的物理意义以使其能用于解决实际问题。

在发展和完善 SDT 本身的研究方面，研究了：①SDT 的物理学基础；②SDT 中新参数的理论推导；③SDT 的直接实验证明。

在应用研究中主要表现在 5 个方面：①SDT 中所得诸多参数可以成为 HPLC 和液–固吸附中诸多新的表征参数；②HPLC 法成为变性蛋白折叠的工具；③RPLC 中色谱热力学的研究；④生物大分子分离的短柱理论；⑤RPLC 中世界四大难题的解决。

上述的在发展 SDT 本身的 3 个领域中的深入研究和与其在 5 个应用领域中的研究是相互促进、相辅相成的，在发表论文的时间顺序上也是交错进行的。

1984 年在所发表的题为《蛋白在 RPLC 中的保留机理》一文中就阐明了影响蛋白质 Z 值的因素，使 Z 值有可能做为表征溶质分子结构的参数，而翌年在提出了计量置换概念的同时，得出溶质保留与溶质和固定相的有效接触面积成正比。蛋白质分子构象发生变化就意味着 Z 值会随蛋白质与固定相间的接触表面积的改变而变化，这就是 Z 值为什么会成为蛋白质分子构象变化的表征参数的理由。笔者等还发现用 $\lg I$ 对镧系元素中的四素组效应的表征会较通常方法更明显[12]。

为了更进一步深入研究 Z 值对溶质分子结构的表征，Snyder 等研究小组将他们提出的经验参数 S 与 Z 值从数学上联系起来，并借用 Z 值的物理义使得 Z 和 S 值有更多的用途[18]，此后在文献中就出现了 $Z(S)$ 或 $S(Z)$ 的研究。时亚丽等从 1992 年就开始了将 Z 值作为 RPLC 体系中小分子溶质和生物大分子的分子结构参数的表征[19]。在用 Z 值对流动相和固定相的特征进行了表征之后又得出：同 Z 值一样，$\lg I$ 也可以作为 RPLC 体系中一个新的表征参数[20]，还明确提出了 Z 和 $\lg I$ 可作为 LC 中两个新的表征参数。在进行上述应用研究中发现了 Z 和 $\lg I$ 以及 SDT 其他参数对溶质分子结构参数和固定相的表征既合理又符合实际，这就要求能否提出一个新的、用来表征 LC 中溶剂强度的表征参数。（详见第五和第八章）

1995 年笔者从理论上推导出了 $\lg I$ 与 Z 之间的线性关系，其线性作图的斜率为 j，截距为热力学上定义的柱相比的对数 $\lg \varphi$，并称 j 和 $\lg \varphi$ 为 SDM-R 中的第二组线性参数[21]。它表示 1mol 溶质置换出 Zmol 溶剂和 1mol 溶剂置换 $1/Z$

mol 溶质在实质上是等同的，所以 j 就表示了 1 mol 溶剂对固定相的亲和势。它的理论值为该纯溶剂摩尔浓度的对数。经多种溶剂的实验检验，符合程度极佳。还发现，只有在溶质与固定相间的相互作用力为非选择性作用力时，如 RPLC 和 HIC，小分子和生物大分子的 $\lg I$ 才与 Z 之间有极佳的线性关系，如果这种相互作用力为选择作用力，如 NPC、IEC 和 AFC，则这种线性关系就不存在[13]。依此可以 j 值是否准确来判断溶质与固定相间相互作用力的性质。这再次证明了在液-固体系中，溶质和溶剂之间不仅发生了置换，而且这种置换是以计量方式进行的。依据 SDM-R，柱相比新的定义是以热力学为基础的，它表示为当溶质在两相活度分配系数为 1，或溶质对其保留过程中的吉氏自由能贡献为零时该溶质的容量因子的大小。因为该第二组参数能用实验方法准确测定，使得研究溶质在 RPLC 中保留过程中热力学成为可能，从而能准确测定出吉氏自由能变（ΔG）[22]和与之相对应的焓变（ΔH）[23]和熵变（ΔS）[24]。而在此之前因 φ 值无法准确测定，色谱学家只能准确测定 ΔH。

从 1993 年开始，根据 SDM-A 中线性做图的斜率，nr/Z 或 q/Z 及截距 β 有明确的物理意义，将在液-固吸附体系中通常称之为吸附自由能，吸附焓和吸附熵，各自分成两个独立的分量，净吸附和净解吸附量。由于能准确 $\lg\varphi$，又根据 $\lg I$ 和 Z 有明确的物理意义及自由能有可加和的性质，从 1995 年开始，笔者等又将通常只能求其总量的 ΔG、ΔH 和 ΔS 分成净吸附和净解吸附自由能变分量，净焓变分量及净熵变分量[25~27]，为以后测定变性蛋白在固定相表面的折叠自由能和发展"蛋白质折叠色谱法"奠定了热力学基础。

为了使 SDM 有更强有力的理论支持，1992 年笔者就发表了《液相色谱溶质保留与能量守恒》一文[28]，从理论上分析了 SDM 的物理学基础是"能量守恒"和"一个空间不可能同时被两个物体所占据"的两个基本原理，然而当时并无实验数据直接证明。

1990 年笔者等依据蛋白质在 HIC 中存在着的包括蛋白质分子构象变化在内，提出了蛋白质在 HIC 中的 SDM-R，指出水是置换剂[29]，成为 HIC 中三大保留机理之一[30]。这为用 HIC 对变性蛋白进行复性奠定了基础。1991 年笔者等首次用 HIC 对用高浓度变性剂溶液从大肠杆（*E. Coli*）生产的重组人干扰素-γ（rhIFN-γ）包涵体中提取的 rhIFN-γ 直接进样到 HIC 柱中以使对其进行了复性并同时与其他杂蛋白分离，达到了纯化的目的[31]。翌年又发表了 HIC 和 SEC 法对 4 种标准蛋白及 rhIFN-γ 进行复性并同时纯化的论文，开创了用 LC 进行变性蛋白复性的首创性研究[32]，也为当今的蛋白质再折叠液相色谱法的先例，并获得了发明专利[33]。

由于许多强疏水性的重组人治疗蛋白遇水就会形成沉淀，限制了 LC 对基因工程中以 *E. Coli* 生产的重组人治疗蛋白的复性并同时纯化的应用，为此，1998 年笔者设计制做了柱径大于柱长的形似"饼"状的色谱饼，可在进样形成沉淀的条件下顺利地进行蛋白质复性及并同时进行纯化的工作，为用 LC 法进行蛋白质复性产业化清除了技术上的障碍[34~37]。

生物大分子分离与色谱柱长基本无关是科学家早已知道的事实，科学家曾用 SDM-R 对其进行解释并称其生物大分子的保留为"开"（open）和"关"（close）[4]机理，或"有"（all）或"无"（nothing）原理[5]，但只是依据 SDM-R 对其进行了定性地描述。而用最近提出的生物大分子分离的"短柱理论"则可进行定量地计算[38,39]。

虽然有许多论据能证明 SDM-R 和 SDM-A 是合理的，可应用在化学、化工、生物化学、药学和生物工程领域，其 SDM-R 中表示 Z 的物理意义明确，且能准确地测定，然而这种测定还只是间接的，必须有一个直接的实验证据来证明当固定相吸附溶质时，溶质一定会置换出原来吸附在固定相表面的溶剂，以及证明这种置换是以计量方式进行的。这一问题也恰好是 RPLC 中的世界四大难题之一[3]。如果能设计一个精密的、灵敏度极高的实验直接地、定量地测定出由溶质从固定相表面置换出的有机溶剂，则这时溶质与溶剂间是否产生置换以及该置换是否以计量方式进行就能得到直接的实验证明。此外，如果 SDM-R 和 SDM-A 是合理的，则应当能解决在 RPLC 中长期以来争论而迄今未解决的所有这四大难题。

在 2001~2003 年期间，笔者和格涅尔教授合作连续发表了 6 篇论文[40~45]，研究的不仅是溶质的保留行为，而更重要的是由该溶质置换出来的有机溶剂及相关组分在热力学和动力学上的解吸附行为。用前沿色谱分析方法，以胰岛素为溶质，定量测定了在 RPLC 中溶质置换出甲醇的量，还证明了胰岛素与甲醇之间的置换的确是以计量方式进行的。由于这一实验测定的是溶质在保留过程中从固定相表面置换出的有机溶剂，是完全从另一面来了解在 RPLC 中溶质的保留机理。这一结果不仅得出了在 RPLC 中溶质的保留是吸附和分配两种机理的混合机理的结论，而且还准确测定了 Z 的两个分量的大小为溶质吸附时从溶剂化固定相上被置换出有机溶剂的物质的量 nr 及从溶剂化溶质表面被挤出的溶剂的物质的量 q。Z 值的该二分量分别表征了通常所讲的吸附机理和分配机理的 RPLC 中溶质保留的贡献。

经过近 20 年来许多色谱学家的实验检验和用 SDM-R 和 SDM-A 解决和预计了许多用其他理论难以解决的问题，计量置换已从当初的模型发展成了系统的和完整的理论，称之为计量置换理论（stoichiometric displacement theory，SDT）[45]。

§1.3　计量置换理论在分离科学中的关键作用

可应用组分分离的相包括气体、重气、液体、晶体、液晶或中间相、离子交换、凝胶及其他多孔性材共 7 相，该 7 种相可以组成 28 个界面。然而有些相，如气与重气因互溶而不能形成界面，而常见的可用于分离的界面只有气-固、气-

液、液-固、液-液、液-多孔材料共 5 种。而在分离科学中，用得最多的是液-固和液-多孔材料界面[46]。

因为任何一个相表面都存在着表面自由能，在两相之间存在相界面，简称界面。因为在相界面上会产生能垒，欲分离组分在相界面上从一相进入另一相就必然会产生能量突跃[36,46]。分离总是与界面过程相联系的，或分离发生在界面上，或在分离后产生新界面。所以界面特征及界面过程对分离的选择性、分离完全程度及分离速度就起着至关重要的作用，在平衡条件下界面的热力学性质是由两相的化学组成共同决定的。而组分在界面上的质量迁移速度，或动力学因素及所受诸多因素的影响，却由该两相表面的物理性质，如有无细孔、细孔大小及平滑程度等来决定。

一个众所周知的事实是，在学习色谱法时，总会遇到有各种不同类型的色谱，其分类方法的基础是依据溶质与固定相间的相互作用力类型，如在非选择性作用力中具有强疏水性的 RPLC，适度疏水相互作用力并仅适用于生物大分子分离的 HIC，在选择性作用力类型中的以电荷作用力为主的 IEC，氢键等作用力为主的 NPC 及生物亲和性为主的 AFC，不产生或仅有极微弱作用力的、依据分子大小为基础进行分离的 SEC 等。这样有几种 LC，就有几种保留机理。然而，依据 SDT-R，只依据热力学平衡，除 SEC 外，就只有一种保留机理，那就是计量置换机理，这样学习起来既简单又明了。前述的用 SDT 又能将 HPLC 溶质的保留机理与液-固吸附中的吸附机理统一起来更揭示了液-固界面过程中的实质，前述的用 SDT 解决了存在于 RPLC 中长期未能得到解决的世界四大难题为例来阐明 SDT 在界面过程中的关键作用的又一实例。

RPLC 是 HPLC 应用最广泛的一种色谱方法。然而色谱学家对其溶质在固定相上的保留机理方面仍有许多关键性的问题长期得不到解决，从而在 1993 年提出了在 RPLC 中的四大世界理论难题，以求全世界范围内的色谱学家共同努力来解决[3]。十年过去了，未曾见到任何一个科学家解决了该四大难题中的任何一个。然而在 SDT 的指导下，该四大难题最近全部得以解决。为什么呢？因为用 SDT 概念，测定和了解了界面过程中的不仅仅是溶质本身的保留行为，而且可以了解由溶质置换出的溶剂分子的热力学和动力行为，这会在第十二章予以详细说明。

从解决工业生产中的难题为例而言，以 SDT 为指导，设计制做了直径远较柱长为大的，形状如饼形的"色谱饼"，可用于实验室及生产规模的生物大分子的复性及纯化[38]，这虽与马丁和辛格的分配理论的色谱柱愈长，理论塔板数愈多，从而分离效果愈好的结论相矛盾，但实践证明这是可靠的。详细内容可参见第九和第十一两章内容。

1990 年，由我国国家教育委员会科技司编的《中国高等学校重大科技成果与研究进展选编》一书中，从十一届三中全会以来我国高校数以万计的科技成果中筛选出了 57 项，当时还处在发展初期的 SDT 及应用就入选该书[47]。这进一步表明了 SDT 不仅在分离科学，而且在当今科技发展中具有的作用和地位。

§1.4 本书内容简介

除前言外，本书包括本章的绪论在内共有十二章。

第二章为基本概念和方法论。介绍相、相界面和组分穿过界面的迁移以及有关从计量置换概念的提出到建立计量置换模型直到最后的计量置换理论三个概念的不同和相互关系。然后又对化学分离和分离科学、分离和计量置换、分配过程及置换过程这些既紧密联系，又有不同之处的概念进行了阐述。最后又指出计量置换的基础为物理学的两个基本原理，"一个空间不能同时被两个物体占据"和"能量守恒"，使读者了解到 SDT 其实是物理学这两个基本原理的必然结果，或组分在界面迁移过程中的体现。然而要使人们能容易地接受这一新的概念，需要给这种必然结果一个概念，首先必须建立一个表示出在界面上进行计量置换的物理模型，阐明其计量置换的各个中间过程和最终结果后，再用热力学平衡的方法（即方法论）从理论上推导出能表示该计量置换结果的数学表达式，阐明各公式中每个参数的物理意义，最后用所设计的实验进行检验。

第三章为液-固吸附理论。首先介绍了液-固吸附理论的发展现状。接着论述如何建立了以最简单的非极性溶质在非极性固相表面上的吸附的物理图像，考虑到液-固吸附体系中的所有存在的 5 种分子间的相互作用力，并以平衡常数大小分别表示这些作用力的大小，从理论上推导出单组分溶质计量置换吸附理论（SDT-A）。SDT-A 是表示吸附量与体相中该组分平衡浓度间的关系，数学表达式及在不同种类液-固吸附体系中的实验检验。然后再将其发展为在液-固吸附体系中的双组分吸附，也是从理论上推导出该 SDT-A 的数学表达式及其实验结果的检验。最后再用计量置换概念推导弗仑德利希公式和扩展的朗缪尔公式及其实验检验，表明用计量置换概念可以将这两个在液-固吸附体系中沿用了近一个世纪的经验公式从理论上统一起来。

第四章为 LC 中溶质的保留理论（SDT-R）。首先对 RPLC 中各种保留机理研究的发展现状进行评述。然后从 RPLC 中最简单的二组分流动相体系开始，同 SDT-A 一样，考虑到 RPLC 中 5 种分子间的相互作用，推导出 SDT-R，该理论的表达式是表示了溶质容量因子与流动相中强溶剂，或置换剂间的定量关系。

在考虑到多组分溶剂的流动相体系中弱置换剂会与强置换剂在固定相表面进行竞争吸附，加之与双组分相同的 5 种分子间相互作用力，共计 6 种不同的相互作用力，推导出适合于在全浓度范围内的多组分流动相体系的 HPLC 的扩展的 SDT-R。经合理的假定和数学变换，由该扩展的 SDT-R 可以演变出 HPLC 中除排阻色谱以外的各种 LC 中色谱保留机理中的表达式，使其成为 HPLC 中溶质统一的保留机理。还列出了大量的实验和应用事例以检验该 SDT-R 的合理性和可靠性。

第五章介绍了 SDT 中的各个参数，包括由容量因子与流动相中强溶剂浓度关系而得到的第一组线性参数截距 $\lg I$ 和斜率 Z；由 $\lg I$ 对 Z 线性作图的表示溶质与固定相间相互作用力类型的表达式，第二组线性参数斜率 j 和截距 $\lg \varphi$；表示 Z 与同系物碳数 N（溶质分子大小）的线性作图所得第三组线性参数，即该线性作图所得的斜率 s 和截距 i；表示液-固吸附体系中溶质在两相分配系数，或在固相的吸附量与体相中该组分平衡浓度间定量关系的 SDT-A 中，以线性作图所得斜率 n/Z 和 q/Z 及截距 β 以及用 SDT-R 所得的 Z 值以测定 Z 的分量 nr 和 q 以及 n 和 r 值的大小。从理论上推导出这些参数的表达式、物理意义及实验检验。

第六章为液-固界面过程中的热力学参数及分量。依据 SDT-A 和 SDT-R 各项明确的物理意义和能量的可加和性质，便可将通常在这两个领域中依据在平衡条件下测定出的热力学函数，总吉布斯自由能变（ΔG）、总焓变（ΔH）和总熵变（ΔS）分成两项独立的分量，净吸附和净解吸附自由能变、净吸附及净解吸附焓变和净吸附及净解吸附熵变，使人们能更深入地了解到在液-固体系中，组分在界面上迁移及其吸附和解吸附过程中的本质。在 RPLC 中从热力学角度给出了柱相比（φ）的热力学定义，并给出了准确测定 φ 的实验方法，从而也使科学家能深入地了解到在 RPLC 中溶质在保留过程中的净吸附和净解吸的上述三种热力学函数的大小及其保留过程的本质的确是以计量置换的方式进行的。还要介绍在体相或流动相组成发生变化条件下这三种净分量的估算方程，分别用小分子溶质和生物大分子对其进行估算。

第七章为界面过程中的收敛。首先介绍收敛的含义，说明它是界面过程中的一种普遍存在的现象。阐明了在 RPLC 中常见的浓度收敛和碳数收敛的存在，指出还会存在有其他各种类型的收敛。从理论上推导出平均收敛点的估算，收敛点、纵坐标和横坐标的物理意义。还推导出了收敛点计算的通用算式。在此基础上又介绍了在 SDT-A 中的收敛存在及纵、横坐标的物理意义。为了更深入了解收敛的本质，从能量学的角度揭示出在 RPLC 中收敛点实质是等能点，此外还指出了等焓点和等熵点的存在及其计算方法以及纵、横坐标能量表征时的物理意义。

第八章为液相色谱中新的表征参数。在这一章中首先指出了 LC 中新表征参数的重要意义，能使科学家更深入地了解色谱过程，并用色谱方法揭示液-固界面和界面过程的实质及使用 LC 方法成为更为有效的揭示自然界奥秘的工具。将通常 LC 中的容量因子 k' 的单表征参数，分解成 SDT-R 中第一组线性参数 $\lg I$ 和 Z 以后，信息量不仅可增加两倍，更重要的是它能表征单纯用 k' 根本无法表征的一些界面过程和一些本质上发生改变的量。Z 或 S 不仅能做为小分子溶质分子结构的表征参数和固定相及流动相的特征，而且能成为生物大分子物质分子构象变化的定量表征参数。$\lg I$ 这个表征溶质对固定相亲和势大小的参数除了与上述的 Z 值有相类似性质外，特别适合溶质与固定相间是由电荷作用力（即离子交换色谱）控制时，其界面过程的表征参数。如果溶质与固定相间的相互作用力为非选择性的作用力，如 RPLC 和 HIC，则 SDT-R 中便会有第二组线性参数中的 j 可做为 LC 中溶剂强度大小的表征参数，而 $\lg \varphi$ 则为测定柱物理性质的表征参数（φ 为柱相比），为研究色谱热力学，收敛本质奠定了基础。作为溶质分子大小的表征参数 Z 在用于表征同系物时，又产生了 SDT-R 中第三组线性参数 s 和 i，s 和 i 分别表示一个该同系物的单位结构单元，如亚甲基—CH_2 和该同系物端基（除—CH_3 外），侧链对 Z 值的贡献，前者的大小为表征该色谱体系对溶质分离的选择性的大小，而后者则表示端基基团极性的大小。Z 有两个独立的分量 nr 和 q，则是表征在 RPLC 中固定相和流动相对该溶质保留贡献的大小，从而也表示了在 RPLC 中吸附机理和分配机理各自对溶质保留贡献的大小。还更进一步给出了测定 n 和 r 值的方法。

第九章为生物大分子的分离与短柱理论。首先简要介绍了通常所用的塔板理论及常用分离生物大分子的方法及优缺点，接着论述生物大分子和小分子溶质在 LC 的保留均遵守 SDT-R，但因分子很大仍有许多不同于小分子溶质在 LC 中的保留特征。描述了生物大分子在 LC 柱上的保留特征是在 RPLC 和 HIC 中的 $\lg I$ 和 Z 值特别大，而且各生物大分子之间的 Z 和 $\lg I$ 差别亦大，故与小分子溶质相比，生物大分子对流动相中强置换剂浓度特别敏感。分离须在梯度条件下进行，且生物大分子的分离效果基本上与柱长无关。此外，在生物大分子分离过程中可能会发生分子构象变化，甚至变性。基于生物大分子分离基本与柱长无关的事实，介绍了适用生物大分子分离的短柱理论，从理论上推导出有效柱长和最短柱长的物理图像和计算公式。以实验方法与用通常的色谱柱相比较，以示在极短柱长条件下，如用色谱饼对生物大分子的分离效果。

第十章为生物大分子构象的定量表征。首先介绍了生物大分子，特别是蛋白质分子结构特征、蛋白质的理化性质、研究蛋白质分子构象变化的常用方法。接着介绍了研究生物大分子构象变化的重要性及通常研究这种变化的方法和优缺点，在此基础上介绍了 Z 值和 $\lg I$ 为什么可以做为生物大分子构象变化的定量表征参数，其表征方式可以是流动相中有机溶剂浓度、离子对试剂的种类、温度及用变性剂浓度以及在还原及非还原条件下的生物大分子存在的不同状态等的绝对和相对大小的表征方法。还介绍了 Z 和 $\lg I$ 值均可做为生物大分子与固定相相互作用力为非选择性作用力，$\lg I$ 与 Z 之间存在着好的线性关系的 RPLC 和 HIC 中分子构象变化的表征，而对于其相互作用力为选择性作用力的其他类型色谱，$\lg I$ 和 Z 之间不呈线性关系，则只能用 $\lg I$ 的大小进行表征。用 $\lg I$ 值的大小测定蛋白质在液-固界面上的折叠自由能，以及研究蛋白质在 HPHIC 中保留过程中的热力学。

第十一章为蛋白质复性及其在生物工程中的应用。首先介绍了在研究蛋白质折叠或复性的基本概念和通常采用的蛋白质复性的机理、在液-固界面上蛋白质折叠自由能的测定、蛋白质复性的策略及方法包括稀释法、透析法、分子伴侣法等，在此基础上阐明笔者等提出的用 LC 法进行变性蛋白的复性方法——LC-蛋白质折叠法，介绍该法的优点，适用于各类色谱的共同特点及主要的 4 种 LC 法——HIC、IEC、AFC 和 SEC 对变性蛋白复性的机理和实例。在介绍上述基本原理、方法和应用的基础上，以几种重组人治疗蛋白药复性的事例说明其应用价值。为使其该法用于工业生产，还介绍了"蛋白质复性及同时纯化装置（色谱饼）USRPP"的优点及其在工业生产中的应用。

第十二章为 RPLC 中四大世界难题的解决。着重介绍了该四大难题产生的原因及提出的历史背景，以及之所以称其为长期以来科学未能解决的世界难题的原因是 RPLC 固定相表面上键合相液体结构的不均匀性和复杂性，从而会导致溶质在界面上迁移过程中所遇到的热力学和动力学上的可变性。据此，首先用精密设计的实验直接证实在 RPLC 中溶质被固定相吸附时，它一定是计量置换吸附在固定相表面上的溶剂分子。从被置换出溶剂分子迁移的动力学观点阐明溶质不可能进入到键合相吸附层深处，从 Z 分量的大小进一步计算出固定相和流动相，也就是分配机理和吸附机理各自对溶质保留的贡献，还从 SDT 所依据的物理学上的两个基本原理的可靠性及用热力学平衡研究方法的合理性更进一步确认了SDT-R。又介绍了如何用 SDT 方法逐一解决了该四大难题，最终得出了经过了近 20 年的努力如何使得一个模型逐渐发展并成为今日系统的和完整的计量置换理论（SDT）的。

参 考 文 献

[1]　Martin A J P, Synge R L M. Biochem, 1941, 35：91

[2]　Ettre L S, Zlatkis A. 75 *Year of Chromatography* A Historial Dalogul. Elsevier Sci. Pub. Co., 1979, P24

[3]　Carr P W, Martire D E, Snyder L R, Preface. J. Chromatogr., 1993, 656：1

[4]　Tennikov M B, Gazdina N V, Tennikova T B, et al. J. Chromatogr., 1998, 798：55~64

[5]　Belenskii B G, Podkladenko A M, Kurenbin O I, et al. J. Chromatogr., 1993, 645：1~15

[6]　傅鹰. 色谱法. 化学通报. 1954, 410

[7]　Geng X D, Regnier F E. J Chromatogr, 1984, 296：15~30

[8]　Geng Xin-Du (Xindu Geng) and Fred E Regnier. Chinese J. Chem, 2003, 21：311~319

[9]　Kopaciewicz W, Rounds M A, Fausnaugh J, et al. J. Chromatogr. 1983, 266：3~21

[10]　Anderson D J, Walters R R. J. Chromatogr. 1985, 331：1~10

[11]　Geng X D, Regnier F E. J Chromatogr. 1985, 332：147~168

[12]　宋正华, 耿信笃. 中国稀土学报, 1987, 5 (3)：63~69

[13]　宋正华, 耿信笃. 化学学报, 1990, 48：237~241

[14]　耿信笃, 边六交. 中国科学, B辑, 1991, (9)：915~922

［15］ Geng X D, Bian L J. Chinese Chemical Letters，1990，1（2）：135～138

［16］ 耿信笃，时亚丽. 中国科学，B辑，1988，(6)：571～579

［17］ 丁莹如，傅鹰. 化学学报，1955，21：337～354

［18］ Kunitani M, Johnson D, Snyder L R. J Chromatogr, 1986，371：313～333

［19］ 时亚丽，马凤，耿信笃. 分析化学，1992，20（9）：1008～1012

［20］ 耿信笃，时亚丽，边六交等. 分析化学，1998，26（6）：665～670

［21］ 耿信笃. 中国科学，B辑，1995，25（4）：364～371

［22］ 耿信笃. 化学学报，1995，53：369～375

［23］ 耿信笃. 化学学报，1996，54：497～503

［24］ 张瑞燕，白泉，耿信笃. 化学学报，1996，54：900～905

［25］ 陈禹银，耿信笃. 高等学校化学学报，1993，14（9）：1432～1436

［26］ Geng X P. Thermochimica Acta, 1998，308（1-2）：131～138

［27］ Geng X P. Han T S. Cao C. J Thermal Anal, 1995，45：157～165

［28］ 耿信笃. 西北大学学报（自然科学版），1994，24（4）：337～344

［29］ Geng X D, Guo L A, Chang J H. J Chromatogr, 1990，507：1～23

［30］ Szepesy L, Rippel G. J. Chromatogr., 1994，668：337

［31］ 耿信笃，冯文科，常建华等. 高技术通讯，1991，7：1～4

［32］ Geng X D, Chang X. J. Chromatogr., 1992，599：185～194

［33］ 耿信笃，冯文科，边六交，马凤，常建华. 一种变性蛋白复性并同时纯化的方法. 中国专利，ZL 92 1 02727.3

［34］ 耿信笃，张养军. 生物大分子分离与同时复性及纯化色谱饼，中国专利，01115263.X，2001

［35］ 耿信笃，张养军. 色谱饼径向装柱法，中国专利，01115264.8，2001

［36］ 耿信笃著. 现代分离科学理论导引. 北京：高等教育出版社，2001，9

［37］ 耿信笃，白泉. 中国科学（B辑），2002，32：460

［38］ 张养军. 制备型色谱饼的理论、性能及应用研究，博士论文，2001年，西北大学

［39］ 刘国诠主编. 生物工程中的下游纯化技术. 第二版. 北京：化学工业出版社，2003，116

［40］ Geng X D, Regnier F E. Chin J. Chem., 2002，20：68

［41］ Geng X D, Regnier F E. Chin J. Chem., 2002，20：431

［42］ Geng X D, Regnier F E. Chin J. Chem., 2003，21：181

［43］ Geng X D, Regnier F E. Chin J. Chem., 2003，21：311

［44］ Geng X D, Regnier F E. Chin J. Chem., 2003，21：429

［45］ 耿信笃，瑞格涅尔，王彦. 科学通报，2001，46，881（in Chinese）；Chim. Sci Bul.，2001，46，1763

［46］ Giddings J C. Unified Separation Science. New York：A Wiley-Interscience Pub. 1991

［47］ 国家教育委员会科学技术司编. 中国高等学校重大科技成果与研究进展选编. 南京：南京大学出版社，1991，43

第二章 基本概念和方法论

全书涉及到的基本概念很多。因为计量置换理论（SDT）等还比较新颖，在开始介绍 SDT 之前，必须对其中有关概念之间的相似及不同之处进行说明，这样在讨论 SDT 和查阅与 SDT 有关的原始文献时就比较容易理解。这些概念，除直接涉及计量置换外，还与界面过程、相界面、分离科学、化学平衡、液-固吸附中的固定相吸附剂和体相、液相色谱中的固定相与流动相、物理学中的两个基本原理有关，以及计量置换只能发生在两相之间的相界面上等。

研究理论的方法有很多种，仅就化学而言，从大的方面来讲，有微观和宏观两大类，而研究 SDT 主要采用的是宏观方法，即用热力学方法，具体地讲是用化学平衡方法来进行的。

§2.1 基 本 概 念

2.1.1 相和界面

大学教科书对相有明确的定义，它是指体系内部物理性质和化学性质完全均匀的一部分[1]，也可以讲是体系中宏观上完全均匀的一部分。

相邻二相之所以能存在，就是因为在该二相的接触处有一个相界面，简称为界面。在此相界面上一定会存在着一个化学势栅栏[2,3]。

能形成相并有可能组成的相对（和另一相并存）的物质有气体（G）、重气（DG）、液体（L）、晶体（S）、液晶或中间相（M）、离子交换（IE）和凝胶及其他多孔性材料（PM）[3]。从理论上讲相数（m）能够组成相对的数目以下式计算：

$$相对数目 = m(m+1)/2 \qquad (2\text{-}1)$$

上述可用于分离的相共有 7 相（$m=7$）。从式（2-1）计算出的 7 相能得出 28 个相对。所以，潜在地存在着如表 2-1 所示的 28 个相界面。但由于有的相对存在着互溶性，所以某些结合，例如 G-G（气-气）和 G-DG（气-重气），就不会形成界面。此外，一些相，例如离子交换剂和气体，因为溶质在此二相间不产生分配，所以不可能与一些相（例如气相）结合而配对。那些实际上已得到应用的 12 个相对已在表 2-1 中以划一底线的方式进行了标明。

在实际应用中最常用的相对包括了气、液、固和多孔介质的结合。表 2-2 列出的 5 种结合（有 5 种界面）已应用在大多数的相界面过程中。从分离科学的角度来讲，在该表中还列出了与不连续性界面结合使用的每种分离方法。

表 2-1　7 种相之间可能存在的 28 种界面

表 2-1　7 种相之间可能存在的 28 种界面

G-G						
G-DG	DG-DG					
G-L	DG-L	L-L				
G-S	DG-S	L-S	S-S			
G-M	DG-M	L-M	S-M	M-M		
G-IE	DG-IE	L-IE	S-IE	M-IE	IE-IE	
G-PM	DG-PM	L-PM	S-PM	M-PM	IE-PM	PM-PM

表 2-2　最常用的界面和用于这些界面的分离方法[2,3]

界面类型	静态（Sd 或 Scd）分离法	基于流（F）的分离法
气–固（G-S）	吸附（Sd） 挥发（Sd）	气固色谱
气–液（G-L）	蒸发（Sd） 结晶（Sd）	分级蒸馏，泡沫分馏，气液色谱
液–固（L-S）	沉淀（Sd） 平衡沉淀（Scd） 电沉淀（Scd）	区带熔融，液固色谱
液–液（L-L）	萃取（Sd）	液液色谱
液–多孔材料（L-PM）	渗析（Sd） 电渗析（Scd）	超滤，可逆渗透，体积排阻色谱

注：Sd：静态不连续；Scd：静态连续与不连续。

2.1.2　溶质穿过界面的迁移

当溶质加入到两相中的一相时，由于该溶质在两相中的化学势不同，界面上的化学势会使该溶质越过此能量栅栏，或穿过界面并最终趋于平衡。穿过界面的迁移通常是很快的，所以在接近界面处很快就建立了中间平衡。但是迁移到界面的速度可能很慢。简单的萃取中，溶质从一相进入另一相的迁移是由两种力推动的。一种力是溶质的浓度梯度。由于溶质在界面上产生了化学势突跃，则会从界面高化学势的一侧穿过界面向界面低化学势的一侧迁移。这时在具有高化学势相中，在靠近界面处溶质浓度较体相低，从而形成了溶质从体相高浓度向低浓度的迁移。这个过程一般进行得很慢。第二种力便是疏水相互作用力。如果两相中的一相是水，水分子作用于非极性分子或溶质分子的非极性端，推动该溶质分子的非极性部分向非极性强的另外一相迁移。由此，产生溶剂分子对溶质分子的推力。即便不是水相，只要两相极性有差异，这种疏水相互作用力也总是存在，且能促使溶质分子在相间迁移。这第二种推力能使溶质分子迁移速度加快。

从这一节讨论中看出，无论人们处于什么目的，相界面过程总是与组分在两相间的再分配或分离过程相联系在一起的。前已叙述，界面过程又总是与计量置换联系在一起，这样以来，计量置换总是伴随着组分的分离过程，因此有必要介绍有关组分分离中的基本概念。

2.1.3 分离与计量置换

置换系指一种组分从一相（α）进入另一相（β）时，在β相中一定会有另外的组分从β相离开。而计量置换则是指在保持α和β相组成不变和温度一定的条件下，当进入α相的该组分的量一定时，则离开β相的其他组分的量也是一定的，或者讲，当该组分量变化量不大时，该被置换出的其他组分的量与该组分量之间存在着某种形式的线性关系。如果在分离过程中产生了一个新的相，如沉淀分离，这时计量置换也会与两相和相界面联系起来。如在硝酸银溶液中加入氯化钠溶液，形成了一个新相氯化银沉淀并与母液形成了液相和固相的两相分离。则可广义地理解这后来所加溶液中的钠离子计量置换了原有溶液中的银离子，从而使沉淀上方的母液中多了与形成沉淀中银离子等物质的量的硝酸根离子。或者讲，是离子交换过程，众所周知，这种过程也是以计量的方式进行的。这只是广义上讲的，在分离过程中总是与界面、计量置换相伴发生的。但是为了与通常讲的置换过程保持一致，本书所讲的计量置换均指发生在两相界面之间的组分穿过界面的迁移和在两相间的物理分配过程。

2.1.4 计量置换、计量置换模型和计量置换理论

1. 计量置换

计量置换（stoichiometric displacement）系指在界面过程中某组分从一相（α）穿过相界面而进入另一相（β）时，β相中的另外组分以计量方式离开β相穿过相界面而进入α相，且最终达到新的化学平衡。

这里讲的离开β相或相界面中的另外组分，可以是一种或多种组分。由于是某组分从α相进入β相并使β相中某1个或多个组分穿过界面进入α相，故称其为置换。因这种置换一定是以计量方式进行的，故称为计量置换。这里要强调的是，计量置换一定发生在相界面并产生了物质交换。明确提出计量置换这一概念是在1985年[4]。

2. 计量置换模型

计量置换模型（stoichiometric displacement model，SDM）系指将上述的计量置换过程以物理图像化，提出各种合理化假定，并从理论上推导出能定量表征在计量置换过程中将两相中的影响因素联系在一起的表达式，并且，式中各项参数物理意义明确并经实践检验是合理的。

如果SDM是用于描述LC中溶质在固定相上的保留机理，则称其为计量置换保留模型（stoichiometric displacement model for retention，SDM-R）；如将其用于阐明组分在液-固体系中的吸附机理，则称其为计量置换吸附模型

（stoichiometric displacement model for adsorption，SDM-A）。

虽然 SDM-R 和 SDM-A 均属 SDM，且均描述的是组分穿过相界面并重新建立平衡后在两相中各组分间的定量关系，然而 SDM-R 系指溶质保留容量因子 k' 或该溶质在两相中的分配系数 k_d 与流动相中有机溶剂活度 a_D 间的双对数间的线性关系，即 $\lg k'$ 与 $\lg a_D$，或 $\lg k_d$ 与 $\lg a_D$ 呈线性关系；而 SDM-A 则指组分在两相间分配系数与其在体相中平衡活度间的双对数间的定量关系，即 $\lg k_d$ 与 $\lg a_D$ 间的线性关系。

虽然蛋白质在 RPLC 上的保留模型是 1984 年提出的[5]，且在 RPLC 中小分子非极性溶质与有机溶剂之间的计量置换概念的提出是在 1985 年[4]，但在文献中正式记载 SDM-R 是在 1987 年[6]，而记载 SDM-A 是在 1988 年[7]。

3．计量置换理论

长时间对 SDM 本身的深入发展和完善以及用大量实验数据的检验后证明计量置换理论（stoichiometric displacement theory，SDT）是合理的，并且发现它不仅适用于原有的各种类型的 HPLC 和各种类型的液-固吸附体系，解决和解释了从前许多科学上无法解释的许多实验数据和自然现象，而且还能扩展到其他学科领域，并发展一些新技术和新工艺。总之是已发展成为一个系统的和完整的理论体系。

经过了近 20 年的努力，在解决了 RPLC 中世界四大难题之后的 2003 年[8~13]，笔者改称 SDM 为 SDT。

以上讲的有关计量置换方面三个概念的区别只是便于读者在阅读有关文献时不会相互混淆，其实在本书中只是在绪论中讲发展史时有这三种提法，而在进入第三章以后一律称之为 SDT，所以原来文献中记载的 SDM-R 和 SDM-A 就分别变成了 SDT-R 和 SDT-A。

2.1.5　化学分离和分离科学

化学分离是研究物质在分子水平上进行分离的方法及分离的结果，而分离科学则是研究被分离组分在空间移动和再分离的宏观和微观变化规律的一门学科。同时它也是研究组分分离、富集和纯化物质的一门学科。因为分离总是和相、界面、计量置换联系在一起的，所以化学分离总是发生在相界面上，或是在同一相中分离和富集并形成了新的相和界面。

当今分离科学已经成为一个很时髦的名词。许多场合都在用这个新术语，例如 2003 年是色谱诞生 100 周年，在许多学术性纪念会议、出版物中就将过去一个世纪里色谱及有关分离方法如电泳、萃取等放在一起，统称为分离科学[14]，而介绍各种分离方法及其原理的第一部大全，也称之谓《分离科学大全》（"Encyclopedia of Separation Science"）[15]。其实第一个提出"分离科学"这一概念的应是 B. L. Karger，L. R. Snyder 和 Cs. Horvath 三人在 1973 年出版的 "An Introduction to Separation Science"一书的书名中[16]，接着就是笔者在 1990 年出版的已建立了现代分离科学理论骨架的《现代分离科学理论导引》[3]，以及 1991 年 J. Calvin Giddings 出版的"Unified Separation Science"[2]的两部名副其实的有关分离科学的专著。

2.1.6 分配过程与计量置换过程

分配是分离科学家或工程师们熟悉的概念。它是指一种组分在两相中分配所产生的结果，有诸如分配比（相同化学式的组分在两相的摩尔浓度比）或分配系数（同一物质的不同化学式的各种组分物质的量的加和量，或相同物质在两相总量之比）。这是两个热力学量，因此，科学家只关心该欲分离组分在一相或两相中的起始浓度和在达到分配平衡后在该两相中的最终浓度，而不关心其他组分在伴随该欲分离组分分配达到平衡前后的始终状态量的变化。而计量置换关心的不仅是欲分离组分在体系处于始、终状态时总量的变化，而且还考虑到在该欲分离组分在两相中进行分配时，其他组分在体系始、终量的变化。这两种概念对于如何研究分离科学，提高分离效果及选择分离过程最优化条件却是完全不同的，这是因为有下述诸因素的影响结果。

1. 热力学因素

如传统的研究方法仅考虑组分在 α 和 β 两相中的分配，则只要考虑该组分在两相中的分配比，或溶解自由能，或在两相中形成洞穴总能之差即可。这样从理论处理上讲，只要简单地计算该组分从 α 相进入 β 相时两相化学势之差 $\Delta \mu_i$ 就可，得出 $\Delta \mu_i$ 愈大，则该组分在两相间的分配系数就会愈大，从而分离效果会愈好的结论。而对计量置换来讲，除了考虑上述的与组分分配有关的能量（$\Delta \mu_1$）外，还要考虑被置换组分从 β 相进入 α 相迁移就需的能量，或穿过相界面所需之能量及在该两相形成不同洞穴所需之能量（$\Delta \mu_2$），更要考虑在置换过程中，欲分离组分与其他组分因迁移方向完全相反所造成的分子碰撞的能量消耗等。

2. 动力学因素

分配仅考虑欲分离组分的始、终状态，因此只考虑到两相的化学组成，即两相分各自的化学势即可。如果要考虑组分在分配过程中的动力学因素，通常也只是考虑到欲分离组分本身，而不涉及两相中的其他组分。但是，对于计量置换而言，除了考虑上述的热力学因素外，在考虑欲分离组分动力学因素时，还得考虑两相中所有组分在迁移过程中的动力学因素。如果被置换的组分的分配未达到平衡，则欲分离组分就不可能达到分配平衡。一个很好的例子是在解决 RPLC 中四大难题时，因为吸附在 RPLC 固定相表面的键合相液层（borded phase layer，BPL）的组分之一，也就是被欲分离组分置换出的其他组分中的三氟乙酸（TFA），从 BPL 内部迁移到流动相至少需要 20min，这表明 TFA 从吸附达到平衡和从解吸附再达到平衡至少需要 40min，说明在通常的 RPLC 中欲分离组分没有足够的时间进入该 BPL 的深处。而研究结果表明，通常 RPLC 中欲测组分只能在该 BPL 在一个无动力学因素区（与流动相接触处）也就是厚度仅为 3 个甲醇分子中进行分配，只有在用前沿分析时，溶质才有足够的时间进入到 BPL 的深处以置换 BPL 深处的甲醇。正是从该被置换组分 TFA 迁移的动力学行为中才了解到溶质只在 BPL 的表层进行保留的机理，从而解决了 RPLC 中全部的该四大世界难题的[8～13]。

2.1.7 在 SDT 中涉及液相色谱与液‑固吸附体系中的术语

从体系的组成来看，液相色谱与液‑固吸附体系是完全相同的。即由固相、液相和在液‑固两相间进行分配的组分三个组成部分，故二者应有相同的吸附机理。但是，因为二者所要解决的问题及研究问题的着眼点或习惯用语的不同，就会出现有关专业术语的不同。

在液‑固吸附体系中，固相称吸附剂，液相称体相，欲研究的吸附组分因其量的变化可从 0～100％，无法称溶质，故只能称其为组分，如组分 1 和组分 2 等；而在液相色谱中，固相称为固定相，液相称为流动相，被吸附组分因其量与流动相组比较非常之小，故称其为溶质。在液‑固吸附体系中组分在两相间的迁移及分配的机理称组分的吸附机理；在液相色谱中溶质在两相间的迁移及分配机理称溶质的保留机理。

在液‑固吸附体系中，体相可以是一种、两种或多种组分的混合物；而在液相色谱中，流动相至少有两种溶剂，当然也可以有多种溶剂的混合物，而且其中至少有一种为惰性溶剂，也称其为弱溶剂或强溶剂的稀释剂。在液相色谱中，人们关心的是与溶质在两种中分配系数有关的容量因子 k' 与流动相组成的关系，描述各组分间关系的是 SDT-R；而在液‑固吸附中，很少见到将吸附量与体相组成相联系的研究，通常所关心的是组分在吸附剂表面上的吸附量或浓度，与该组分在体相中平衡浓度间量的关系，描述这种关系的是 SDT-A。

2.1.8 物理学中的两个基本原理

如要使更多的人理解、接受和应用 SDT，就应将其与众所周知的物理学基本原理联系起来。

众所周知，在物理学中有两条基本原理：一是一个空间永远不会同时被两个物体所占据；二是能量守恒。从前者可知，在 BPL 中一个空洞穴不可能同时容纳试样和溶剂，如苯和原来就停留在该洞穴中的有机溶剂，如甲醇，只能是二者中的一种，如果原有的甲醇还在该洞穴中，表明苯就从来没有被该固定相吸附过，则用 RPLC 分离苯就不会出现，讨论这种情况是毫无意义的。所以苯的吸附本身就意味着甲醇必须离开该洞穴。接下来的问题便是被置换出来的甲醇去了何处？

依据能量守恒定律，只要所用的流动相组成一定，如等度洗脱，该原理就决定了 RPLC 固定相表面自由能就是一个定值。所以在 BPL 中所吸附甲醇的量也应当是一个定值。能量守恒定律不允许该被置换出的甲醇，哪怕是任何一丁点的甲醇继续留在该 BPL 中。因此被置换出的甲醇不得不离开固定相而回到流动相，从而增加了流动相中甲醇的浓度。在发表的论文中称其为甲醇增量（即高出原来流动相中甲醇的浓度）[8]，这恰好是苯置换甲醇的置换过程。该置换过程可能涉及到热能的变化，所以吸附苯所产生的能量的绝对值并不一定准确等于甲醇的解吸附能量。然而，只要色谱条件一定，所说的热能也应当是一定的，结果解吸附甲醇的物质的量一定会在能量上与吸附的苯相等物质的量。换句话讲，该置换过程一定是按计量方式进行的。基于前述的理论分析，就会得出在 RPLC 中溶质的保留机理只能是一个计量置换过程的这样一个无可争议的结论。简单地讲，只要进样的溶质分子数大到在统计学是有效的，上述的两个基本原理，不仅在宏观上是有效的，而且在微观上也是可行的。所以上述的物理学中的一个空间不能同时被两个物体占据和能量守恒这两个基本原理就成为 SDT-R 的理论基础。

§2.2 研究 SDT 的方法论

一个模型的建立和成功与否的必要条件是它必须有牢固的理论基础，但是这并不意味着众多的科学家一定会接受它和它会被广泛地应用。还必须有一个好的研究方法或方法学以使其能从理论上推导出这一模型，且能达到简便和明确表达以及易于实践的结果。此外，该模型还要能被用来解决某些用其他模型解决不了的问题。在 RPLC 中很多保留模型的建立都是基于计算分子间的相互作用力的大小。从一方面讲，一些计算这些相互作用力大小的方程，如计算氢键相互作用力，不仅很复杂，而且也不准确。此外，当推导这些保留模型时，在推导过程中，为了简化，科学家往往又忽略了一些分子间的相互作用，而仅采用了其中的一种或两种。纵然进行了这样的简化，这些模型的数学表达式仍然很复杂，使其在实践中难以被采纳。从另一方面讲，这些模型还不能直接推导出一个能将保留值如 $\lg k'$ 与流动相组成相关联的数学表达式。

2.2.1 平衡热力学

众所周知，每一种分子间相互作用均可用一个化学平衡来表示，并用平衡常数来表达其相互作用力的大小。在一个 RPLC 或 LC 的平衡系统中，无论涉及到多少种分子间的相互作用，用一个总的平衡常数就可以将每个分步平衡常数包括在内，以表示所有的分子间相互作用。除了从理论上推导出总平衡常数的表达式外，不必做任何分子间相互作用力大小的计算。因为用这种方式推导出的该总平衡常数中肯定会包括溶质的分配系数，所以在 RPLC 中以这种方法推导出的溶质的保留理论及其数学表达式可以直接从总平衡常数演变出来。SDT 恰好是采用了后一方法。当初的 SDT-R 是由 5 个热力学平衡推导出来的，而后来又用 6 个热力学平衡推导出了一个在 LC 中的统一保留理论，前者仅是后者的一种特例，即可以直接得出在 HPLC 中 $\lg k'$ 与 $\lg a_D$ 间的线性关系以及在物理化学中 $\lg k_d$ 与 $\lg a_D$ 之间的线性关系。沿用了近一个世纪的弗仑德利希公式和扩展的朗缪尔公式也是以这种方法直接从理论上推导出来的。

2.2.2 主体与客体互换法

从计量置换的概念出发，溶质（主体）计量置换溶剂（客体）与其逆过程溶剂计量置换溶质是描述同一过程的两个不同的方面，二者不同之处仅在于一个溶质分子可以置换出 Z 个溶剂分子，而一个溶剂分子则只能置换出 $1/Z$ 个溶质分子，这是计量置换概念的核心。没有这样的认识论或方法论，1984 年 SDT-R 就无法推导出来。没有这样的认识，就无法从三氟乙酸（客体）在解吸附过程中的动力学行为（即需 20min）[9] 做出在通常 HPLC 中胰岛素（主体）不可能（没有足够时间）进入 RPLC 固定相表面的键合相层的结论，从而也无法解决 RPLC 中的世界四大难题。

其实就是用 A＝B 与 B＝A 相同的一个最简单的模式，它很重要但在研究时常常被忘记而已。例如，常常会用同系物来检验所得的新参数是否遵守同系物规律以证实在 HPLC 中一个新的观点或认识时是否合理。然而在研究蛋白质在 HPLC 中的保留行为时就会遇到困难，因为很难找到，或根本就不存在有蛋白质的同系物，如果将蛋白质（主体）与流动相中的有机溶剂（客体）互换，将性质不同的各种蛋白质与该准同系物，如甲醇、乙醇、异丙醇的参数联系起来，就能得到一个对蛋白质保留特性进行表征的新方法。

参 考 文 献

[1]　傅献彩，沈文霞，姚天杨编．物理化学（第四版）．北京：高等教育出版社，1996，306

[2]　Giddings J C. Unified Separation Science. New York：Wiley-Interscience Pub.，1991

[3]　耿信笃著．现代分离科学理论导引．北京：高等教育出版社，2001，8

[4]　Geng X D, Regnier F E. J. Chromatogr.，1985，331：157

[5]　Geng X D, Regnier F E. J. Chromatogr.，1984，296：15

[6]　耿信笃．西北大学学报，1987，17（4）：38

[7]　耿信笃，时亚丽．中国科学（B 辑），1988，6：571；Science in China（Ser. B）1989，32（1）：11

[8]　Geng X D, Regnier F E. Chin. J. Chem.，2002，20：68

[9]　Geng X D, Regnier F E. Chin. J. Chem.，2002，20：431

[10]　Geng X D, Regnier F E. Chin. J. Chem.，2003，21：181

[11]　Geng X D, Regnier F E. Chin. J. Chem.，2003，21：311

[12]　Geng X D, Regnier F E. Chin. J. Chem.，2003，21：429

[13]　耿信笃，Regnier，王彦．科学通报，2001，46，88；（in Chinese）Chim. Sci. Bul.，2001，46，1763

[14]   Heleem J. Issoq. A Centry of Separation Science, Marcel Dekker Inc, 2002

[15]   Ian D. Wilson Edward R. Adlard Michael Cooke, Colin F. Poole, "Eneydopedia of Separation Science", San Dieago: Academic Press, 2000

[16]   Karger B L, Snyder L R, Horvath Cs. An Introduction to Separation Science. New York: John Wiley & Sons, 1973

第三章 液-固界面上的溶质计量置换吸附理论

§3.1 概　述

前已指出，分离总是与界面（发生在已有的界面上或形成新的界面）联系在一起的，虽然在自然界中存在着各种界面，如气-固界面、固-固界面、液-液界面等，但最重要的，与人类活动联系紧密的自然现象，仍是液-固界面。因后者远较前者复杂，如果对后者研究清楚，则研究前者就容易得多，因此，对 SDT 的提出还是先从液-固界面上的计量置换开始。

液-固界面发生吸附现象的根本原因是液-固界面上自由能都有自动减小的本能。当纯液体与固体表面接触时，由于固体表面分子（或原子、离子）对液体分子的作用力大于液体分子间的作用力，液体分子将向液-固界面聚集，与此同时也就降低了液-固界面能。这种聚集作用即为吸附。

液-固界面吸附的应用可追溯到几千年前的天然纤维着色、脱色、饮料的净化等，现今更渗透到工农业生产和日常生活的各个领域。长期以来，液-固吸附的研究仅处在大量积累数据、初步探索机理的阶段，虽有一些理论成果问世，但都有一定的局限性。因为液-固吸附规律有着普遍意义，所以在未来相当长的一段时间内寻求描述其吸附等温线的方程以指导其实际应用，利用多种现代的实验手段从分子水平上了解溶液吸附等方面的机理，就成为物理化学研究的主要内容之一。

在液-固界面吸附中，实际应用和研究得较多的是稀溶液中的吸附，这不但是因为大量的实际问题发生在稀溶液中，而且也受溶液理论发展现状的制约。从稀溶液中吸附的等温式，最常用的是朗缪尔（Langmuir）公式和弗仑德利希（Freundlich）公式。但是由于这些公式原来都是用于描述气-固吸附的，在用于液-固吸附体系时，它们纯粹是经验性的，不能从理论上推导出这些公式，所以公式中常数项的含义亦不明确。

早在 1955 年，我国著名化学家、北京大学的傅鹰教授就曾研究在液-固体系中溶质与溶剂和不同溶质间的顶替作用[1]，遗憾的是这一工作未曾继续。20 世纪 80 年代初，笔者和美国普渡大学的弗莱德·依·瑞格涅尔（Fred E Regnier）教授合作，提出了大分子和小分子溶质在反相液相色谱（RPLC）中的溶质保留理论[2]，而溶质计量置换（stoichiometric displacement）这一概念则是在 1985 年在有关 RPLC 中非极性小分子溶质与溶剂分子间的计量置换一文中提出的，此后就称其为溶质计量置换保留理论模型[3]。在 1988 年笔者实验室又将其发展为运用于液-固吸附体系中的计量置换吸附理论（stoichiometric displacement theory for adsorption，SDT-A)[4]，1989 年将 SDT-R 发展为用于多种高效液相色谱（high performance liquid chromatography，HPLC）的溶质计量置换的统一保留理论[5,6]，为将其用于变性蛋白质复性并同时纯化[7]奠定了理论基础。本章着重介绍在液-固界面上组分进行计量置换的物理图像、计量置换概念的建立，用化学平衡和客体-主体互换方法从理论上如何推导出在单组分和双组分体相（液相）中的 SDT-A 以及如何用 SDT-A 从理论上推导出朗缪尔和弗仑德利希公式。还要用此推导出表示液-固吸附方程中各参数间量的关系。

§3.2 液-固界面上的单组分溶质计量置换吸附理论

3.2.1 单组分溶质计量置换吸附理论表达式的推导

严格地讲，在自然界中只有分开两相之间的界面，并不存在表面。然而在许多场合中，人们常将界面与表面混用。而习惯上更多的是讲表面，如常将气-固界面叫做固体表面，将气-固界面的自由能称之为表面自由能。本书也采用这种混用的方式以免使读者费解。

由于处在相表面上的分子与相内部的分子及其邻近分子间相互作用力不同，在相表面上总有过剩的能量（或者叫表面自由能）存在。所以，只要有表面就会有表面自由能。当溶剂或溶质分子与表面接触时，就会与表面相互作用。在平衡时，该表面上就会存在一定量的溶剂或溶质分子，这种吸附即叫做表面吸附。这种吸附作用的程度随溶剂或溶质种类的不同而异。例如，将阳离子交换树脂放在电解质溶液中就会以电荷作用发生对阳离子的离子交换吸附。但是，若将其放在一个非电解质的有机溶剂中，则在交换树脂的表面可因范德华力而产生对有机溶剂分子的吸附。这时，称该固相表面为溶剂化的表面。将溶剂化固相表面的固相分子称之谓溶剂化的固相分子。而将溶质溶解在某种溶剂中时，依据现代的科学研究[8]，溶质也一定会发生溶剂化作用，即溶质的表面一定会围绕着一定数目的溶剂分子并与溶质结合成一个相对稳定的"整体"，也可用化学平衡来描述，通常称其为溶剂化的溶质。

SDT 所依据的是物理学中的两个基本原理[9]，即一个空间不能同时被两个物体占据及能量守恒。由于吸附剂表面的吸附层是由溶质或溶剂在固定相与流动相（在物理化学中通常称之为体相）间存在着吸附平衡而形成的，其厚度为 1 或几个分子层，不仅体积小，而且该吸附平衡是取决于吸附剂及体相性质的 1 个定值。在溶质分子未进入该吸附层前，在吸附层与体相间既建立了质量平衡，又建立了能量平衡。因此，当固定相为非极性表面时，这种溶剂化的溶质或因疏水相互作用[10]将溶剂化的非极性溶质（或非极性基团）推向溶剂化的固定相表面。因在液-固界面间存在着不连续的化学势突跃，或化学势栅栏[11]，故非极性溶质会因两相之间存在着化学势差而进入吸附剂表面上的吸附层。这时，依据物理学中一个空间不能同时被两个物体占据的基本原则，吸附层中的溶剂分子必须让出一定的空间给这些被吸附的溶质分子，从而使吸附层体积或质量有增大的倾向。尽管这种绝对增加量可能是很小的，但是，它破坏了原有两相之间的化学平衡。而且依据体相组成一定时，吸附剂表面自由能维持不变的能量守恒原理，在溶质分子进入吸附层后一定会把吸附层中的原有的一些溶剂分子挤出并使其回到体相，称这个过程为溶质置换溶剂的过程[3]。但在这一过程中，如果仅仅认为吸附剂与溶质间的相互作用就完全决定了溶质在吸附剂表面的吸附，而忽略了溶质分子还会与体相分子间相互作用，从而促进或抑制溶质的解吸，也忽略了溶质分子在真空及在不同溶剂存在条件下吸附能力的不同，从建立理论模型上讲，这样会很简单，然而与实际情况却有很大的距离。所以在建立一个描述液-固界面上的吸附理论模型时，必须考虑到液-固体系中的所有组分，即：吸附剂、溶剂和溶质分子之间的相互作用。也就是说，只要改变这三种因素中的任意一个都会对整个液-固吸附平衡产生影响。因此，建立能定量描述这一过程的理论对了解液-固界面和界面过程以及对分离科学的发展就非常重要了。

但是，长期以来人们只是将气-固吸附模式用于描述液-固吸附过程。因为在气-固吸附中，仅考虑组分与吸附剂的作用，而在液-固吸附中，如前所述，还必须考虑到其他所有存在的分子间的相互作用，所以液-固吸附情况远较气-固吸附复杂。因此，简单地将前者的吸附模式运用于后者必然会出现较大的偏差。从上面的讨论可知，建立液-固吸附理论至少要考虑到[2]：①溶质-溶剂；②溶质-吸附剂；③溶剂-吸附剂；④溶质-吸附剂络合物与溶剂分子；⑤溶剂化溶质与吸附剂络合物解吸共5种不同的分子间的相互作用。此外还必须注意到整个吸附体系的平衡便是由这5个热力学平衡共同决定的。如果体相是两种或两种组分以上的溶剂的混合物，则还要考虑到不同溶剂在固相表面上的竞争吸附，因此还要再加入第6个有关溶剂间竞争吸附的热力学平衡[5,6]，这就为建立一个较为符合实际情况的新理论奠定了热力学基础。

首先介绍组分在纯溶剂中吸附的计量量换吸附理论的理论推导，这里仅限于在体相中仅有一种可被吸附的组分和一种溶剂的最简单的液-固吸附体系[4]。

假定吸附剂表面对溶质和溶剂分子的吸附是通过分布在吸附剂表面上的活性点起作用的。无论这些活性点与溶质或溶剂分子间的相互作用力性质是多么的不同，或者这些活性点在吸附剂表面上的分布是多么的不均匀，但其单位表面上的平均活性点的数目（或密度）是相同的。为方便起见，采用"平均活性点"（mean active site，MAS）这一概念并定义它为：在一定实验条件下能吸附一个溶剂分子的活性点。"平均活性点"只是设想的与吸附或解吸附一个溶剂分子等物质的量的吸附点。与朗缪尔假定的活性点[12]的不同处就在于它与溶质或溶剂分子是否是单分子层吸附无关。假定固相表面的溶剂分子吸附层数为 r，这时溶质被吸附时，它所覆盖或置换的溶剂分子数应等于吸附剂表面平均活性点密度与该分子同吸附剂接触面积（非表面面积）以及溶质分子实际上能进入吸附剂表面吸附层（可以是单层也可以是多层吸附，但非吸附层厚度）的层数的乘积，换句话说，是密度与体积之乘积，而不是仅指在简单条件下的单分子层吸附时的密度与面积之积。

为了加深对液-固界面上所发生的计量置换过程的理解，可参见图 3-1，在单分子吸附层的最简单条件下溶质计量置换溶剂的示意图。假定：①图 3-1 中的溶质为非极性溶质；②吸附剂为键合有十八烷基（以毛刷表示）的非极性表面；③体相为有机溶剂，如甲醇。

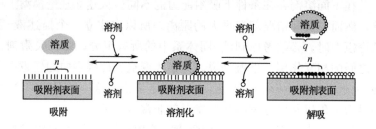

图 3-1　非极性溶质在非极性表面吸附时在最简单的单分子层
条件下的计量置换过程示意图[13]

图 3-1 显示的过程由溶质在真空条件下被固定相吸附（左）、在溶剂存在条件下被吸附的该溶质及固定相的溶剂化（中）和该吸附剂-溶质-溶剂三元复合物的解吸附及解吸附后该部分溶剂化的溶质及吸附剂表面的再溶剂化三部分组成（右）。在吸附剂表面上的“毛刷”表示硅烷基配体，绿圆圈和圆点均表示参与溶剂化过程的溶剂分子。二者的不同之处在于在溶质表面上的该绿色小圆圈表示它们被吸附剂吸附时，对溶质吸附无贡献。相反，绿色实心小圆点则表示了在溶质解吸附时，在吸附剂和溶质的接触面上所释放出的溶剂分子。

如前所述，为简便起见，图 3-1 表示吸附的溶剂形成了单分子层，在真实体系中，溶剂可能是以多分子层存在的。

如用 $\bar{L}$ 表示吸附剂表面上一个“平均活性点”，以 D 表示溶剂分子，当 $\bar{L}$ 溶剂化时：

$$\bar{L} + D \Longrightarrow \bar{L}D \tag{3-1}$$

$\bar{L}D$ 表示平均活性点-溶剂复合物，或溶剂化配体，或一般称溶剂化固定相。

当溶质分子 P 溶解在纯溶剂 D 中时，也会发生如下所示的溶剂化作用：

$$P + mD \Longrightarrow PD_m \tag{3-2}$$

PD_m 为溶质-溶剂化物，或溶剂化溶质。m 表示一个溶质分子溶剂化时所需溶剂分子的配位数。

当吸附只是发生在溶剂不存在或在真空中时，溶质分子 P 与未溶剂化的吸附剂表面上的平均活性点 $\overline{L}$ 作用，

$$P + n\overline{L} \Longrightarrow P\overline{L}_n \tag{3-3}$$

$P\overline{L}_n$ 表示平均活性点-溶质复合物，n 表示该溶质分子被吸附剂吸附时，它所覆盖的 $\overline{L}$ 的数目。由于一个 $\overline{L}$ 与一个 D 为等物质的量，所以 n 亦可理解为在溶质与吸附剂接触的表面上，吸附剂吸附或解吸溶剂分子的数目。

因与吸附剂作用的溶质分子的面积仅为分子表面面积的一部分，通常称其为与吸附剂表面作用的接触表面，并形成了 $P\overline{L}_n$，而暴露在溶液中的这一部分溶质分子表面就会再溶剂化：

$$P\overline{L}_n + (m - q)D \Longrightarrow P\overline{L}_n D_{(m-q)} \tag{3-4}$$

$P\overline{L}_n D_{(m-q)}$ 即为再溶剂化的产物，平均活性点-溶质-溶剂复合物。q 表示一个溶剂化的溶质分子被吸附剂吸附时所减少的溶剂分子数。

当 $P\overline{L}_n D_{(m-q)}$ 解吸附时，在原来吸附剂和溶质分开的接触界面处，两者各自会再溶剂化：

$$P\overline{L}_n D_{(m-q)} + (n + q)D \Longrightarrow PD_m + n\overline{L}D \tag{3-5}$$

为方便起见，令

$$n + q = Z \tag{3-6}$$

Z 表示在吸附（或解吸附）过程中，在 1mol 溶剂化溶质与吸附剂表面之间所释放（或吸附）溶剂的总物质的量，并且在一定条件下 Z 是一个常数值。

假定以活度 a 表示式（3-1）～（3-5）中各组分的活度，并且假定在平衡时能以质量作用定律描述这五个平衡中活度间的相互关系，并分别用 K_{a1}，K_{a2}，K_{a3}，K_{a4} 和 K_{a5} 表示这五个平衡式的热力学平衡常数，则有

$$K_{a5} = \frac{K_{a1}^n K_{a2}}{K_{a3} K_{a4}} \tag{3-7}$$

若还要表示式（3-5）的逆过程，即溶剂化溶质被溶剂化吸附剂吸附时的平衡常数为 K_a，则 $K_a = 1/K_{a5}$，并且有

$$K_a = \frac{a_{P\overline{L}_n D_{(m-q)}} a_D^Z}{a_{PD_m} a_{\overline{L}D}^n} \tag{3-8}$$

再假定，溶质和吸附剂的溶剂化作用很强烈，即溶质在吸附剂上仅以 $P\overline{L}_n D_{(m-q)}$ 的形式存在，在溶液中仅以 PD_m 的形式存在。这样式（3-8）中的溶质在两相中的活度分配系数 K_d 为

$$K_d = a_{P\overline{L}_n D_{(m-q)}} / a_{PD_m} \tag{3-9}$$

于是，式（3-8）可以写成

$$K_a = \frac{K_d \, a_D^Z}{a_{\overline{L}D}^n} \tag{3-10}$$

或对数表示式：

$$\lg K_d = \lg K_a + n \lg a_{\overline{L}D} - Z \lg a_D \tag{3-11}$$

对于一个由微量组分 P（一般为溶质）和一个常量组分 D（溶剂）组成的溶液而言，只要 P 和 D 在吸附剂上的吸附是可逆的，则可按照式（3-11）同样的方式来描述溶剂 D 的分配系数 K_d' 与溶液中溶质活度间的关系。

依据分配系数的定义，

$$K_d' = \sum a_D(\text{固}) / \sum a_D(\text{液}) \tag{3-12}$$

或

$$K_d' = \frac{a_{\overline{L}D} + a_{P\overline{L}_n D_{(m-q)}}}{a_D + a_{PD_m}} \tag{3-13}$$

在液-固吸附体系中，因溶质 P 的量极少，与溶剂 D 相比，在溶液中的 a_{PD_m} 中所包含的 D 可以忽略，与 $a_{\overline{L}D}$ 相比，吸附相中 $P\overline{L}_n D_{(m-q)}$ 中的 D 亦可不计，因此式（3-13）可简化为

$$K_d' \approx a_{\overline{L}D} / a_D \tag{3-14}$$

只要溶质与溶剂分子间的置换是计量的和可逆的，则一个溶质分子 置换出 Z 个溶剂分子与一个溶剂分子置换 $1/Z$ 个溶质分子是等同的。用主体-客体互换方法仿照式（3-11），描述溶剂分配系数 K_d' 为

$$\lg K_d' = \lg K_a' + n' \lg a_{P\overline{L}_n D_{(m-q)}} - Z' \lg a_{PD_m} \tag{3-15}$$

此式只是一个近似的类推式，并不能用它来准确写出 K_d' 的表达式。

式（3-15）中 K_d'，n' 和 Z' 分别为溶剂置换溶质时的热力学平衡常数和计量参数，其物理意义与溶质置换溶剂时相对应，并且，它们与 n、Z 的关系分别为

$$n' = 1/n \tag{3-16}$$
$$Z' = 1/Z \tag{3-17}$$

不难发现，式（3-15）即为描述溶剂置换溶质的平衡式，其平衡常数 K_{a5}，或 $1/K_a$ 为

$$1/K_a = \left[\left(\frac{a_{PD_m}}{a_{P\overline{L}_n D_{(m-q)}} a_D^q} \right)^{\frac{1}{n}} \frac{a_{\overline{L}D}}{a_D} \right]^n \tag{3-18}$$

式（3-18）右边方括号中部分为平衡式

$$\frac{1}{n}(P\overline{L}_n D_{(m-q)} + qD + nD) = \frac{1}{n} PD_m + \overline{L}D \tag{3-19}$$

的平衡常数表示式，或者是 1mol 溶剂置换 $1/Z$ mol 溶质的平衡常数 K_a'。从式

（3-18）和式（3-19），可以写出 K_a 和 K'_a 的关系式为

$$1/K_a = K'^n_a \tag{3-20}$$

从式（3-14）和式（3-18），又能得出 K'_d，K_d 以及 K_a 间的关系为

$$n\lg K'_d + \lg K_a - \lg K_d - q\lg a_D = 0 \tag{3-21}$$

联立式（3-14）和（3-15）得

$$\lg a_D + \lg K'_a + n'\lg a_{P\bar{L}_nD_{(m-q)}} - Z'\lg a_{PD_m} - \lg a_{\bar{L}D} = 0 \tag{3-22}$$

将式（3-16）、式（3-17）和式（3-20）代入式（3-22），得

$$\lg a_{P\bar{L}D_{(m-q)}} = (\lg K_a + n\lg K'_d) + (n/Z)\lg a_{PD_m} \tag{3-23}$$

$$\lg K'_d = \lg \frac{a_{\bar{L}D}}{a_D} \tag{3-24}$$

如上所述，$P\bar{L}_nD_{(m-q)}$ 和 a_{PD_m} 的量是很小的，因此，可以认为 $a_{\bar{L}D}$ 和 a_D 的量是不随溶质量改变的二个常数值，即式（3-23）中除 $\lg a_{P\bar{L}_nD_{(m-q)}}$ 和 a_{PD_m} 两项为变量外，其余各项均为常数值。所以，式（3-23）为线性方程式。合并式（3-23）右边第一项方括号中常数项为 β_a，则其变成：

$$\lg a_{P\bar{L}_nD_{(m-q)}} = \beta_a + (n/Z)\lg a_{PD_m} \tag{3-25}$$

其中：

$$\beta_a = \lg K_a + n\lg K'_d \tag{3-26}$$

如把式（3-6）中的 $Z = n + q$ 代入式（3-25），并在等式两边同减 $\lg a_{PD_m}$，则有

$$\lg \frac{a_{P\bar{L}_nD_{(m-q)}}}{a_{PD_m}} = \beta_a + \frac{n-(n+q)}{Z}\lg a_{PD_m}$$

或者，

$$\lg K_d = \beta_a + (q/Z)\lg \frac{1}{a_{PD_m}} \tag{3-27}$$

式（3-27）为在液-固体系中溶质计量吸附理论（stoichiometric displacement theory for adsorption，SDT-A）的数学表达式。

如果以 $\lg K_d$ 对 $\lg \dfrac{1}{a_{PD_m}}$ 作图，则能得到一条斜率为 q/Z，截距为 β_a 的直线。q/Z 表示在计量置换过程中，溶剂化溶质减小的溶剂分子数与溶剂化吸附剂及溶剂化溶质释放出的溶剂分子总数之比。从式（3-6）知，q 永远小于 Z，因此，q/Z 总是小于 1。截距 β_a 是溶液中溶质活度为 1 时，溶质分配系数的对数值。虽然 β_a 包括了 3 个参数，K_a、n 和 K'_d，但只要吸附剂和溶剂选定，K'_d 便为常数值。这时，K_a 和 n 均取决于溶质的性质和分子的结构参数。所以，β_a 是反映溶质对吸附剂亲和能力大小的一个参数。

式（3-27）为液-固吸附中的溶质 SDT-A 的数学表达式。它可被描述为：在液-固吸附过程中，溶质在两相中分配系数的对数与该溶质在溶液中平衡浓度倒数的对数成正比，其数值总是小于 1 的斜率，表示了在该置换过程中溶剂化溶质失去的溶剂分子数与溶剂化吸附剂及溶剂化溶质失去溶剂分子总数之比。因溶液中溶质浓度很低，有理由假定该溶液为理想溶液，即溶液中溶质的活度系数为 1，而溶剂在溶液中的活度系数亦可视其为常数。虽然，一些人在处理类似问题时，把吸附层当作理想吸附层。但也有人认为在理想溶液中形成的吸附层可能不是理想的。尽管如此，当被吸附组分的摩尔分数小于 0.2 时，在吸附层中的活度系数总是接近于一个常数值。而通常液-固吸附体系中溶质的最大浓度亦不会超过这一界限。因此，有理由假定，在通常的吸附条件下，溶质及溶剂在吸附层中的活度系数也可近似地取其为常数。如以符号 γ 表示活度系数，根据以上假定，式（3-27）可以表示为

$$\lg K_c = \beta + (q/Z)\lg \frac{1}{[\mathrm{PD}_m]} \tag{3-28}$$

式中：符号"[ ]"表示浓度，其单位为 mol/L；K_c 为溶质的浓度分配系数；β 为包括活度系数在内的新常数项，

$$\beta = \beta_a - \lg \gamma_{\mathrm{PL}_nD_{(m-q)}} + (n/Z)\lg \gamma_{\mathrm{PD}_m} \tag{3-29}$$

式（3-28）为本吸附理论的浓度数学表达式。

3.2.2　单组分溶质吸附的 SDT-A 的检验

吸附剂在液-固吸附体系中有许多种类，但依据表面活性点分布的是否均匀可分为均匀性表面和非均匀性表面。通常又依吸附剂表面与溶质相互作用力性质的不同可分为非极性及极性表面两大类。非极性表面与溶质之间是以非选择性的色散力（又称伦敦力）相互作用；极性表面又可分为氢键、偶极（永久或诱导偶极）力、电荷力及生物选择性作用力等。而在液-固吸附体系中所用的溶剂可以是具有极性的水或盐的水溶液，亦可是非极性的有机溶剂等。虽然在§3.1 中有关 SDT-A 的理论推导中假定了这种计量置换与吸附剂表面是否为均匀性、分子间相互作用力的性质及所有溶剂性质没有关系，但仍需以实验来加以证实。从图 3-2 中所示的 3 类吸附等温线，如在活性炭-水体系中对脂肪酸的吸附（脂肪酸的非极性基与活性炭之间是以非选择性的色散力相互作用），在二氧化硅-水溶液体系中对碱的吸附（碱与极性的二氧化硅表面之间为选择性作用力），磷酸化酶-b 在甲基-Sepharase 上的生物亲和力吸附等的吸附数据看出，式（3-28）的确表达了不同液-固体系中溶质吸附等温线的共同规律，这也为§4.3 中讲述的 HPLC 中溶质计量置换统一保留理论的建立奠定了理论和实验基础。

这里要特别指出的是，为了简化，假定在图 3-1 所示的情况为吸附剂表面上的吸附层为单分子层，即 $r=1$，故 $nr=n$，如果是多分子层吸附，则 $r>1$，这

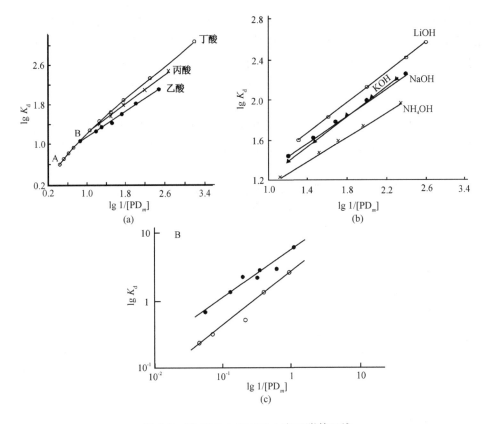

图 3-2 用 SDT-A 表示的 3 类吸附等温线

(a) 活性炭自水溶液中吸附脂肪酸的计量置换吸附关系图[4]；(b) 二氧化硅从水溶液中

吸附碱时的计量置换吸附关系图[4]；(c) 磷酸化酶-b 在甲基-Sepherase 介质上的计量置换吸附关系图[4]

时，在本节中所有的 n 值就变成了 nr，而式（3-6）跟着变成了 $Z=nr+q$。

在本章乃至全书中，在建立模型和进行理论推导时，热力学平衡常数要求用活度，但在进行实验检验时，均假定所有溶液为理想溶液，因此，理论部分的活度就会变成浓度，即活度与浓度混用的情况，以后不再说明。

通常认为在图 3-2（a）中活性炭从水中吸附脂肪酸是属朗缪尔型的，图 3-2（b）中的二氧化硅从水溶液中吸附碱为弗仑德利希型。对于具有选择性的生物作用力的吸附剂对生物大分子的吸附，有的认为属朗缪尔型，有的则认为属于弗仑德利希型，具体到图 3-2（c）中的吸附酶属弗仑德利希型。在后面 §3.4 节中将要讨论的弗仑德利希型吸附等温线只是 SDT-A 的一种特殊表达式（但有其相同点和不同点，已在前面讨论过），而在 §3.5 节中讨论的朗缪尔型虽然可以 SDT-A 为基础从理论上推导出来，但两种表达式毕竟不同，当用朗缪尔和弗仑德利希这两个公式来表达同一吸附过程，或者处理同一吸附数据时，究竟哪一个较为接近实际情况呢？其判断标准不仅是理论公式对实验数据的拟合好坏，即线性相关

系数 R 的大小，而且还得考察所得拟合参数的大小与理论公式中所述物理意义的相符程度。此外，还必须能用这些数值解释那些用其他模型能解释和解释不了的实验数据。下面仅从几个方面来加以比较。

表 3-1、表 3-2 和表 3-3 分别列出数据并比较了用朗缪尔、弗仑德利希［即式（3-25），详见 §3.4］及 SDT-A 的三种公式同时对文献中已发表的一些有关用活性炭及硅胶从不同介质中吸附酸和碱的原始吸附数据进行处理所得的结果。表中的 R 值为线性相关系数，S_L 和 I_L 分别表示以朗缪尔型线性作图的斜率和

表 3-1　各种活性炭从水溶液中吸附脂肪酸时以三种吸附公式拟合实验数据所得线性参数的比较*[4]

No.	酸	活性炭	朗缪尔模型			弗仑德利希公式			SDT-A		
			R	S_L	I_L	R	n/Z	β	R	q/Z	β
1	乙酸	Ⅰ	0.9944	0.651	0.0112	0.9982	0.338	0.453	0.9996	0.658	0.465
2	乙酸	Ⅱ	0.9938	0.480	0.00563	0.9917	0.310	0.603	0.9983	0.690	0.603
3	乙酸	Ⅲ	0.9822	1.20	0.0216	0.9979	0.423	0.300	0.9989	0.577	0.300
4	丙酸	Ⅰ	0.9979	0.665	0.00437	0.9949	0.266	0.460	0.9993	0.734	0.461
5	正丁酸	Ⅰ	0.9990	0.650	0.00194	0.9914	0.188	0.403	0.9995	0.812	0.404
6	正丁酸	Ⅱ	0.9989	2.49	0.00283	0.9603	0.177	0.184	0.9985	0.819	0.181
7	正丁酸	Ⅳ	0.9846	1.62	0.208	0.9978	0.394	−0.227	0.9992	0.606	−0.228
8	正丁酸	Ⅴ	0.9831	7.18	0.923	0.9979	0.359	−0.891	0.9993	0.641	−0.890
9	正丁酸	Ⅵ	0.9783	10.5	1.23	0.9848	0.346	−1.04	0.9957	0.654	−1.04
10	正丁酸	Ⅷ	0.9917	5.04	1.06	0.9841	0.582	−0.700	0.9701	0.419	−0.760
11	盐酸	Ⅱ	0.9983	2.28	0.00864	0.9943	0.155	−0.215	0.9998	0.845	−0.215
12	正丁酸	Ⅶ	0.9880	7.31	0.855	0.9805	0.391	−0.865	0.9921	0.606	−0.864
13	盐酸	Ⅲ	0.9998	7.00	0.0177	0.9391	0.106	−0.719	0.9991	0.894	−0.719
14	草酸	Ⅱ	0.9841	0.395	0.00493	0.9956	0.375	0.758	0.9984	0.625	0.758

* R 为线性相关系数，其余参数分别为该三种模型线性作图的斜率和截距。取自文献 1,14,15,16。

表 3-2　硅胶从盐和水溶液中吸附各种碱时以三种吸附公式拟合实验数据的线性参数的比较*[4]

No.	酸	介质	朗缪尔模型			弗仑德利希公式			SDT-A		
			R	S_L	I_L	R	n/Z	β	R	q/Z	β
1	NaOH	NaCl(0.5)	0.9949	0.328	0.00310	0.9999	0.308	0.808	1.000	0.693	0.808
2	NaOH	NaCl(1.0)	0.9930	0.241	0.00268	0.9957	0.303	0.913	0.9992	0.697	0.913
3	NaOH	NaCl(2.0)	0.9937	0.199	0.00177	0.9991	0.335	1.07	0.9998	0.665	1.07
4	NaOH	NaNO$_3$(1.0)	0.9967	0.273	0.00205	0.9998	0.294	0.889	1.000	0.706	0.889

No.	酸	介质	朗缪尔模型			弗仑德利希公式			SDT-A		
			R	S_L	I_L	R	n/Z	β	R	q/Z	β
5	NaOH	$NaNO_3(0.5)$	0.9938	0.326	0.00305	0.9996	0.307	0.798	0.9999	0.694	0.798
6	NaOH	$NaClO_3$	0.9932	0.313	0.00340	0.9988	0.329	0.846	0.9997	0.671	0.846
7	NaOH	KCl(1.0)	0.9943	0.301	0.00193	0.9999	0.296	0.864	1.000	0.704	0.864
8	NaOH	LiCl(1.0)	0.9960	0.231	0.00191	1.000	0.283	0.927	1.000	0.717	0.927
9	NaOH	LiCl(2.0)	0.9936	0.177	0.00126	0.9993	0.299	1.07	0.9998	0.701	1.07
10	KOH	KCl(2.0)	0.9951	0.279	0.00225	0.9997	0.302	0.877	1.000	0.698	0.877
11	KOH	NaCl(2.0)	0.9977	0.277	0.00142	0.9997	0.271	0.891	1.000	0.729	0.891
12	KOH	$NaNO_3$	0.9970	0.251	0.00182	1.000	0.275	0.891	1.000	0.725	0.891
13	KOH	LiCl(2.0)	0.9913	0.156	0.00183	0.9993	0.344	1.14	0.9998	0.656	1.14
14	KOH	$Li_2SO_4(2.0)$	0.9936	0.193	0.00136	0.9999	0.337	1.13	1.000	0.664	1.13
15	LiOH	H_2O	0.9960	0.478	0.00954	1.000	0.272	0.638	1.000	0.728	0.638
16	NH_4OH	H_2O	0.9908	0.679	0.0117	0.9983	0.401	0.541	0.9993	0.599	0.542
17	KOH	H_2O	0.9970	0.581	0.00486	0.9996	0.283	0.532	0.9999	0.718	0.532
18	NaOH	H_2O	0.9921	0.512	0.00592	0.9996	0.355	0.658	0.9999	0.645	0.658

* 取自文献 17,18。括号内为摩尔浓度。

表 3-3 硅胶从非水介质中吸附酸时三种吸附公式对实验数据拟合所得线性参数的比较[4]

No.	酸	介质	朗缪尔模型			弗仑德利希公式			SDT-A		
			R	S_L	I_L	R	n/Z	β	R	q/Z	β
1	甲酸	CCl_4	0.9975	0.351	0.0119	0.9997	0.202	0.491	1.000	0.798	0.491
2	乙酸	CCl_4	0.9985	0.430	0.0128	0.9998	0.181	0.400	1.000	0.819	0.400
3	丙酸	CCl_4	0.9992	0.534	0.0107	0.9993	0.148	0.308	1.000	0.852	0.308
4	正丁酸	CCl_4	0.9990	0.641	0.00961	0.9991	0.118	0.230	1.000	0.883	0.230
5	苯甲酸	CCl_4	0.9902	0.350	0.0433	0.9986	0.512	0.596	0.9986	0.488	0.596
6	苯甲酸	苯	0.9990	0.119	0.0614	0.9988	0.368	0.090	0.9996	0.632	0.090

* 取自文献 17。

截距。表中 q/Z 和 n/Z 分别为用式(3-27)及式(3-25)线性作图的斜率，β 为截距。从这 3 个表中列出的 38 组数据来看，除表 3-1 中的第 6、10 和 13 组外，其余 35 组数据中的 R 值均说明 SDT-A 的表达式较朗缪尔公式为优，除表 3-1 中第 10 组外，SDT-A 均较弗仑德利希型为优。

§3.3 液-固界面上的双组分溶质计量置换吸附理论[19]

如果 SDT-A 是合理的，它适用于单组分（一种溶剂）的吸附，也应当适用于双组分溶剂体系的吸附，本节将就此问题予以详细讨论。

朗缪尔公式和弗仑德利希经验公式可用于液-固吸附体系中单组分的吸附，有时也被用来研究二组分体系中的吸附。但这并不意味着结果会很准确。这两个公式因不包括液-固体系中吸附剂、溶质和溶剂之间所有的分子相互作用，所得结果与实际有距离是在情理之中的。因 SDT-A 是基于五个热力学平衡常数而建立起来的，已证明它是液-固体系中适用于单组分吸附的一个定量的吸附理论。然而，它没有考虑在整个浓度范围内，在二组分体系中都可能发生的两种溶剂在"平均活性点"上的竞争吸附。本节将考虑所有这些因素，并建立了一个对于全浓度范围内的二组分溶剂体系都是定量吸附的 SDT-A。

3.3.1 双组分溶质 SDT-A 表达公式的理论推导

假定组分 I 和 II，如乙醇和丙醇完全互溶，并且 I 的吸附比 II 的强，且两者都是通过"平均活性点"进行的。在前一节已经指出，"平均活性点"的原始定义为在给定的实验条件下，吸附剂上能够吸附一个分子的另一种组分（也就是 II）的一个活性点，以"$\overline{L}$"表示。前已指出"平均活性点"是一个设想的活性点，它被定义为等物质的量的分子吸附或解吸附组分 II。它并不是意味着一个"平均活性点"只能被一个分子的 I 所占据。在许多复杂的液-固体系中，一个"平均活性点"可以吸附不止一个的组分 I。因此，"平均活性点"意味着它对吸附剂表面上和在吸附剂上可能存在的毛细管内充满组分的孔内的单分子层和多分子层的吸附都是正确的。假定裸露的组分 I 和 II 分别用 P 和 D 表示，根据吸附剂，组分 I 和 II 之间的分子间的相互作用，可以得出以下三个平衡：

$$\overline{L} + D \Longrightarrow \overline{L}D \tag{3-30}$$

$$P + mD \Longrightarrow PD_m \tag{3-31}$$

$$P + n\overline{L} \Longrightarrow P\overline{L}_n \tag{3-32}$$

这里，$\overline{L}D$ 是平均活性点-组分 II 复合物；PD_m 是组分 I-组分 II 复合物，m 是与一个 P 分子相结合的 D 分子的数目；$P\overline{L}_n$ 是平均活性点-组分 I 复合物，n 是当一个 P 分子被吸附剂吸附时所覆盖的平均活性点的数目。当组分 I 的浓度很低时，体相中的大部分组分 I 将以 PD_m 的形式存在。而体相中以 P 形式存在的组分 I 的浓度很低，所以 P 和 D 分子在平均活性点上的竞争吸附可以被忽略。然而，当组分 I 的浓度足够高时，就不能忽略上述的竞争吸附，它可表示为

$$P + n\overline{L}D \Longrightarrow P\overline{L}_n + nD \tag{3-33}$$

另外，由于只有一部分 P 的表面（接触部分）与吸附剂作用形成 $P\overline{L}_n$，其剩余部分仍然暴露于 D，并将与 D 作用

$$P\overline{L}_n + (m - q)D \Longrightarrow P\overline{L}_nD_{(m-q)} \tag{3-34}$$

这里，$P\overline{L}_nD_{(m-q)}$ 是 $P\overline{L}_n$ 和 D 的相互作用产物，或形成的包括三组分在内的复合物，平均活性点-组分 I-组分 II 复合物；q 表示当一个 PD_m 吸附在吸附剂上

时，裸露的 D 分子减少的数目或从 PD$_m$ 分子释放出的 D 分子的数目。

如联立前述的五个平衡：

$$式(3\text{-}32)＋式(3\text{-}33)＋式(3\text{-}34)－式(3\text{-}30)\times n－式(3\text{-}31)$$

则得到

$$P＋PD_m＋2n\overline{L}D \Longrightarrow P\overline{L}_n＋P\overline{L}_nD_{(m-q)}＋(2n＋q)D \qquad (3\text{-}35)$$

式 (3-35) 是在一定温度和平衡条件下从考虑吸附剂、组分 I 和 II 的公式所得到的总公式。式 (3-35) 的物理意义是当组分 I 和 II 的液体混合物加入到最初的包含组分 I、II 和吸附剂的非均相平衡体系中时，该多组分吸附的新的平衡体系的重新建立。

为方便起见，令

$$Z＝2n＋q \qquad (3\text{-}36)$$

式中：Z 代表当一个裸露的 P 分子和一个络合的 PD$_m$ 分子分别被吸附时，从 P 和 PD$_m$ 之间以及 P 和吸附剂之间的接触面所释放的，没有结合的组分 II 分子 D 的总数目。当温度和液-固体系给定时，Z 应当是一个常数。要指出的是不同于式 (3-6) 中所示的 $Z＝n＋q$，式 (3-36) 中 $Z＝2n＋q$。这是因为两者所表示的情况不同：前者为单组分体系，且溶质浓度很低的条件；而后者则表示在双组分吸附体系，且组分处在全浓度范围内。

将公式 (3-35) 的热力学平衡常数表示为 K_a，得到

$$K_a＝\frac{a_{P\overline{L}_n}\cdot a_{P\overline{L}_nD_{(m-q)}}\cdot a_D^Z}{a_P\cdot a_{PD_m}}\cdot a_{\overline{L}D}^{2n} \qquad (3\text{-}37)$$

很清楚，在一个给定的体系中，组分 I 和 II 在两相中的分配有两种形式：①对组分 I 而言，分别是体相溶液中的 P 和其相应的在吸附层上的形式 $P\overline{L}_n$；②对组分 II 而言，分别是在相同的两相中的 D 和其所对应形式 $\overline{L}D$。包括组分 I 和 II 在两相中的分配的第二个是体相溶液中络合的 PD$_m$ 和它们相应的形式，即吸附层上的络合的 $P\overline{L}_nD_{(m-q)}$。

如果只涉及 P 和 D 的单一的第一种形式的分配系数并分别用 $K_{d,1}$ 和 $K_{d,1'}$ 表示，则得到

$$K_{d,1}＝a_{P\overline{L}_n}/a_P \qquad (3\text{-}38)$$

$$K_{d,1'}＝a_{\overline{L}D}/a_D \qquad (3\text{-}39)$$

如果涉及组分 I 和 II 的第二种形式 PD$_m$ 或 $P\overline{L}_nD_{(m-q)}$ 的分配系数并分别用 $K_{d,2}$ 和 $K_{d,2'}$ 表示，则有

$$K_{d,2}＝a_{P\overline{L}_nD_{(m-q)}}/a_{PD_m} \qquad (3\text{-}40)$$

$$K_{d,2'}＝(m-q)a_{P\overline{L}_nD_{(m-q)}}/ma_{PD_m} \qquad (3\text{-}41)$$

将公式 (3-37) 的对数形式和公式 (3-38)、(3-40) 的对数形式相结合，则得到

$$\lg K_{d,1} + \lg K_{d,2} = \lg K_{aD} + 2n\lg a_{\overline{L}D} - Z\lg a_D \tag{3-42}$$

只要组分 I 和组分 II 分子间的竞争吸附是计量的和可逆的，由一个裸露的 P 分子和一个复合的 PD_m 分子共同置换出的裸露的组分 II 分子 D 的数目 Z 应该是一个裸露的 D 分子所置换出的裸露的 P 和其络合形式 PD_m 分子的数目的 $1/Z$。因此，模拟公式（3-42）可以把组分 II 的表达式写为：

$$\lg K_{d,1'} + \lg K_{d,2'} = \lg K_{a'} + n'\lg a_{P\overline{L}_n} - Z'\lg a_P \tag{3-43}$$

或者

$$\lg K_{d,1'} = \lg K_{a'} + n'\lg a_{P\overline{L}_n} - Z'\lg a_P - \lg K_{a,2'} \tag{3-43a}$$

式中：$K_{a'}$，n' 和 Z' 分别是一个裸露的 D 分子所置换出的裸露的 P 和其复合形式 PD_m 分子的数目的 $1/Z$ 时所对应的热力学平衡常数和计量吸附参数。$K_{a'}$，n' 和 Z' 的物理意义对应于组分 II 是被组分 I 所置换。另外，n 和 n'，Z 和 Z'，K_a 和 $K_{a'}$ 之间的关系可以表示为：

$$n' = 1/2n \tag{3-44}$$
$$Z' = 1/Z \tag{3-45}$$

以及

$$K_{a'} = K_a^{-1/Z} \tag{3-46}$$

将公式（3-44），（3-45）和（3-46）代入公式（3-43a）中，则得

$$\lg a_{P\overline{L}_n} - 2n\left[\lg(K_{d,1'} \cdot K_{d,2'}) + \frac{1}{Z}\lg K_a\right] = \frac{2n}{Z}\lg a_P \tag{3-47}$$

如果把公式（3-36）中的 $Z = 2n + q$ 代入公式（3-47），从公式（3-47）的两边减去 $\lg a_P$，然后将其和公式（3-38）联立，则得到

$$\lg a_{P\overline{L}_n} - 2n\left[\lg(K_{d,1'} \cdot K_{d,2'}) + \frac{1}{Z}\lg K_a\right] = -\frac{q}{Z}\lg a_P \tag{3-48}$$

现在将简单地讨论公式（3-47）和（3-48）。

3.3.2　K_d 和 $K_{d,1}$

假定二组分复合分子的稳定性远远高于三组分复合物分子。换句话说，在两相中前者的活度远远大于后者的活度。在吸附剂表面上，与 $a_{P\overline{L}_n}$ 和 $a_{\overline{L}D}$ 的活度相比，$a_{P\overline{L}_nD_{(m-q)}}$ 的活度很低，可以被忽略。因此，吸附剂表面上组分 I 和 II 的活度可以近似地分别用 $a_{P\overline{L}_n}$ 和 $a_{\overline{L}D}$ 表示。基于同样的理由，体相溶液中裸露的组分 I 和 II 的活度应该比它们的二组分和三组分复合分子的活度高得多。而且，最后两种形式的活度也可以被忽略。这样，a_P 和 a_D 可以近似表示体相溶液中组分 I 和 II 的活度。结果，组分 I 的综合活度分配系数为：

$$K_d = \frac{a_{P\overline{L}_n} + a_{P\overline{L}_nD_{(m-q)}}}{a_P + a_{PD_m}} \approx a_{P\overline{L}_n}/a_P = K_{d,1} \tag{3-49}$$

3.3.3 SDT-A 的两个表达式

为方便起见，假定

$$\beta = 2n\left[\lg(K_{d,1'} \cdot K_{d,2'}) + \frac{1}{Z}\lg K_a\right] \tag{3-50}$$

现在公式（3-47）和（3-48）变为：

$$\lg a_{P\overline{L}_n} = \beta + \frac{2n}{Z}\lg a_P \tag{3-51}$$

$$\lg K_d = \beta - \frac{q}{Z}\lg a_P \tag{3-52}$$

式（3-51）和式（3-52）是描述全浓度二组分吸附时组分 I 的 SDT-A 的两个表达式。它们分别代表吸附剂表面上的组分 I 的活度和分配系数与其在体相溶液中的平衡活度。因为公式（3-51）和（3-52）中的参数 β 包括了五个参数 n，Z，$K_{d,1'}$，$K_{d,2'}$ 和 K_a，估算它们中的每一个参数对 β 的贡献并准确地解释参数 β 的物理意义是很困难的。然而，由于实验条件是有限的，解释这五个参数中的一个或几个对参数对 β 的贡献是可能的。对一个给定的吸附体系，K_a，n 和 Z 是常数，这样 β 只取决于 $K_{d,1'}$ 和 $K_{d,2'}$。根据公式（3-39）和（3-41），在整个浓度范围内 $K_{d,1'}$ 和 $K_{d,2'}$ 以相反的方向进行改变。因此，在这种情况下 β 可能是个常数、近似于一个常数或者根本就不是一个常数。如果 β 是一个常数或近似于一个常数，式（3-51）或（3-52）应该是一个线性方程，因为两相中的 $2n/Z$ 和 q/Z 是常数。如果分别以 $\lg a_{P\overline{L}_n}$ 对 $\lg a_P$ 和 $\lg K_d$ 对 $\lg a_P$ 作图，将其分别用 SDT-$A_{CC}*$ 和 SDT-$A_{PC}*$ 表示，就会得到相同的截距 β 和两个斜率 $2n/Z$ 和 $-q/Z$。如果 β 不是常数，公式（3-51）和（3-52）就不是线性方程，从 SDT-A_{CC} 和 SDT-A_{PC} 曲线得出的截距和斜率的偏差就变得很大。偏差的大小可以通过线性相关系数进行估算。

SDT-A_{PC} 是由 SDT-A_{CC} 推导出的，这样，这二者应该具有一些相似点和不同点。首先，它们的线性作图具有相同的截距 β，但它们的表达式（3-51）和（3-52）具有不同的物理意义。如上面所描述的，公式（3-51）表示吸附在吸附剂表面上的组分 I 的浓度和其在体相溶液中的平衡浓度之间的关系。另外，公式（3-52）在数学上的方次较公式（3-51）的低。第二，因为公式（3-52）是从公式（3-51）通过在两边减去 $\lg K_d$ 而推导出来的，这两个斜率的绝对值之和等于 1，并且它们的截距相同。

$2n/Z$ 和 $-q/Z$ 的绝对值可以被用来解释分子间相互作用。如前面所假定的一样，与组分 II 比较，组分 I 更容易吸附。因此，吸附剂对组分 I 和 II 的吸附能力的差异越大，从吸附剂表面释放的组分 II 分子数目 $2n$ 就越少，而且从组分 I "表面"释放出的组分 II 的分子数 q 就越大。结果，在平衡中存在着下面的关系：

$$|-q/Z| > 2n/Z \tag{3-53}$$

如果组分 I 和 II 的吸附能力相差不大，则平衡中应该存在

$$|-q/Z| \leqslant 2n/Z \tag{3-54}$$

公式（3-53）和（3-54）是判断组分 I 是否遵守公式 SDT-A$_{PC}$ 或 SDT-A$_{CC}$ 的关键。

应该指出，公式（3-6）的中 $Z = n + q$ 只是公式（3-36）的一个特例。在从极稀的溶液中吸附组分 I 的情况下，组分 II 的浓度很高，假定公式（3-31）中描述的 PD$_m$ 的浓度比 P 的浓度高得多。因此，公式（3-33）表示的平均活性点上 P 和 D 之间的竞争吸附可以忽略。这样，该 SDT-A 的整个推导过程将和在 §3.2 中所述的一致，也就是 $Z = n + q$。然而，本研究中在整个浓度范围内处理的是一个完全互溶的二组分体系的吸附模型。当体相溶液中组分 I 或 II 的浓度不是很低时，忽略公式（3-33）所表示的平衡便是不合理的。

3.3.4 双组分溶剂吸附体系中 SDT-A 的检验

为了研究本章所提出的表达式的广泛应用，从文献中取了各种类型吸附体系的许多吸附数据来检验所得公式（3-51）和（3-52）。为方便起见，公式（3-51）和（3-52）中的参数 a_{PL_n} 和 a_P 分别用 Γ[mmol(组分 I)/g(吸附剂)] 和 c_{X_1}（体相溶液中组分 I 的平衡浓度）来表示。因为文献中没有许多液-固体系中有关组分在两相中的活度系数的数据，在本研究中，吸附剂和体相溶液中的组分的活度系数近似取为 1。这种方式的计算可能会产生偏差，在某些情况下可能产生很大的偏差。这个问题有待于将来解决。通过使用朗缪尔公式，SDT-A$_{CC}$ 和 SDT-A$_{PC}$ 对 26 个不同的液-固吸附体系作图的线性相关系数 R、斜率和截距列于表 3-4 中。参数 S 和 I_a 分别代表朗缪尔线性作图的斜率和截距，而 $2n/Z$ 表示公式（3-51）作图的斜率，$-q/Z$ 表示公式（3-52）作图的斜率。表 3-4 表示 $2n/Z$ 和 $-q/Z$ 的绝对值之和确实等于 1。而且如上面所讨论的，公式（3-51）和（3-52）的作图确实具有相同的截距 β。这些因素证实了我们在理论部分所预料的。另外，比较 $2n/Z$ 和其相应的 $-q/Z$，可以看出绝对值越大，对应的线性相关系数越接近于 1。容易发现，除苯-环己烷的混合物，理想溶液或近似理想溶液中的吸附发生在吸附剂例如硅胶、活性炭、γ-Al$_2$O$_3$ 和勃姆石上时，SDT-A$_{CC}$ 具有更好的线性。表中 No.1~5，14，26 等体系均属此情形。然而，Al$_2$O$_3$ 从非理想溶液中吸附时则与此相反，即 SDT-A$_{PC}$ 具有较好的线性关系。而且，偏离理想溶液越远，用 SDT-A$_{PC}$ 描述对组分 I 的吸附就越好。体系 No.11~13 和 No.15~20 是这种情况下的典型例子。这样，对公式（3-51）或公式（3-52）而言，斜率的绝对值大于 0.5 的是较好的。从表 3-5 中所列的统计结果可以明显地看出，如果用 SDT-A$_{CC}$ 和 SDT-A$_{PC}$ 一起，基于线性线关系数的观点进行统计估

表3-4 三种吸附公式的线性吸附参数[19]

No.	体系组分I/II/吸附剂	朗缪尔模型				SDT-A_CC			SDT-A_PC		溶液性质
		R (kg/mol)	S (kg/dm³)	I_a	R	$2n/Z$	β	R (kg/mol)	S (kg/dm³)	I_a	
1	苯/甲苯/硅胶	0.9725	0.6184	4.9708	0.9999	0.6872	-0.7186	0.9994	-0.3128	-0.7186	i+
2	苯/氯苯/硅胶	0.9990	0.6371	4.2362	0.9945	0.6894	-0.6839	0.9739	-0.3106	-0.6839	i+
3	甲苯/氯苯/硅胶	0.9723	0.3977	6.0686	0.9999	0.8156	-0.7971	0.9972	-0.1844	-0.7971	i+
4	甲苯/溴苯/硅胶	0.9835	0.4458	5.5045	0.9996	0.7893	-0.7631	0.9942	-0.2107	-0.7631	i*
5	氯苯/溴苯/硅胶	0.9591	0.2021	8.0790	1.0000	0.9220	-0.9133	0.9954	-0.0780	-0.9133	P
6	苯/环己烷/勃母石	0.9991	0.6432	1.3649	0.9910	0.3871	-0.2518	0.9964	-0.6129	-0.2518	i+
7	二氯乙烯/苯/勃母石	0.9994	0.4559	2.6711	0.9896	0.6049	-0.4469	0.9752	-0.3906	-0.4469	i+
8	氯仿/苯/勃母石	0.9968	0.4523	2.2370	0.9800	0.5889	-0.3914	0.9603	-0.4111	-0.3914	i+
9	甲酸乙酯/苯/勃母石	0.9993	0.5851	0.9728	0.9941	0.2932	-0.1161	0.9990	-0.7068	-0.1161	P+
10	甲酸乙酯/三氯乙烯/勃母石	0.9985	0.5784	1.0352	0.9984	0.2841	-0.1115	0.9997	-0.7159	-0.1115	
11	甲醇/苯/烷基化勃母石	0.9996	0.4426	0.4283	0.9280	0.2108	0.0973	0.9943	-0.7892	0.0973	P
12	乙醇/苯/烷基化勃母石	0.9959	0.8132	1.4034	0.6823	0.0374	0.0241	0.9991	-0.9626	0.0241	P
13	n-丁醇/苯/烷基化勃母石	0.9839	1.1111	0.9085	0.7402	0.0907	-0.1784	0.9959	-0.9093	-0.1784	P
14	二氯乙烯/苯/γ-Al$_2$O$_3$	0.9910	0.6691	6.4440	0.9904	0.7251	-0.8209	0.9384	-0.2749	-0.8209	i+
15	甲醇/苯/γ-Al$_2$O$_3$	0.9616	0.6450	2.2179	0.8747	0.2043	-0.1678	0.9900	-0.7957	-0.1678	P
16	乙醇/苯/γ-Al$_2$O$_3$	0.9333	1.2218	1.0932	0.8896	0.0916	-0.2254	0.9987	-0.9084	-0.2254	P
17	n-丁醇/苯/γ-Al$_2$O$_3$	0.9966	1.2855	1.4913	0.9930	0.2128	-0.3607	0.9995	-0.7873	-0.3607	P
18	甲醇/苯/三水铝矿	0.9999	0.4388	0.1362	0.9921	0.0482	0.2927	1.0000	-0.9518	0.2927	P
19	乙醇/苯/三水铝矿	0.9994	0.6060	0.1908	0.9601	0.0423	0.1588	0.9999	-0.9577	-0.1588	P
20	n-丁醇/苯/三水铝矿	0.9870	0.6713	0.7741	0.8742	0.1409	-0.0237	0.9959	-0.8591	-0.0237	P
21	苯/环己烷/活性炭	0.9930	0.2633	0.5283	0.9949	0.4707	0.0605	0.9960	-0.5293	0.0605	P
22	氯仿/丙酮/活性炭	0.6147	0.0226	2.8196	0.9981	0.9766	-0.4565	0.3620	-0.0233	-0.4565	n
23	吡啶/乙醇/活性炭	0.9849	0.1835	0.8931	0.9971	0.4848	0.0758	0.9975	-0.5152	0.0758	P+
24	苯/乙醇/活性炭	0.9782	0.2960	0.4031	0.9385	0.5432	0.0029	0.9162	-0.4568	0.0029	P
25	苯/乙酸/活性炭	0.9558	0.1731	1.5652	0.9923	0.6289	-0.1448	0.9782	-0.3711	-0.1448	P
26	苯/三氯乙烯/活性炭	0.9271	0.1939	1.4212	0.9978	0.6492	-0.1795	0.9925	-0.3508	-0.1795	i+

算，SDT-A 比朗缪尔公式好得多。这是本文中提出的 SDT-A 中公式（3-51）和（3-52）的优点。

表 3-5 $R > 0.9900$ 的体系数目的统计[19]

模型	朗缪尔	SDT-A$_{CC}$	SDT-A$_{PC}$	SDT-A
数目	14	17	19	24
百分比	53.8	65.4	73.1	92.3

§3.4   弗仑德利希吸附等温线及各参数的物理意义

弗仑德利希公式[20]是表征气-固吸附体系的一个经验公式，当其用于液-固吸附体系时当然也是经验的，然而用 SDT-A 就能将其从理论上推导出来。

将式（3-25）和（3-51）以浓度形式表述，则该二式变成了

$$\lg[PL_n D_{(m-q)}] = \beta + (n/Z)\lg[PD_m] \tag{3-55}$$

$$\lg[P\overline{L}_n] = \beta + 2n/Z\lg a_p \tag{3-56}$$

式（3-55）和（3-56）在数学上与弗仑德利希公式是等同的。因此，式（3-25）和从式（3-1）～（3-29）的理论推导和式（3-55）及从式（3-30）～（3-49）的理论推导亦就是用计量置换概念对弗仑德利希公式在两种不同液-固吸附条件下的理论推导过程。但是，式（3-55）和（3-56）与弗仑德利希公式的不同点就在于它是表示液-固体系中溶质计量置换过程的两种数学表达式，是两个理论公式。同时各项有明确的物理意义，而且，因 n 总是 Z 的分数值，故在这两种不同的吸附条件下 n/Z 或 $2n/Z$ 总是小于1。这就解释了近一个世纪以来科学家无法解释的，用弗仑德利希公式线性作图斜率总是小于1的原因。如果式（3-55）和式（3-56）表示的是溶质在吸附剂中浓度的对数与溶液中溶质的平衡浓度的对数在这两种条件下呈线性关系的话，则式（3-28）和（3-52）便是表示了在两种同样情况下溶质分配系数与其溶液中溶质平衡浓度倒数的对数间有线性关系。从数学上讲，式（3-55）和式（3-56）是吸附量对溶液中溶质平衡浓度的一次微商，而式（3-28）和式（3-52）则是其二次微商。

这里要特别指出的是，弗仑德利希公式的上述推导是建立在式（3-14）的合理假设基础上才得以实现的。否则，如将式（3-12）代入式（3-18），则式（3-27）中的斜率就不会是 q/Z，而是1。还应指出的是式（3-25）的浓度表达式便是通常所讲的单组分吸附的弗仑德利希公式。因此，式（3-1）～（3-25）的理论推导也就是用 SDT-A 对沿用了近一个世纪的经验的弗仑得利希公式的理论推导。

弗仑德利希公式在气-固和液-固吸附中沿用了近一个世纪，因此，这近一个

世纪以来所有用弗仑德利希公式拟合的实验、结果和数据均可以看成也是对 SDT-A 的实验检验，也就是说，SDT-A 的实验基础远远多于本章所列的实验结果，或者讲 SDT-A 的实验基础是勿容置疑的[21]。另外，还要说明的是，本章只讲了液-固吸附，并不意味着 SDT-A 不适用于气-固吸附，只要忽略了溶质与惰性气体分子之间的作用以及惰性气体分子与吸附剂间的相互作用，则本节推导出的 SDT-A 便可运用于气-固吸附体系，换言之，气-固吸附体系只不过是液-固吸附体系中的一种最简单的特例[22]。

§3.5　朗缪尔公式及改进的朗缪尔模型

朗缪尔公式在气-固吸附中是一个理论公式，但也被广泛用于液-固吸附体系中。在很多情况下，朗缪尔公式都能非常好地拟合液-固吸附数据。然而，朗缪尔公式毕竟最初是针对气-固吸附体系提出的，在液-固吸附中它也还只是一个经验公式，所以限制了其在液-固吸附中更广泛的应用。下面将以 SDT-A 为基础，从理论上推导出适用于液-固吸附中的扩展的朗缪尔公式[23]。

3.5.1　扩展的朗缪尔公式的理论推导

在 §2.1 已经定义了在吸附剂表面的平均活性点（MAS）为能够吸附一个溶剂分子的点。因为在 SDT-A 的数学处理中会出现复杂的指数关系，因此我们在此定义一个新的概念：活性点群（chuster of activer site，CAS），它是指在吸附剂表面上能够吸附一个溶质分子的点和簇，且 1 CAS$= n$ MAS。

当活性点群 L_o 溶剂化时：

$$L_o + nD = L_oD_n \tag{3-57}$$

L_oD_n 表示活性点群溶剂复合物。

当溶质分子 P 与未溶剂化的吸附剂表面上的活性点群作用时：

$$L_o + P = PL_o \tag{3-58}$$

PL_o 表示活性点群-溶质复合物。

PL_o 再溶剂化时：

$$PL_o + (m - q)D = PL_oD_{(m-q)} \tag{3-59}$$

$PL_oD_{(m-q)}$ 表示活性点群-溶质-溶剂复合物。将式（3-57）、（3-58）、（3-59）和式（3-2）联立，则能得到下面的平衡式：

$$PD_m + L_oD_n = PL_oD_{(m-q)} + (n + q)D \tag{3-60}$$

同 §3.1 中的 SDT-A 中的处理方法一样，用 K_1，K_2，K_3，K_4，K_5 表示这五个平衡式的热力学平衡常数，则有：

$$K_5 = \frac{K_4 K_3}{K_1 K_2} = \frac{a_{PL_oD_{(m-q)}} a_D^{(n+q)}}{a_{PD_m} a_{L_oD_n}} \tag{3-61}$$

令 $K_0 = \dfrac{K_5}{a_D}$，当溶剂浓度 a_D 为一定时，式（3-61）变为：

$$K_0 = \frac{K_5}{a_D} = \frac{a_{PL_oD_{(m-q)}}}{a_{PD_m}a_{L_oD_n}} \tag{3-62}$$

将式（3-62）另写成以下的形式：

$$a_{L_oD_n} = \frac{a_{PL_oD_{(m-q)}}}{a_{PD_m}K_0} \tag{3-63}$$

设吸附剂表面的总活性点数为 N_0，则 N_0 可表示为

$$N_0 = a_{L_oD_n} + a_{PL_oD_{(m-q)}} \tag{3-64}$$

将式（3-63）代入式（3-64）中，则得：

$$N_0 = \frac{a_{PL_oD_{(m-q)}}}{a_{PD_m}K_0} + a_{PL_oD_{(m-q)}} \tag{3-65}$$

对式（3-65）进行化简整理，则得

$$a_{PL_oD_{(m-q)}} = \frac{K_0 \times a_{PD_m} \times N_0}{1 + a_{PD_m}K_0} \tag{3-66}$$

式（3-66）即为朗缪尔表达式。如将其写成常见的朗缪尔表达式的形式，则为

$$a_{PL_oD_{(m-q)}} = \frac{a \times a_{PD_m}}{1 + b \times a_{PD_m}} \tag{3-67}$$

式（3-67）中的 $b = K_0$，$a = K_0 \times N_0$，这样在液-固吸附体系中的朗缪尔表达式中参数 a、b 就有了确定的物理意义。即 b 表示在一定溶剂浓度下，某一溶质与溶剂、吸附剂相互作用时的总热力学平衡常数。a 表示在此种情况下的总热力学平衡常数与吸附剂表面的总活性点数的乘积。

朗缪尔公式的线性表达式为

$$\frac{a_{PD_m}}{a_{PL_oD_{(m-q)}}} = \frac{1}{a} + \frac{b}{a}a_{PD_m} \tag{3-68}$$

若将式（3-66）也写成这种线性表达式的形式，则为

$$\frac{a_{PD_m}}{a_{PL_oD_{(m-q)}}} = \frac{1}{K_0 N_0} + \frac{1}{N_0}a_{PD_m} \tag{3-69}$$

即以 $\dfrac{a_{PD_m}}{a_{PL_oD_{(m-q)}}}$ 对 a_{PD_m} 作图，其斜率为 b/a［见式（3-68）］或 $1/N_0$［见式（3-69）］；截距为 $1/a$［见式（3-68）］或 $1/K_0 N_0$［见式（3-69）］。由斜率和截距可分别求出 a 和 b 值，从而进一步可求出 K_0 值和 N_0 值。

从上述的过程看出，在式（3-57）～（3-60）的推导中巧妙运用活性点群和总活性点数的概念，对溶剂化溶质分子在溶剂化固定相表面上的作用重新进行处理并用新的参数进行表征，并在此基础上推导出了朗缪尔公式，说明朗缪尔公式与计量置换方程是统一的。

现在将表达式（3-62）中的 $K_0 = \dfrac{K_5}{a_D^Z}$ 代入式（3-66）中

$$a_{PL_o D_{(m-q)}} = \frac{\dfrac{K_5}{a_D^Z} \times a_{PD_m} \times N_0}{1 + a_{PD_m} \dfrac{K_5}{a_D^Z}} \tag{3-70}$$

对式（3-70）进行化简，得

$$a_{PL_o D_{(m-q)}} = \frac{K_5 \times a_{PD_m} \times N_0}{a_D^Z + a_{PD_m} K_5} \tag{3-71}$$

从式（3-71）中看出，等号右边分母的第一项不为 1，这与通常的朗缪尔公式，即式（3-66）有所不同。但对某一溶质来讲，在一定的色谱体系中 Z 为一个常数，那么当溶剂浓度一定时，a_D^Z 也是一个常数，这时式（3-71）即为通常的朗缪尔公式。但式（3-71）却有更广阔的适用范围。因为它有可能适用于不同的溶剂浓度条件下溶质吸附量的计算，这时 a_D^Z 不再是常数，所以式（3-71）应该称为扩展的朗缪尔公式。

因为用计量置换概念推出的表达式（3-66）和式（3-67）中均包括了除被吸附组分以外的溶剂 a_D 对吸附的影响 ［见式（3-62）］，这不仅表明了组分吸附量与溶液组成有关，而且给出了吸附量与溶液组成间的定量关系。所以它的应用范围更为宽广，常规的朗缪尔公式只是当溶剂组成一定时溶质在吸附剂上吸附量与体相中溶质活度间的关系。从这一观点出发，式（3-67）和式（3-71）均可称之为扩展的或改进的朗缪尔公式，或者，通常讲的朗缪尔公式只是式（3-67）的一个特例。

3.5.2　扩展的朗缪尔公式的检验

在如式（3-62）的表达式中，$b = K_0 = \dfrac{K_5}{a_D^Z}$，$K_0$ 表示在一定溶剂活度条件下，某一溶质与溶剂、吸附剂相互作用时的总热力学平衡常数，并对式两边求对数，则

$$\lg K_0 = \lg K_5 - Z \lg a_D \tag{3-72}$$

从式（3-72）中看出，以 $\lg b$ 或 $\lg K_0$ 对 $\lg a_D$ 作图，应得一条直线，其斜率为 $-Z$，截距为 $\lg K_5$，所以用这种作图方式可求出计量参数 Z 及 SDT-A 中的总

热力学平衡常数 K_5，而 Z 值用 LC 的方法[3]也可求出，所以用这两个 Z 值进行比较可以验证用 SDT-A 推导朗缪尔公式的正确性。

从表达式（3-72）知，以 $\lg K_0$（即 $\lg b$）对 $\lg a_D$ 作图，应为一条斜率为 $-Z$，截距为 $\lg K_5$ 的直线，而且从后面的 §4.2 中的 SDT-R 知，$\lg k'$ 对 $\lg a_D$ 作图也可得到一条斜率为 $-Z$，截距为 $\lg I$ 的直线，所以用这两种方法都可得到 Z 值。若理论部分中朗缪尔公式的推导是正确的话，则由朗缪尔扩展关系式(3-72)得到的 Z 值应与在 RPLC 中用 SDT-R 方法得到的 Z 值是一致的。

图 3-3 为芳香醇同系物在 Licrosorb RP-18 上 $\lg K_0$（即 $\lg b$）对 $\lg a_D$ 的作图，图 3-4 为非同系物在 YWG-C_6H_5 柱上 $\lg K_0$（$\lg b$）对 $\lg a_D$ 作图，表 3-6 比较了用这两种方法得到的 Z 值。

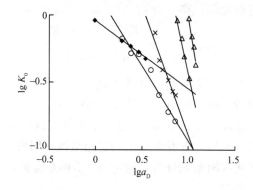

图 3-3　芳香醇同系物在 Licrosorb RP-18 上 $\lg K_0$（即 $\lg b$）对 $\lg a_D$ 作图[23]

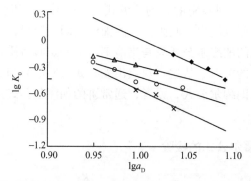

图 3-4　非同系物在 YWG-C_6H_5 柱上 $\lg K_0$（即 $\lg b$）对 $\lg a_D$ 作图[23]

从图 3-3 和图 3-4 看出，$\lg b$ 或 $\lg K_0$ 对 $\lg a_D$ 作图的确存在着线性关系，线性相关系数均在 0.95 以上，而且从表 3-6 中对这两个 Z 值的比较又可看出用这两种方法求得的 Z 值的吻合程度相当好。在对这两个 Z 值进行线性回归时，便可得到

$$Z_{AD} = 1.1085 Z_{RPLC} - 0.2823 \tag{3-73}$$

表 3-6 Z_{RPLC}和 Z_{AD}的比较 *[23]

溶　质	Z_{RPLC}	Z_{AD}
苯乙醇（a）	0.680	0.509
苯丙醇（a）	1.26	1.11
苯丁醇（a）	2.02	1.91
苯戊醇（a）	3.20	3.30
苯己醇（a）	4.35	4.30
二甲苯（b）	4.26	4.78
乙苯（b）	3.41	3.34
氯苯（b）	2.63	2.67
苯戊醇（b）	4.84	5.01

* Z_{RPLC} 为用 RPLC 保留数据得到的 Z 值，Z_{AD}为用吸附等温线的方法测得的 Z 值。（a）吸附剂为 Lichrosorb RP-18；（b）吸附剂为 $YWG\text{-}C_6H_5$。

其线性回归系数为 0.9934，表明线性关系很好。所以从图 3-3，图 3-4 和表 3-6 的结果都可进一步说明以 SDT-A 为基础推导出的朗缪尔方程的合理性。同时由于同系物的碳数规律在 LC 中常被用来检验一个新的保留机理或新方法的可靠性，以所得结果是否遵循碳数规律作为一个非常可靠的验证结果是否合乎实际的一个指标。本文用上述吸附等温线的方法求得的 Z 值是否遵循碳数规律来对推导的公式的可靠性作进一步的判断。发现 Z_{AD}值随芳香醇同系物碳数的增加而增大，Z_{AD}对芳香醇同系物碳数作图的线性相关系数为 0.9894。说明用这种方法测得的 Z 值符合同系物规律，这进一步验证了以 SDT-A 为基础推导出的朗缪尔公式是合理的和可靠的，且公式中的参数 Z 值有明确的物理意义。

虽然用本文实验对推导的理论公式进行了验证，结果颇佳，但由于朗缪尔公式应用于液-固吸附和各类体系有近一个世纪的历史，故仍须用更多的实验数据对本文提出的理论公式进行更多的验证。

§3.6　吸附剂吸附溶质的量与溶剂活度的定量关系

溶剂的浓度对溶质在液-固体系中的吸附是很重要的。溶剂活度会影响溶剂和溶质的相互作用以及吸附剂对溶剂和溶质的吸附。而液-固体系中常用的朗缪尔公式没有考虑溶剂的影响，虽然在§3.5 中推导出的扩展的朗缪尔公式能够用于计算不同溶剂活度下溶质的吸附，但却很复杂。本节我们将以 SDT-A 为基础，从理论上推导出一个描述不同溶剂活度下溶质吸附的新的吸附公式，并用芳香醇同系物在 RPLC 中的吸附进行检验[24,25]。

3.6.1　溶质吸附量与溶剂活度的定量关系的理论推导

假设溶质从一个包括水和有机溶剂的双组分体系中吸附。在这里，水是一个稀释剂，只有有机溶剂对溶质吸附有效。在溶剂化溶质被吸附在溶剂化固定相上时，会发生如下的化学平衡：

$$PD_m + nLD = PD_{(m-q)}L_n + ZD \tag{3-74}$$

公式中所有符号的意义与 §3.2 中相同。与 §3.5 中的相似，此平衡式的热力学平衡常数可表示为

$$K_a = \frac{a_{P\overline{L}_nD_{(m-q)}} a_D^Z}{a_{PD_m} a_{\overline{L}D}^n} \tag{3-75}$$

这里，$a_{PD_{(m-q)}L_n}$ 是吸附剂中溶质的活度，a_{PD_m} 是体相溶液中溶质的活度。

假定吸附剂表面总的活性点数为 a_{SD}，当溶剂活度 a_D 给定时，a_{SD} 可以被表示为

$$a_{SD} = a_{\overline{L}D} + a_{P\overline{L}_nD_{(m-q)}} \tag{3-76}$$

将式(3-76)中 $a_{\overline{L}D}$ 代入方程（3-75），得

$$K_a = \frac{a_{P\overline{L}_nD_{(m-q)}} a_D^Z}{a_{PD_m}(a_{SD} - a_{P\overline{L}_nD_{(m-q)}})^n} \tag{3-77}$$

$$a_{P\overline{L}_nD_{(m-q)}} = \frac{K_a a_{PD_m}(a_{SD} - a_{P\overline{L}_nD_{(m-q)}})^n}{a_D^Z} \tag{3-78}$$

式（3-78)可以改写成下式：

$$a_{P\overline{L}_nD_{(m-q)}} = K_a a_{PD_m} a_{SD}^n \left[1 - \frac{a_{P\overline{L}_nD_{(m-q)}}}{a_{SD}}\right]^n a_D^{-Z} \tag{3-79}$$

式中：K_a，a_{SD} 和 n 都是常数。当式(3-79)中的 a_{PD_m} 保持一定时，方程（3-79)可以写成以下对数形式

$$\ln a_{P\overline{L}_nD_{(m-q)}} = \ln P + n\ln\left[1 - \frac{a_{P\overline{L}_nD_{(m-q)}}}{a_{SD}}\right] - Z\ln a_D \tag{3-80}$$

式中：P 为一常数，$P = K_a \times a_{PD_m} \times a_{SD}^n$。式(3-80)表示了当溶质活度保持一定时，吸附量 $a_{P\overline{L}_nD_{(m-q)}}$ 与溶剂活度 a_D 之间的函数关系。由于式(3-80)是一个很复杂的方程，要得到它的准确的数学解是很困难的，所以必须做一些假定和数学变换才能得到它们的近似解。下面分两种情况来讨论式(3-80)。

(1)当 $a_{P\overline{L}_n D_{(m-q)}}$ 很小时，$a_{P\overline{L}_n D_{(m-q)}}/a_{SD}$ 近似等于 0。

$$\ln\left[1 - \frac{a_{P\overline{L}_n D_{(m-q)}}}{a_{SD}}\right] = 0 \tag{3-81}$$

将式(3-81)进入式(3-80)中，可以得到

$$\ln a_{P\overline{L}_n D_{(m-q)}} = \ln P - Z\ln a_D \tag{3-82}$$

在式(3-82)中以 $\ln a_{P\overline{L}_n D_{(m-q)}}$ 对 $\ln a_D$ 作图，可以得到一个线性关系，$-Z$ 是直线的斜率，$\ln P$ 是截距。所以式(3-82)是一个近似的含两参数的线性方程。

式(3-82)也可以写成下面的形式：

$$\ln a_D = A_{20} + A_{21}\ln a_{P\overline{L}_n D_{(m-q)}} \tag{3-83}$$

式中：$A_{20}=(1/Z)\lg P$，$A_{21}=-1/Z$。式(3-83)为一个含 A_{20}、A_{21} 的二参数方程。

(2)当 $a_{P\overline{L}_n D_{(m-q)}}$ 较小但 $a_{P\overline{L}_n D_{(m-q)}}/a_{SD}\neq0$ 时。

(a) 对式(3-80)进行 Taylor 展开并简化和取 Taylor 展开第一项，即

$$\ln\left[1 - \frac{a_{P\overline{L}_n D_{(m-q)}}}{a_{SD}}\right] = -\frac{a_{P\overline{L}_n D_{(m-q)}}}{a_{SD}} \tag{3-84}$$

则式(3-80)变为

$$\ln a_{P\overline{L}_n D_{(m-q)}} = \ln P + n\left[-\frac{a_{P\overline{L}_n D_{(m-q)}}}{a_{SD}}\right] - Z\ln a_D \tag{3-85}$$

对式(3-85)进行化简，得：

$$\lg a_D = \frac{1}{Z}\lg P - \frac{1}{Z}\lg a_{P\overline{L}_n D_{(m-q)}} - \frac{n}{Z\times a_{SD}}a_{P\overline{L}_n D_{(m-q)}} \tag{3-86}$$

$$\ln a_D = A_{30} + A_{31}\ln a_{P\overline{L}_n D_{(m-q)}} + A_{32}a_{P\overline{L}_n D_{(m-q)}} \tag{3-87}$$

式中：$A_{30}=(1/Z)\ln P$，$A_{31}=-1/Z$，$A_{32}=-n/(Z\times a_{SD})$。式(3-87)为一个含 A_{30}、A_{31}、A_{32} 的三参数方程。

(b) 为了更精确地表达吸附量与溶剂活度之间的关系，取 Taylor 展开前两项，即

$$\ln\left[1 - \frac{a_{P\overline{L}_n D_{(m-q)}}}{a_{SD}}\right] = -\frac{a_{P\overline{L}_n D_{(m-q)}}}{a_{SD}} + \frac{1}{2}\left[\frac{a_{P\overline{L}_n D_{(m-q)}}}{a_{SD}}\right]^2 \tag{3-88}$$

则式(3-88)变为

$$\ln a_D = \frac{1}{Z}\ln P - \frac{1}{Z}\ln a_{P\overline{L}_n D_{(m-q)}} - \frac{n}{Z\times a_{SD}}a_{P\overline{L}_n D_{(m-q)}} - \frac{1}{2}\times\frac{n}{Z\times a_{SD}^2}(a_{P\overline{L}_n D_{(m-q)}})^2 \tag{3-89}$$

式(3-89)简化为

$$\ln a_D = A_{40} + A_{41}\ln a_{P\overline{L}_n D_{(m-q)}} + A_{42}a_{P\overline{L}_n D_{(m-q)}} + A_{43}(a_{P\overline{L}_n D_{(m-q)}})^2 \tag{3-90}$$

其中：$A_{40} = (1/Z)\ln P$, $A_{41} = -1/Z$, $A_{42} = -n/(Z \times a_{SD})$, $A_{43} = n/(2 \times Z \times a_{SD}^2)$。式(3-90)为一个含 A_{40}、A_{41}、A_{42}、A_{43} 的四参数方程。

从上面的推导看出，以表示吸附量 $a_{P\bar{L}_n D_{(m-q)}}$ 与溶剂浓度 a_D 之间的基本关系式(3-80)出发，用不同的假定和简化方式，可得到吸附量 $a_{P\bar{L}_n D_{(m-q)}}$ 与溶剂中强置换剂的活度的对数 $\ln a_D$ 之间的函数表达式，其中有二参数方程、三参数方程和四参数方程，下面将用实验对此三个方程的可靠性分别进行检验。

为了验证方程(3-83)，(3-87)和(3-90)的可靠性，首先通过回归的方法以得到这些方程中的参数和相关系数，一个很好的回归关系将是方程可靠性的重要保证，而精确的参数又将是保证实验结果和预测结果之间一致性的前提。

3.6.2 二参数方程的线性关系的验证

表 3-7 为在非常低的溶质活度下芳香醇同系物的 $\ln a_{P\bar{L}_n D_{(m-q)}}$ 对 $\ln a_D$ 线性作图得到的参数和线性相关系数。从表 3-7 看出，$\ln a_{P\bar{L}_n D_{(m-q)}}$ 对 $\ln a_D$ 作图的线性关系的确存在。Z 值是在吸附过程中释放出的溶剂分子的总物质的量[4]。随着碳链长度的增加，Z 值增加，这说明溶质分子参与与固定相接触的碳链长度增加。

表 3-7　$\ln a_{P\bar{L}_n D_{(m-q)}}$ 对 $\ln a_D$ 作图的参数 $\ln P$、Z 及线性相关系数[24]

同系物	$\ln P$	Z	R
苯乙醇	0.694	0.551	0.9808
苯丙醇	1.57	1.22	0.9434
苯丁醇	2.33	1.88	0.9977
苯戊醇	3.74	3.05	0.9981
苯己醇	5.46	4.60	0.9880

注：$a_{PD_m} = 0.10$ mg/mL。

3.6.3 二参数方程预测结果的比较

为了更清楚地表示，将由公式(3-83)计算得到的理论值和实验值进行比较，并列在表 3-8 中。从表中可以看出，最大的相对偏差是 10.9%。而且，在各种实验所用的甲醇浓度下，所有五种溶质的最大的平均相对偏差是 7.1%。这表明，在溶质浓度很低时(0.10 mg/mL)，计算结果和实验数据十分吻合。

表 3-8　在很低的溶质浓度下芳香醇同系物的实验值与计算值的比较[24]

溶质	甲醇浓度	实验值	计算值	相对偏差
苯乙醇	6%	3.90	4.00	2.5%
	8%	3.43	3.42	−0.3%
	10%	3.20	3.02	−5.6%
	12%	2.73	2.73	0
	14%	2.42	2.51	3.7%
	平均相对偏差			2.42%
苯丙醇	16%	6.70	7.05	5.2%
	20%	6.03	5.37	−10.9%
	25%	3.90	4.09	4.9%
	平均相对偏差			7.0%
苯丁醇	18%	13.0	13.2	1.5%
	20%	11.4	10.8	−5.3%
	22%	9.21	9.06	−1.6%
	25%	7.33	7.13	−2.8%
	28%	5.69	5.76	1.2%
	30%	5.16	5.06	−1.9%
	平均相对偏差			2.4%
苯戊醇	30%	12.8	12.6	−1.6%
	32%	10.7	10.4	−2.8%
	35%	8.20	7.91	−3.5%
	38%	5.98	6.15	2.8%
	40%	4.58	4.32	−5.7%
	45%	3.67	3.67	0
	平均相对偏差			2.7%
苯己醇	38%	14.3	15.4	7.7%
	40%	13.6	12.2	−10.3%
	42%	10.4	9.76	−6.1%
	45%	7.18	6.86	−4.4%
	48%	4.92	5.27	7.1%
	平均相对偏差			7.1%

注：a_{PD_m}=0.10 mg/mL。

3.6.4　二参数方程 $\ln a_{PL_n D_{(m-q)}}$ 对 $\ln a_D$ 作图收敛趋势的研究

从图 3-5 中看出,芳香醇同系物的 $\ln a_{PL_n D_{(m-q)}}$ 对 $\ln a_D$ 作图呈现收敛趋势,计算得平均收敛点(average convergence point,ACP)为 $a_{PL_n D_{(m-q)}}$ 1.2 mg/g,$\ln a_D$ 为 2.90。在 RPLC 反相液相色谱中当置换剂溶剂浓度是纯置换剂浓度时发生收敛现象[26]。纯甲醇的 $\ln a_D$(mol/L)为 3.20。耿和 Regnier[26] 报道了在甲醇和水中邻苯二甲酰亚胺同系物和羧酸同系物的此值分别为 3.32 和 3.45。当溶质活度很低时,一般会发生偏离朗缪尔方程的现象。当理想的朗缪尔吸附模型不适合时,经验的弗仑德利希吸附等温线可能适合非理想的吸附[27]。Adamson[27] 假定了吸附时位点的不均匀性和两维的相互作用是引起非理想状态的可能的原因。

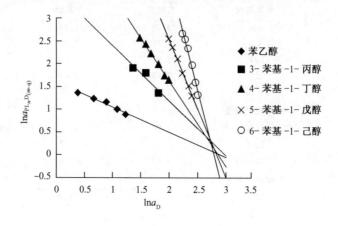

图 3-5　芳香醇同系物的 $\ln a_{PL_nD_{(m-q)}}$ 对 $\ln a_D$ 作图[24]

3.6.5　二参数方程在溶质活度很低和较高时获得参数值及相关系数的比较

从理论部分的公式推导得出,二参数方程只适合于低溶质活度,而三参数和四参数方程可适合于溶质活度较高时。在这个实验中,三参数及四参数方程的溶质活度是二参数方程的 7.5 倍。而且,从三个方程的推导过程可以发现二参数方程是最简单的,三参数方程是比较复杂的,而四参数方程是最复杂的。四参数方程用于预测应当是最好的。

表 3-9　在高浓度和低浓度时 $\ln a_{PL_nD_{(m-q)}}$ 对 $\ln a_D$ 作图得到的参数[25]

同系物	$\ln P$		Z	
	低浓度	高浓度	低浓度	高浓度
苯乙醇	0.694	3.25	0.551	0.54
苯丙醇	1.57	4.45	1.22	0.85
苯丁醇	2.33	6.16	1.88	1.46
苯戊醇	3.74	9.20	3.05	2.58
苯己醇	5.46	13.85	4.60	4.31

表 3-9 列出了 $\ln a_{PL_nD_{(m-q)}}$ 对 $\ln a_D$ 作图在非常低的溶质浓度和相对高的溶质浓度下得到的参数值。可以发现,在溶质浓度高或低时 Z 和 $\ln P$ 随着芳香醇同系物链长的增长而有规则地增加[21]。但是 Z 和 $\ln P$ 在溶质浓度非常低和相对高的情况下的变化趋势却截然不同。在溶质浓度相对较高时,五个芳香醇同系物的 Z 值均小于在溶质浓度很低时得到的 Z 值;而 $\ln P$ 值与此相反,在溶质浓度高时得到的 $\ln P$ 要大于在溶质浓度很低时得到的 $\ln P$ 值。对于 Z 值来说,当溶质浓度低

时比起溶质浓度高时,一个溶质分子置换出更多的溶剂分子,这是合理的。当溶质浓度高时一些溶质分子不能与吸附剂相接触,Z 值减小,但溶质分子之间会发生相互作用,因此溶质的密度在吸附剂表面会增加。更高的 $\ln P$ 意味着更高的平衡常数,溶质对吸附剂有更高的亲和势,在更高的溶质浓度时会有更多的吸附。

3.6.6 多参数方程的回归

表 3-10 列出了在溶质浓度相对较高时用三或四参数方程,以非线性回归方法所得到的参数值,为方便比较,将二参数方程使用线性回归得到的结果同时列于表 3-10 中。在表 3-10 中,为了计算吸附量在实验的精度范围内三个方程的参数值,至少使用了 6 位有效数字。对三个方程来说,所有五个溶质的相关系数都在 0.97 以上。所以这三个方程都可以用来预测实验结果。而对所有溶质三参数和四参数方程的相关系数全部超过 0.99。而且,四参数方程的相关系数又全都好于三参数方程。这表明随着方程中参数的增加,预测方程的精确度也相应地增加。说明参数越多,对实验结果的拟合程度越好。这主要是由于方程中参数越多,在理论推导过程中省略项越少,与实际情况越吻合。

表 3-10　二参数、三参数和四参数方程回归得到的参数值和相关系数[25]

参数和线性系数	苯乙醇	苯丙醇	苯丁醇	苯戊醇	苯己醇
A_{20}	6.019837	5.236116	4.222896	3.564785	3.213911
$A_{21}=-1/Z$	-1.8583	-1.1733	-0.68652	-0.38694	-0.23217
R_{two}	0.9925	0.9747	0.9912	0.9747	0.9912
A_{30}	0.258447	0.235256	2.847476	2.454773	1.340899
$A_{31}=-1/Z$	1.379223	1.070097	-0.15265	0.070307	-0.20845
A_{32}	-0.19839	-0.08538	-0.01444	-0.01386	-0.00134
R_{three}	0.9987	0.9985	0.9944	0.9925	0.9964
A_{40}	13.19242	9.56061	1.825223	0.619822	3.085343
$A_{41}=-1/Z$	-8.67768	-4.33127	0.337249	1.02941	-0.20738
A_{42}	1.033112	0.333872	-0.04106	-0.07434	0.003032
A_{43}	-0.01859	-0.00389	0.000174	0.000441	-0.000044
R_{four}	0.9990	1.000	0.9944	0.9952	0.9964

注:R_{two},R_{three},和 R_{four} 分别表示二参数,三参数和四参数方程的线性相关系数。

方程(3-87)中的参数 A_{31},方程(3-90)中的 A_{41},也都是 $-1/Z$。按理说它们应该是负值。但在表 3-10 中并非全部如此,有的就为正值。正值使得它从数学上可以更好地模拟这个模型,但从物理意义上讲,就会出现问题,所以只有二参数的线性回归对于解释参数的物理意义是正确的[28,29]。

3.6.7　在相对高的溶质浓度下实验结果和预测值之间的比较

为了表示方程(3-83),方程(3-87)和方程(3-90)在相对高的溶质浓度下的精确性,表3-11列出了在此溶质浓度下从这三个方程获得的实验值与预测值。

表 3-11　芳香醇同系物在相对高的溶质浓度下实验值与计算值之间的比较[25]

溶质	MC	$c_{s,exp}$	$c_{s,two}$	$c_{s,three}$	$c_{s,four}$
苯乙醇	6%	20.3	20.8	20.3	20.3
	8%	18.0	17.8	18.0	18.1
	10%	16.3	15.8	16.1	16.1
	12%	14.2	14.3	14.4	14.3
	14%	13.0	13.2	12.9	13.0
苯丙醇	10%	37.7	40.5	37.8	37.7
	16%	29.5	27.1	29.0	29.5
	20%	23.4	22.4	24.0	23.4
	25%	17.6	18.6	17.3	17.6
苯丁醇	18%	52.6	54.3	52.7	52.8
	20%	47.3	46.6	46.7	46.6
	22%	39.6	40.5	41.4	41.3
	25%	36.1	33.6	34.5	34.6
	28%	28.2	28.5	28.6	28.7
	30%	25.3	25.8	25.2	25.1
苯戊醇	30%	54.5	58.3	53.6	54.8
	32%	47.4	49.4	48.5	47.6
	35%	41.3	39.2	41.2	40.2
	38%	32.4	31.6	34.3	34.3
	40%	27.1	23.5	24.2	25.6
	45%	18.3	20.4	19.1	19.1
苯己醇	38%	64.6	69.9	65.7	65.4
	40%	58.3	56.1	56.1	56.5
	42%	45.4	45.4	47.4	47.2
	45%	36.0	32.8	34.6	34.4
	48%	25.0	25.6	25.9	25.6
	50%	20.7	21.4	20.3	20.5

注:MC,甲醇浓度;$c_{s,exp}$,$a_{P_{L_n}D_{(m-q)}}$ 的实验值;$c_{s,two}$,$c_{s,three}$,$c_{s,four}$分别表示 $a_{P_{L_n}D_{(m-q)}}$ 的二参数,三参数和四参数方程计算值;所有 $a_{P_{L_n}D_{(m-q)}}$ 值均以 mg 溶质/g 吸附剂表示。

表 3-11 表明,对这三个方程来说,实验值与计算值之间的差别并不是很大,最大的偏差为 13%。而且,这五个溶质的相对平均偏差对二参数方程是 4.49%,对三参数方程是 2.24%,对四参数方程是 1.88%。这说明方程中参数越多,从数学上它越适合于实验数据。然而,在这里多参数方程不能够用来解释方程中各参数的物理意义。众所周知,多项式的级别越高,适用性越好,但却有不正确的

解释[28,29]。在此多参数的方程得到正的参数，可能从数学上改进了其适用性，但并不能从物理意义上解释其数据。只有二参数方程对这个同系物系列有物理意义。高浓度或其他的系列可能需要去发现浓度的适用范围，也许这样在一定情况下可能有更多的参数其物理意义都是正确的。

SDT-A 发表后，有许多科学家用其解决科学及应用中的难题，这里仅举几例予以说明。Pinto G 等依据 SDT-A 并结合 Martin 的加和理论，提出了一个适用于大规模纯化蛋白质，称之为计量置换-马丁加和理论框架（This framework is based on the stoichiometric displacement model and Martin's additive theory）[30]。林玉锁等用 SDT-A 探讨了锌在石灰性土壤中的吸附机制和迁移规律，结果令人满意[31]。林传仙等还用 SDT-A 研究了风化壳淋积型稀土矿床成矿机理，并与朗缪尔公式比较，认为以 SDT-A 为佳[32]。耿信鹏等用 SDT-A 成功地研究了两亲物在羊毛纤维上吸附及分子组装的机理，用量热和荧光光谱实验验证的结果是满意的[33]。

参 考 文 献

[1] 丁莹如,傅鹰. 化学学报,1955,21:337

[2] Geng X D, Regnier F E. J.Chromatogr., 1984,296:15

[3] Geng X D,Regnier F E. J.Chromatogr., 1985,332:147

[4] 耿信笃,时亚丽. 中国科学(B辑),1988,6:571,Science in China(Ser.B),1989,32(1):11

[5] 耿信笃,边六交. 中国科学(B辑),1991,(9):915,Science in China (ser.B),1992,35(4):263

[6] Geng X D, Bian L J. Chinese Chemical Letters,1990,1(2):135

[7] Geng X D, Chang X. J.Chromatogr.,1992,599:185

[8] Arieh Ben-Naim. Solvation Thermodynamics. New York:Plenum Press, 1987

[9] 耿信笃. 西北大学学报,1994,24(4):337

[10] Arieh Ben-Naim. Hydrophobic Interaction. New York:Plenum Press,1980

[11] Giddings J C. Unified separation science. New York:John Willey & Sons Inc., 1991:143

[12] Langmuir I. J.Am.Chem.Soc.,1918,40:1361

[13] 耿信笃著.现代分离科学理论导引. 北京:高等教育出版社,2001

[14] Fu Y,Hansen R S,and Bartell F E. J.Phys.Chem.,1984,52:374

[15] 金积栓,顾惕人. 化学学报,1966,32:140

[16] 程仲彪,顾惕人. 化学学报,1966,32:153

[17] Bartell F E, Fu Y. J.Phys.Chem.,1929,33:676

[18] Fu Y. J. Chinese Chem.Soc.,1943,10:103

[19] Geng X P, Geng X D. Chin. J. Chem., 1993,11:385

[20] Freudlich H. Colloid and Capillary Chemistry. London: Methuen, 1926

[21] Geng X D, Zebolsky Don M. J. Chem. Edu., 2002,79(3):385

[22] Zhao F S. J. Langmuir, 1995,11:1403

[23] 耿信笃,王彦,虞启明. 化学学报,2001,59(11):1847

[24] Wang Y, Geng X D, Zebolsky Don M. Thermochimica Acta, 2003,397:13

[25] Wang Y, Geng X D, Zebolsky Don M. Chin. J. Chem., 2003, 21:1339

[26] Geng X D, Regnier F E. Chromatographia, 1994,38:158

[27] Adamson A W. Physical Chemistry of Surfaces. 4th ed. New York:Wiley, 1982

[28] 王彦,张静,耿信笃. 色谱,1999, 17: 326

[29] Noggle J H. Physical Chemistry on a Microcomputer. Boston:Little and Brown Co., 1985:90

[30] Jen S C D, Pinto N C. Reactive Polymers, 1993,19:145

[31] 林玉锁,薛家华. 土壤学报,1991,28:391

[32] 林传仙,郑作平. 地球化学,1994,23:194

[33] Geng X P, Xie F X, Zhang H F, et al. Colloids and Surfaces A , in press

第四章　液相色谱中溶质的计量置换保留理论

§4.1　概　　述

第二章已经指出，液-固吸附与液相色谱（LC）在本质上是相同的，均由固相和液相及溶质（或组分）三种组分组成的液-固吸附体系，都是描述溶质或组分在固相上的吸附和解吸附。所不同的是在 LC 中描述的是溶质或组分在保留过程中与流动相中流动相组成（主要是强置换剂或强溶剂）之间的量的关系，以达到多种溶质相互分离的目的。而在通常的液-固吸附体系中则描述的是当体相组成不变时，组分在吸附剂上的吸附量，或组分在两相中的分配系数与体相中平衡浓度间的关系。然而，从 SDT 的角度出发，这二者都描述的是吸附和解吸附的过程。前者是溶质吸附时，计量置换原来被吸附在固相表面的溶剂，而解吸附则是溶剂计量置换原来被固相吸附的溶质，该二过程互为可逆过程，因此均可用 SDT 来描述，或者讲可以将在 LC 中 SDT-R 和 SDT-A 统一起来。本章将要讨论如何依据 SDT-A 推导出 SDT-R。

对溶质在 LC 中保留机理的研究是了解溶质在 LC 上分离过程的基础。在反相高效液相色谱（RPLC）发展初期，曾认为溶质保留是通过它在非极性键合相和流动相之间分配，或它在非极性键合官能团的吸附这种简单的方式进行的。对单分子层键合相而言，它是以吸附为主，而对聚合键合相而言则以分配为主。在键合相色谱出现以来，一直存在着在 RPLC 中溶质保留属吸附还是分配机理的争论。但多数情况下，很难用纯的吸附或纯的分配机理解释溶质的保留行为和各种影响因素。由此而产生了许多保留机理。目前在 RPLC 中广泛应用的保留模型主要有五种：Snyder 等提出的经验公式[1]、溶解度参数模型[2,3]、溶剂色效模型（solvatochromic models）[4]、疏溶剂化理论[5,6]以及 SDT-R[7,8]。

色谱分离法是目前所知的分离方法中最有效的少数几种分离方法之一。历来色谱法中溶质的保留机理都是因不同的色谱种类而异，甚至以机理来取名的。例如，分配色谱的溶质保留机理被认为如同溶质在不相混溶的两液相间的分配一样，吸附色谱如同液-固体系中的溶质吸附，离子交换被认为是相同电荷离子间的置换作用等。

在第三章中已经谈到在液-固体系中溶质的吸附机理是计量置换的，而且这种计量置换与溶质分子同固定相间相互作用力的种类无关。由此可以预计，溶质的 SDT-R 应适用于除排阻色谱以外的任何一类色谱。

§4.2 二组分流动相体系中的 SDT-R[7~11]

二组分流动相体系是 LC 中最简单的体系，该体系的特点是将流动相中双组分溶剂中的一种视为对溶质保留起决定性作用的强溶剂，又称之为置换剂，如 RPLC 中的有机溶剂，而另一组分则视为对溶质保留无贡献的惰性溶剂，或强溶剂的稀释剂。这样以来，LC 中的二组分流动相体系便可视同于在第三章中所讨论的液-固吸附体系中的组分从一种溶剂中的吸附。

在 §3.1 所讨论的液-固吸附体系中最简单的体相是纯溶剂。在 LC 中因为弱溶剂只是另外一种强溶剂的稀释剂，其作用只是使强溶剂在流动相中的浓度不同而已。这样以来，第三章讨论的理论处理便可为溶质在 LC 中的流动相是二组分溶剂混合物时的保留所应用。实际上在 LC 中，RPLC 中的二元组分流动相体系为有机溶剂（甲醇、乙腈等）-水体系，正相液相色谱（normal phase chromatography，NPC）为正庚烷或环己烷（惰性溶剂）-甲醇等体系和其他色谱中的盐-水体系等。

从式（3-11）知，在液-固吸附体系中溶质的分配系数是与溶剂浓度 a_D 有关的，即

$$\lg K_d = \lg K_a + n\lg a_{LD} - Z\lg a_D \tag{3-11}$$

因为在这种情况下流动相为一种二元溶剂的混合物，其中一种是强溶剂，另一种是弱溶剂（严格地讲，这两种溶剂都会在固定相表面上与溶质发生置换作用。为了简便，假定只有强溶剂起着支配性的作用，而弱溶剂只起着稀释剂的作用）。这样，流动相中的强溶剂的活度就如同式（3-11）中的 a_D 一样。

因为在色谱中有以下关系式：

$$k' = K_d \varphi \tag{4-1}$$

或

$$\lg k' = \lg K_d + \lg \varphi \tag{4-2}$$

式中：k' 为容量因子；φ 为柱相比。将式（4-2）与式（3-11）联立便可得出

$$\lg k' = \lg K_a + n\lg a_{LD} + \lg \varphi - Z\lg a_D \tag{4-3}$$

因为式（4-3）中 a_{LD} 是流动相中强溶剂浓度的函数，或者

$$a_{LD} = f(a_D) \tag{4-4}$$

这样以来，式（4-3）就变成了

$$\lg k' = \lg K_a + \lg \varphi + n\lg f(a_D) - Z\lg a_D \tag{4-5}$$

式（4-5）为二元液相色谱中 SDT-R 的表达式。现对其进行以下讨论。

（1）当 a_D 变化范围不大时，则式（4-3）中的 a_{LD} 可近似地视其为常数。故式（4-5）可简化为

$$\lg k' = \lg I - Z\lg a_D \tag{4-6}$$

其中

$$\lg I = \lg K_a + \lg \varphi + n \lg a_{\overline{L}D} \qquad (4\text{-}7)$$

因式（4-7）中的 K_a，φ，Z 均为常数项，而且如上所述，$a_{\overline{L}D}$ 亦可近似地取其为常数，故式（4-6）中的 $\lg I$ 和 Z 为常数，即式（4-6）为一线性方程式。也称其为 SDT-R 中基本方程式的第一组线性方程，其参数 $\lg I$，Z 也称其为第一组线性参数。

（2）当式（4-4）的函数关系符合下述关系时：

$$\lg a_{\overline{L}D} = a_0 a_D + b \qquad (4\text{-}8)$$

则式（4-5）就变成了

$$\lg k' = A + B a_D - Z \lg a_D \qquad (4\text{-}9)$$

式中

$$A = \lg K_a + \lg \varphi + n b \qquad (4\text{-}10)$$

$$B = n a_0 \qquad (4\text{-}11)$$

这时的式（4-9）便不是一个线性方程式。

（3）当式（4-4）的函数关系为：

$$\lg a_{\overline{L}D} = a_1 \lg a_D + b_1 \qquad (4\text{-}12)$$

则式（4-5）变为

$$\lg k' = \lg I' - Z' \lg a_D \qquad (4\text{-}13)$$

其中

$$\lg I' = \lg K_a + \lg \varphi + n b_1 \qquad (4\text{-}14)$$

$$Z' = n a_1 - Z \qquad (4\text{-}15)$$

式（4-13）仍为一线性方程。

因此，依据式（4-4）、（4-8）和式（4-12）的三种函数的不同关系式，便可得到 LC 中 SDT-R 的三种特殊形式的表达式，式（4-6）、（4-9）和式（4-13）。为简化讨论，在本章中仅以式（4-6）为例进行讨论。

依据在前一章的结论，该 SDT-R 的有效性不应当与溶质和固定相间的相互作用力的类型有关。换句话讲，式（4-6）可应用于除 SEC 以外的各类 LC。为简化讨论，假定在所讨论的 LC 中溶液为理想溶液，则式（4-6）、（4-9）和(4-13)均可写成其浓度表达，如式（4-6）可写成

$$\lg k' = \lg I - \lg[D] \qquad (4\text{-}16)$$

§4.3　LC 中多元流动相体系的溶质计量置换统一保留理论[9~11]

在 LC 分离过程中，在很多情况下用二组分流动相体系并不能得到满意的分

离效果，这时必须借助于多元流动相体系以得到更好的分离效果。多元流动相体系，如甲醇-乙腈-水体系已经广泛应用于 LC 的分离中，这时甲醇和乙腈都是置换剂，故前节推导出的二组分流动相体系中的 SDT-R 此时就不再适用，因此，必须推导出适用于多元流动相体系中的 SDT-R，这样方能预测溶质的保留以及更好地理解溶质的保留机理。

4.3.1 统一的 SDT-R 的理论推导

在上节的二元溶剂流动相体系中，其中只有一种溶剂是对溶质保留起作用的，而另一种则视其为"稀释剂"。暂且不考虑这种假定是否合理，但在 RPLC 中经常会用到三元或多元溶剂流动相体系。假设其中的一相——水，还可视其为稀释剂的话，那么，至少还有两种或三种溶剂（总称为强溶剂）都对溶质的保留起作用。如果计量置换这个概念是合理的，则这些强溶剂便会在固定相表面上进行竞争吸附，或如前所述的溶质与溶剂分子之间的相互置换一样，也会相互置换。而前述的 5 个热力学平衡并未考虑到这一点，所以至少还得再加一个强、弱溶剂之间的相互置换，这种相互作用可以用图 4-1 所示。

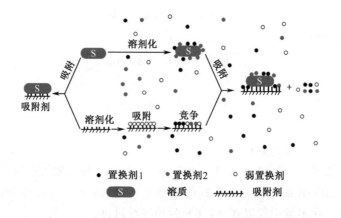

● 置换剂1　●置换剂2　○ 弱置换剂
Ⓢ 溶质　‧‧‧‧‧‧‧‧ 吸附剂

图 4-1　在 HPLC 中有 6 种热力学平衡存在的计量置换示意图[11]

研究多组分体系中流动相组成与溶质保留间的关系是基于以下 4 个基本假定：①在多组分流动相体系中，溶质的保留主要是由强溶剂决定的，但弱溶剂与强溶剂在固定相表面上的竞争吸附同样会对溶质保留做出贡献；②在多组分溶剂洗脱体系中，各溶剂间不产生相互溶剂化作用；③溶质或溶剂与固定相的作用是通过假想的分布在固定相表面上的活性点进行的。尽管活性点在固定相表面上可能是非均匀分布的，但从总体上来看，固定相上单位面积上的平均活性点数目应当是一定的。因此，各种置换剂在固定相表面上可以看作是均匀分布的，也就是说，单位表面固定相上所具有的各种溶剂分子数是一定的。这里同样定义一个平均活性点为吸附一个溶剂分子的活性点。因此，一个平均活性点仅仅可以和一个强的或弱的溶剂分子相互作用，只是它们作用的程度不同而已；④溶质分子可看作是一种刚性的理想分子，它在流动相和吸附相中的分子构象是相同的。也就是说，当溶质分子被吸附到固定相表面时，其分子构象并不发生变化。

设体系中流动相由 $n+1$ 种溶剂组成，n 种为强洗脱剂，其中任一强洗脱剂以 i 表示：$i=1, 2, 3, \cdots, n$，仅有一种为弱溶剂。则溶质在液相色谱体系中的保留过程可处理如下。

1. 溶剂在固定相表面上的吸附

$$D_{(i, m)} + \bar{L}_{(s)} = D_{(i, s)} \tag{4-17}$$

式中 $D_{(i, m)}$ 和 $D_{(i, s)}$ 分别表示一个在流动相或吸附相中的第 i 种强溶剂分子，$\bar{L}_{(s)}$ 表示一个平均活性点，由假定③知，一个强溶剂分子仅仅只能与一个平均活性点相互作用，n 种强溶剂分子与固定相相互作用的总式为

$$\sum_{i=1}^{n} D_{(i, m)} + n\bar{L}_{(s)} = \sum_{i=1}^{n} D_{(i, s)} \tag{4-18}$$

2. 未溶剂化溶质与未溶剂化固定相的作用

$$P_{(a, m)} + N\bar{L}_{(s)} = P_{(a, s)} \tag{4-19}$$

其中 $P_{(a, m)}$ 和 $P_{(a, s)}$ 分别表示一个在流动相或吸附相中的未溶剂化的溶质分子，N 表示可以与一个溶质分子相互作用的平均活性点数目。上式表明，一个未溶剂化的溶质分子可以与 N 个平均活性点相互作用。前已指出，从总体来看，在固定表面上各种强溶剂可以看作是均匀分布的。如果在 N 个 $\bar{L}_{(s)}$ 中，被吸附的第 i 种溶剂分子数为 n_i，则下式应该成立

$$N = \sum_{i=1}^{n} N_i \tag{4-20}$$

3. 溶质在流动相中的溶剂化

设溶质在流动相中溶剂化时，一个溶质分子可以与 m_i 个第 i 种溶剂分子相互作用，则对 n 种溶剂分子而言：

$$P_{(a, m)} + \sum_{i=1}^{n} m_i D_{(i, m)} = P\sum_{i=1}^{n} m_i D_i \tag{4-21}$$

式中 $P\sum_{i=1}^{n} m_i D_i$ 表示在流动相中所有的溶剂化溶质分子络合物。

4. 在吸附相中溶质分子 $P_{(a, s)}$ 的溶剂化

当溶质分子 $P_{(a, m)}$ 与平均活性点作用形成 $P_{(a, s)}$ 时，溶质分子只有总表面面积的一部分 C_m 与其接触（接触面积），而其余部分则暴露在溶液中并仍会依式 (4-22) 与溶剂相互作用，或溶剂化：

$$P_{(a, s)} + \sum_{i=1}^{n} (m_i - q_i) D_{(i, m)} = P_{(b, s)} \tag{4-22}$$

式中：$P_{(b,s)}$ 表示一个吸附相中的溶剂化溶质分子；q_i 为一常数，与溶剂化溶质的一部分同溶剂化固定相接触时，从接触表面处释放出的或使该溶质溶剂化时所减少的第 i 种溶剂分子的数目有关。上式的基本假定在于：处在被吸附状态的溶质分子，当其暴露在流动相的部分与溶剂分子相互作用时表面溶剂化所需的溶剂分子数目，与其单独存在于流动相中时相同（当然，这种假定对于常见的小分子是正确的，但是对于大分子，如蛋白质分子，则不一定正确）。因此，这里所假定的溶质分子是一种理想的刚性分子。

5. 溶剂化溶质在溶剂化固定相上的吸附

前已提到，一个未溶剂化的溶质分子 $P_{(a,m)}$ 可以与 N 个未溶剂化的平均活性点相互作用，此处假定，当溶剂化溶质分子与溶剂化固定相相互作用时，一个溶质分子仍然可以与 N 个平均活性点相互作用，则

$$P\sum_{i=1}^{n} m_i D_i + \sum_{i=1}^{n} n_i D_{(i,s)} = P_{(b,s)} + \sum_{i=1}^{n} (n_i + q_i) D_{(i,m)} \tag{4-23}$$

式（4-23）表明，当一个溶剂化溶质分子被溶剂化固定相表面吸附时，不仅可以从固定相表面置换出一定数目的溶剂分子，而且，由于溶质-固定相表面的相互作用，同时也会从溶质表面释放出一定数目的溶剂分子。

设上述的式（4-17），（4-19），（4-21），（4-22）及式（4-23）的平衡常数分别为 K_1，K_2，K_3，K_4 和 K_5，则

$$K_5 = \frac{[P_{(b,s)}]}{\left[P\sum_{i=1}^{n} m_i D_i\right]} \prod_{1}^{n} \left\{ \left[\frac{[D_{(i,m)}]}{[D_{(i,s)}]}\right]^{n_i} [D_{(i,m)}]^{q_i} \right\} \tag{4-24}$$

将 K_1，K_2，K_3 及 K_4 的表达式代入式（4-24），便可得到

$$K_5 = K_2 K_4 / K_3 K_1^N$$

上式表明：式（4-23）可代表溶质在固定相上总的保留平衡式。式（4-17），（4-19），（4-21），（4-22）是式（4-23）的分步平衡表达式。

6. 强、弱溶剂在固定相表面上的竞争吸附

前已叙述，溶质保留主要是由强溶剂支配的，但这并不意味着弱溶剂 W 不参与溶质的保留，实际上，在固定相表面上它可以与强溶剂进行竞争吸附，从而影响溶质的保留，由假定③知：

$$D_{(i,m)} + W_{(s)} = D_{(i,s)} + W_{(m)} \tag{4-25}$$

其中 $W_{(s)}$ 和 $W_{(m)}$ 分别代表吸附相和流动相中的弱溶剂分子，n 种强溶剂与弱溶剂 W 置换反应的总平衡式为

$$\sum_{i=1}^{n} D_{(i,m)} + n W_{(s)} = \sum_{i=1}^{n} D_{(i,s)} + n W_{(m)} \tag{4-26}$$

设第 i 种强溶剂 $D_{(i,m)}$ 和 $W_{(s)}$ 置换反应的平衡常数为 $K_{6,i}$，由式（4-26）知：

$$K_{(6,i)} = \frac{[W_m][D_{(i,s)}]}{[W_s][D_{(i,m)}]} \tag{4-27}$$

由于流动相是由 $n+1$ 种组分组成的，则

$$K_{(6,i)} = \frac{1 - \sum\limits_{i=1}^{n}\left[D_{(i,m)}\right]}{\sum\limits_{i=1}^{n} D_{(i,s)}} \frac{\left[D_{(i,s)}\right]}{\left[D_{(i,m)}\right]} \tag{4-28}$$

由式（4-27）知，各种强、弱溶剂相互置换的总平衡式可写成

$$\sum_{i=1}^{n}\left[D_{(i,s)}\right] = \left[\frac{W_s}{W_m}\right]\sum_{i=1}^{n} K_{6,i}\left[D_{(i,m)}\right] \tag{4-29}$$

将式（4-29）及式（4-27）代入式（4-28），并整理后得

$$\frac{\left[D_{(i,s)}\right]}{\left[D_{(i,m)}\right]} = \frac{K_{6,i}}{1 + \sum\limits_{i=1}^{n}\left\{\left(K_{6,i}-1\right)\left[D_{(i,m)}\right]\right\}} \tag{4-30}$$

再将式（4-30）和溶质在两相中的分配系数 $K_d = \left[P_{(b,s)}\right]/\left[P\sum\limits_{i=1}^{n} m_i D_i\right]$ 代入式（4-24），则得

$$K_5 = K_d\prod_1^n\left\{\left[1 + \sum_{i=1}^{n}\left(\left(K_{6,i}-1\right)\left[D_{(i,m)}\right]\right)\right]^{n_i}\cdot\left[D_{(i,m)}\right]\right\}^{q_i/K_{6,i}^n} \tag{4-31}$$

在 LC 中，衡量溶质保留的特征参数——容量因子 k' 与分配系数 K_d 的关系为

$$k' = K_d\varphi \tag{4-1}$$

式中：φ 为柱的相比。

将式（4-31）和式（4-1）联立，并对两边取自然对数，则得

$$\ln k' = \ln I_{cc} - \sum n_i\ln\left[1 + \sum_{i=1}^{n}\alpha_i\left[D_{(i,m)}\right]\right] - \sum_{i=1}^{n} q_i\ln\left[D_{(i,m)}\right] \tag{4-32}$$

其中

$$\ln I_{cc} = \ln\varphi + \ln K_5 + \sum_{i=1}^{n} n_i\ln K_{6,i} \tag{4-33}$$

式（4-32）即为在 LC 的多元流动相体系中描述溶质保留的基本方程。

式（4-32）是一个具有四组参数（n_i，q_i，α_i 及 $\ln I_{cc}$）的方程。它包括了三项对溶质保留的贡献，其中的第一项包括了固定相、流动相和溶质固有性质对溶质保留的贡献（它在数值上等于以纯强溶剂 i 作流动相时某溶质的保留值）；第二项的 α_i 值表示的是强溶剂置换弱溶剂的一组平衡常数，而 n_i 值则反映了溶质-固定相和溶剂-固定相间的相互作用，因此第二项的贡献与溶质-固定相、溶剂-固定相间的相互作用和与在固定相表面上的强溶剂与弱溶剂之间的竞争吸附有关；在第三项中，由于溶质与固定相接触面积是由溶质与固定相共同决定的，而 q_i 值所反映的又是溶质与溶剂的作用，因此第三项所表示的贡献与溶剂-溶质和溶质-固定相相互作用有关。因此式（4-32）全面地反映了液相色谱体系

中各种相互作用对溶质保留的贡献。

式（4-32）是一非线性方程，由于在数学上求准确解的困难，必须以式（4-34）展开并求其近似解（收敛域：$0 < x \leqslant 1$）：

$$\ln(1 + x) = x - \frac{1}{2}x^2 + \cdots \qquad (4\text{-}34)$$

展开其右边第二项，并且取其前两项作为近似。因为取前二项已经能够达到相当的精确度，且可求出本模型中的参数。

当 $n = 2$ 或 1 时，分别得到溶质在 LC 的三组分或二组分体系中的保留关系式（4-35）和式（4-36）：

$$\ln k' = B(0) + B(1)[D_{(1, m)}] + B(2)[D_{(2, m)}] + B(3)[D_{(1, m)}]^2$$
$$+ B(4)[D_{(2, m)}]^2 + B(5)\ln[D_{(1, m)}] + B(6)\ln[D_{(2, m)}] \qquad (4\text{-}35)$$

式中：$B(0) = \ln I_{cc}$，$B(1) = -\alpha_1 n_1$，$B(2) = -n_2 \alpha_2$，$B(3) = \frac{1}{2}n_1 \alpha_1^2$，$B(4) = \frac{1}{2}n_2 \alpha_2^2$，$B(5) = -q_2$。

$$\ln k' = B(0) + B(1)\ln[D_{(1, m)}] + B(2)[D_{(1, m)}] + B(3)[D_{(1, m)}]^2 \qquad (4\text{-}36)$$

其中

$$B(0) = \ln I_{cc}, \ B(1) = -q, \ B(2) = -n\alpha, \ B(3) = (1/2)\alpha^2 n^2$$

4.3.2　多元流动相体系中的 SDT-R 的检验

1. 三组分体系

三组分体系是多组分体系中的一典型事例。取文献［12］的保留数据，用式（4-35）对两个常见的三组分 RPLC 体系，甲醇-乙腈-水和甲醇-四氢呋喃-水体系进行了验证。如表 4-1 所示，结果拟合情况良好。其复相关系数都不小于 0.996，除个别溶质外，平均偏差都不大于原文平均偏差。说明本模型的处理结果优于文献的保留模型。表 4-1 仅列出了甲醇-四氢呋喃-水体系中部分溶质的拟合参数，复相关系数和平均偏差。

这里要指出的是，表 4-1 中的 R 值极佳，然而所得参数大小，甚至正、负符号的出现呈现出某些不规律性。如前章所述，这是科学上目前尚未解决的一个问题，即：多参数方程拟合效果较参数少的方程好，但参数出现某种程度的不规律性变化，而二参数方程的拟合程度可能较多参数方程差，但其参数值遵循着一定的变化规律。

2. 二组分体系

在 4.2.2 节中对二组分流动相体系中的 SDT-R 进行了讨论，表明在除排阻色谱外的各种类型色谱中 $\lg k'$ 和 $\lg(1/[D_0])$ 之间确实存在良好的线性关系。前面对推导出的多元流动相体系中的 SDT-R 在三组分体系中的适用性进行了验证，那么它是否对二组分体系也是正确的呢？下面将从多方面对多元流动相体系中的

表 4-1 甲醇-四氢呋喃-水体系按式(4-35)处理的参数、本模型参数、复相关系数和平均偏差[9]

溶质	$B(0)$	$B(1)$	$B(2)$	$B(3)$	$B(4)$	$B(5)$	$B(6)$	R	$\ln I_{oc}$	α_1	α_2	n_1	n_2	q_1	q_2	本模型平均偏差	原文平均偏差
苯乙酮	4.217	−4.787	−3.442	9.099	1.833	1.100	−0.934	0.9999	4.217	1.231	1.066	12.014	3.232	−1.100	0.934	0.04	0.16
苯胺	19.77	−27.323	−23.708	14.77	15.283	3.363	2.458	0.9984	19.77	1.289	1.081	−18.388	43.661	2.458	3.363	0.10	0.18
苯甲醚	1.533	−8.801	−0.297	3.815	−2.86	0.063	1.336	0.9999	1.530	0.867	−19.37	10.148	−0.015	−0.063	1.336	0.20	0.12
苯甲醛	4.714	−5.762	−13.525	2.192	9.989	0.055	0.443	0.9970	4.714	0.762	1.477	7.549	9.195	0.055	−0.453	0.04	0.12
苯	7.795	−9.28	−14.653	3.538	8.937	0.277	0.659	0.9999	7.794	1.220	0.760	−12.015	24.185	0.659	0.277	0.11	0.07
苯乙腈	5.576	−17.726	−3.263	10.688	1.768	1.442	−0.867	0.9999	5.577	1.206	0.977	14.669	3.712	−1.442	0.867	0.04	0.12
三苯酮	−6.083	−3.260	13.362	4.779	−12.289	−0.909	−3.926	1.000	−6.083	1.839	1.120	7.264	0.360	−3.926	−0.909	0.05	0.15
苯甲醇	5.319	−3.624	−19.53	1.828	15.078	−3.06	1.077	0.9980	5.320	1.009	1.544	3.592	12.65	0.306	−1.077	0.05	0.16
氯苯	−4.01	−6.949	1.359	2.522	−3.988	−0.674	−1.978	0.9990	−4.01	5.871	0.726	0.231	9.349	−1.978	−0.674	0.07	0.08
邻甲苯酚	6.724	−13.324	−10.237	6.11	6.256	0.928	−0.345	0.9976	6.724	0.917	1.223	14.532	8.376	−0.929	0.345	0.10	0.10
二乙酞酸酯	5.188	−12.664	−10.877	6.333	9.703	0.552	−0.811	0.9986	5.188	1.000	1.784	12.660	6.097	−0.551	0.831	0.16	0.17
N,N-二甲苯胺	47.787	−78.033	−32.874	45.003	23.759	13.126	2.995	0.9995	47.787	1.445	1.153	−22.349	90.40	2.995	13.126	0.15	0.23
2,4-二苯酚	2.056	−14.140	1.335	7.872	−3.856	0.425	−1.895	0.9999	2.056	1.113	5.777	12.303	−0.228	−0.425	1.894	0.04	0.07
二甲酞酸酯	2.891	−12.975	−4.936	8.007	4.426	0.596	−1.036	0.9980	2.890	1.234	1.793	10.513	2.751	−0.596	1.036	0.09	0.18

SDT-R 在二组分体系中的适用性进行验证。（1）取文献［12］的保留数据，分别对典型的 RPLC 体系（甲醇-水、乙腈-水和四氢呋喃-水）在有机溶剂浓度为 10％～100％（体积分数）的范围内，对式（4-36）进行了验证，如表 4-2 所示，拟合情况良好，复相关系数都在 0.996 以上。表 4-2 仅列出了甲醇-水体系，用式（4-36）处理的部分溶质的拟合参数、复相关参数和平均偏差。（2）在流动相中有机溶剂浓度很高或很低的极限情况下，有时会发现某些理论上的处理不够严密。上面的讨论已经表明，本统一的 SDT-R 能在较宽及高浓度条件下良好地反映实验事实。因为对 RPLC 要获得极低浓度下的保留情况进行了验证。表 4-3 列出了 NPC 中在强溶剂浓度极低情况下对 k' 的预测结果。由表 4-3 知，即便是在极低浓度范围内，本统一的 SDT-R 仍能很好地描述实验事实。因此，可以得出，本统一的 SDT-R 能够适用于 LC 中多组分全浓度范围内溶质的保留情况。（3）为了进一步证实式（4-36）的适应能力及准确性，用不同溶质（正构烷同系物，正烷基苯同系物及稠环芳烃同系物），在不同柱上（YWG-$C_{18}H_{37}$柱，自己合成的 C_{18}柱，氰基柱），以不同流动相（甲醇-水、乙腈-水、异丙醇-水、四氢呋喃-水，浓度范围均为 40％～100％）共计八个体系，将式（4-36）与目前在 LC 中几个常见的保留关系式进行了比较[10]。表 4-4 列出了其复相关系数的统计情况。其中 G 式代表本统一的 SDT-R 的关系式（4-36）。由表 4-4 知，在所有保留关系式中都以本统一的 SDT-R 处理结果为优。

表 4-2　用式（4-36）处理二元体系的参数、本模型参数、复相关系数及平均偏差[9]

参数＼溶质	$B(0)$	$B(1)$	$B(2)$	$B(3)$	$\ln I_{cc}$	q	α	n	R	平均偏差
苯乙腈	5.69	0.419	−10.5	3.18	5.69	−0.419	0.609	17.1	0.9996	0.16
苯甲醇	3.95	0.171	−7.78	2.08	3.95	−0.171	0.535	14.5	0.9966	0.20
间硝苯酚	5.60	0.530	−9.81	2.46	5.60	−0.530	0.503	19.5	0.9992	0.29
苯酚	4.82	0.586	−9.35	2.73	4.82	−0.586	0.584	16.0	0.9987	0.14
苯乙酮	7.20	0.841	−12.9	4.33	7.20	−0.841	0.673	19.2	0.9986	0.34
苯胺	6.64	1.59	−12.1	3.78	6.64	−1.59	0.622	19.6	0.9986	0.106
苯甲醛	11.7	3.34	−20.1	7.06	11.7	−3.34	0.702	28.7	0.9976	0.134
邻甲苯酚	8.66	−1.74	−14.6	4.36	8.66	−1.74	0.597	24.5	0.9992	0.159
间二硝基苯	10.2	2.82	−15.7	3.95	10.2	−2.82	0.503	12.1	0.9981	0.219
对硝基苯乙酮	10.4	2.52	−17.8	5.86	10.4	−2.52	0.660	26.9	0.9996	0.049
邻硝基苯乙酮	12.0	3.46	−20.9	7.25	12.0	−3.46	0.695	30.0	0.9997	0.026
硝基苯	8.40	1.62	−13.2	3.43	8.40	−1.62	0.522	25.2	0.9990	0.263
1-苯基乙醇	7.15	1.09	−12.9	4.14	7.15	−1.09	0.643	20.1	0.9998	0.095
2-苯基乙醇	7.65	1.37	−13.6	4.35	7.65	−1.37	0.639	21.3	0.9988	0.20
3-苯基乙醇	9.82	1.75	−16.5	5.18	9.82	−1.75	0.628	26.3	0.9990	0.52
苯	12.5	3.67	−18.0	4.53	12.5	−3.67	0.504	35.7	0.9992	0.142
2,4-二甲苯酚	13.7	3.68	−21.6	6.55	13.7	−3.68	0.606	35.7	0.9994	0.162
二甲酞酸酯	11.0	2.02	−20.66	8.03	11.0	−2.02	0.777	26.6	0.9993	0.124
苯甲醚	−33.9	−21.9	50.69	−17.88	−33.86	21.93	0.705	−71.86	0.9998	0.112
二乙酞酸酯	11.8	1.39	−20.2	6.94	11.8	−1.39	0.686	29.5	0.9991	0.11

表 4-3　在极低浓度下用式(4-36)处理的正相色谱中的预测保留值 k'_c 的比较[9]

溶质	体系*	浓度(%)	0.1	0.3	0.5	1.0	2.0	4.0	6.0	8.0	10.0	12.0	14.0	平均偏差
乙酸苯酯	1	k'_e	37.00	13.94	9.35	6.00	4.08	2.22	1.62	1.31	1.10	0.95	0.84	0.41
		k'_c	35.00	14.94	10.16	6.05	3.63	2.20	1.65	1.33	1.12	0.96	0.83	
	2	k'_e	32.32	12.65	8.44	5.17	3.55	2.02	1.48	1.18	0.99	0.85	0.74	0.31
		k'_c	30.60	13.21	8.97	5.35	3.23	1.98	1.49	1.21	1.01	0.85	0.73	
	3	k'_e	4.18	1.88	1.28	1.00	0.66	0.44	0.38	0.33	0.28	0.24	0.22	0.053
		k'_c	3.97	1.96	1.42	0.93	0.63	0.45	0.37	0.33	0.29	0.25	0.21	
苯乙酮	1	k'_e	78.69	29.32	19.68	12.10	7.69	4.24	3.10	2.39	2.08	1.72	1.52	0.73
		k'_c	74.36	31.14	20.82	12.12	7.11	4.21	3.10	2.48	2.06	1.75	1.50	
	2	k'_e	71.75	24.38	17.03	10.26	6.79	3.88	2.82	2.25	1.88	1.63	1.43	0.95
		k'_c	65.97	27.04	17.96	10.42	6.16	3.76	2.83	2.31	1.93	1.64	1.40	
	3	k'_e	8.01	3.67	2.64	1.79	1.11	0.68	0.50	0.43	0.35	0.30	0.29	0.55
		k'_c	7.76	3.81	2.74	1.74	1.09	0.68	0.51	0.41	0.35	0.31	0.28	
苯乙醇	1	k'_e				87.00	54.54	26.20	18.97	13.40	10.96	9.30	7.86	0.92
		k'_c				88.76	51.53	27.73	18.48	13.67	10.85	9.10	7.99	
	2	k'_e				72.41	42.93	23.01	16.98	12.85	10.60	8.90	7.73	0.32
		k'_c				72.94	42.00	23.68	16.69	12.92	10.55	8.92	7.74	
	3	k'_e	56.60	24.38	15.90	9.97	5.50	3.11	2.13	1.72	1.38	1.10	0.95	0.12
		k'_c	56.43	24.32	16.41	9.58	5.53	3.12	2.19	1.68	1.35	1.12	0.95	
苯基乙醇	1	k'_e			94.15	58.86	36.88	18.98	13.27	9.13	7.47	6.33	5.35	0.41
		k'_c			93.88	59.28	35.87	19.51	12.90	9.44	7.42	6.18	5.42	
	2	k'_e			86.60	47.00	26.66	16.67	11.89	9.00	7.12	6.09	5.20	0.60
		k'_c			84.74	48.14	27.60	15.98	11.56	9.08	7.39	6.12	5.11	
	3	k'_e	46.88	20.14	13.17	7.94	4.37	2.59	1.79	1.38	1.12	1.00	0.86	0.84
		k'_c	46.75	20.00	13.44	7.80	4.48	2.52	1.78	1.39	1.15	0.98	0.86	

* 体系 1:乙酸乙酯-正己烷/Silasorb 300;体系 2:四氢呋喃-正己烷/Silasorb 300;体系 3:异丙醇-正己烷/Silasorb 300。

表 4-4　以不同关系式* 对 8 种色谱体系拟合的统计情况[10]

相关系数	A 式	B 式	C 式	D 式	E 式	F 式	G 式
$R>0.999$	62.7%	29.41%	0%	66.67%	39.22%	39.22%	72.55%
$R>0.99$	88.24%	92.16%	7.84%	96.08%	62.75%	62.75%	98.04%
$R<0.99$	11.77%	7.84%	92.16%	3.92%	37.26%	37.26%	1.96%
实验总数	51 组	51 组	51 组	51 组	51 组	51 组	51 组

*6 种不同关系式是:

A: $\ln k' = A = B\ln[D_{(1,m)}]$,　　　　　　　　　　B: $\ln k' = A + B[D_{(1,m)}]$,

C: $k'^{-1} = A + B[D_{(1,m)}]$,　　　　　　　　　　D: $\ln k' = B(0) + B(1)\ln[D_{(1,m)}] + B(2)[D_{(1,m)}]$,

E: $\ln k' = B(0) + B(1)[D_{(1,m)}] + B(2)[D_{(1,m)}]^2$,　F: $k'^{-1} = (A + B[D_{(1,m)}])^n$

由方程（4-35）的参数 $B(0)\sim B(6)$ 及式（4-36）便可求出本统一的 SDT-R 的有关参数。表 4-1 和表 4-2 中同时列出了这些参数。纵观表 4-1 和表 4-2，可发现由下述的规律：

（1）在表 4-1 和表 4-2 中，除个别溶质外，一般地讲，q 值都要比 n 值（均指绝对值）小几倍到几十倍，甚至上百倍。这说明相对于固定相的溶剂化而言，溶质溶剂化对其保留的贡献要小得多；另一方面，在表 4-1 和表 4-2 中，α_1 和 α_2 都是一个较小的值 [见下面（2）的讨论]，这与用式（4-34）对式（4-33）进行展开所得到式（4-35）和式（4-36）时，应当满足的级数收敛域是一致的。

（2）在表 4-1 中，除个别溶质外，对不同的溶质而言，α_1 和 α_2 值都在某一值附近摆动，表 4-2 中也表现出了同样的规律性。这是因为，α_1 和 α_2 在理论上应当是仅与流动相和固定相的性质有关，而与溶质的种类无关的常数值。用本文提出的统一的 SDT-R 对文献 [12] 中的全部数据进行了处理，结果表明：在甲醇-四氢呋喃-水体系中，α_1 在 $0.6\sim1.2$ 之间的占总数的 96%，平均值为 0.99 ± 0.03，α_2 在 $0.9\sim1.9$ 之间的占 72%，平均值为 1.36 ± 0.10；在甲醇-乙腈-水体系中，α_1 在 $0.6\sim1.1$ 之间的占 69%，平均值为 0.84 ± 0.02，α_2 在 $0.9\sim1.9$ 之间的占 71%，平均值为 1.69 ± 0.02。因为这里的 α_1 与甲醇置换水的置换平衡常数有关，所以在此两种三组分体系中，两者的 α_1 理论上应当相同。这里的两个平均值确实很接近，而在表 4-2 中，不同溶质之间的 α_1 则更为接近。

（3）对同系物而言，n，q 和 $\ln I_{cc}$ 应当反映出一定的规律性。如表 4-2 中的苯甲醇、1-苯基乙醇、2-苯基乙醇和 3-苯基丙醇，其 $\ln I_{cc}$，q 和 n 都表现出一定的规律性。为了更一步证实这种规律性，以正构烷（$C_8\sim C_{13}$）为溶质，在—CN 柱上，以乙腈-水为流动相，测定了它们的保留值，表 4-5 列出了用式（4-35）处理所得的本统一的 SDT-R 的四个参数。

表 4-5　在反相色谱中用式（4-36）处理正构烷同系物的本统一的 SDT-R 参数[9]

溶质	$\ln I_{cc}$	q	n	α
C_8	−41.04	25.87	−86.36	0.726
C_9	−42.46	27.52	−90.44	0.726
C_{10}	−43.87	28.64	−93.49	0.733
C_{11}	−45.38	29.81	−97.21	0.734
C_{13}	−46.69	32.03	−104.0	0.699

由表 4-5 可见，随着碳数（N_C）的增加，本统一的 SDT-R 的参数 n，q 和 $\ln I_{cc}$ 值均有规律性地增加：

$$n = -3.50 N_C - 58.6, \qquad R = 0.9994$$

$$q = 1.21 N_C + 16.5, \qquad R = 0.9969$$

$$\ln I_{cc} = -1.15 N_C - 32.3, \qquad R = 0.9840$$

同时也可看出，对不同的溶质而言，α 值基本是一个常数：

$$\alpha = 0.724 \pm 0.014$$

综上所述，对不同极性的溶质，在不同种类的色谱柱和不同种类的固定相和流动相体系中，在多组分全浓度范围内，本统一的 SDT-R 均能良好地描述实验事实。

§4.4 用统一的 SDT-R 对 LC 中各种溶质保留模型数学表达式的理论推导

既然 SDT-R 的理论推导和最终表达式与溶质分子同固定相间的相互作用力无关，则经过合理的假定和数学变化，用 SDT-R 有可能用 §4.3 节推导出的方程再进一步从理论上推导出 LC 中各类方法，如 RPLC、NPC、HIC、IEC 和 AFC 等色谱中的溶质保留模型的数学表达式。因理想的 SEC 中溶质保留不依赖于分子间的相互作用，溶质保留几乎与流动相组成无关，无法将热力学平衡常数与其容量因子联系起来，故该法不在本节讨论之内。

因为仅就 RPLC 这一种色谱而言，不同作者从不同角度提出的保留模型就多达 10 余种，所以这里指的统一保留理论，不仅是为将 RPLC 中 10 余种机理统一起来，而且要将上述的包括 RPLC 在内的各类 LC 的方法也统一起来。

溶质统一的 SDT-R 可以演化成 LC 中许多常用保留模型表达式，下面就对其演化过程进行介绍。

4.4.1 多组分流动相体系

1. $n+1$ 组分流动相体系

(1) 卢佩章模型的推导[13]。在式（4-32）中，将最后一项以下式（收敛域：$0 < x < 1$）展开

$$\ln x = (x-1) - \frac{1}{2}(x-1)^2 + \cdots \tag{4-37}$$

式中：x 代表式（4-32）中的 $[D_{(i,m)}]$ 项，即强溶剂在流动相中的浓度分数。因 $[D_{(i,m)}]$ 始终大于零且小于 1，所以式（4-37）收敛域完全满足 LC 中浓度变化范围。若取一级近似，则：

$$\ln k' = \ln I_{cc} - \sum_i^n n_i \ln\left[1 + \sum_i^n \alpha_i [D_{(i,m)}]\right] - \sum_i^n q_i([D_{(i,m)}]-1)$$

$$= \left[\ln I_{cc} + \sum_1^n q_i\right] - \sum n_i \ln\left[1 + \sum_1^n \alpha_i [D_{(i,m)}]\right] - \sum_1^n q_i[D_{(i,m)}] \tag{4-38}$$

式（4-38）第三项中，若仅取展开式最后一项作为近似，忽略其余各项，即

$$\sum_1^n n_i \ln\left[1 + \sum_1^n \alpha_i[D_{(i,m)}]\right] \approx n_i \ln\left[1 + \sum_1^n \alpha_i[D_{(i,m)}]\right] \tag{4-39}$$

令式 (4-38) 中的 $\ln I_{cc} + \sum_1^n q_i = a'$，则式 (4-39) 变成

$$\ln k' = a' - n_i \ln\left[1 + \sum_1^n \alpha_i [D_{(i,m)}]\right] - \sum_1^n q_i [D_{(i,m)}] \qquad (4\text{-}40)$$

另一方面，若对式 (4-32) 中的第二项采用下式展开（收敛域：$0 < x < 1$），只能得到：

$$\ln(1+x) = x - \frac{1}{2}x^2 + \cdots \qquad (4\text{-}41)$$

且取一级近似，则可得

$$\ln k' = \ln I_{cc} - \sum_i^n n_i \ln\left[1 + \sum_i^n \alpha_i [D_{(i,m)}]\right] - \sum_1^n q_i \ln([D_{(i,m)}])$$

$$\qquad (4\text{-}42)$$

$$= \ln I_{cc} - \sum_1^n \left\{ \left[\alpha_i \sum_i^n n_i\right] [D_{(i,m)}]\right\} - \sum_1^n q_i \ln[D_{(i,m)}]$$

卢佩章等[13]的结果为，若溶质吸附遵循朗缪尔吸附等温线，则溶质在 LC 体系中的保留关系式为

$$\ln k' = a' + b' \ln\left[1 + \sum_1^n K_i [D_{(i,m)}]\right] + \sum_1^n C_i'([D_{(i,m)}]) \qquad (4\text{-}43)$$

若溶质吸附遵循弗仑德利希吸附等温线，则保留关系为

$$\ln k' = a' + \sum_1^n C_i' \ln[D_{(i,m)}] + \sum_i^n b_i [D_{(i,m)}] \qquad (4\text{-}44)$$

式中：a'，b'，K_i，C_i'，b_i 均为与体系有关的常数。比较式 (4-40) 和(4-43)，(4-42) 和 (4-44)，可发现它们的数学表达式是相同的。

因此，不论采用朗缪尔型吸附等温线，还是采用弗仑德利希型吸附等温线，两者的数学表达式均是式 (4-32) 的近似简化形式中的两种。

(2) 陈耀祖公式的推导[14]。因为式 (4-32) 的第二项（以 H 表示）可以表示为：

$$H = n_1 \ln(1 + \alpha_1 [D_{(1,m)}]) + n_2 \ln(1 + \alpha_1 [D_{(1,m)}] + \alpha_2 [D_{(2,m)}]) + \cdots$$

$$+ n_n \ln(1 + \alpha_1 [D_{(1,m)}] + \alpha_2 [D_{(2,m)}] + \cdots + \alpha_n [D_{(n,m)}])$$

$$= \ln\{(1 + \alpha_1 [D_{(1,m)}])^{n_1} (1 + \alpha_1 [D_{(1,m)}] + \alpha_2 [D_{(2,m)}])^{n_2} \cdots$$

$$(1 + \alpha_1 [D_{(1,m)}] + \alpha_2 [D_{(2,m)}] + \cdots + \alpha_n [D_{(n,m)}])^{n_n}\} \qquad (4\text{-}45)$$

将式 (4-42) 对数项中各项以下式展开，

$$(1+x)^n = 1 + a_1 x + a_2 x + \cdots + a_n x^n \quad (\text{收敛域 } x \leqslant 1) \qquad (4\text{-}46)$$

则可以看出一般规律为：第一项中包含有：1 和 $\alpha_1^{n_1} [D_{(1,m)}]^{n_1}$ 两项；第二项中包含的 $\alpha_2^{n_2} [D_{(2,m)}]^{n_2}$ 项，与第一项中的 1 相乘后便会出现 $\alpha_2^{n_2} [D_{(2,m)}]^{n_2}$ 项；$\cdots$第 n 项中包含的项 $\alpha_n^{n_n} [D_{(n,m)}]^{n_n}$ 与第一项中的 1 相乘后便会出现 $\alpha_n^{n_n} [D_{(n,m)}]^{n_n}$。

将式 (4-45) 中各种展开项相乘后，则会出现如下的许多项：

$$1 + \alpha_1^{n_1}[D_{(1,m)}]^{n_1} + \alpha_2^{n_2}[D_{(2,m)}]^{n_2} + \cdots + \alpha_n^{n_n}[D_{(n,m)}]^{n_n} \qquad (4\text{-}47)$$

当然，还有许多其余的项，在此可以忽略不计。因此，式（4-45）可变成

$$H = \ln(1 + \alpha_1^{n_1}[D_{(1,m)}]^{n_1} + \alpha_2^{n_2}[D_{(2,m)}]^{n_2} + \cdots + \alpha_n^{n_n}[D_{(n,m)}]^{n_n} + \cdots)$$

$$= \ln\left[1 + \sum_i^n \alpha_i^{n_i}[D_{(i,m)}]^{n_i} + \cdots\right] \qquad (4\text{-}48)$$

在式（4-48）中，除前两项之外，忽略括号中其余各项，再将其代入式（4-32）中，则有

$$\ln k' = \ln I_{cc} - \sum_1^n q_i\ln[D_{(i,m)}] - \ln\left[1 + \sum_i^n \alpha_i^{n_i}[D_{(i,m)}]^{n_i}\right] \qquad (4\text{-}49)$$

陈耀祖等[14]从热力学平衡所得的溶质在多组分流动相体系中的保留关系式为

$$\ln k' = a_0 + \sum_{i=1}^n b_i\ln[D_{(i,m)}] - \ln\left[1 + \sum_{i=1}^{n-1} K_{ZS_{int}}[D_{(i,m)}]^{n_i}\right] \qquad (4\text{-}50)$$

式中：a_0，b_i，$K_{ZS_{int}}$ 和 n_i 为常数。

比较式（4-49）与式（4-50），知其表达式相同。因此，他们的公式仍然是式（4-32）的一种简化形式。但是，应当看到，由此出发所得各种表达式中各项的物理意义与他们的原有公式中各项的物理意义显然是有区别的。

2. 三组分流动相体系

在式（4-32）中，当 $n=2$ 时，即为在多组分体系中研究得最多的三组分体系的保留关系式[9,10]：

$$\ln k' = \ln I_{cc} - n_1\ln(1 + \alpha_1[D_{(1,m)}]) - n_2\ln(1 + \alpha_1[D_{(1,m)}]$$
$$+ \alpha_2[D_{(2,m)}]) - q_1\ln[D_{(1,m)}] - q_2\ln[D_{(2,m)}] \qquad (4\text{-}51)$$

（1）卢佩章等[13]所提出的公式的推导。

$$\ln k' = a + b_1[D_{(1,m)}] + b_2[D_{(2,m)}] + c_1\ln[D_{(1,m)}] + c_2\ln[D_{(2,m)}] \qquad (4\text{-}52)$$

式中：a，b_1，b_2，c_1，c_2 为与体系有关的常数。如上所述，只要式（4-48）中第二、三项以式（4-41）展开，取第一项作为近似值，再代入式（4-51），则知式（4-52）即为式（4-51）的一种特殊简化形式。

（2）陈耀祖等所提出的公式的推导[14]。将式（4-51）[9~11]第二、三项合并，再以式（4-46）展开后取近似值，处理过程同式（4-45）～（4-49）的推导，则可知陈耀祖等[14]的公式亦是式（4-51）的一种特殊简化形式。

（3）Schoenmakers 等[12,15]公式的推导。从溶解度参数理论出发，所推导出的三组分体系中溶质保留方程为：

$$\ln k' = A_1[D_{(1,m)}]^2 + A_2[D_{(2,m)}]^2 + B_1[D_{(1,m)}] + B_2[D_{(2,m)}]$$
$$+ C_2 + D[D_{(1,m)}] \cdot [D_{(2,m)}] \qquad (4\text{-}53)$$

式中：A_1、A_2、B_1、B_2、C_2 和 D 为与体系有关的参数。

事实上，从式（4-51）出发，也不难推导出式（4-53）。

式 (4-51) 中，应用式 (4-37) 和式 (4-41) 分别将其第 4、5 及 2、3 项展开，并且取其前二项为近似值，再将其代入式 (4-51) 中，则该式可变成：

$$\ln k' = \ln I_{cc} - n_1 \left[\alpha_1 [D_{(1,m)}] - \frac{1}{2} \alpha_1^2 [D_{(1,m)}]^2 \right]$$

$$- n_2 \left[(\alpha_1 [D_{(1,m)}] + \alpha_2 [D_{(2,m)}]) - \frac{1}{2} (\alpha_1 [D_{(1,m)}] + \alpha_2 [D_{(2,m)}])^2 \right]$$

$$- q_1 \left[([D_{(1,m)}] - 1) - \frac{1}{2} ([D_{(1,m)}] - 1)^2 \right]$$

$$- q_2 \left[([D_{(1,m)}] - 1) - \frac{1}{2} ([D_{(2,m)}] - 1)^2 \right]$$

$$= A_1 [D_{(1,m)}]^2 + A_2 [D_{(2,m)}]^2 + B_1 [D_{(1,m)}] + B_2 [D_{(2,m)}]$$

$$+ C_3 + D [D_{(1,m)}] \cdot [D_{(2,m)}] \tag{4-54}$$

式中：$A_1 = \frac{1}{2} n_1 \alpha_1^2 + \frac{1}{2} q_1 + \frac{1}{2} \alpha_1^2 n_1$；$A_2 = \frac{1}{2} n_2 \alpha_2^2 + \frac{1}{2} q_2$；$B_1 = -(n_1 \alpha_1 + n_2 \alpha_1 + 2 q_1)$；$B_2 = -(n_2 \alpha_2 + 2 q_2)$；$C_3 = \ln I_{cc} + \frac{3}{2} q_1 + \frac{3}{2} q_2$；$D = n_2 \alpha_1 \alpha_2$。

比较式 (4-54) 与式 (4-53)，可知二者在形式上是一致的。

因此，可以预料式 (4-32) 和式 (4-51) 的应用应比现有的各种关系式的范围更宽，效果更佳。

4.4.2 双组分流动相色谱体系

在式 (4-32) 中，当 $n=1$ 时，即可得到双组分体系的保留关系式[9~11]：

$$\ln k' = \ln I_{cc} - n^0 \ln(1 + \alpha [D_{(1,m)}]) - q \ln [D_{(1,m)}] \tag{4-55}$$

这里的 n^0 实质上是 SDT-R 中 Z 分量中的 n。为区别于流动相中溶剂组分数 n，故用 n^0。

1. SDT-R 简化公式的推导

当其为二组分体系时，则式 (4-43) 可变成：

$$K_5 = \frac{[P_{(b,s)}]}{[P_{(m)}]} \cdot \frac{[D_{(1,m)}]^{n^0+q}}{[D_{(1,s)}]^{n^0}} \tag{4-56}$$

在式 (4-56) 中，若认为在固定相表面上强溶剂的浓度 $[D_{(1,s)}]$ 独立于流动相中弱溶剂的浓度 $[D_{(1,m)}]$，即认为流动相成分在一定范围内变化时，固定相上的 $[D_{(1,s)}]$ 值近似为一常数，这时，式 (4-56) 变成：

$$K_5 = \frac{K_d [D_{(1,m)}]^{n^0+q}}{[D_{(1,s)}]^{n^0}} \tag{4-57}$$

将式 (4-57) 代入式 (4-1)，并令 $Z = n' + q$，则：

$$\ln k' = \ln I_{cc} - Z \ln [D_{(1,m)}] \tag{4-58}$$

其中：$\ln I_{cc}=\ln\varphi+\ln K_5+n^0\ln[D_{(1,s)}]$，$Z=n^0+q$。上式与耿信笃和瑞格涅尔[7,8,11]提出的 SDT-R 模型的简化数学表达式是一致的。

由此可见，在置换剂的全浓度变化范围内，SDT-R 模式偏差的主要原因来自于 $[D_{(1,s)}]$（即吸附在固定相表面上强溶剂，或置换剂浓度）为一常数的假定，在一定范围内，这种假定可能是合理的，但在全浓度范围内则会出现较大的误差。

2．卢佩章等提出公式的推导[13]

将式（4-41）中的 x 换成 $\alpha[D_{(1,s)}]$，再将式（4-55）的第二项展开，并且取一级近似，则：

$$\ln k'=\ln I_{cc}-q\ln[D_{(1,m)}]-n^0\alpha[D_{(1,m)}]\tag{4-59}$$

由于 $[D_{(1,m)}]\leqslant1$，而只要 α 亦小于 1（即强溶剂置换弱溶剂的平衡常数 K_6 应满足条件 $1\leqslant K_6\leqslant2$），则 $\alpha[D_{(1,m)}]\leqslant1$ 的收敛条件就可以得到满足。

式（4-59）与卢佩章等[13]从统计热力学出发所得出的保留方程是一致的，他们的第二项系数解释为当溶质吸附时，在固定相表面上被顶替掉的溶剂分子数。而在此处，如前所述，它表示当一个溶剂化溶质分子在固定相表面吸附时，与一个从溶质分子表面释放的溶剂分子数有关的常数。

式（4-59）与实验结果的符合程度，依赖于取展开式第一项作为近似所带来的误差。

3．Jandera 和 Churacek 公式的推导[16]

应用式（4-37）和式（4-41），将式（4-55）的第三和第二项展开，并且取前二项作为近似值，那么式（4-55）则变成：

$$\begin{aligned}\ln k'&=\ln I_{cc}-n^0\left\{\alpha[D_{(1,m)}]-\frac{1}{2}\alpha^2[D_{(1,m)}]^2\right\}\\&\quad-q\left\{[D_{(1,m)}]-1-\frac{1}{2}([D_{(1,m)}]-1)^2\right\}\\&=A_3+B_3[D_{(1,m)}]+C_4[D_{(1,m)}]^2\end{aligned}\tag{4-60}$$

式中：$A_3=\ln I_{cc}+\dfrac{3}{2}q$；$B_3=-2q-n^0\alpha$；$C_4=\dfrac{1}{2}(\alpha^2n^0+q)$，同样，只要 $1\leqslant K_6\leqslant2$ 满足（$\alpha\leqslant1$），则可满足收敛条件，比较式（4-60）与 Jandera 和 Churacek[16] 所得的保留关系式知，二者在形式上是相同的。

同前，式（4-60）与实验事实的符合程度与其近似程度有关。

4．Snyder 公式的推导[17]

式（4-37）和式（4-41）展开后，取第一项作为近似值，由此产生的误差对 x 的要求是不同的；对式（4-41）而言，x 值越小，取第一项所产生的误差就越小；对式（4-37）而言，x 越大，则取第一项作为近似值所产生的误差越小。如当 x 为 0 时，对式（4-41）而言，取第一项为近似值与原式无误差；当 $x=1$

时，绝对误差约为 0.31。但对式(4-45)而言，当 $x=1$ 时(已达到最大值)，取第一项作为近似时其绝对误差为 0，而当 $x=0.1$ 时，其绝对误差约为 1.4。

在式 (4-55) 中，假定 n^0 值与 q 值相比较大时，则其取近似值所产生的误差主要来源是第二项。相对而言，第三项所产生误差较小，因此，若要取式 (4-41) 和式 (4-37) 的展开式第一项为近似值的话，那么其对应的 x 值(亦即此处的 $[D_{(1,m)}]$ 值，因 α 值是一定的) 较小时，所产生的误差亦较小：

$$
\begin{aligned}
\ln k' &= \ln I_{cc} - n_2^0[D_{(1,m)}] - q([D_{(1,m)}] - 1) \\
&= (\ln I_{cc} + q) - (\alpha n^0 + q)[D_{(1,m)}] \\
&= A_4 - C_5[D_{(1,m)}]
\end{aligned} \tag{4-61}
$$

式中：$A_4 = \ln I_{cc} + q$；$C_5 = \alpha(n' + q)$。

式 (4-61) 与 Snyder[17] 的公式比较，二者的数学表达式是一致的。

由以上讨论知，此式在浓度较小时其符合程度较好，而当浓度较大时，符合程度并不理想。王俊德等[18]的实验事实支持了这一预测，他们以甲醇-水体系在 RPLC 上验证了不同极性的物质，结果在甲醇浓度小于 70% (体积分数) 时，大多数有良好的线性关系，而甲醇浓度大于 70% (体积分数) 时，则大多数偏离线性。也有人从实验中发现[19,20]减小流动相中有机溶剂的极性或增加溶质的极性，这种偏差会更大。

5. Jandera 等公式的推导

在式 (4-55)[9,10]中，当 n^0 比 q 大得多，且 $[D_{(1,m)}]$ 不是太小时，其第三项与第二项相比较，可以忽略不计。此时，式 (4-55) 变成：

$$
\ln k' = \ln I_{cc} - n^0 \ln(1 + \alpha[D_{(1,m)}]) \tag{4-62}
$$

即

$$
k' = \frac{1}{(1 + \alpha[D_{(1,m)}])^{n^0}}
$$

在上式中，令 $I_{cc} = C_6^{n^0}$，其中 C_6 是一个适当的数，则：

$$
\begin{aligned}
k' &= \frac{C_6^{n^0}}{(1 + \alpha[D_{(1,m)}])^{n^0}} = \frac{1}{\left[\dfrac{1}{C_0} + \dfrac{\alpha}{C_6}[D_{(1,m)}]\right]^{n^0}} \\
&= \frac{1}{(A_5 + B_4[D_{(1,m)}])^{n^0}}
\end{aligned} \tag{4-63}
$$

式中：$A_5 = 1/C_6$；$B_4 = \alpha/C_6$。

上式与 Jandera 等式[16,21]的数学表达式相同，其中参数 A_5、B_4 与参数 I 和 α 的关系为：

$$
A_5 = I^{-1/n^0}, \qquad B_4 = \alpha I^{-1/n^0}
$$

指数 $n = A_b / n_b$，即表示在吸附剂表面上，被占据的溶质分子与溶剂分子面积之比。尽管这与此处的 n^0 值物理意义不同，但十分相似。

由上述讨论知，式（4-63）在强置换剂浓度较低时误差较大，其差别程度与色谱体系和溶质本身的性质均有关系。

6. Scott 等公式的推导

在式（4-63）中，若令 $n^0 = 1$，即一个溶质分子在固定相表面置换一个溶剂分子，则

$$k' = \frac{1}{A_5 + B_4[D_{(1, m)}]} \tag{4-64}$$

上式与 Scott 等[19,20,22]的表达式相同，同样其误差不仅与体系有关，而且与溶质本身性质有关。

7. Soczewinski 和 Golkiewicz 公式的推导

在式（4-62）中应用式（4-41）将其第二项展开且取一级近似，则

$$\ln k' = \ln I_{cc} - n^0 \alpha \cdot [D_{(1, m)}] \tag{4-65}$$

比较式（4-65）与 Soczewinski 和 Golkiewicz[23~25]二者的表达式是一致的。

8. 陈耀祖等提出的公式的推导

对双组分体系而言，陈耀祖等[14]的公式表达变为：

$$\ln k' = a_0 - b_1 \ln[D_{(1, m)}] - \ln(1 + K_{ZS_1 n_1} \cdot [D_{(1, m)}]^n) \tag{4-66}$$

从式（4-55）出发，亦可以推导出他们的公式：

$$\begin{aligned}
\ln k' &= \ln I_{cc} - n^0 \ln(1 + \alpha[D_{(1, m)}]) - q\ln[D_{(1, m)}] \\
&= \ln I_{cc} - \ln(1 + \alpha[D_{(1, m)}])^{n^0} - q\ln[D_{(1, m)}]
\end{aligned} \tag{4-67}$$

将式（4-67）中第二项以式（4-46）展开，则

$$\begin{aligned}
\ln k' = &\ln I_{cc} - \ln(1 + \alpha_1[D_{(1, m)}] + \alpha_2[D_{(1, m)}]^2 + \cdots \\
&+ \alpha_n[D_{(1, m)}]^{n^0}) - q\ln[D_{(1, m)}]
\end{aligned} \tag{4-68}$$

若忽略上式中 $\alpha_1[D_{(1, m)}] + \alpha_2[D_{(1, m)}]^2 + \cdots + \alpha_{n^0-1}[D_{(1, m)}]^{n^0-1}$ 等项，则上式可写成

$$\ln k' = \ln I_{cc} - \ln(1 + \alpha_n[D_{(1, m)}]^{n^0}) - q\ln[D_{(1, m)}] \tag{4-69}$$

式（4-69）与式（4-66）的形式相同。因此，他们的公式是统一的 SDT-R 的一种简化形式。

在这里应当指出的是，对陈耀祖等的公式在进行展开取近似值时，并不是取其中的最大项或较大几项作为近似值，而是取了一些较小的项。在此，只想说明一下在统一的 SDT-R 中是包含了他们的保留关系中应具有的一些较小的项。至于未取用最大项或最大几项，这也是这些公式与实验结果误差较大的原因，事实上他们在对他们的公式进行验证时，结果为 $n^0 = 2$ 时比 $n^0 = 1$ 时拟合效果更

好[14]，这在事实上就反映了这里所讨论的情况可能是合理的。

综上所述，应用计量置换的观点，所得出的溶质在 LC 体系中的保留关系式，可以将目前的 LC 中常见的各种关系式推导出来，统一了上述各种理论的保留方程。表 4-6 中列出了 SDT-R 能够统一的几种保留模型。

表 4-6　计量置换统一保留模型所能演化出的 LC 中模型的数学表达式[10]

No.	六种模型的表达式	作者	应用*
1	$\ln k' = \ln I - Z\ln[D_0]_m$	Geng X., Reniger F.E.	HPLC（除 SEC 外）
2	$\ln k' = \ln I - n_a[D_0]_m - q\ln[D_0]_m$	Lu P., et al.	RPLC, NPC, HIC
3	$\ln k' = A + B[D_0]_m + C[D_0]_m^2$	Jandera P., et al.	PC, SOC
4	$\ln k' = A - C[D_0]_m$	Snyder L.R., er al.	PC, RPLC
5	$k' = \dfrac{1}{(A + B[D_0]_m^n)}$	Jandera P., et al.	NPC, IEC, IPC
6	$k' = (A + B[D_0]_m)^{-1}$	Scott R.P.W., et al.	NPC, IEC

* HPLC,高效液相色谱；RPLC,反相液相色谱；HIC,疏水相互作用色谱；SOC,盐析色谱；

SEC,尺寸排阻色谱；NPC,正相色谱；PC,分配色谱；IPC,离子对色谱。

从上述讨论可以知道，既然从计量置换观点得出的保留方程，能演化出目前 LC 液相色谱体系中常见的各种保留关系式，而这些关系式都经不同作者在不同的色谱体系中进行了验证。因此可以说：SDT-R 适用于各种 LC 体系，那么计量置换过程也就是 LC 过程的基本过程，也就是说，从本质上讲，所有 LC 体系中溶质的保留机理其实质是相同的（当然，不包括体积排阻色谱）。这与经典的以保留机理为基础将 LC 方法分成不同的大类是不同的。

§4.5　反相液相色谱（RPLC）

在各种类型的 HPLC 中，无论从发表论文数目还是从应用的广泛程度上讲，RPLC 都是最多的。关于 RPLC 中溶质保留机理的研究也一直是 RPLC 理论研究中的热点，迄今为止提出的 RPLC 中小分子溶质保留模型多达 10 余种，而应用最多的主要有 Snyder 经验公式[1]、溶解度参数模型[2,3]、溶剂色效模型[4]、疏溶剂化模型[5,6]和 SDT-R[7,8,11]。Snyder 经验公式只是一个经验公式，式中的 S 是一个经验常数，没有明确的物理意义。疏溶剂化模型广泛用于解释 RPLC 的保留，但其解释只是定性的。对于小分子溶质而言，SDT-R 是公认的 RPLC 中 4 个定量模型之一[26]。对于生物大分子而言，它是目前所知的惟一的一个公认的保留机理[27~29]。

关于用 SDT-R 对小分子溶质在 RPLC 中的保留因其简单并且已在 §4.2 中作了简要的描述，故这里只介绍用 SDT-R 描述情况极为复杂的生物大分子的保留。

蛋白质的三维结构决定了其在 RPLC 中的保留。因为它可能与色谱种类有关，故在研究 RPLC 中保留的理论时必须从对蛋白质的结构讨论开始。RPLC 是一个在相界面上的分离过程，保留与溶质和烷基化硅烷衍生表面之间的作用力有关。因为蛋白质通常是具有三维结构的大分子，氨基酸残基在分子中是不对称分布的，它可能包括：①在蛋白质分子表面可能有多个疏水区域或作用位点；②只有暴露在外面的那些残基对保留过程有贡献；③由于空间位阻效应使蛋白质表面的所有基团不能同时与 RPLC 固定相作用；④蛋白质表面的各种基团，甚至疏水区与固定相结合的牢固程度可能不同；⑤蛋白质三维结构的变化能够改变分子表面疏水性，从而改变保留。

在 RPLC 过程中，流动相会改变大多数蛋白质的三维结构。而且在梯度洗脱过程中，当溶质和固定相溶剂化时，溶质的结构可能会发生另外的改变。假定在保留过程中：①当蛋白质被洗脱时，只有当时存在的结构形式对色谱保留是有贡献的；②在洗脱过程中蛋白质结构不会再有进一步的改变；③当蛋白质从 RPLC 柱洗脱时，它将和平均数为 n 的烷基化配基结合；④n 与配基密度成正比；⑤n 也与溶质和 RPLC 柱的疏水接触面积成正比；⑥在一定的溶剂浓度 $[D_0]$ 时，固定相表面的每一个配基（L_0）会被平均数为 r（与蛋白质分子实际达到吸附层中厚度有关）的溶剂分子溶剂化；⑦蛋白质吸附在固定相表面时会溶剂化；⑧溶液中的蛋白质分子的所有疏水残基聚集在一起，并被总数为 m 的溶剂分子溶剂化；⑨只有当蛋白质结构和 n 变化时，被吸附蛋白质的除接触区外的残基的溶剂化才会影响保留；⑩从 RPLC 固定相表面置换出蛋白质需要一定计量数目（Z）的溶剂分子；⑪当蛋白质被置换时，伴随着 RPLC 固定相和蛋白质接触区的溶剂化。蛋白质在 RPLC 固定相上的保留和洗脱可以看成是体系中的三个组分即①固定相表面的烷基化硅烷键合相（L_0），②没有溶剂化的裸露蛋白质（P_0），③游离溶剂之间的一系列平衡。

只有在满足上述假定时才可以通过与 4.2.1 节相同的方法得到与小分子溶质在 RPLC 中相同的 SDT-R 及其表达式（4-16）：

$$\lg k' = \lg I + Z \lg 1/[D_0] \qquad (4\text{-}16)$$

式中：$[D_0]$ 是 RPLC 流动相中有机溶剂的摩尔浓度，k'，$\lg I$ 及 Z 的物理意义同前。事实上式（4-16）是式（4-6）的浓度表达式。

根据式（4-16）对 7 种蛋白质的保留数据作图，如图 4-2 所示。之所以选取这几种蛋白质，是因为这几种蛋白质的相对分子质量大小相差 10 倍，而且包括了 RPLC 中遇到的保留极限。正如上面的理论所预计的，对所有蛋白质都存在一个很好的线性关系。这些蛋白质的 Z、$\lg I$、相关系数 R 和标准偏差 S_d 列在表 4-7 中。所有的 R 值均大于 0.99。除胰岛素-核糖核酸酶 A 和细胞色素-C-溶菌酶这两对蛋白质外，图 4-2 中的所有曲线的斜率明显不同。虽然这两对蛋白质的斜率很相近，但它们的截距却大不相同。其他的例子会表明两条保留曲线的截距相近，但它们的 Z 值却相差较大，这样会使得蛋白质相互分开。表4-7中还列出了用于测定各种蛋白质 Z 值的解吸附溶剂的浓度范围 $\Delta[D_0]$。$[D_1]$ 代表测定 Z 值所需要的解吸附试剂的最低的浓度，$[D_h]$ 代表最高的浓度。可以看出，$[D_h]/[D_1]$ 和 Z 值成反比关系。这意味着，随着物质的 Z 值增大，将其从柱子上洗脱下来所需要的溶剂浓度范围变小。

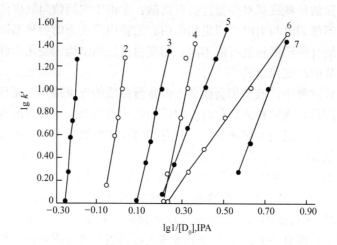

图4-2　一组蛋白质的 $\lg k'$ 对 $\lg 1/[D_0]$ 作图[7]

流动相：异丙醇的44％甲酸（HF$_0$）溶液；色谱柱：RP-C$_8$

（50mm×4.1 mm I.D.）；流速：1.0 mL/min；溶质：

1. 卵清蛋白；2. 胰蛋白酶抑制剂；3. 溶菌酶；4. 细胞色

素-C；5. 胰岛素；6. 糖元；7. 核糖核酸酶A

表4-7　RPLC中蛋白质的保留性质[7]

蛋白	相对分子质量	Z	$\lg I$	R	S_d	$[D_1]$ /(mol/L)	$[D_h]$ /(mol/L)	$\Delta[D_0]$ /(mol/L)	$[D_h]$ /$[D_1]$
糖原	3335	2.59	−0.565	0.999	0.025	0.156	0.580	0.424	3.72
胰岛素	6000	4.79	−0.910	0.999	0.017	0.312	0.624	0.312	2.00
细胞色素-C	12 200	8.54	−1.73	0.999	0.026	0.429	0.624	0.195	1.46
核糖核酸酶A	13 700	5.18	−2.72	0.999	0.013	0.156	0.390	0.234	2.50
溶菌酶	14 000	9.15	−0.820	0.995	0.052	0.585	0.8190	0.234	1.40
胰蛋白酶抑制剂	35 000	13.8	0.890	0.999	0.028	0.897	1.131	0.234	1.26
卵清蛋白	44 000	23.8	6.08	0.995	0.052	1.600	1.794	0.194	1.12

注：置换剂是异丙醇的44％甲酸（HF$_0$）溶液。R 是相关系数。S_d 是标准偏差。$[D_1]$ 是蛋白质开始被洗脱时的溶剂浓度。$[D_h]$ 是蛋白质不再保留时的溶剂浓度。$\Delta[D_0]=[D_h]-[D_1]$。色谱柱：50mm×4.1 mm RP-P(C$_8$)；流动相：溶液A，44％ HF$_0$-H$_2$O，50:50；溶液B，44％ HF$_0$-异丙醇-H$_2$O，50:20:30。流速：1.0 mL/min。温度：35±0.5℃。

为了说明蛋白质在 RPLC 中的保留特征及第一组线性参数，图 4-3 列出了 9 种非极性苯取代物的 $\lg k'$ 对 $\lg 1/[D_0]$ 的线性作图。表 4-8 也分别列出了其第一组线性参数。然而，将图 4-21 与图 4-3，表 4-7 和表 4-8 比较，可以发现：（1）生物大分子的 Z 值远远大于小分子的 Z 值；（2）生物大分子的 Z 值间的差别远较小分子间 Z 值的差异大；（3）用等度方法洗脱，如图 4-3 中垂直虚线所示，在甲醇浓度为 44% 时[①]，理论上可以同时将该 9 种溶质从 RPLC 柱上洗脱下来，并能相互分离，而图 4-2 所示的这一组蛋白质则不能。

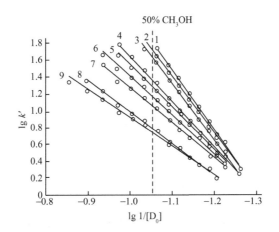

图4-3 反相色谱(RPLC)中 $\lg k'$ 对 $\lg 1/[D_0]$ 的线性作图[11]
固定相:Synchropak-C_8;流动相:甲醇/水;溶质:1. 对二异丙基苯;
2. 正戊基苯;3. 2,2'-苯基丙烷;4. 4-苯基甲苯;5. 仲丁基苯;
6. 1,2,3,4-四甲基苯;7. 2,4,6-三甲苯;8. 萘;9. 邻二甲苯

表 4-8   9 种非极性小分子溶质的第一组线性参数[8]

溶质序号	溶质	Z	$\lg I$	R	S_d
1	对二异丙基苯	0.707	9.26	0.998	0.031
2	正戊基苯	6.74	8.81	0.999	0.024
3	2,2'-苯基丙烷	6.72	8.72	0.999	0.020
4	4-苯基甲苯	5.37	7.02	0.994	0.055
5	仲丁基苯	5.08	6.64	0.997	0.032
6	1，2，3，4-四甲基苯	4.52	5.95	0.997	0.036
7	2，4，6-三甲苯	4.38	5.89	0.997	0.033
8	萘	3.83	4.83	0.997	0.029
9	邻二甲苯	3.17	4.09	0.900	0.057

---

① 原文献［7］中所讲的甲酸浓度为纯度 88% 的 50% 或 60%，本书中一律将其换算成实际甲酸浓度（体积分数）。

对疏水性残基相对含量相同的蛋白质来说，当蛋白质完全变性时，Z值和相对分子质量之间将会呈线性关系。图 4-4 表示这种关系通常是正确的，除核糖核酸酶 A 在外，线性相关系数和标准偏差分别是 0.9968 和 0.850。应该注意到在用 52.8％甲酸对蛋白质变性时，核糖核酸酶 A 的偏离可能是因为它的三维结构对变性条件有一定的抵抗作用。如果检验大量的蛋白质，可能会发现很多蛋白质偏离线性。这种偏离可能是因为或者是通常稳定的四级结构或者是高含量，或者是过低含量的疏水性氨基酸的存在。

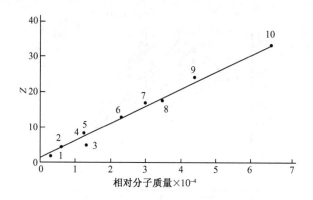

图 4-4　一组蛋白质的 Z 和相对分子质量之间的关系[7]

流动相：异丙醇的 52.8％甲酸溶液，其余条件同图 4-2

图 4-5 表示了不同蛋白质在 RPLC 中，在含异丙醇的三种不同流动相中 $\lg k'$ 对 $\lg$ [D] 的线性作图。在这三种情况下，根据 SDT-R，异丙醇是置换剂。这表明在用 RPLC 常用的三种流动相分离每一种蛋白质时，式 (4-16) 都是正确的。通常，流动相中的三氟乙酸（TFA），磷酸缓冲液（PBS）和甲酸被认为是离子对试剂[30]。虽然图 4-5 (d) 也表示了一个线性的双对数作图，但它表示一个绝对不同的情况。正如前面所指出的，这是三种蛋白质胰岛素、细胞色素 C 和牛血清白蛋白的 $\lg k'$ 对 TFA 的物质的量浓度的对数作图。据报道 TFA 在生物大分子分离过程中有三个作用[30]：①与蛋白质相互作用使生物大分子样品溶液中的 TFA 浓度降低；②TFA 能够被 RPLC 固定相吸附，并在固定相上聚集以改变固定相的特性；③像溶质一样参与生物大分子和有机溶剂之间的计量置换过程。看起来像异丙醇一样，TFA 也是一种置换剂。然而如图 4-5 (d) 所示，当流动相中 TFA 的浓度在 0.025％～0.5％之间时，流动相中 TFA 的存在引起了蛋白质 k' 的增加。因为 TFA 是一个强酸，它的 pH 范围在 1.2～2.5 之间，它在流动相中的浓度足能抑制流动相中蛋白质的 RPLC 固定相表面裸露硅羟基的电离。TFA 的浓度对 $\lg k'$ 的影响不会归咎于流动相中蛋白质浓度的变化。TFA 既参与蛋白质的计量置换，又被 RPLC 固定相吸附，并且还与流动相中的原有的置换剂发生

结合，这样就增加了蛋白质的质量回收率。从图 4-5（a）～（d）可以看出，有两种置换剂，有机溶剂和 TFA 均参与了计量置换过程，但它们以不同的方式为蛋白质的保留做贡献。

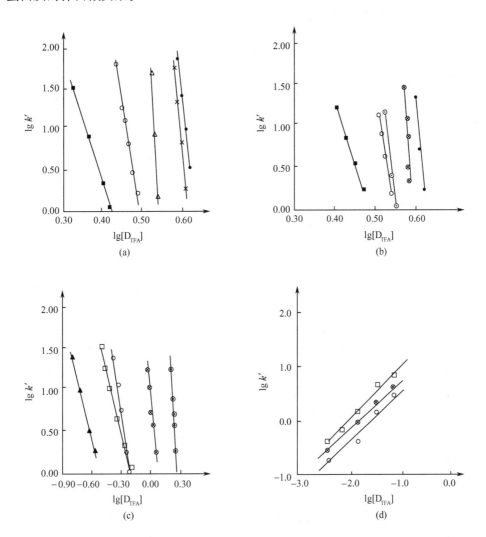

图 4-5　反相色谱中 10 种蛋白质的 $\lg k'$ 对 $\lg [D]$ 作图[31]

色谱柱：SynChropak RP-C_8；流动相：（a）异丙醇的 0.05 mol/L KH_2PO_4，pH2.5；（b）异丙醇的 0.1%TFA；（c）异丙醇的 44%甲酸；（d）异丙醇的 TFA 水溶液［胰岛素，23.0%（体积分数）异丙醇；牛血清白蛋白；32.5%（体积分数）异丙醇；细胞色素-C，37.0%（体积分数）异丙醇］

● 碳酸酐酶，△人血清白蛋白，×β-乳球蛋白，○细胞色素-C，□胰岛素，⊙溶菌酶，⊗牛血清白蛋白，▲胰高血糖素，◎卵清蛋白，■肌红蛋白

§4.6 疏水相互作用色谱（HIC）

疏水相互作用色谱（HIC）是专为分离生物大分子，特别是蛋白质而设计的一种 LC 方法，其固定相表面上键合了疏水性远小于 PRLC，但具有适度疏水性的基团，从而可用盐–水溶液为流动相，盐浓度愈大，则蛋白质保留愈强，反之亦是。不同于 RPLC，用 HIC 法分离蛋白质时一般均能保持高的生物活性。在生命科学和基因工程产品的分离和纯化中有广泛的应用。偶尔也会见到用高效疏水色谱（HPHIC）分离小分子溶质的论文，但也只是为了简化以便研究溶质在 HPHIC 中的保留机理[32,33]。

蛋白质在 HIC 上的保留机理有过相当多的研究，主要有：疏溶剂化理论[34,35]、熵增原理[36,37]、优先水化作用机理[38] 和 SDT-R[39,40]。疏溶剂化理论模型[34,35]认为蛋白质与配体之间是通过疏水作用而形成配合物，形成配合物过程的推动力来自于蛋白质分子所具有的减少与水接触的非极性表面的倾向，此过程造成自由能的降低。该模型只适用于对蛋白质有强盐析作用而无特异性作用的盐。对于那些具有特异性作用的盐以及具有盐溶性的盐，就不遵循这个规律。另外，在流动相中存在着有机添加剂如蔗糖及表面活性剂等时，结果也不能使用此模型来描述。熵增原理[36,37]认为在 HIC 中高盐浓度时，熵的增加为驱使蛋白质与配体作用的驱动力。熵增原理只是从理论上定性地对蛋白质在 HIC 上的作用过程提供了说明，此方法不能用来预计蛋白质在 HIC 上的保留值。优先水化作用机理[38]认为在 HIC 的流动相中，蛋白质优先水化。并且，蛋白质 P 与配体 L 作用形成 P-L 复合物。该过程的自由能变化 ΔG 来自于纯水体系（无盐存在下）中蛋白质与配体作用的自由能变 ΔG_w 和在纯水体系中加入盐后蛋白质与配体进行优先水化作用时引起的自由能变 ΔG_{sol} 之和。优先水化作用机理虽然能够说明盐对蛋白质保留的影响，但只停留在定性说明的基础之上，也不能在实际过程中预计蛋白质的保留值。

4.6.1　HIC 中的 SDT-R[39]

HIC 中，配体是键合于硅胶或其他基质上的中等极性的有机基团，流动相为盐水体系，蛋白质与配体间除了来自于流动相的疏水作用外，还有蛋白质分子与固定相间的微弱的静电力、范德华力和氢键等作用力，所以蛋白质在 HIC 柱上的保留是一个非常复杂的吸附过程。由 SDT-R 知，溶液中溶质和溶剂在吸附剂表面吸附时，无论吸附剂表面是否均匀或两者间的作用力多么不同，溶质和溶剂在吸附剂表面上的吸附是一个普遍存在的计量置换过程。因此，蛋白质在 HIC 上的保留过程应当是蛋白质与水分子间的计量置换保留过程[39]，并首次由 Perkins 用实验所证实[40]。然而因蛋白质在保留过程中会发生分子构象变化，故其保留过程与非极性小分子溶质及生物大分子在 RPLC 中的保留又有不同之处，故需另做讨论。

4.6.2 SDT-R 中分子之间的相互作用[39]

1. 水合蛋白质的形成[36,37]

形成溶剂化物的过程可以认为是逐步进行的。

$$P_0 + H_2O \longrightarrow P_1$$

$$P_1 + H_2O \longrightarrow P_2$$

$$\cdots\cdots$$

$$P_{n-1} + H_2O \longrightarrow P_n \tag{4-70}$$

式中：P 表示蛋白质分子，下脚标 0，1，2，…，n 表示一个蛋白质分子所结合水的分子数目，其 n 值大小与蛋白质、盐[41,42]、温度[43]和 pH[44]均有关系。用疏水色谱柱分离蛋白质时，在洗脱范围内（蛋白质由不洗脱到完全洗脱）水浓度变化不大。因此，假定在洗脱范围内蛋白质的水合分子数变化不大，这时蛋白质-水合分子的型体主要以 P_i 为主（$0 < i < n$），当然亦可能出现与之相应的其他相邻几个型体。加之因蛋白质的逐级水合常数是温度和盐类等因素的函数，很难准确测量，为简化起见，可用平均水合常数 m 来表示在洗脱范围内蛋白质所存在的形式。按通常定义[45]：

$$m = \frac{[P_1] + 2[P_2] + \cdots + n[P_n]}{[P_0] + [P_1] + \cdots + [P_n]} \tag{4-71}$$

这样，就可用下列简式表示在洗脱范围内蛋白质所存在的形式：

$$P_0 + mH_2O \longrightarrow P_m \tag{4-72}$$

同样，对于本章节中的其他水合物，也可用上述的结论来处理，所用的水合分子是一个平均值。

2. 水合配体的形成

同蛋白质一样，在盐水体系中，配体同样也会水合[46,47]。按照 Traube 规则[48]，疏水色谱固定相上的配体在盐的水溶液中将优先吸附水分子，形成溶剂化的水合配体[46,47,49]，并且假定一个配体可以与 d 个水分子作用。

$$L_0 + dH_2O \longrightarrow L_d$$

L_0 表示自由存在的配体，L_d 表示溶剂化的配体。

3. 蛋白质的定向吸附

从能量角度上讲，化学反应将向自由能降低最大的方向进行，由于蛋白质表面上氨基酸残基的分布是不均匀的，表面上仍然会有部分疏水残基存在[50~53]，这些不同的疏水残基组成了若干个疏水区域。在这些疏水区域中，那些与配体作用后能使自由能降低最多的位点，来自流动相中的疏水作用力应最强，且这些疏水残基也与 HIC 固定相接触的概率最大，这便形成了一种蛋白质会以一定部位与疏水色谱上的配体作用，这就是 HIC 中蛋白质在吸附时的定向趋势。可想而知，蛋白质的种类不同，则其相应的定向作用是不同的。Regnier 等发现 HIC 对多肽链的某一定疏水片断有识别作用[54]。

4. HIC 固定相表面上配体的分布

固定相上配体的分布受诸多因素的影响，其分布可能是不均匀的。为了处理上的方便，可认为配体均匀分布在固定相上。由于蛋白质分子很大，相对而言配体就小得多。所以，有理由认为一个蛋白质分子可与多个配体作用，且在一定实验条件下与配体作用的数目是一定的。Jennissen[55,56] 和 Wu[46,47] 等也认为在 HIC 上有此关系存在。

5. HIC 中蛋白质分子的构象变化

在一般的色谱体系中，为了处理上的方便，通常假定蛋白质在流动相和固定相上的构象是一致的[5]。这个假定在 HIC 上可能是不恰当的。Pahlman[57] 等人用圆二色谱法证明了蛋白质在流动相和固定相上的构象是有差别的。这种构象差别的大小与盐的种类和蛋白质本身的性质有关。这是因为在流动相中蛋白质只受到盐和水的作用，在固定相上除了盐–水作用外还有固定相施加的作用力。在固定相的表面为一个相对极性较小的区域，这不仅会促使流动相将具有三维或四维结构的蛋白质分子将其表面上最大的非极性区域推向固定相表面靠拢并与之接触，而且会牵动最大非极性区域附近的相对非极性区域向固定相靠近，最终改变了蛋白质原来（在流动相中）的分子构象。而且配体非极性越强，配体施加于蛋白质的作用力越大，蛋白质的分子构象变化就会愈甚[58~60]。构象的改变又会造成水分子数的改变[61~63]。为此，假定在蛋白质洗脱范围内，流动相中的蛋白质保持一种分子构象，固定相上的蛋白质保持另一种分子构象。还假定两者间的分子构象转化是迅速和可逆的。

6. 水合固定相对水合蛋白质的吸附[39]

流动相中的水合蛋白质与水合配基作用时，它们接触面上的水分子被释放出来进入流动相，而吸附的蛋白质被洗脱时，就一定有与释放出来等量的水分子重新水合。

配体水合时，一个配体可能结合多个水分子，并不一定所有的水分子都在配体吸附蛋白质时被置换掉。为了处理上的简化，不考虑来被置换的一部分水分子。

基于上述的讨论，有理由认为：在 HIC 中蛋白质和水分子间存在着计量置换关系，水作为置换剂将吸附在配体上的蛋白质 P_b 置换下来并进入流动相，而流动相中的水合蛋白质在被配体吸附时又会释放出相同数目的分子，总的关系式为：

$$P_b + ZH_2O = P_m + nL_d \tag{4-73}$$

式中：P_m 表示在流动相中存在的蛋白质；L_d 表示水合配体；Z 表示置换一个吸附在配体上的蛋白质分子所需水的分子数；n 表示一个蛋白质与配体作用的数目。式（4-73）中的 P_b 和 P_m 不仅表示水合分子数不同，还表示其分子构象也不同。在此过程中，流动相中的盐除了影响水的摩尔浓度外，还会影响蛋白质的分子构象和配体的水合分子数。

为了更清楚地说明上述方程各参数的物理意义，并更好地理解在保留过程中蛋白质分子构象和蛋白质所结合水分子数的变化，假定蛋白质在 HIC 中的保留过程包括下面几个步骤：

（1）当蛋白质分子与真空下的配体相互作用时，真空下的分子构象 P_0 与吸附态的构象 P'_a 是不同的，那么

$$P_0 \rightleftharpoons P'_a \tag{4-74}$$

假设与 P'_a 相互作用的配体数为 n_w，则

$$P'_a + n_w L_0 \rightleftharpoons P'_b \tag{4-75}$$

这里 P'_b 代表真空环境中的蛋白质-配体复合物。

（2）假定在纯水系统中会发生 6 个平衡，在真空和纯水条件下，所有的配体、蛋白质和蛋白质分子构象是一致的，蛋白质、配体和它们二者的复合物只和水分子相互作用。上面的水合过程，蛋白质的吸附和解吸附的可逆过程可以表示如下：

$$P_0 + m_w H_2O \rightleftharpoons P_m^w \tag{4-76}$$

$$L_0 + r_w H_2O \rightleftharpoons L_d^w \tag{4-77}$$

$$P'_b + (m_w - b_w - q_w)H_2O \rightleftharpoons P_b^w \tag{4-78}$$

这里，P_m^w，P_b^w 和 L_d^w 分别是纯水中的水合蛋白，水合蛋白-配体复合物和水合配体。在处于吸附态的蛋白质水合过程中，当 P'_b 与水分子相互作用时，它所结合的水分子数应当等于纯水中的水合蛋白质分子的平均水分子数 m_w 减去由于蛋白质分子构象变化而减少的水分子数，再减去它本身从水合蛋白质分子和配体的接触表面所释放的水分子数 q_w。

当水合配体吸附水合蛋白质时，从配体和每个蛋白质分子间的界面会分别释放出 r_w 和 q_w 个水分子。因为色谱过程是一个可逆的吸附-解吸附过程，吸附过程中从水合配体和每个水合蛋白质分子之间的界面所释放的水分子数应当与解吸附过程中所结合的水分子数相等。假定蛋白质分子有两种方式从固定相解吸附：①蛋白质的吸附态 P_b^w 和解吸附态 P_a^w 的分子构象相同；②在蛋白质解吸附的那一刻，其吸附态和解吸附态的分子构象不同。对前者而言，

$$P_b^w + (r_w + q_w)H_2O \rightleftharpoons P_a^w + n_w L_d^w \tag{4-79}$$

对后者而言，

$$P_a^w + b_w H_2O \rightleftharpoons P_m^w \tag{4-80}$$

公式（4-80）表示，当用纯水作流动相时，解吸附态 P_m^w 比吸附态 P_a^w 多 b_w 个水分子。

（3）如果流动相是一个盐-水溶液，盐会改变流动相中水的摩尔浓度和蛋白质的分子构象。蛋白质分子构象的变化引起其表面积、接触面积和所结合的水分子数的变化。当纯水中的水合蛋白质 P_m^w 转移到盐-水溶液中或者通常的 HIC 流动相中时，盐-水溶液中的水合蛋白质分子 P_m^s 会失去 m_s 个水分子

$$P_m^s \Longrightarrow P_m + m_s H_2O \tag{4-81}$$

另外，盐的存在会影响配体所结合的水分子数

$$L_d^w \Longrightarrow L_d + r_s H_2O \tag{4-82}$$

式中：L_d^w 是水中的水合配体；L_d 是盐-水溶液中的水合配体；r_s 是这两种状态下水分子的变化数。

盐的存在引起蛋白质分子构象变化，从而使得接触面积改变，结果每个蛋白分子所连接的配体数发生改变

$$P_b^w + (q_s - b_s - m')H_2O \Longrightarrow P_b + n'L_d \tag{4-83}$$

式中：q_s 是加入盐后从接触表面所释放出的水分子数；b_s 是由于在纯水中和盐-水中蛋白质分子构象不同而释放的水分子数；$r = r_w - r_s$。当用质量作用定律来描述上述 8 个热力学平衡[式(4-74)~(4-78)和(4-81)~(4-83)]，这 8 个平衡的平衡常数分别为 K_a，K_b，K_c，K_d，K_e，K_f，K_g 和 K_h，则

$$K = \frac{K_h}{K_f K_g^{n_w}} \cdot \frac{K_a K_b K_e}{K_c K_d^{n_w}} \tag{4-84}$$

或

$$K = \frac{[P_b]}{[P_m][L_d]^{n_w - n'}}[H_2O]^{(r_w n_w + b_w + q_w - q_s + b_s - n'r - r n_w^s - m_s)} \tag{4-85}$$

假定

$$r_w - r_s = r \tag{4-86}$$

$$n_w - n' = n \tag{4-87}$$

$$r_w n_w + b_w + q_w = ZH_2O \tag{4-88}$$

$$m_s + r_s n_w + q_s - b_s + rn' = Z_s$$

$$Z_{H_2O} - Z_s = Z \tag{4-89}$$

式中：Z 表示当蛋白质吸附在 HIC 柱上时所释放出的水分子数；Z_{H_2O} 表示纯水作流动相时的 Z 值；Z_s 是蛋白质分子从纯水中转移到盐-水中时水分子的变化数。对一个给定的色谱体系，当盐、配体和温度固定，Z 就是一个蛋白质的特征常数。

联合式（4-85）~（4-89），得

$$K = \frac{[P_b]}{[P_m][L_d]^n}[H_2O]^z \qquad (4\text{-}90)$$

式（4-90）是式（4-73）的一个指数表达式。

在 HPLC 中，溶质的容量因子 k' 与溶质在固-液两相中的分配系数 K_d 和柱相比 φ 有关，

$$k' = K_d\varphi \qquad (4\text{-}1)$$

由公式（4-90）和（4-1）可得

$$K_d = \frac{[P_b]}{[P_m]} = \frac{K[L_d]^n}{[H_2O]^z} \qquad (4\text{-}91)$$

或

$$k' = K[L_d]^n\varphi/[H_2O]^z \qquad (4\text{-}92)$$

当温度和色谱柱给定时，K 和 φ 是常数。假定 $[H_2O]$ 的范围变化不大，$[L_d]$ 也可近似为一个常数。

假定

$$I = K[L_d]^n\varphi \qquad (4\text{-}93)$$

联合式（4-92）和（4-93），则得

$$\lg k' = \lg I - Z\lg[H_2O] \qquad (4\text{-}16)$$

$$\lg I = \lg K + n\lg[L_d] + \lg\varphi \qquad (4\text{-}7)$$

式中：Z 为 $\lg k'$ 对 $\lg(1/[D_0])$ 作图的斜率，它表示从载体上置换掉一个蛋白质分子所需水的分子数。$\lg I$ 反映了蛋白质与配体间亲和势能的大小。用 $\lg k'$ 对 $\lg[H_2O]$ 作图，可获得一条非常好的直线。

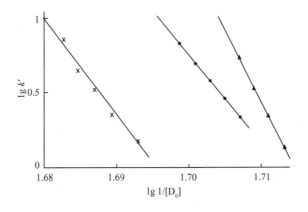

图 4-6　疏水相互作用色谱(HIC)$\lg k'$ 对 $\lg 1/[D_0]$ 的线性作图[11]

固定相:硅胶-醚基;流动相:$(NH_4)_2SO_4$(1mol/L)pH 7.0→KH_2PO_4(10mmol/L)

溶质:×肌红蛋白;●溶菌酶;▲ α-胰凝乳蛋白酶原-A

从上述推导可以看出，尽管在蛋白质与 HIC 作用时会有包括蛋白质分子构象变化在内的 8 个热力学平衡，但最终都会归结为式（4-16）这样一个简单的表达式。这再次表明，用热力学平衡的方法来处理各种分子间相互作用力大小的研究方法是简便易行的。

图 4-6 是 HIC 中三种蛋白质的 $\lg k' \sim \lg 1/[D_0]$ 的线性作图。图 4-7（a）～（d）分别是在不同种类盐、不同温度、不同色谱柱及不同 pH 条件下的 $\lg k' \sim \lg[H_2O]$ 的线性作图。图中所有的线性关系 R 均大于 0.99。

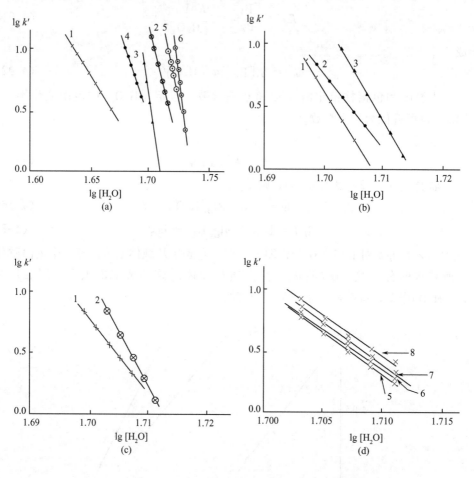

图 4-7　不同色谱条件下溶菌酶的 $\lg k'$ 对 $\lg[H_2O]$ 作图[39]

（a）溶菌酶在各种盐水溶液中。HIC-I 柱，30℃，pH7。1＝NH₄Cl，2＝KCl，3＝(NH₄)₂SO₄，4＝NaBr，5＝NaCl，6＝Na₂SO₄。(b)溶菌酶在不同的温度下。HIC-I 柱，(NH₄)₄SO₄-0.01 mol/L KH₂PO₄，pH＝7。1＝10℃，2＝30℃，3＝50℃。(c)溶菌酶在不同的色谱柱上。(NH₄)₄SO₄-0.01 mol/L KH₂PO₄，pH＝7。1＝HIC-I 柱，2＝HIC-II 柱。(d)溶菌酶在 pH 值5,6,7和8时。HIC-I 柱，30℃，(NH₄)₄SO₄-0.01 mol/L KH₂PO₄

图 4-8 是在 293K 时芳香醇同系物在硫酸铵流动相中的 $\lg k'$ 对 $\lg [H_2O]$ 作图。四种芳香醇同系物在硫酸铵、氯化钠、醋酸铵和硫酸钠四种不同流动相中，以及温度为 0～80℃的范围内，保留因子的对数（$\lg k'$）对流动相中水浓度的对数（$\lg[H_2O]$）作图，线性相关系数 R 均在 0.995 以上，表明在 HIC 中，四种芳香醇同系物小分子在不同的盐溶液中，在不同的温度下的保留行为都遵循 SDT-R，可用公式（4-16）描述。

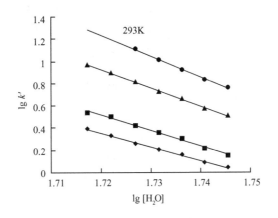

图 4-8　在 293K 时（NH₄）₂SO₄ 溶液中芳香醇同系
物的 $\lg [H_2O]$ 对 $\lg k'$ 作图[64]

◆苯甲醇，■苯乙醇，▲苯丙醇，●苯丁醇

§4.7　离子交换色谱（IEC）

离子交换色谱（IEC）的固定相是离子交换剂。它是依据被分离物与配体间静电作用力不同而达到分离的，特别适用于分析和分离那些可电离或能够电离的化合物。IEC 所使用的流动相为盐-水体系，操作条件温和，被分离物在低盐浓度下保留，而在高盐浓度条件下被洗脱，在分离蛋白质时蛋白质多能保持高的生物活性，所以 IEC 是蛋白质分离纯化中用的最多的色谱技术之一。

IEC 的保留机理主要有静电作用模型和 SDT-R。静电作用模型认为离子交换过程主要是由静电作用控制的，其保留次序取决于配体与被分离物间的静电作用力大小。作用力大的保留时间长，作用力小的保留时间短。静电作用模型虽然能对大多数蛋白质在 IEC 中的保留做出定量的解释，但它不能解释静电荷为零的一些蛋白质在 IEC 中的保留。SDT-R 是 IEC 中描述蛋白质保留的第一个定量模型[65]。

4.7.1　静电作用模型

在 IEC 上分离蛋白质时，IEC 固定相的配体表面要吸附一层相反电荷的离

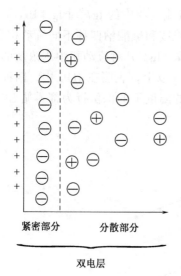

紧密部分　　　分散部分

双电层

图 4-9　IEC 固定相表面的
双电层结构[66]

子来保持其电中性，从而形成了双电层，如图 4-9 所示。双电层厚度直接正比于配体的密度。蛋白质表面带有电荷也呈现出相同的性质，当蛋白质在交换过程中遇到固定相的双电层时，蛋白质表面和固定相表面的离子会重新分布，即原先吸附在两个表面的离子被置换，蛋白质和配体吸附在一起。要从离子交换剂上解吸附蛋白质，必须增加与蛋白质所带电荷相同离子的离子强度。

4.7.2　IEC 中的 SDT-R

Regnier 等根据 Boardman 和 Partridge[66] 对多价电解质在弱阳离子交换剂上的处理方法提出了蛋白质在 IEC 上的吸附，提出了蛋白质在 IEC 上的计量置换保留机理。他们假设：从固定相表面解吸附 1 个蛋白质分子需用 Z 个小的取代离子来取代，或者说与 1 个蛋白质分子作用的配体表面可以同 Z 个取代离子作用，整个置换过程可用下式来表示：

$$(P^{\pm a})_m + (a/b)(D^{\pm b})_s = (P^{\pm a})_s + (a/b)(D^{\pm b})_m \qquad (4-94)$$

式中：$P^{\pm a}$ 是带电荷的蛋白质；$D^{\pm b}$ 是置换离子；a 和 b 分别表示蛋白质和置换离子所带的电荷数目；下标 m 和 s 分别代表流动相和固定相。对于 IEC 而言，$Z = a/b$ 代表着计量电荷比，即从固定相上置换掉 1 个蛋白质分子时所需的置换离子数目。用 Z 代替 a/b，式（4-94）便可写为

$$(P^{\pm a})_m + Z(D^{\pm b})_s = (P^{\pm a})_s + Z(D^{\pm b})_m \qquad (4-95)$$

此时，方程的平衡常数 K 为：

$$K = \frac{[P^{\pm a}]_s [D^{\pm b}]_m^Z}{[P^{\pm a}]_m [D^{\pm b}]_s^Z} \qquad (4-96)$$

$[P^{\pm b}]_s$ 直接正比于配体的密度 $[L]$。固定相上的配体密度在通常情况下认为是均匀的，因此，$[P^{\pm b}]_s$ 可认为变化不大，近似为常数。而蛋白质在两相中的分配常数 K_d：

$$K_d = [P^{\pm a}]_s / [P^{\pm a}]_m \qquad (4-97)$$

容量因子 k' 与 K_d 的关系为

$$k' = K_d \varphi \qquad (4-1)$$

将式（4-97）、（4-1）代入式（4-96），并进行整理：

$$k' = K\varphi [D^{\pm b}]_s^Z / [D^{\pm b}]_m^Z \qquad (4-98)$$

令
$$I \equiv K\varphi[\mathrm{D}^{\pm b}]_s^Z \tag{4-99}$$

式（4-99）中平衡常数不随流动相的浓度而变化，柱相比 φ 也可认为是常数，故 I 是一个不随盐浓度而变化的常数。则式（4-98）变为

$$k' = I/[\mathrm{D}^{\pm b}]_m^Z \tag{4-100}$$

对上式求对数：

$$\lg k' = \lg I - Z\lg[\mathrm{D}^{\pm b}]_m \tag{4-101}$$

$[\mathrm{D}^{\pm b}]_m$ 为置换离子的浓度，它与盐的浓度有直接的关系。对于一价盐来讲，$[\mathrm{D}^{\pm b}]_m$ 等于盐的浓度，此时可用盐的浓度来代替，方程（4-101）成为

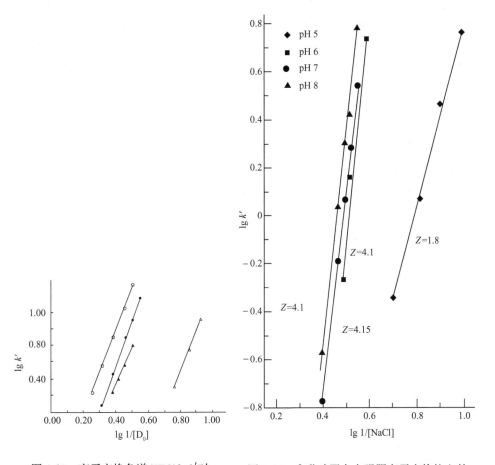

图 4-10　离子交换色谱(IEC)$\lg k'$对 $\lg 1/[\mathrm{D}_0]$的线性作图[65]

固定相：WCX-1 型（弱阳）；流动相：pH4.7 的 $\mathrm{Na_2SO_4}$ 水溶液；溶质：● 溶菌酶；△ α-胰凝乳蛋白酶原-A；▲ 细胞色素-C，○ 细胞色素-C

图 4-11　β-乳球蛋白在强阴离子交换柱上的 $\lg k'$对 $\lg[\mathrm{D}]$作图[65]

β-乳球蛋白在各种 pH 等浓度洗脱，硅质 SAX 柱(25cm×0.41cm I.D.)

$$\lg k' = \lg I - Z \lg [D] \qquad (4-16)$$

式中：[D] 为一价盐的浓度。

此式即为蛋白质在 HPIEC 柱上一价盐中的离子交换模型的数学表达式，相关作图见图 4-10、4-11。

§4.8 亲和色谱（AFC）

亲和色谱（AFC）与 HIC 一样，主要是为选择性分离和纯化生物大分子而特别设计的一类色谱，也是吸附色谱的一个深入地发展。AFC 本身包含了一整套复杂的底物及其配位体和大分子间相互作用时所固有的独特的生物学特性。在结合过程中涉及到疏水力、静电力、范德华力以及蛋白质分子空间构型的影响。AFC 的概念可以理解为配体以共价键形式与不溶性载体连接并以此作为色谱介质，从而达到高选择性地吸附分离生物活性物质的目的。这里所说的配位体是指底物、抑制剂、辅酶、变构效应物或其他任何能特异地和可逆地与被纯化的蛋白质或生物大分子发生作用的化合物，蛋白质的生物学功能就在于它们能够特异地和可逆地与这些配位体相互作用。

在 AFC 柱上吸附生物活性大分子时，只有与配位体表现出明显亲和性的生物大分子才会被吸附，其他无亲和性的生物大分子便很快通过色谱柱而流出，被吸附的生物大分子只有在改变流动相的组成时才被洗脱。因此，AFC 可应用于任何一种有特异性相互作用的生物大分子。

蛋白质在 AFC 上的分离主要依赖于配体与分离物间的识别，从分子间的相互作用来看，这种识别作用符合所谓的锁-钥作用模型和诱导作用模型，具有高度的生物选择性。

4.8.1 溶质保留机理[67,68]

在 AFC 上溶质的保留情况可以用生物特异作用的平衡常数来确定。如果溶质 E 与固定相亲和配体 L 形成络合物是可逆的：

$$L + E = LE \qquad (4-102)$$

则式（4-102）的平衡常数 K_1 可表示为

$$K_1 = \frac{[LE]_s}{[E]_m([L]_s - [LE]_s)} \qquad (4-103)$$

式中：下标 m、s 分别表示流动相和固定相；[L] 是配体的表面浓度；[LE]$_s$ 是溶质结合配体的浓度；[E]$_m$ 表示溶质在流动相中的浓度。当溶质浓度较低且假定 L 与 E 的结合符合线性吸附方式时，[L]$_s$ - [LE]$_s$ 可以近似地认为等于 [L]$_s$，此时式（4-103）变成：

$$K_1 = \frac{[LE]_s}{[E]_m[L]_s} \qquad (4-104)$$

蛋白质在固定相和流动相中的分配常数 K_d 与容量因子之间的关系可用下式表示

$$k' = K_d \cdot \varphi$$

$$K_d = \frac{\text{溶质在固定相上吸附浓度}}{\text{溶质在流动相中的浓度}} = \frac{[\text{LE}]_s}{[\text{E}]_m} \tag{4-105}$$

将式（4-105）和式（4-104）代入式（4-1），在整理后可得，

$$k' = K_1 [\text{L}]_s \cdot \varphi \tag{4-106}$$

洗脱时间 t_R：

$$t_R = t_0 (1 + k') \tag{4-107}$$

从上式看出，溶质的保留与配体密度和分离物之间的特异性亲和作用常数有关。平衡结合常数值越大，其越难洗脱；配体密度越大，保留时间越长。

式（4-102）～式（4-107）及式（4-1）描述的是最简单的溶质在 AFC 上的保留模型，这个模型包括了几个假定条件：首先配体是均匀分布的，溶质与配体作用处处相同；第二，在所有洗脱的浓度范围内吸附为线性吸附；第三，配体与蛋白质间结合反应的动力学较快。而实际上，在 AFC 分离的时间范围内，亲和作用吸附动力学是一个非常慢的过程，强烈的结合常常会产生非常宽的峰，因此不可能准确测定它的保留时间。

4.8.2 SDT-R

溶质的 SDT-R 可用于描述 AFC 体系中蛋白质分子的保留行为，其核心内容为当蛋白质分子吸附到固定相上时会释放出一定量的置换剂分子，当蛋白质解吸附时，1 个蛋白质分子需要 Z 个置换剂分子，其计量关系如下：

$$\text{P}_m + Z\text{D}_s = \text{P}_s + Z\text{D}_m \tag{4-108}$$

式中：P 为蛋白质；D 为置换剂；Z 为从固定相上解吸附一个蛋白质时所需置换剂的分子数；下标 m 和 s 分别代表流动相和固定相。

式（4-108）的反应平衡常数为：

$$K = \frac{[\text{P}_s][\text{D}_m]^Z}{[\text{P}_m][\text{D}_s]^Z} \tag{4-109}$$

假定固定相上配体密度是均匀的，由此得出 $[\text{D}_s]$ 近似为一常数，蛋白质在两相中的分配常数

$$K_d = \frac{[\text{P}_s]}{[\text{P}_m]} \tag{4-110}$$

容量因子 k' 与 K_d 的关系为

$$k' = K_d \cdot \varphi$$

将式（4-110）、式（4-1）代入式（4-109）中，整理可得

$$k' = K \cdot \varphi \frac{[D_s]^Z}{[D_m]^z} \qquad (4\text{-}111)$$

K、φ、$[D_s]$ 均为常数，令 $I = K \cdot \varphi [D_s]^Z$，则式（4-1）变为

$$k' = I/[D_m]^z \qquad (4\text{-}112)$$

对上式求对数得：

$$\lg k' = \lg I - Z\lg[D_m] \qquad (4\text{-}113)$$

式中：$[D_m]$ 为流动相中置换剂的浓度。

为了和前面的公式形式一致，将 $[D_m]$ 用 $[D]$ 表示，则式（4-113）可写为：

$$\lg k' = \lg I - Z\lg[D] \qquad (4\text{-}16)$$

根据该式，在 AFC 中 $\lg k'$ 对 $\lg[D_m]$ 作图呈线性关系，其斜率 Z 为置换 1 个蛋白质分子所需的置换剂的分子数。截距 $\lg I$ 表示了蛋白质与固定相间亲和势的大小。

Anderson 等[68]用亲和色谱对 SDT-R 进行了检验，实验数据与预计结果符合程度很好。他们计算了表 4-9 中的五种体系的 Z 值，并列在图 4-12 图注中。图 4-12 表示的是 $\lg k'$ 对 $\lg(1/[D])$ 作图。对固定化 PAPM（p-aminopheny-α-D-mannopyranoside，p-氨基苯-α-D-甘露糖吡喃糖甙）柱来说，作图是线性的。对高键合率的 PAPM 柱来说，其 Z 值为 1.8，这表明主要是二价键合。在低键合率的柱子上，Z 值降为 1.5，这表明随着表面配体浓度的降低，二价键合不断减小。

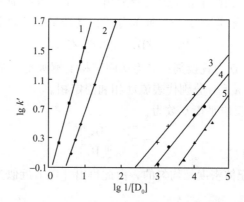

图4-12 亲和色谱(AFC)$\lg k'$对$\lg 1/[D_0]$的线性作图[68]

固定相:对伴刀豆球蛋白(Con-A)有亲和性的配体;流动相:R-D-吡喃甘露糖苷

溶在 NH_4Ac(0.5 mol/L)和($CaCl_2$)(1.0 mol/L)pH5.03溶液中溶质:

1. Con.A (1.8); 2. Con.A (1.5); 3. MUM(0.6); 4. PNPM(0.6);

5. Con.A (0.7)。括号中数值表直线的斜率,即二值

表 4-9　色谱条件[68]

柱号	固定化配体	固定化配体位点的浓度 / ($\mu mol/m^2$)	柱参数		分析物	分析物浓度	进样量/μL
			I.D. /mm	长度 /mm			
1	PAPM	0.98	4.6	45.0	Con A	4 mg/mL	10
2	PAPM	0.28	4.6	50.0	Con A	4 mg/mL	10
3	Glucosamine	0.73	4.1	50.3	Con A	0.06 mg/mL	10
4	Con A	0.012	4.1	100.0	MUM	6 $\mu mol/L$	20
					PNPM	5 $\mu mol/L$	20

§4.9　正相色谱（NPC）[69]

正相色谱（NPC）是 LC 中最先发展起来的一种分离模式。由于它的适用面广，常常用于解决许多分离中的困难问题。一般来说，NPC 适合于中等相对分子质量（大于 200，小于 2000）、且能溶于非极性或中等极性溶剂（如己烷、二氯甲烷、氯仿或乙醚）的样品的分离，特别是在族分离和同分异构体的分离中有独特的作用。

NPC 可分离的化合物的范围十分广泛，非极性的烃类化合物和强极性的多官能团化合物都可用 NPC 进行分离。但 NPC 不宜用于离子型化合物的分离。NPC 有独特的选择性。保留顺序依照极性大小排列，极性强的化合物吸附性强，极性弱的化合物吸附性弱，对有多个官能团的化合物，吸附特性通常是由极性最强的官能团起决定性作用。对于弱极性或中等极性的化合物，NPC 能把相似化学官能团的化合物分到一起，从而能够实现复杂混合物的族分离。烃基与吸附剂之间的作用非常弱，因此，分子量的差别对保留的影响甚小，而官能团的影响非常显著。由于受吸附剂的活性中心的几何位置的影响，NPC 也具备有分离位置异构体的能力。因而，仅仅是烷基取代基的类型或数量不同的化合物，例如同系物，不能用 NPC 分离。但是利用 NPC 的这一特点可以进行族分离。例如，NPC可用于食油样品中烷烃、烯烃、芳烃、非烃的族分析和多核芳烃的分离，或者用于类脂类抽提物中三酸甘油酯的分离。

在 NPC 中假设吸附中心全部被吸附的溶质分子或溶剂分子所覆盖，表面羟基与溶质（或溶剂）分子官能团的相互作用取决于这种相互作用的强度，相互作用力强的分子优先被吸附。溶质分子的官能团与吸附剂羟基之间的静电作用，如永久偶极或氢键，对保留起着主要作用。

对于 NPC，吸附在吸附剂表面上的分子，由于分子间的相互作用力，有位能存在，同时由于振动运动，又有动能存在。当动能超过位能时，分子离开表面回到流动相中。反之，如果流动相中溶质分子的动能小于位能，分子将接近吸附剂表面，同时被吸附。分子产生的位能和动能的大小，与它的质量、形态及环境温度有关。在 NPC 中，作者提出了溶质 SDT-R；Snyder 推导出适用于单分子层吸附（遵循朗缪尔吸附模式）的液-固色谱保留模型[70]；Scott 等推导出适用于多分子层吸附的液-固色谱保留模型[22]。由 Scott 的研究得知：乙酸乙酯和四氢呋喃在硅胶上的吸附是多分子层吸附，异丙醇和氯丙烷的吸附是单分子层吸附。因此，异丙醇和氯丙烷在硅胶上的吸附不符合 Scott 的模式，而乙酸乙酯、四氢呋喃在硅胶上的吸附不符合 Snyder 模式[71]。然而经实验数据验证 SDT-R 既适用于单分子层又适用于多分子层的吸附。这里要特别指出的是，因为 Snyder-Soczwinski 模型的表达式与 SDT-R 的表达式在数学形式上是相同的，一些人认为两者是一样的，这是对 SDT-R 的一种误解。因为 SDT-R 是一个定量的理论，其各项参数都有明确的物理意义，Z 值具有分量 n 和 q，而 Snyder 公式为半经验公式，公式中的 S 物理意义不明确且 S 无分量。

图 4-13 是 NPC 中几种溶质的 $\lg k'$ 对 $\lg 1/[D]$ 的线性作图。图 4-14 给出乙酸乙酯在硅胶上吸附时的线性关系，并绘出了对应的单分子层吸附等温线和多分子层吸附等温线。由图 4-14 看出：尽管不知乙酸乙酯在硅胶上的吸附是多少层，而 SDT-R 的线性关系却很好。表 4-8 列出了以乙酸乙酯为流动相对各种溶质在硅胶上吸附行为的几组数据，并与其他模型进行了比较。在 11 组数据中，SDT-R 有 7 组 R 值为 1.000，其余 4 组 R 值较 Scott 的模型好。对于 Snyder-Soczewinski 模型除有 1 组 R 值明显低于 SDT-R 外，其余均与 SDT-R 的 R 相当。

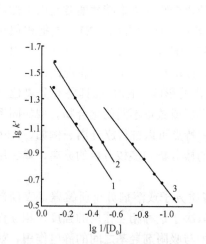

图 4-13　正相色谱（NPC）$\lg k'$ 对
$\lg 1/[D_0]$ 的线性作图[69]

固定相：Partisil10；流动相：1 和 2 为四氢呋喃-正庚烷；3.异丙醇-正庚烷溶质；1. 苯乙醇；2.3-苯基正丙醇；3. 脱氧皮质（留）酮醇（$C_{12}H_{30}O_3$）

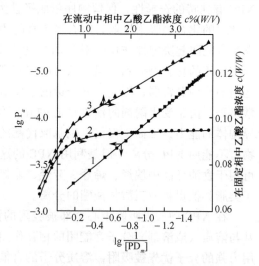

图4-14　乙酸乙酯在硅胶上的吸附[69]

1. 用 SDT-R 所描述的吸附等温线；2.乙酸乙酯的单分子层吸附等温线；3.乙酸乙酯的多分子层吸附等温线

然而，无论用 Scott 或 Snyder-Soczewinski 的观点均难以解释这样的结果。尤其是 Snyder 的模型要求强极性溶剂浓度（摩尔分数）大于 0.2 时，这种线性关系才存在[17]。而表 4-10 列出的乙酸乙酯摩尔分数范围仅为 0.1～0.2。

表 4-10　SDT-R 与另外两种模型线性参数的比较[69]*

溶质	乙酸乙酯浓度范围（摩尔分数）	SDT-R			Scott & Kucera			Snyder-Soczewinski		
		R	$\lg I$	Z	R	A	B	R	n	B
乙酸苄酯	0.116～0.197	0.991	0.474	0.841	0.982	0.0571	0.0282	0.992	0.888	−0.242
乙酸甲酯	0.116～0.197	1.000	0.552	0.680	0.998	0.0886	0.0195	1.000	0.717	−0.0285
四氢呋喃	0.116～0.197	1.000	0.766	0.712	0.998	0.0485	0.0124	1.000	0.751	0.1590
正辛醇	0.116～0.197	1.000	1.150	1.25	1.000	−0.0170	0.0090	1.000	1.32	0.0827
α-苯甲醇	0.116～0.197	0.996	1.18	1.30	0.995	−0.0185	0.0088	0.997	1.37	0.0645
苯乙醇	0.116～0.197	0.997	1.32	1.30	0.995	−0.0133	0.0063	0.997	1.37	0.210
正戊醇	0.116～0.197	1.000	1.24	1.20	1.000	−0.0108	0.0070	0.975	1.18	0.306
正丁醇	0.116～0.197	1.000	1.30	1.15	1.000	−0.0066	0.0059	1.000	1.22	0.310
乙酰苯	0.116～0.197	0.996	0.615	0.837	0.992	0.0410	0.0205	0.996	0.883	−0.0988
甲基乙基酮	0.116～0.197	1.000	0.756	0.863	0.999	0.0238	0.0154	1.000	0.910	0.0200
丙酮	0.116～0.197	1.000	1.04	0.862	1.000	0.0120	0.0080	0.993	0.792	0.411

* 吸附剂：硅胶 Partisil 10，流动相：乙酸乙酯-正庚烷，原始数据取自文献 [70]。

表 4-11 列出了用不同溶剂的正庚烷溶液作流动相，以苯基甲基甲醇为溶质时在硅胶上吸附的三种模型线性参数的比较。在列出的 9 组数据中，除乙酸甲酯线性关系较原有计算结果略差、正丁醇结果一样外，其余 7 组本模型均较 Scott 的为优。虽然 Snyder-Soczewinski 模型与 SDT-R 相当，但 Snyder 特别强调了他的模型在用于强极性溶剂（如醇类）时，必须加一个修正项 "Δ"[70]，而表 4-11 的结果并不能证实这一点。

表 4-11　在不同流动相中 SDT-R 与另外两种模型线性参数的比较[69]*

溶剂（在正庚烷中）	活性组分浓度范围（摩尔分数）	SDT-R			Scott & Kucera			Snyder-Soczewinski		
		R	$\lg I$	Z	R	A	B	R	n	B
异丙醇	0.0743～0.177	1.000	0.328	0.852	0.997	0.0500	0.0549	1.000	0.902	−0.360
正丁醇	0.0629～0.152	1.000	0.360	0.924	1.000	0.0172	0.0463	1.000	0.960	−0.376
戊醇	0.0538～0.132	0.999	0.392	1.03	0.998	−0.0077	0.0383	0.999	1.05	−0.403
二　烷	0.0995～0.191	0.999	1.13	1.30	0.997	−0.0024	0.0116	1.000	1.30	7.40
四氢呋喃	0.137～0.229	0.999	1.19	1.31	0.998	−0.0247	0.0111	0.999	1.43	0.0257
乙酸甲酯	0.139～0.231	0.999	1.33	1.40	1.000	−0.0270	0.0099	0.999	1.54	6.18
乙酸乙酯	0.116～0.197	0.999	1.29	1.31	0.998	−0.0153	0.0068	0.999	1.38	0.172
乙酸丙酯	0.116～0.197	1.000	1.22	1.21	0.999	−0.0076	0.0059	—	—	—
乙酸丁酯	0.0449～0.112	1.000	1.12	1.13	0.999	−0.0039	0.0059	1.000	1.13	0.245

* 吸附剂：硅胶 Partisil 10；溶质：苯基甲基甲醇；原始数据取自文献 [70]。

§4.10 薄层色谱（TLC）与纸色谱（PC）[72]

SDT-R 的核心是当 1mol 溶质被固定相吸附时，就会有 Z mol 溶剂从固定相上被置换出来并返回到流动相中。已经证明该理论也适用于薄层色谱、纸色谱。

在 §4.2 中已有详尽说明，现仅以分离镧系元素（Ln）为例说明用 SDT-R 的优越性。在色谱分离镧系元素时，若以 SDT-R 对其分离机理进行描述，其置换机理与反相色谱略有不同，应为：

$$n'(\text{HDEHP})_2 \cdot n(\text{H}^+ \text{NO}_3^-) + \text{Ln}(\text{H}^+ \text{NO}_3^-)_m$$
（固定相-硝酸络合物）　　　　（溶质-固定相-硝酸络合物）

$$= (\text{H}^+ \text{NO}_3^-)_{(m-q)} \text{Ln}[\text{H}(\text{DEHP})_2]_n + (n+q)\text{H}^+ \text{NO}_3^- + n'\text{H}^+$$
（硝酸-溶质-固定相络合物）　　　（置换出 HNO₃ 数）　（置换出 H⁺ 数）

$$(4\text{-}114)$$

式中：n' 表示在吸附达到平衡时，一个镧系元素离子与 HDEHP 二聚物结合的个数，也是从 HDEHP 二聚物中置换出的氢离子数，所以在释放出氢离子总数（Z）中，除了同 RPLC 中意义完全相同的 n 和 q 外，还应加上 n'，即

$$Z = n + q + n' \tag{4-115}$$

式中：n' 应为 1、2 或 3 的正整数（依系统条件不同而异），n 和 q 应为大于零的分数或整数值。式（4-114）只给出了溶质、固定相及其硝酸化络合物之间的作用，实际与式（4-114）相对应的水合作用依然存在。所以在计量置换时，出现了较复杂的情况：其一是仅出现硝酸化合物之间的置换，如式（4-115）所示的 n 和 q 均为大于 1 的整数，即 $Z = n + q + n_1'$；其二是仅出现水合物之间的置换，若以 n''、q'' 表示其置换出的水分子数，那么 n''、q'' 均为大于 1 的整数，则 $Z' = n'' + q'' + n_2'$。在讨论该体系与氢离子浓度的关系时，n'' 和 q'' 无实际意义，所以在此过程或式（4-114）中 $n = q = 0$；其三是上述两者的交互作用，式（4-115）中左边第一项为硝酸化合物，第二项为水合物，则 n 为大于 1 的整数，$q = 0$；反之 q 为大于 1 的整数，$n = 0$。但是不论出现上述的哪一种情况，n'（$n' = n_1' + n_2'$）始终相同，而且是大于 1 的整数。从统计学的观点出发，平均每个稀土离子被吸附时，Ln 置换出的 n 和 q 值均可能出现小于或大于 1 的分数。基于上述观点，可以预计 Z 的绝对值可能是大于 1 的任意数。

将文献发表的数据，以 $\lg k'$ 为纵坐标，$\lg(1/[D_0])$ 为横坐标作图，得到线性良好的直线，各参量列于表 4-12。由于吸附剂选择性吸附流动相中的某种组分而使组分而使 $[D_0]$ 项发生变化，但变化量甚微，故在计算时忽略了这种影响。结果表明该理论是可行的。

SDT-R 提出后，国际上许多科学家对此理论具有浓厚的兴趣，利用该理论解决了许多 LC 中的理论问题和实际问题，此处仅举几例予以说明。Mazsaroff 等以 SDT-R 为基础，推导出制备色谱中一个与 SDT-R 相似的模型，用来研究蛋白

质浓度对 Z 值的影响[73]。Pinto 等以 SDT-R 为基础，推导出了制备色谱中的离

表 4-12　镧系元素的线性参数[72]

元素	R				Z				$\lg I$			
	1	2	3	4	1	2	3	4	1	2	3	4
La	0.9998	0.9999	—	0.9982	3.196	3.233	—	1.927	−4.145	−4.056	—	−2.565
Ce	0.9996	0.9999	−0.9954	0.9978	3.178	3.172	−1.694	1.883	−3.714	−3.427	0.0326	−2.216
Pr	0.9998	0.9999	−0.9990	0.9985	3.372	3.177	−1.756	1.780	−3.446	−3.163	0.1519	−1.964
Nd	0.9999	0.9999	−0.9987	0.9994	3.251	3.129	−1.774	1.823	−3.158	−2.946	0.2860	−1.857
Pm	0.9999	0.9999	—	—	3.574	3.380	—	—	−2.990	−2.823	—	—
Sm	0.9999	0.9999	−0.9997	0.9996	3.611	3.286	−1.927	1.724	−2.565	−2.199	0.5465	−1.340
Eu	0.9999	0.9995	−0.9995	0.9976	3.595	3.270	−1.984	1.820	−2.133	−1.904	0.6592	−1.256
Gd	0.9998	0.9997	−0.9996	0.9991	3.688	3.207	−1.984	1.811	−1.924	−1.697	0.6592	−1.121
Tb	0.9996	0.9998	−0.9999	0.9940	3.658	3.247	−2.089	1.934	−1.271	−0.9537	0.8245	−0.7198
Dy	0.9998	0.9999	−0.9998	0.9999	3.711	3.273	−2.113	1.734	−0.9082	−0.5907	0.9767	−0.4592
Ho	0.9999	0.9999	−0.9998	0.9967	3.814	3.213	−2.066	1.762	−0.544	−0.2470	1.100	−0.2440
Er	0.9999	0.9999	−0.9997	0.9971	3.559	2.979	−2.069	1.800	−0.1309	0.1036	1.283	−0.0587
Tm	0.9997	0.9994	−0.9998	0.9993	3.961	2.943	−2.146	1.978	0.3766	0.4748	1.501	0.2627
Yb	0.9980	0.9991	−0.9996	0.9968	3.795	2.939	−2.128	1.816	0.8793	0.9936	1.854	0.5520
Lu	0.9990	0.9999	−0.9998	0.9972	3.768	2.921	−2.096	1.740	1.168	1.250	2.092	0.6632

子交换色谱模型[74]。Janos 等在 SDT-R 的基础上引入了一个酸-碱平衡，用来研究 RPLC 中流动 pH 对保留的影响[75]。Singh 等用 SDT-R 研究了 RNA 的亲和吸附行为，表明构象在吸附中有很大的影响作用[76]。Heng 等用 SDT-R 研究了带负电荷的 β-galacosidase 融合蛋白在阴离子交换柱上的保留行为，研究了融合标签长度对保留的影响[77]。Xie 等用 SDT-R 研究了多种蛋白质在离子交换色谱柱上的吸附行为[78]。Gill 等用 SDT-R 研究了重组可溶的鼠细胞色谱 b_5 的胰蛋白酶水解片断在亲水性阴离子交换剂 Mono Q 上的吸附，表明在此蛋白质中存在一个优先与阴离子交换剂接触的区域[79]。Le Bargne 等用 SDT-R 研究了融合蛋白的色谱行为[80]。Johnson 等用 SDT-R 研究了 pH、咪唑对融合组氨酸的 Cyt-C 在固定化金属离子亲和色谱（IMAC）中保留的影响，得出在 IMAC 中蛋白质和固定化金属离子之间是多位点结合[81]。沈忠耀等用 SDT-R 分析了分子印迹聚合物色谱中印迹分子与固定相和流动相间的相互作用机理[82]。

参 考 文 献

[1]　Snyder L R, Dolan J W and Gant J R. J. Chromatogr., 1979,165(3):31

[2]　Schoenmakers P J, Billiet H A H and De Galan L. J. Chromatogr., 1978,149:519

[3]　Billiet H A H, Schoenmakers P J and De Galan L. J. Chromatogr., 1982,218:443

[4]　Johnson B P, Khaledi M G and Dorsey J G. Anal. Chem., 1986,58:2354

[5]　Horvath Cs, et al. J. Chromatogr., 1976,125:129

[6]　Horvath Cs, et al. Anal. Chem., 1977,49:142

[7]　Geng X D and Regnier F E. J. Chromatogr., 1984,296:15

[8]　Geng X D and Regnier F E. J. Chromatogr., 1985,332:147

[9]　耿信笃,边六交. 中国科学(B辑), 1991,(9):915, Science in China (ser.B),1992,35(4):263

[10]　Geng X D, Bian L J. Chinese Chemical Letters, 1990,1(2):135

[11]　耿信笃 著. 现代分离科学理论导引. 北京:高等教育出版社,2001

[12]　Schoenmakers P J et al. J.Chromatogr., 1981,218:263

[13]　卢佩章,卢小明,戴朝政. 中国科学(B),1985,10:87

[14]　焦庆才,陈耀祖,师治贤. 中国科学(B) 1992,13(4):35

[15]　Schoenmakers P J et al. J.Chromatogr., 1983, 282:107

[16]　Jandera P and Churacek J. J.Chromatogr., 1974, 91:207

[17]　Snyder L R. Principles of Adsorption Chromatography. New York:Marcel Dekker, 1968

[18]　王俊德等.中国科学(B),1985,1:24

[19]　Scott R P W and Kucera P. J.Chromatogr., 1978, 149:93

[20]　Scott R P W. J. Chromatogr. Sci., 1970, 8:619

[21]　Jandera P et al. Churacek J. J. Chromatogr., 1978, 148:79

[22]　Scott R P W and Kucera P. Anal. Chem., 1973, 45:749

[23]　Soczewinski E and Golkiewicz W. Chromatographia, 1971, 4:501

[24]　Soczewinski E and Golkiewicz W. Chromatographia, 1973, 6:269

[25]　Soczewinski E. Anal. Chem., 1969, 41:179

[26]　Valko K, Snyder L R, Glajch J L. J Chromatogr A, 1993, 656:501

[27]　Hearn M T W, Hodder A N, Aguilar M I. J. Chromatogr., 1985, 327:47

[28]　Hearn M T W, Aguilar M I. J. Chromatogr, 1987, 397:47

[29]　Belenkii B G, Podkladenko A M, Kurenbin O I, et al. J Chromatogr, 1993, 645:1

[30]　Shi Y L, Geng X D, Chem. J. Chin. Univ., 1992,8(3):15

[31]　Chang J, Guo L, Feng W, Geng X, Chromatographia, 1992,34:589

[32]　Wei Y M, Yao C, Zhao J G, et al. Chromatographia, 2002, 55(11/12):659

[33]　卫引茂,赵建国,姚丛等. 分析化学,2002, 30(6):641

[34]　Melander W, Corradini D, Horvath C. J. Chromatogr., 1984, 317:67

[35]　Melander W, Horvath C. Arch. Biochem. Biophys., 1977,183:200

[36]　Fansnaugh J L, Kennedy L A, Regnier F E. J. Chromatogr., 1984, 317:141

[37]　Jennissen H P, Botzet G. Int. J. Biol. Mactomel., 1979,1:171

[38]　Arakawa T. Arch. Biochem. Biophys., 1986, 248:101

[39]　Geng X D, Guo L A, Chang J H. J. Chromatogr., 1990, 507:1

[40]　Perkins T W, Mak D S, Root T W, et al. J. Chromatogr. A, 1997, 766: 1

[41]　Frank H S et al. J. Chem. Phys., 1945,13:507

[42]　Kauzmann W. Adv. Protein Chem., 1959,14:1

[43]　Lee J C et al. J. Biol. Chem., 1981,256:7193

[44]　Gekko K et al. Biochemistry, 1981,20:4667

[45] Sucha L and Kotrly S. Solution Equillibria in Analytical Chemistry, D.Betteridge ED, London Reinhold, 1972

[46] Wu S L et al. J. Chromatogr., 1986,359:3

[47] Wu S L, Figueroa A and Karger B L. J. Chromatogr., 1986,371:3

[48] Adamson A W. Physical Chemistry of Surface. 4th ed. NewYork: John Wlley and Sons,1982,P369

[49] 耿信笃,时亚丽. 中国科学(B辑),1988,6:571

[50] Ingraham R H et al. J. Chromatogr., 1985,327:77

[51] Norde W. Adv. Colloid and Interface Sci., 1986,25:267

[52] Scouten W H. Affinity Chromatography. New York: John Wiley Andesons, 1981,P241

[53] Richards F M and Wyckoff H W. in The Enzyme. Vol.4. P. Boyer ed. New York: Academic press, 1971, P647

[54] Fausnaugh J and Regnier F E. J. Chromatogr., 1986,359:131

[55] Jennissen H P. J. Solid-Phase Biochem.,1979,4:151

[56] Jennissen H P. J. Chromatogr., 1978,159:71

[57] Pahlman S et al. J. Chromatogr., 1977,131:99

[58] Regnier F E. Chromatographia, 1987, 24:241

[59] Ueda T et al. Chromatographia, 1987,24:427

[60] Benedek K. J. Chromatogr., 1988,458:93

[61] Arakawa T and Timasheff S N. Bichem istry, 1982,21:6545

[62] Arakawa T and Timasheff S N. Bichem istry, 1984,23:5912

[63] Gekko K et al. Biochemistry, 1981,20:4667

[64] 赵建国. 西北大学硕士学位论文,2002

[65] Kopaciewica W, Rounds M A, Fausnaugh J and Regnier F E. J. Chromatogr., 1983,266:3

[66] Boardman N K et al. Biochem. J. 1955,59:543

[67] 郭立安 编. 高效液相色谱法纯化蛋白质理论与技术. 西安:陕西科学技术出版社,1993

[68] Anderson D J, Walters R R. J. Chromatogr., 1985,331:1~10

[69] 宋正华,耿信笃. 化学学报,1990,48:237

[70] Snyder L R, Poppe H J. Chromatogr.,1980,184:363

[71] Scott R P W, Kucera P. J. Chromatogr.,1975,112:425

[72] 宋正华,耿信笃. 中国稀土学报,1987,5(3):63

[73] Mazsaroff I, Cook S, Regnier F E, J. Chromatogr., 1988,443:119

[74] Li Y, Pinto N G. J. Chromatogr., 1995,702:113~123

[75] Janos P, Skoda J. J. Chromatogr. A, 1999,859:1~12

[76] Singh N, Willson R C. J. Chromatogr. A, 1999,840:205~213

[77] Heng M H, Glatz C E. J. Chromatogr. A, 1995,689:227~234

[78] Xie J R, Aguilar M I, Hearn M T W. J. Chromatogr. A, 1995,711:43~52

[79] Gill D S, Roush D J, Willson R C. J. Chromatogr. A, 1994,684:55~63

[80] Le Bargne S, Grabar M, Condorel J S. Bioseparation, 1995,5:53~64

[81] Johnson R D, Todd R J, Arnold F H. J. Chromatogr. A, 1996,725:225

[82] 孙瑞丰,罗晖,隋洪艳,沈忠耀. 过程工程学报, 2003,3(2):165

第五章　计量置换理论(SDT)中的参数

§5.1　概　　述

　　经验公式的作用只能是对数据进行拟合,而对其所得的参数,因无物理意义很难扩展其用途。半经验公式中参数可能反映物质性质的某些规律,故有一定的实用价值,但其应用仍受到很大限制。而一个好的理论公式所得的参数不仅有明确的物理意义,能准确与物理性质、分子结构参数联系起来,而且还能用其揭示自然界中的许多秘密,得出具有明确物理意义的新参数。SDT 是从理论上推导出来的,因此所得的公式中的每一个参数都应当有其明确的物理意义。参数是公式的灵魂,公式离开参数,则其存在的价值就很小了。因此必须对这些参数进行研究,这样才能更好地理解和运用这些公式。在 SDT 中二组分的 SDT-R 表达式中似乎只有第一组线性参数中的两个参数 $\lg I$ 和 Z,而在 SDT-A 中也只有两个线性参数 β 和 nr/Z 或 q/Z。事实上,基于色谱类型的不同,又会从上述的这 4 个参数中推导出新的表征参数,例如在 RPLC 和 HPHIC 中,又可由 $\lg I$ 和 Z 推导出称之为第二组线性参数的 j 和 $\lg\varphi$。在广泛讨论各种参数的基础上,重点介绍应用最广泛的这 4 个参数 $\lg I$、Z、j、$\lg\varphi$ 以及以第三组线性参数同系物中 Z 值的两个分量:(1)单元结构单元;(2)端基和支链之和对 Z 值的贡献 s 和 i。当然,对于 SDT-R 中的其他参数和 SDT-A 中的 β、nr/Z 和 q/Z 也尽可能简要地进行介绍,并说明已有的和潜在的用途。此外,还对影响这些参数的因素进行讨论。而如何用这些参数对实验数据或实验现象进行解释会在第八章中详细举例说明。在本章中主要讲述从理论上如何推导出这些参数,参数的物理意义和影响这些参数的因素。

§5.2　计量置换保留理论(SDT-R)中的第一组线性参数——溶质亲和势 $\lg I$ 和溶质置换溶剂的计量置换参数 Z

5.2.1　参数 $\lg I$ 和 Z

　　在第四章中已经指出了在二元流动相体系中 SDT-R 中的基本方程的第一组线性方程是[1,2]

$$\lg k' = \lg I - Z\lg[\mathrm{D}] \qquad (4\text{-}16)$$

$$\lg I = \lg K_a + \lg\varphi + n\lg[\overline{\mathrm{LD}}] \qquad (4\text{-}7)$$

$$Z = nr + q$$

式(4-16)中各项的物理意义已在 §4.2 中详细过。单从式(4-16)看,与 LC 中所有的其他理论模型没有什么区别,无论那些表达式是否为线性方程,其各自的参数都有明确的物理意义。但式(4-16)有其独特之处:(1)式(4-16)是从理论上直接推导出来的,表征溶质容量因子与流动相组成间定量关系的对数表达式,而不是间接得出的,故其物理意义更易理解;(2)是一线性方程式,参数很容易由最简单的色谱实验求出在不同[D]时的 k' 值;(3)所得参数 $\lg I$ 和 Z 值的合理性也很容易用实验进行验证,特别是用同系物溶质进行验证;(4)因 SDT 的核心是溶质置换溶剂与溶剂置换溶质这样一个互为可逆的过程,故不仅可用溶质,还可用同系物作为溶剂对所得第一组参数的合理性进行验证;(5)由于 $\lg I$ 包含了 4 个参数 K_a,φ,nr,$[\overline{LD}]$,而 Z 又包含了 3 个参数 n,r 和 q,这就为扩大其应用范围展示了很大空间。因 LC 中色谱种类很多,逐一进行讨论,显得很烦琐,故依据溶质分子与固定相作用力属选择性还是非选择性两类分别进行讨论。

5.2.2 影响计量置换参数 Z 和亲和势参数 $\lg I$ 的因素

1.溶质的种类和溶质分子的大小

对于溶质分子有相同形状的同系物分子而言,其 Z 值与同系物结构单元个数(或碳原子数)成正比,溶质分子越大,则 Z 值越大(详见§5.6)。

对疏水性残基相对含量相同的蛋白质来说,如图 4-4 所示,当蛋白质完全变性时,Z 值和相对分子质量之间呈线性关系。

2.溶剂强度

甲醇、乙醇和异丙醇是一个准同系物溶剂,故应遵循至少是近似的遵循碳素规律。该溶剂强度的顺序为甲醇<乙醇<异丙醇。因为 Z 和 $\lg I$ 具有可加和性质,故这三种醇对相同蛋白质的 Z 和 $\lg I$ 的影响(见表 5-1)也应有线性关系,如图 5-1 和图 5-2。

表 5-1　有机溶剂对 Z 和 $\lg I$ 的影响[2]

蛋白质	甲醇		乙醇		异丙醇	
	Z	$\lg I$	Z	$\lg I$	Z	$\lg I$
胰岛素	24.4	27.9	18.5	14.4	16.6	8.13
细胞色素 c	51.2	59.8	43.2	35.4	32.1	17.7
溶菌酶	47.0	56.3	37.4	31.6	34.9	19.6
牛血清白蛋白	208	258.1	125	110	96.5	57.3

蛋白质在疏水色谱上的保留能力取决于流动相中水的浓度,当然各种盐也会对蛋白质的保留产生影响,并且这种影响有可能用 $\lg I$ 进行表征。一个特定蛋白质在疏水色谱上的保留按以下顺序降低:$Na_2SO_4 > (NH_4)_2SO_4 > NaCl > KCl > NaBr > NH_4Cl$,如表 5-2 中所示。

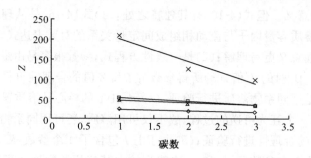

图 5-1　表 5-1 中几种蛋白质的 Z 对有机溶剂的碳数作图

×:牛血清白蛋白；□:细胞色素 c；△:溶菌酶；◇:胰岛素

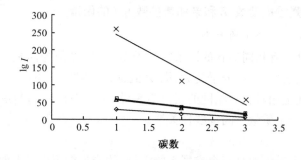

图 5-2　表 5-1 中几种蛋白质的 $\lg I$ 对有机溶剂的碳数作图

×:牛血清白蛋白；□:细胞色素 c；△:溶菌酶；◇:胰岛素

表 5-2　不同盐溶液时疏水色谱柱上的 Z 和 $\lg I$ 值[3]

盐种类	溶菌酶		卵清蛋白		α-糜蛋白酶-A		α-淀粉酶	
	Z	$\lg I$	Z	$\lg I$	Z	$\lg I$	Z	$\lg I$
Na_2SO_4	110.1	192.1	—	—	263.9	459.1	369.0	641.4
$(NH_4)_2SO_4$	79.9	136.4	118.3	202.1	104.7	180.0	118.3	203.6
NaCl	50.1	87.0	50.1	86.0	89.4	154.6	64.8	111.6
KCl	45.1	78.0	45.1	77.8	66.6	114.6	67.4	115.6
NaBr	31.1	53.4	29.5	50.6	39.4	67.3	—	—
NH_4Cl	16.4	27.8	17.6	29.8	25.3	43.0	—	—

　　盐对蛋白质吸附能力的影响可归因于它会影响 $\lg I$ 中热力学平衡常数 K 和从疏水色谱固定相表面上释放的水分子的数目 nr,此外,它还会影响固定相表面上水的浓度 $[\bar{L}D]$。这涉及到疏水色谱填料和蛋白质的种类以及流动相的组成。当一个色谱系统给定时,它只决定于蛋白质的种类。

盐也会影响蛋白质分子构象和各种水合,例如配基、蛋白质和蛋白质络合物,从而引起 Z 值的变化。Z 值可以通过实验精确测定,一些 Z 和 $\lg I$ 值列在表 5-2 中。对一个特定的蛋白质来说,Z 值按以下顺序减小:$Na_2SO_4 >$ $(NH_4)_2SO_4 >$ $NaCl > KCl > NaBr > NH_4Cl$。这个顺序与上面讨论的吸附能力的顺序完全一致。

3. 温度

既然 $\lg I$ 中含有计量置换平衡常数 K,一定受温度的影响。Z 又与溶剂化溶质及溶剂的吸附(固定相溶剂化)及解吸附有关,可想而知,Z 亦会受温度的影响。图 5-3 表示了在温度为 333K、用 HPHIC 法以不同盐为流动相时芳香醇同系物的 Z 值与该同系物结构单元数 N 的关系图。由图 5-3 可见线性关系良好。事实上在其他温度条件下 Z 值与 N 之间亦存在良好的线性关系。说明芳香醇同系物在不同的温度、不同种类盐的流动相中均遵守碳数规律,说明随着溶质的分子量的增大,Z 值增大。

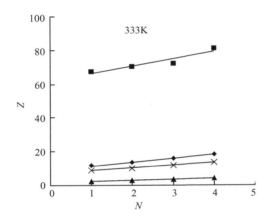

图 5-3   在 333K 时芳香醇同系物的 Z 对 N 作图[3]

▲:NH_4Ac; ×:$NaCl$; ◆:$(NH_4)_2SO_4$; ■:Na_2SO_4

可以预料,蛋白质的色谱保留和温度之间的关系要比小分子的复杂得多。改变色谱柱的温度将改变分子间的相互作用或者蛋白质的分子构象,这样就会改变保留过程中的化学平衡,从而引起 $\lg I$ 值的显著变化。相比较而言,蛋白质结构的变化均会引起 Z 和 $\lg I$ 二者的变化。对蛋白质而言,在等浓度洗脱中 50℃ 的温度变化对大部分蛋白质的影响很大,以至于很难研究其总自由能变。通过式(4-16)计算给定蛋白质在特定温度的保留可以得到温度对 Z、$\lg I$ 值和总的自由能的增加的影响(后者将会在第六章详述)。这些影响已列在表 5-3 中。如所预料的一样,在 k' 和 $1/T$ 之间没有一个线性关系。例如,表 5-3 中 Z 对 $1/T$ 作图是凸形的,随着温度的增加,斜率增大。这是因为升高温度时,置换剂(异丙醇)中分子运动的加剧,而且系统中所有组分间的吸引力减小。当然,可以预料这种影响会随着分子尺寸的增加而增加。表 5-3 中的 $\lg I$ 值对 $1/T$ 作图也很复杂。因为 $\lg I$ 是由一组常数组成的，其中很多都会随着温度变化，将 $\lg I$ 的变化归因于其中任何一种影响都是很困难的。在除了核糖核酸酶 A 在 $40\sim50^{\circ}C$ 温度范围内的其他情况下，$\lg I$ 与温度呈反相关。

表 5-3 温度对 Z 和 $\lg I$ 的影响[2]

蛋白质	温度											
	0		10		20		30		40		50	
	Z	$\lg I$	Z	$\lg I$	Z	$\lg I$	Z	$\lg I$	Z	$\lg I$	Z	$\lg I$
核糖核酸酶 A	6.62	1.41	6.60	1.83	6.29	2.18	6.40	2.32	4.28	2.25	2.68	1.76
胰岛素	6.00	0.662	6.02	0.790	5.52	0.781	5.14	0.814	4.41	0.801	4.12	1.15
细胞色素-c	10.6	0.443	10.3	0.785	9.43	1.15	8.80	1.56	7.50	1.90	5.70	2.02
溶菌酶	11.4	1.18	10.7	0.728	10.6	0.220	10.2	0.334	9.05	0.935	7.82	1.55

§5.3　SDT-R 中的第二组线性参数[4]

在 LC 中，除 SEC 外，每一种 LC 均可用式(4-16)的线性作图以得出在各类 LC 中的 $\lg I$ 和 Z。然而，不同种类色谱所得出的 $\lg I$ 和 Z 却具有不同的性质。故 SDT-R 中第一组线性参数可以适用各类 LC，或者讲它是通用型的。但是本节要介绍的 SDT-R 中的第二组线性参数就只能用于溶质与固定相作用力为非选择性作用力的 RPLC 和 HPHIC。

5.3.1　第二组线性参数的理论推导

在 RPLC 中，溶剂分布在溶质及键合相表面上。由于溶质只能以非极性基与 RPLC 的非极性固定相接触，而极性基则有将该溶质拉回流动相的倾向，从而减少了该溶质与固定相的接触面积。由于极性基的存在使该接触表面面积的减少 A_p 应当与该极性基的亲水性大小成正比。那么

$$n = \rho_n(A_m - A_p) \tag{5-1}$$

$$q = \rho_q(A_m - A_p) \tag{5-2}$$

式中：A_m 为小分子溶质的非极性部分与固定相的接触表面面积；ρ_q 和 ρ_n 分别表示为溶剂化溶质表面和固定相表面置换剂的密度。当流动相中置换剂活度 a_D 变化范围不大时，ρ_q 和 ρ_n 均可视其为常数值。

从式(3-6),(5-1)和(5-2)得出

$$Z = (\rho_q + \rho_n)(A_m - A_p) \tag{5-3}$$

式(5-1)～(5-3)表明,无论是极性($C_p > 0$)或非极性($C_p = 0$)溶质,其 q、n 和 Z 值均与其实际的接触表面面积($A_m - A_p$)成正比。

在 RPLC 中,溶质置换置换剂分子的平衡常数 K_a 的表达式为

$$1 / K_a = K_a'^n \tag{3-20}$$

取式(3-20)的对数并代入式(4-7),即变成了:

$$\lg I = \frac{nZ(\lg a_{\overline{L}D} - \lg K_a')}{Z} + \lg \varphi \tag{5-4}$$

如将式(5-1)及式(5-3)代入式(5-4),则得

$$\lg I = \left[\frac{\rho_n}{\rho_n + \rho_q}\right](\lg a_{\overline{L}D} - \lg K_a')Z + \lg \varphi \tag{5-5}$$

式(5-5)右边除 Z 值之外,只有溶质表面的置换剂的密度 ρ_q 会涉及到溶质性质,其余各项均与溶质种类无关。因为在 RPLC 中,无论是极性还是非极性溶质,同固定相接触的表面均为非极性。所以溶质与固定相间的相互作用力总是非选择性的色散力。而且,对于非极性化合物或极性化合物中的非极性基而言,其极性大小是与非极性部分的摩尔体积成正比的。非极性溶质表面的极性是近似相等的,所以,其单位表面上色散力亦接近相同。结果溶质分子表面的溶剂分子密度亦接近相等。故 ρ_n 和 ρ_q 亦可近似地视其为与溶质种类无关的常数。如令:

$$j = \frac{\rho_n(\lg a_{\overline{L}D} - \lg K_a')}{\rho_n + \rho_q} \tag{5-6}$$

则 j 便是一个与溶质种类无关的常数值,这时,$\lg I$ 与 Z 的关系便可写为

$$\lg I = jZ + \lg \varphi \tag{5-7}$$

式(5-7)为一线性方程式,并称其为 SDT-R 基本公式中的第二组线性方式。如果以 $\lg I$ 对 Z 作图,则能得到一条斜率为 j,截距为 $\lg \varphi$ 的直线,所以 j 和 $\lg \varphi$ 便是 SDT-R 中的第二组线性参数。

应当指出,式(5-7)成立的必要条件是:①溶质的保留机理必须是计量置换的;②在固定相与流动相一定时,溶质与固定相之间的接触面积控制着溶质的保留。因此,溶质与固定相之间的相互作用力必须是非选择性的色散力;③在保留过程中溶质的分子构象(会影响接触面积)不得发生变化。

5.3.2 j 的物理意义

依据式(5-7),j 的物理意义应为 $1/Z$ mol 溶质,或者说 1 mol 置换剂对固定相的亲和势。这里要特别指出的是,j 系指置换剂摩尔浓度的绝对量为 1 mol,并非流动相中置换剂浓度为 1 mol/L 时对固定相的亲和势。所以,如上所述,j 应当与溶质种类无关。

若将式(5-7)代入式(4-16)并改写为

$$j = \frac{\lg k' - \lg \varphi}{Z} + \lg a_D \qquad (5-8)$$

从式(5-8)看出,当 $\lg k' = \lg \varphi$ 时,

$$j = \lg a_D \qquad (5-9)$$

即 j 为在 $\lg k' = \lg \varphi$ 时的 $\lg a_D$ 值,也就是说,当溶质在固定相上无保留,或溶质在两相的分配系数等于 1 时的 $\lg a_D$ 值。只有用纯置换剂做流动相时方有可能满足这一实验条件。所以 j 的理论值应为纯置换剂摩尔浓度的对数值。表 5-4 列出了 RPLC 中不同置换剂 j 的实验及理论值的比较。

表 5-4　RPLC 中不同置换剂 j 的实验及理论值的比较[4,5,6]

No.	溶质种类	置换剂	固定相	理论值	实验值
1	各种极性及非极性化合物($n=62$)[2]	乙醇	1~5[1]	1.23	1.19
2	各种极性及非极性化合物($n=62$)	乙腈	1~5[1]	1.28	1.26
3	烷基-2-酮($n=6$)	乙腈	μ-Bandapak C_{18}	1.28	1.29
4	烷基-2-酮($n=6$)	甲醇	μ-Bandapak（CN^-）	1.28	1.30
5	苯衍生物($n=7$)	异丙醇	Hyperisil ODS	1.12	1.15
6	苯衍生物($n=7$)	四氢呋喃	Hyperisil ODS	1.09	1.08
7	直链脂肪醇($n=13$)	甲酸	YWG-CN	1.42	1.46
8	直链脂肪醇($n=13$)	乙酸	YWG-CN	1.24	1.21
9	直链脂肪醇($n=13$)	丙酸	YWG-CN	1.12	1.17
10	苯衍生物($n=22$)	甲醇	YWG-CN	1.28	1.26
11	苯衍生物($n=22$)	乙腈	YWG-CN	1.28	1.04
12	苯衍生物($n=22$)	异丙醇	YWG-CN	1.12	0.831

1) 五种固定相分别是:1. Chemcosorb 5 ODS-H, 2. capcell-Pak C_{18}, 3. Nucleosil C_{18}, 4. Utrasphere C_8-5U, 5. Cosmosil 5-TMS。

2) n 为溶质数目。

5.3.3　柱相比 φ 的热力学定义

用式(5-7)的线性作图,无疑可以得到 j 和 $\lg \varphi$。式(5-9)已对 j 的物理意义描述得很清楚。而 $\lg \varphi$ 的物理意义仍待说明。这是因为在 RPLC 中一个能为大家公认的柱相比的定义尚未得出,下面将提出一个 RPLC 中的柱相比的新定义。

RPLC 中溶质 Gibbs 迁移自由能及容量因子 k' 间的关系为

$$-\Delta G = 2.303 RT(\ln k' - \ln \varphi) = 2.303 RT\ln K_d \qquad (5-10)$$

式中：K_d 为 RPLC 中溶质在两相中的分配系数。式中 ΔG 为负号，意即在色谱中溶质保留是自发实现的，所以吉布氏自由能变为负值。

在用纯置换剂为流动相时，溶质在固定相上不保留，故 $-\Delta G = 0$，即

$$-\Delta G = 2.303\, RT \ln P_a = 0 \tag{5-11}$$

这样便可以依据式(5-11)对 RPLC 中的柱相比 φ 做出新的定义。即柱相比定义为在两相中溶质的分配系数等于 1，或者溶质对 Gibbs 迁移自由能变的贡献为零时的 k' 值。因为 φ 的新定义是依据热力学观点做出的，不仅会对准确计算溶质迁移过程中的热力学函数，如 Gibbs 自由能 ΔG 和熵 ΔS 奠定了理论基础，而且也使其成为一个准确的实验测定柱相比的方法。$\lg \varphi$ 与 j 一样，基本上与溶质种类无关，只与置换剂的种类有关。

有关 φ 的热力学定义的好处及详尽介绍请参见后面的 §6.2 中的有关内容。

5.3.4 非同系物 $\lg I$ 与 Z 间的线性关系

既然 j 与溶质性质无关，则第二组线性关系不仅适用于表 5-4 所列出的同系物溶质，而且也应当适用于非同系物的小分子溶质。

图 5-4 表示了在 Synchropak RP-8/甲醇-水体系中，在温度范围为 0～50℃时，24 种苯的取代物为溶质时的 $\lg I$ 对 Z 作图，其线性相关系数大于 0.999。

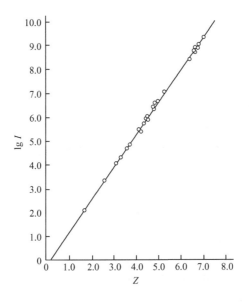

图 5-4　RPLC 中 $\lg I$ 对 Z 的线性作图[1]

表 5-5 列出了 8 类共 413 种化合物在用不同固定相和甲醇-水为流动相时的 $\lg I$ 对 Z 的线性作图参数。从表 5-5 看出，除腺苷-磷酸衍生物的线性相关参数 R

为 0.971 外(因绝大多数的 $\lg I$ 和 Z 的数值分别处于 $5.5 \sim 8.0$ 和 $2.2 \sim 4.5$ 之间，变化范围太窄，由实验引起的误差相对变大，故影响了它的线性关系)，其余 7 类化合物的 R 值均大于 0.99，说明 $\lg I$ 和 Z 间的确有好的线性关系存在。虽然表 5-5 中列出的固定相种类不同(固定相不同，j 会有稍许变化)，得到了不同的 j 和 $\lg \varphi$ 值，并且 R 值也不如同系物的好[7]，但 j 和 $\lg \varphi$ 的平均值 1.42 ± 0.05 和 -0.95 ± 0.19(不包括 No.4 中 $\lg \varphi = -2.60$)，仍然与文献中发表的同系物的对应 j 和 $\lg \varphi$ 的平均值 1.42 ± 0.02 和 -1.00 ± 0.10 非常接近[7]。

表 5-5　非同系物 $\lg I$ 对 Z 作图线性参数[1)]

No.	溶质	固定相	R	j	$\lg \varphi$	文献
1	尼古丁衍生物($n=22$)	LiChrosorb RP-18	0.999	1.42	-0.749	[8]
2	羟基芳基衍生物($n=35$)	μ-Bandapak C_{18}	0.996	1.39	-0.958	[9]
3	芳香化合物($n=45$)	LiChrosorb RP-18	0.999	1.48	-0.910	[10]
4	腺苷-磷酸衍生物($n=43$)	LiChrosorb RP-18	0.971	1.33	-2.60	[11]
5	除草剂($n=30$)	Eo. Merk	0.998	1.45	-1.23	[12]
6	药物 μ-Bandapak C_{18}($n=143$)	Zorbox ODS 5	0.992	1.38	-1.13	[13]
7	硝基芳香衍生物($n=33$)	Alltech	0.994	1.47	-0.699	[14]
8	芳香及烷烃类($n=62$)	$1 \sim 5$[2)]	0.999	$1.39 \sim 1.42$	—	[15]

1) n 为溶质数目。

2) 5 种固定相分别是：1. Chemcosorb 5 ODS-H，2. Capcell-Pak C_{18}，3. Nucleosil C_{18}，4. Utrasphere C_8-5U，5. Cosmosil 5-TMS。

基于式(5-7)的线性关系和表 5-5 中列出的实验测定值与其理论值非常接近的这些事实，可以得出结论：在 RPLC 中，SDT-R 的确存在着第二组线性参数 j 和 $\lg \varphi$，这不仅适用于任何种类的小分子溶质，而且该线性参数 j 和 $\lg \varphi$ 的物理意义是非常明确的。Kaibara 等用大量数据证实了这一结论[15]。

为了进一步检验式(5-7)在 HIC 中的正确性，选择了三种不同的实验条件，如图5-5(a)~5-5(c)所示。虽然在不同情况下，每一个 $\lg I$ 和 Z 值是不同的，但其都遵守式(5-7)的线性关系。而且，这些曲线中所有的线性相关系数 R 值均大于 0.9970，而且除 5 个 R 值小于 0.9990，1 个等于 0.9990 外，其余的 38 个 R 值均大于 0.9995。在 R 值小于 0.9990 的 5 种情况下，4 个涉及到同一种蛋白质的温度改变。为进行比较-RPLC 和 HIC 的某些相同点，图 5-6 为 RPLC 和 HIC 中的 $\lg I$ 对 Z 的线性作图。

通过上述实验数据，的确证实了在 HIC 中 j 值也是一个常数。在 HIC 中 j 的理论值($\lg[H_2O]$)为 1.74，而实际测定的 j 值在用 HIC-I 柱(alcohol group)和 HIC-II(keto group)上的 j 值却分别是 1.74 和 1.77。这两根柱子测定的 j 值相差

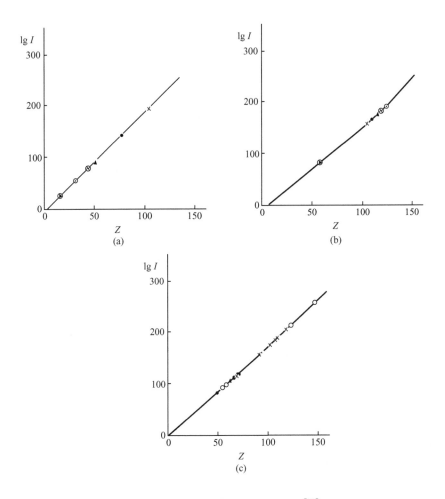

图 5-5　不同条件下的 $\lg I$ 对 Z 作图[16]

(a)不同的流动相。溶菌酶在各种盐水溶液中。HIC-Ⅰ柱,30℃,pH7。六种盐为:$1=NH_4Cl$, $2=KCl$, $3=(NH_4)_2SO_4$, $4=NaBr$, $5=NaCl$, $6=Na_2SO_4$;(b)不同温度。溶菌酶在不同的温度下。HIC-Ⅰ柱,$(NH_4)_4SO_4-0.01mol/L$ KH_2PO_4, pH=7。温度为 0、10、20、30、40 和 50℃;(c)不同 pH 值。醇基 HIC,$(NH_4)_2SO_4-10mmol/L$ KH_2PO_4,七种蛋白:Lys,Cyt-c,α-CHY-A,RNase,MYO,BSA 和 OVA,30℃。pH:$\times=5$,●$=6$,▲$=7$,○$=8$

只有 0.03。这个结果与 j 值是一个与 pH、温度、蛋白质和盐的种类无关,而决定于柱类型的常数是一致的。

　　如前所述,蛋白质会在 HIC 中产生程度不同的分子构象变化,由此可能对溶质在 HIC 中保留机理产生影响,故文献中也有选用小分子溶质研究溶质的保留行为。图 5-7 是在 293K 时芳香醇同系物在硫酸铵、氯化钠、醋酸铵和硫酸钠四种不同盐溶液的流动相中的 Z 对 $\lg I$ 作图。由图可见,线性关系良好。在其他温度下

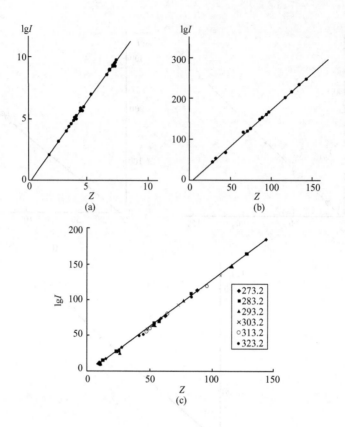

图 5-6　$\lg I$ 对 Z 的作图[16,17]

(a)RPLC 中的小分子溶质；(b)疏水色谱中的蛋白质 pH＝7,30℃,四种蛋白质(溶菌酶,卵清蛋白,α-糜蛋白酶-A 和 α-淀粉酶)和四种盐溶液[(NH₄)₂SO₄, NaCl, NH₄Cl 和 KCl]；(c)RPLC 中七种蛋白质在不同温度下的 $\lg I$ 对 Z 线性作图,七种蛋白质为胰岛素,肌红蛋白,转铁蛋白,细胞色素-C,溶菌酶,牛碳酸酐酶,α-淀粉酶,数据取自文献[17]

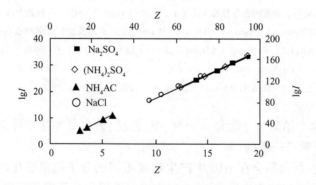

图 5-7　293K 时在四种不同的流动相中芳香醇同系物的 Z 对 $\lg I$ 作图[3]

▲：NH₄Ac；◇：(NH₄)₂SO₄；○：NaCl 用左边和下边的坐标；■：Na₂SO₄ 用右边和上边的坐标

芳香醇的 Z 与 $\lg I$ 也存在同样的规律,所有条件下得到的 j 值均介于 $1.77\sim1.97$ 之间,与理论 j 值 1.74 也很接近[3]。表明在不同盐的流动相中,虽然由于盐对固定相和溶质水合程度的影响不同,会造成 Z 与 $\lg I$ 与理论值间的差异,但 Z 对 $\lg I$ 作图的斜率相同,表明芳香醇在 HIC 中保留的置换剂实际是水,与盐的种类无关。

§5.4　计量置换吸附理论(SDT-A)中的溶质吸附势 β、固定相释放溶剂分量 nr/Z 和溶质释放溶剂分量 q/Z

5.4.1　吸附势 β

假定液-固吸附所用的体相为稀溶液,且有理由认为是理想溶液,则式(3-52)的浓度表达式变成了

$$\lg K_c = \beta + (q/Z)\lg \frac{1}{[PD_m]} \tag{3-28}$$

其中

$$\beta = \beta_a - \lg \gamma_{PL_nD_{(m-q)}} + (n/Z)\lg \gamma_{PD_m} \tag{3-29}$$

如果以式(3-28)作图,则能得到一条斜率为 q/Z,截距为 β 的直线。β 和 q/Z 或 n/Z 的物理意义已在第三章中叙述过,q/Z 表示在计量置换过程中,溶剂化溶质减小的溶剂分子数(释放溶剂分子数)与溶剂化吸附剂及溶剂化溶质释放出的溶剂分子总数之比。从式 $nr + q = Z$ 知,q 永远小于 Z,因此,q/Z 总是小于 1。截距 β 是溶液中溶质浓度为 1 时,溶质浓度分配系数的对数值。虽然 β_a 包括了 3 个参数,K_a、n 和 K'_d,但只要吸附剂和溶剂选定,K'_d 便为常数值。这时,K_a 和 n 均取决于溶质的性质和分子的大小。所以,β 是反映了溶质对吸附剂吸附能力(亲和势)大小的一个参数值。

虽然,现在定量地阐述了 K_a、n 和 K'_d 三参数各自对 β 值的贡献尚有困难,但可对其作如下定性地描述:只要溶质能被吸附剂吸附,也就是说溶质置换溶剂占有优势,即 K_a 应大于 1,$\lg K_a > 0$;另一方面,溶剂在吸附层中的浓度比溶液中的要小,即 $K'_d < 1$,或 $\lg K'_d < 0$。而 n 值又与溶质分子同吸附剂接触面积有比例关系。所以,n 值愈大,则 $n\lg K'_d$ 愈负。虽然 $\lg K_a$ 可能随 n 值增大而增加,但其对 β 值的正贡献远不能抵消 $n\lg K'_d$ 对其做的负贡献,其总结果使 β 随 n 值的增大而减小。

1. β 与溶质分子结构(同系物)的关系

从 §3.2 讨论得知,虽然影响 β 值大小的因素很复杂,但其变化仍遵守一定规律:① n 与 β 值的变化方向相反;② β 值随溶液中盐浓度的增大而减小。

若将同系物的吸附参数进行比较,可以发现,线性吸附参数与同系物碳原子数 N 之间的量的关系。若以表 3-1、表 3-3 中有关活性炭从水溶液、硅胶从四氯化碳溶液中吸附脂肪酸同系物的 S_L 和 q/Z 对同系物 N 线性作图。如图 5-8 所示,图

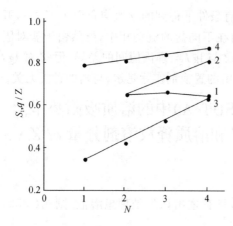

图 5-8 两种吸附表达式线性作图斜率对同系物碳原子数作图的比较[18]

中曲线 2 和 4 表示的 SDT-A 的斜率 q/Z 对 N 作图有好的线性关系；而以 1 和 3 所示的朗缪尔模型的斜率 S_L 对 N 的作图中，3 有好的线性关系，而线 1 并无这种关系。表5-6所示的四组线性参数值，对朗缪尔模型而言，活性炭从水溶液中吸附脂肪酸同系物时，线性作图的 R 值仅为 0.05962，说明这种线性关系不存在。但对 SDT-A 而言，两种系统均有这种良好的线性关系。q/Z 对 N 作图的斜率表示同系物中—CH_2 基在计量置换吸附过程中对 q/Z 值的贡献，当吸附剂和溶剂一定时，它是一个常数值。而该线性作图的截距则表示同系物端基、支链和极性基对 q/Z 值贡献之和。如前所述，q/Z 值愈大，表明在置换过程中溶剂化的—CH_2 基失去溶剂分子的数目在溶剂化吸附剂和溶剂化—CH_2 基释放出溶剂分子总数中占有愈大的比例，或者表明溶剂分子与—CH_2 基间的作用力愈小，反之亦是。表 5-6 的数据明显指示出—CH_2 基与水分子的相互作用力较其与四氯化碳分子相互作用力为小，而羧酸基的情况正好相反。这个结论与分子间相互作用力强弱的一般规律完全一致，并且还从量的方面给予了比较。计量置换吸附理论对脂肪酸同系物的处理结果表明 β 值随碳原子数 N 值的增加而减小。

表 5-6 S_L 和 q/Z 对同系物碳原子数 N 线性作图的参数比较*[18]

同系物的种类	介质	R_L	S'_L	I'_L	R_S	S_S	I_S
乙酸，丙酸，丁酸	H_2O	0.05962	-0.0050	0.657	1.000	0.0770	0.504
甲酸，乙酸，丙酸，丁酸	CCl_4	0.9977	0.0975	0.246	0.9956	0.0286	0.766

* S'_L，S_S 分别为斜率，I'_L 和 I_S 分别为截距；L 为朗缪尔模型，S 为计量置换模型。

图 5-9 表示了硅胶从四氯化碳溶液中吸附脂肪酸同系物时，β 与 N 之间的线性作图。其 R 值为 0.9993，斜率为 -0.0875，截距为 0.576；由表 3-1 知，活性炭（Ⅰ）从水溶液中吸附脂肪酸同系物时，β 值仍随同系物中碳原子数 N 的增加而减小。而以朗缪尔模型对脂肪酸同系物吸附的线性作图中，截距 I_L 与 N 之间则无这种关系存在。需要指出的是，这里 β 值与 N 的关系与通常所说的同系物的吸附规律（即吸附剂和溶剂相同时，同系物吸附量随 N 而变的关系）并不完全一致。由于吸附量与平衡时溶液浓度的关系和表面上分配系数与平衡时溶液浓度的关系是平行的，所以可由式（3-28）来说明同系物的吸附规律。当同系物在溶液中的平衡

浓度相同时,其分配系数(或吸附量)的大小随 N 增加而变化的情况取决于:(1)β 随 N 增加而减小的程度(即 β 对 N 作图的直线为负斜率);(2)q/Z 随 N 增加而增加的程度(即 q/Z 对 N 线性作图的斜率)与 $\lg(1/[PD_m])$ 的乘积。若(1)大于(2),即 β 随 N 的变率占优势,则吸附量就遵从随 N 增加而减小的规律;相反,若(1)小于(2),则吸附量就遵从随 N 增加而增大的规律。因此,SDT-A 计量置换吸附理论对于活性炭和硅胶分别吸附脂肪酸同系物时所得到的截然相反的结果能给以很好的说明。表 5-7 给出了二者吸附量(或分配系数)随 N 增大而变化时的分项贡献情况。显而易见,对于活性炭从水溶液中吸附脂肪酸同系物,由于 q/Z 对

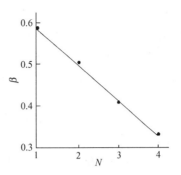

图 5-9 硅胶从四氯化碳溶液中吸附脂肪酸同系物时 β 与 N 的线性作图[18]

N 线性作图的斜率 $d(q/Z)/dN$ 与 $\lg(1/[PD_m])$ 的乘积项大于 β 对 N 线性作图的负斜率 $-d\beta/dN$,故吸附量随 N 增加而增加;而硅胶自四氯化碳溶液中吸附脂肪酸同系物时则恰好相反,吸附量随 N 增大而减小。这说明了 SDT-A 能对通常所说的同系物吸附量有时随碳链增长而增大的朝拜(Traube)规则和有时随碳链增长而减小的反朝拜规则作出合理地和定量地解释。

表 5-7　决定同系物吸附量随 N 变化情况的分项贡献[18]

	$-\dfrac{d\beta}{dN}$	$\dfrac{d(q/Z)}{dN}$	$\dfrac{d(q/Z)}{dN}\cdot\lg\dfrac{1}{[PD_m]}$
乙酸,丙酸,丁酸水溶液–活性炭	0.0325	0.0770	大于 0.0325
甲酸,乙酸,丙酸,丁酸的 CCl_4 溶液–硅胶	0.0875	0.0286	小于 0.0875

2. β 与溶剂浓度之间的关系的理论推导[19]

在 SDT-R 中 $\lg I$ 是与流动相中溶剂浓度无关的,而在 SDT-A 中,由 β_a 的定义知[20,21]:

$$\beta_a = \lg K_a + \lg K'_d \tag{3-26}$$

式中:K_a 为溶质计量置换溶剂时的计量置换平衡常数;K'_d 是溶剂在液–固两相中的分配系数。乍看起来 K_a 和 K'_d 应与溶剂浓度无关,但实际情况并非如此,K'_d 可表示为

$$\lg K'_d = \lg \frac{\sum a_D(固)}{\sum a_D(液)} \tag{5-12}$$

在液相吸附时吸附剂表面不可能有不被任何组分覆盖的表面,即空白部分,即使是

最简单的二组分稀溶液,当溶质的吸附量达到最大值时液-固界面上也不可能没有溶剂分子,所以溶剂在吸附剂中必定有平均活性点-溶剂络合物(LD)这种形式存在,而且目前也已经用核磁、电子能谱等研究证明溶剂在固定相表面的确发生了溶剂化[22~24]。当溶质吸附在吸附剂上时,其暴露于溶液的部分依然会发生溶剂化,以平均活性点-溶质-溶剂络合物($P\overline{L}_nD_{(m-q)}$)的形式存在。所以溶剂在吸附剂中是以 LD 和 $P\overline{L}_nD_{(m-q)}$ 这两种形式存在的。溶质在流动相中发生溶剂化则更明显,如果不产生溶剂化,溶质就不能溶解,特别是对那些非极性溶质,如苯等更是如此。所以溶剂在流动相中以游离的溶剂分子(D)和溶质-溶剂化物(PD_m)这两种形式存在。从分子力学的角度来看,因固定相配基与溶质分子是不同的,其性质当然各异。所以二者与相同的溶剂分子作用或溶剂化,就会产生不同形式的溶剂化产物。所以在固定相表面存在的平均活性点-溶质-溶剂络合物($P\overline{L}_nD_{(m-q)}$)和在流动相中存在的溶剂化的溶质即溶质-溶剂化物(PD_m)是不相同的。所以(5-12)式可写成:

$$\lg K'_d = \lg \frac{a_{LD} + a_{P\overline{L}_nD_{(m-q)}}}{a_D + a_{PD_m}} \tag{5-13}$$

令

$$a_{SD} = a_{LD} + a_{P\overline{L}_nD_{(m-q)}}$$

a_{SD} 代表固定相表面总的活性点。对一个给定的色谱体系,a_{SD} 为一常数。而且在溶液中溶质的量与溶剂相比一般很少,即 $a_D \gg a_{PD_m}$,则

$$\lg K'_d = \lg a_{SD} - \lg a_D \tag{5-14}$$

将式(5-14)代入式(3-26),得:

$$\beta_a = \lg K_a + n\lg a_{SD} - n\lg a_D \tag{5-15}$$

$$= \lg K^* - n\lg a_D \tag{5-16}$$

式(5-16)中,n 和 $\lg K$ 为常数,故应为一线性方程,即 β 与溶液中强溶剂浓度对数成正比。

3. 芳香醇同系物的 β_a 值与溶剂浓度之间的关系

由 β_a 与溶剂浓度之间的关系的理论推导知,β_a 应与溶液中强溶剂浓度的对数成线性相关。图 5-10 为芳香醇同系物在 LicrosorbRP-18 上的 β_a 对 $\lg a_D$ 作图,图 5-11 非同系物在 YWG-C₆H₅ 上 β_a 对 $\lg a_D$ 作图。

直链芳香醇同系物在 LicrosorbRP-18 上的 β_a 对 $\lg a_D$ 作图(图 5-10)与非同系物在 YWG-C₆H₅ 上 β_a 对 $\lg a_D$ 作图(图 5-11)的确成较好的线性关系,线性相关系数均在 0.95 以上。也可发现,随着溶剂活度 a_D 的增大,β_a 值减小。因固定相为 RPLC 非极性填料,则根据相似相吸原理[25],随极性溶剂甲醇活度的增大,溶质在非极性固定相上的吸附会减小。说明 β_a 值的确反映了溶质对固定相的亲和势,它同时受到溶剂浓度的影响。这也说明,本实验的结果是合理的。

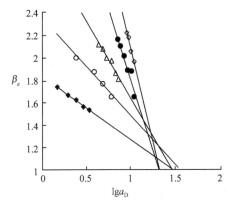 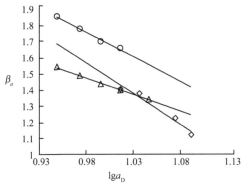

图 5-10 芳香醇同系物在 Lichrosorb RP-18 的 β_a 对 $\lg a_D$ 作图[19]

◆：苯乙醇；○：苯丙醇；△：苯丁醇；
×：苯戊醇；◇：苯己醇

图 5-11 非同系物在 YWG-C₆H₅ 的 β_a 对 $\lg a_D$ 作图[19]

×：二甲苯；△：氯苯；○：乙苯

5.4.2　nr/Z

当考虑到溶质分子实际进入固定相表面吸附层大于 1 时，SDT-A 的表达式为

$$\lg a_{\mathrm{PL}_n\mathrm{D}_{(m-q)}} = \beta_a + \frac{nr}{Z}\lg a_{\mathrm{PD}_m} \tag{5-17}$$

如果以 $\lg a_{\mathrm{PL}_n\mathrm{D}_{(m-q)}}$ 对 $\lg \dfrac{1}{a_{\mathrm{PD}_m}}$ 作图，则能得到一条斜率为 nr/Z、截距为 β_a 的直线。nr/Z 表示在计量置换过程中，溶剂化吸附剂减小的溶剂物质的量与溶剂化吸附剂及溶剂化溶质释放出的溶剂总物质的量之比。从式 $nr+q=Z$ 知，nr 永远小于 Z，因此，nr/Z 总是小于 1。

5.4.3　q/Z

如果式(3-27)中的 $\lg K_d$ 对 $\lg \dfrac{1}{a_{\mathrm{PD}_m}}$ 作图，则能得到一条斜率为 q/Z，截距为 β_a 的直线。q/Z 表示在计量置换过程中，溶剂化溶质减小的溶剂物质的量与溶剂化吸附剂及溶剂化溶质释放出的溶剂总物质的量之比。从式 $nr+q=Z$ 知，q 永远小于 Z，因此，q/Z 总是小于 1。

纵观表 3-1、表 3-2 和表 3-3，可以发现：①q/Z 和 nr/Z 值全部小于 1。这一点与理论预计完全符合；②除表 3-1 中数据 10 外，其余 37 个 q/Z 值还大于 0.5，这揭示出在上述系统中，溶质在计量置换吸附过程中，溶剂化溶质比溶剂化吸附剂释放出更多的溶剂分子；(3)q/Z 值与溶质分子的大小有相同的变化方向。

§5.5 当吸附层大于1时吸附剂释放置换剂的分量 nr、溶质实际达到吸附层的厚度 r 和溶质释放置换剂的分量 q

如前所述 SDT 中的 nr 为 1mol 溶剂化溶质被吸附时,从吸附剂表面所释放出的溶剂物质的量,其中的 r 表示为溶剂化溶质被溶剂化吸附剂吸附时,溶质实际上能够到达该固定相表面上吸附层的厚度,或吸附层的个数。在 SDT-R 中,通常为了简化理论上的处理,设 $r=1$,这时 nr 就成了 n。Z 为 1mol 溶剂化溶质被吸附时,从溶剂化溶质和溶剂化吸附剂表面所释放出溶剂的总物质的量。$Z=nr+q$,q 为 1mol 溶剂化溶质被吸附时,从溶质的溶剂化层中释放出的溶剂物质的量。nr 和 q 均与溶质和固定相的接触面积成正比,它们为 Z 值的分量,因此影响 Z 值的因素,如溶质的种类、大小、流动相的性质、固定相的性质及温度等均会影响 nr 和 q 值。

SDT-R 表明没有 Z mol 溶剂从固定相和溶质的界面释放出来,或者其相反过程,溶质就永远不会有色谱分离。换句话说,在溶质吸附的可逆过程中,固定相再吸附 nr mol 溶剂和溶质从流动相中再溶剂化 q mol 溶剂,则该溶质就不能从固定相离开并进入到流动相中去。因此,可以得出 Z 为表征固定相和流动相对溶质的总贡献的一个参数这样的结论。另外,虽然 nr 和 q 的大小取决于溶质的分子结构,但相同溶质的这种影响可以相互抵消。这样又可以得出另外一个更重要的结论,nr 为表征固定相对溶质保留贡献的一个参数,q 为流动相对溶质保留贡献的一个表征参数。

通常考虑的在 RPLC 中保留机理的两个极端条件是:吸附机理是由固定相所控制的,而分配机理是由流动相所控制的。如果这个观点是合理的,则参数 nr 的大小可以被用来表征吸附机理对溶质保留的贡献,而参数 q 的大小能够表示分配机理对溶质保留的贡献(详见第十二章)。问题是如何准确测定 nr 和 q 值。

文献[26]中已经利用 SDT-A 和 SDT-R 相结合的方法算出了 Z 的分量 n 或 nr 值,当 $r=1$ 时,(5-16)式中 $\lg K^* = \lg K_a + n\lg a_{SD}$,而 K_a、a_{SD} 和 n 均为一常数,所以 K^* 亦为一常数。所以,式(5-16)为一线性方程式,以 β_a 对 $\lg a_D$ 作图,应得到一条斜率为 $-n$、截距为 $\lg K^*$ 的直线。从这一关系可以看出,SDT-R 中 Z 的分量之一 n 可依此法测出,而 $\lg I$ 中除 $\lg \varphi$ 以外的两相 $\lg K_a + n\lg a_{LD}$(如果认为与 a_{LD} 相比,$a_{PL_nD_{(m-q)}}$ 可以忽略不计的话)也可以测出。

表 5-8 比较了用这两种方法得到的 n 值。表 5-8 中 n_1 为 SDT-A 和 SDT-R 相结合的方法算出的 n 值,n_2 为用 β_a 对 $\lg a_D$ 线性作图得到 n 值,$q_1=Z-n_1$,$q_2=Z-n_2$。

用这两种方法得到的 n_1 和 n_2 符合程度很好。对 n 和 q 来说,平均偏差均为 ± 0.07。而且从表 5-8 中还可看出,对所有的溶质,n 值均大于 q 值,这些结果都

表 5-8 比较用两种方法测得的 Z 值分量[26]

溶质	Z	n_1	n_2	q_1	q_2
苯乙醇[1]	0.68	0.55	0.56	0.13	0.12
3-苯基-1-丙醇[1]	1.26	0.98	0.87	0.28	0.39
4-苯基-1-丁醇[1]	2.02	1.48	1.37	0.54	0.65
5-苯基-1-戊醇[1]	3.20	2.53	2.40	0.67	0.80
6-苯基-1-己醇[1]	4.35	3.39	3.47	0.96	0.88
二甲苯[2]	4.26	3.35	3.80	0.91	0.46
乙苯[2]	3.41	3.06	3.05	0.35	0.36
氯苯[2]	2.63	2.23	2.05	0.40	0.58

1) 固定相为 Lichrosorb RP-18；2) 固定相为 YWG-C$_6$H$_5$。

说明在同一个吸附过程中从吸附剂表面释放出溶剂的物质的量要多于溶质表面释放出溶剂的物质的量。

关于这一部分内容详见第十二章。

§5.6 同系物单位结构单元和非重复单位结构单元对 Z 的贡献，s 和 i——第三组线性方程的理论推导[7]

假定：①固定相一定；②溶质为非极性；③有机溶剂或置换剂在固定相表面吸附和分布为均匀地单分子层，则

$$n = \rho_n (A_m - A_p) \tag{5-18}$$

$$\rho = \rho_q + \rho_n \tag{5-19}$$

如 5.3.1 节所指出的，$A_m - A_p$ 为溶质和固定相间的接触表面；ρ_n 为固定相表面上有机溶剂的密度；ρ_q 为在溶剂化溶质表面上溶剂的密度。只要流动相中溶剂的活度 a_D 变化范围不是很大，则 Z 就应当是一个不取决于 a_D 变化的常数。所以 ρ_q 和 ρ_n 均为不受 a_D 影响的常数值。

将式(5-1)和式(5-19)代入 $n + q = Z$ 中，则得到

$$Z = \rho (A_m - A_p) \tag{5-20}$$

因为式(5-19)中的 ρ 为溶质与固定相的接触表面上二溶剂密度 ρ_n 和 ρ_q 之和，这就表明了 Z 应与接触面积 $(A_m - A_p)$ 成正比。

非极性分子的总接触面积 $A_t = A_m - A_p$ 应等于分子中各结构单元非极性接触面积 A_m 与极性基使该面积减少 A_p 之差 A_t，之后才可能有等于各种不同结构单元的范德华(van der Waals)表面积 $S_{v(i)}$ 和接触表面积对 $S_{v(i)}$ 之比 $f_{(i)}$ 二者之积。所以，

$$A_t = \sum_{(i)}^{M} f_i S_{v(i)} \tag{5-21}$$

式中：M 为该分子结构单元的数目；下角 i 表示该分子中结构元 i。

对于含有 N 个重复结构单元和具有侧链和端基的某同系物中的一种溶质来讲，假定没有立体效应和分子构象变化影响，则(5-21)式变为

$$A_t = N f_{(i,h)} S_{v(i,h)} + \sum f_{(e,j)} S_{v(e,j)} + \sum f_{(b,h)} S_{v(b,h)} \qquad (5\text{-}22)$$

或

$$A_t = A_{t(b,e,h)} + A_{t(i,h)} N \qquad (5\text{-}22a)$$

式中：下脚注 h 表示同系物，b 和 c 分别表示侧链和端基；$A_{t(b,e,h)}$ 表示该溶质侧链、端基接触面积之和；$A_{t(i,h)}$ 表示该溶质重复结构单元接触面积之和。

将(5-20)式与(5-22a)式联立后，得：

$$Z = i + sN \qquad (5\text{-}23)$$

式(5-23)即为 SDT-R 中的第三组线性参数。i 和 s 则为与其对应的线性参数：i 表示该同系物中非重复结构单元，也就是端基对 Z 的总贡献；s 表示每个重复结构单元对 Z 的贡献，所以，i 和 s 与溶质的种类有关，均与 a_D 无关。

从上述讨论得知，即便在 a_D 变化的条件下，式(5-23)仍为一线性方程式，并且，如果该同系物中每个重复结构单元都有相同的 $A_{t(i,h)}$ 值，则式(5-23)还表明了 Z 与同系物中的重复结构单元数 N 成正比。

如图 5-12 所示，n-烷基苯邻二甲酰亚胺同系物的 Z 值对其相应的 N 作图确系为一组直线。其线性参数斜率 s 和截距 i，以及线性相关系数 R 和标准偏差 S_d 均列入表 5-9。在表 5-9 中除 No.14 和 No.17 外，其余 R 值均大于 0.99，而对 n-烷基苯邻二甲酰胺同系物，虽然在 N 值为 0,1 和 2 时 Z 和 N 的作图出现了大的偏差(见图 5-11 和 5-12)。但对于整个同系($N = 0 \sim 18$)而言，R 值还是大于 0.999。比较 $\lg I/Z$ 及 Z/N 的两种线性作图，可以发现前者的线性关系远较后者为佳。这一点正好对在推导式(5-23)时所做的假定做出了怀疑，即忽略了立体及在色谱条件下分子的变形等种种效应是与实际情况有距离的。所以由此推断同系物中直链上重复结构单元都有相同的 $f_{(i,h)}$ 也是不尽正确的。因此，大的苯邻二甲酰亚胺端基一定会对相邻的几个亚甲基产生立体效应影响，可以想像，在受这个端基影响的几个亚甲基中，离端基最近的亚甲基受其影响应当最甚，反之亦是。图 5-13 中 $\lg k'$ 对 N 的线性作图中直线的弯曲点大约在 $N = 2 \sim 3$ 之间，这的确表明了这个大端基对邻位的 $1 \sim 3$ 个亚甲基会产生影响。上述谈及的效应将减小亚甲基的接触面积，从而使 Z 值减小。但是，在另一方面，流动相中溶剂浓度$[D_0]$值的变化范围太宽，致使吸附在键合相表面的溶剂活度以及流动相中活度系数不再为常数时，式(4-16)的线性关系也会变差。表 5-10 中 R 值的变化情况足以说明这个问题。如 n-癸基苯邻二甲酰亚胺($N = 10$)，其$[D_0]$变化范围(体积分数为 $C_f = 0.70 \sim 1.00$，因浓度变化范围不宽，故 R 值大于 0.9999。但是，对于苯邻二甲酰亚胺($N = 0$)，其$[D_0]$的变化范围为 $C_f = 0.40 \sim 1.00$，与前者相比要大得多，故 R 值

表 5-9 一些同系物中的 SDT-R 线性参数值[7]

序号	同系物名称（重复结构单元数）	固定相	流动相（MeOH%,体积分数）	线性参数							
				lg I vs. Z				s	Z vs. N		
				j	lg φ	R	S_d		i	R	S_d
1	直链正烷基苯邻二甲酰胺	LiChrosorb RR 8	0.40~1.00	1.44	−0.894	1.0000	0.02	0.874	2.24	0.994	0.16
2	直链正羧酸	μ-Bondapak C18	0.40~0.90	1.42	−1.00	0.9999	0.07	1.04	−1.10	0.9975	0.30
3	直链正烷烃	μ-Bondapak C18	0.60~0.80	1.44	−1.00	1.0000	0.02	1.00	1.54	0.9969	0.13
4	三氟烷基-1,2,2三苯基	GYT C18	0.70~0.80	1.47	−1.53	1.0000	<0.01	0.908	10.3	0.9981	0.09
5	直链正烷烃	Hypersil ODS	0.60~0.90	1.43	−1.05	0.9999	0.04	1.09	1.70	0.9957	0.32
6	直链正烷基苯	Hypersil ODS	0.60~1.00	1.48	−1.22	0.9999	0.08	1.09	5.10	0.9939	0.46
7	直链烷基苯	Hypersil ODS	0.60~1.00	1.46	−1.05	1.0000	0.05	1.17	4.54	0.9942	0.52
8	直链烷基苯	Hypersil ODS	0.40~0.90	1.43	−1.04	1.0000	0.04	1.02	3.75	0.9981	0.26
9	直链甲基酮	Hypersil ODS	0.30~1.00	1.41	−0.908	1.0000	0.05	1.04	−1.45	0.9985	0.29
10	2-酮烷烃	μ-Bondapak C18	0.60~0.90	1.44	−0.923	0.9999	0.10	1.07	−2.23	0.9957	0.48
11	直链烷基苯	YWG	0.64~0.94	1.44	−0.496	0.9999	0.02	0.859	3.49	0.9965	0.13
12	苯-低聚乙二醇	Zorbax ODS	ACN/H₂O（0.18~0.335）	0.890	0.130	1.0000	0.01	0.365	1.88	0.9980	0.08
13	低聚乙二醇聚乙二醇 400	Zorbax ODS	ACN/H₂O（0.10~0.20）	0.765	0.0308	0.9997	0.02	0.427	−0.567	0.9972	0.02
14	2-酮烷烃	μ-Bondapak C18	ACN/H₂O（0.40~0.70）	1.29	−0.697	0.9997	0.05	0.707	−1.69	0.9834	0.27
15	N-直链烷基三苯甲胺		Acetone/H₂O（0.50~0.91）	1.21	1.90	0.9999	0.02	0.614	6.85	0.9975	0.12
16	直链烷基苯	Hypersil ODS	THF/H₂O（0.40~0.80）	1.03	−0.474	0.9998	0.04	0.485	3.23	0.9937	0.22
17	2-酮烷烃	μ-Bondapak（CN⁻）	MeOH/H₂O（0.40~0.70）	1.30	−0.888	0.9999	0.05	0.867	3.20	0.9849	0.44

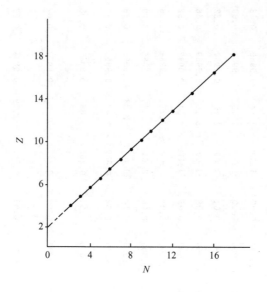

图 5-12　n-烷基苯邻二甲酰亚胺同系物的 Z 对其对应的 N 作图[7]

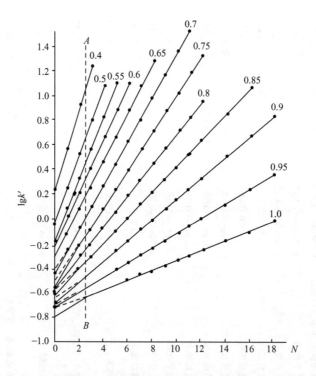

图 5-13　n-烷基苯邻二甲酰亚胺同系物的 $\lg k'$ 对其对应的 N 作图[7]
图中数字系指溶剂在流动相中的体积分数,图中虚线 AB 指出端基的立体
效应对相邻位置的次甲基影响的个数

仅仅是 0.9939，是这一同系物线性关系最差者。这种由于[D_0]范围的过宽对 SDT-R 中各种线性关系的影响，称为浓度效应。这种浓度效应所引起的误差一直会传递到最终对 k' 的预计。一般地讲，在[D_0]值过低时，使 Z 值减小。然而对于 n-烷基二甲酰亚胺而言却正好相反。

表 5-10　n-烷基苯邻二甲酰亚胺同系物的 SDT-R 线性参数[7]

N	0	1	2	3	4	5	6	7
Z	2.59	3.33	4.04	4.79	5.62	6.40	7.73	8.23
$\lg I$	2.78	3.88	4.93	6.00	7.20	8.34	9.68	11.0
R	0.9939	0.9986	0.9995	0.9996	0.9997	0.9997	0.9997	0.9997
S_d	0.04	0.02	0.02	0.01	0.01	0.02	0.01	0.01
N	8	9	10	11	12	14	16	18
Z	9.15	9.98	10.9	11.9	12.8	14.5	16.4	18.1
$\lg I$	12.3	13.5	14.8	16.2	17.5	19.9	22.27	25.2
R	0.9999	0.9999	0.9999	1.000	0.9999	0.9999	0.9999	0.9992
S_d	0.01	0.01	0.01	0.01	0.01	0.01	0.01	0.02

在本节所讨论的这一同系物条件下，浓度及立体效应正好彼此抵消了一部分，最终还是浓度效应对 Z 值产生了决定性的影响。虽然文献中曾介绍过多种立体及其他效应的校正方法，然而这些效应对 Z 值的影响还没有相应的好的校正方法。尽管讨论了影响 Z 值及 Z 对 N 作图准确度的一些因素，实际上也已产生了较大的偏差，然而对于表 5-9 中系统 1～11 而言，s 值仍然趋近于 1.01 ± 0.10 范围内的一个常数值。而 Z 对 N 作图的截距 i 的情况就很复杂了。因为它包括了同系物的端基、侧链及极性基对 Z 值影响的总贡献。在纸色谱、薄层色谱及气相色谱中已有许多标准的或近标准数据可表示出一些特性基团对色谱保留值的贡献。然而，在 HPLC 中，特别是 RPLC，目前还没有这些数据可供参考，所以无法对 i 值做定量地解释，更无法对不同同系物的 i 值进行比较。但对同种同系物在相同色谱条件下，如表 5-9 中的体系 No.3 和 No.5，其 i 值分别为 1.54 和 1.70，结果极为接近。而对同系物系统 No.6，No.7，No.8 和 No.11 而言，则对应的 i 值分别为 5.10，4.54，3.75 和 3.49，其精度较差，但仍然是很接近的。不言而喻，误差的传递也使 i 值偏差较 s 的要大。

参 考 文 献

[1]　Geng X D, Regnier F E. J. Chromatogr, 1985,332:147

[2]　Geng X D, Regnier F E. J Chromatogr, 1984,296:15

[3]　赵建国.西北大学硕士学位论文,2002

[4]　耿信笃. 中国科学(B辑),1995,25(4):364

[5]　郭鸿,张养军,高娟,耿信笃.色谱,2001,19(1):1

[6]　张养军,张维平,高娟,耿信笃.分析化学,2001,29(1):1

[7]　耿信笃.西北大学学报(自然科学版),1991,21(2):25

[8]　Reymond D, Chuang G N, Mayer J M, et al. J. Chromatogr, 1987,391:97

[9]　Cooper H A, Hurtubise R J. J. Chromatogr., 1986,360:313

[10]　Schoenmakers P J, et al. J.Chromatogr., 1981, 218:263

[11]　Braumann T, Jastorff B. J. Chromatogr., 1985,350:105

[12]　Braumann T, Waber G, Grimme L H. J. Chromatogr., 1983,261:329

[13]　Roos R W, Lan-cam C A. J. Chromatogr., 1986,370:403

[14]　Robbat J A, Liu T Y. J. Chromatogr.,1990,513:117

[15]　Kaibara A, Hoha C, Hierata Netal. Chromatographia, 1990,29:275

[16]　Geng X D, Guo L A, Chang J H. J. Chromatogr., 1990,507:1

[17]　白泉,耿信笃. 化学学报,2002, 60(5):870

[18]　耿信笃,时亚丽. 中国科学(B辑),1988,6:571; 1989,332(1):11

[19]　Wang Y, Geng X D. Thermochimica Acta, 2003,404:109～115

[20]　耿信笃. 现代分离科学理论导引. 北京:高等教育出版社, 2001, p63

[21]　边六交,耿信笃. 高等学校化学学报, 1995, 16(2):201

[22]　Miller C, Joo C, Gorse J, Kooser R. In Chemically Modified Oxide Surface (Chemically Modified Surfaces), Vol. 3, Eds. Leyden D E, Collins W T. Gorden & Breach, New York, 1990, p251

[23]　Miller C, Dadoo R, Kooser R G, Gorse J. J. Chromatogr. A, 1988, 458:255

[24]　Sentell K B. J.Chromatogr. A, 1993, 656: 231

[25]　朱耶瑶, 赵振国. 界面化学基础. 北京:化学工业出版社, 1996, p279

[26]　王彦,耿信笃. 色谱,2002,20(6): 481～485

第六章　液‒固界面组分迁移过程中的
热力学函数及其分量

§6.1　概　　述

　　化学热力学就是应用热力学的基本定律研究化学变化及其相关的物理变化的一门科学,主要研究化学过程的能量转换关系及化学反应的方向与限度。色谱热力学研究的则是用色谱方法找出与溶质保留过程中相关的热力学参数及其溶质分子结构间的关系,并深入了解在色谱过程中溶质的保留机理,它已成为液相色谱(LC)中的一个重要的研究课题。与气相色谱(GC)相比,用 LC 对此研究报道要少得多。原因之一是在 LC 中一直未有一个公认的柱相比的定义及其测定方法,故无法准确测定熵变和吉布斯自由能变。所以在文献中的有关报道多属测定在流动相组成一定时的焓变。我们依据 LC 中溶质的 SDT-R,从热力学角度对柱相比进行了新的定义,并用 SDT-R 中的两个基本公式准确地测定了柱相比,建立了准确测定 RPLC 中溶质在保留过程中的吉布斯自由能 $\triangle G$、焓变 $\triangle H$、熵变 $\triangle S$ 及其分量的理论公式和实验方法。

　　在液‒固界面上的热力学函数研究中,除色谱法外,还有量热法。Liu F Y[1]等用等温滴定量热,直接测定了蛋白质与不同链长、不同密度配体的固定相之间相互作用的热力学参数。结果表明,在 298K 时蛋白质的吸附焓和吸附熵都大于零,但是熵控制着蛋白保留过程。表明了当疏水性配体的密度、链长增大时,蛋白质与固定相间的分子相互作用力也增大,蛋白质的吸附焓和吸附熵都增大,其中吸附熵的增量更大。用该法仅能得到在室温条件下的热力学数据,不能在宽的温度范围内阐明蛋白质保留的热力学行为。Maria[2]及其合作者利用流动微量量热计测定了牛血清蛋白在 HIC 中保留的吸附热,所得的热力学数据也表明牛血清蛋白在 HIC 中保留过程是熵控制的。

　　此外,通常用量热法和包括色谱法在内的其他方法所测定的在液‒固界面上的热力学函数 $\triangle G$,$\triangle H$,$\triangle S$ 均为在平衡状态下的最终结果。事实上,众所周知,它是包括了在可逆吸附过程中的净吸附和净解吸附这两种过程的总结果,这是自液‒固界面热力学研究的近一个世纪以来的一个从未改变过的事实。然而如果能将这两者的各自量(称其为分量)如净吸附自由能和净解吸附自由能分别测定出来,则对深入了解液‒固界面吸附机理会有很大的帮助。这不仅会大大丰富热力学的研究内容,在其理论上有重大意义,而且会提供许多过去根本无法提供的热力学数据。

　　在物理化学中,一个体系的 $\triangle G$,$\triangle H$ 和 $\triangle S$ 的基本关系式为

$$\Delta G = \Delta H - T\Delta S \qquad (6\text{-}1)$$

对于可逆的化学平衡,当温度变化范围不太宽时,其平衡常数的对数 $\lg K$ 与 $2.303\,RT$ 的乘积便是该可逆过程中 ΔG,若以其在此条件下的热力学温度的倒数作图,便能得到一条直线,从该直线的斜率和截距便能分别计算出 ΔH 和 ΔS,这就是常讲的 van't Hoff 作图法。

在 RPLC 中溶质的容量因子 k' 与溶质在两相中的分配系数 K_d(一个描述吸附与解吸附可逆过程的平衡常数)及柱相比 φ 间的关系,通常写为

$$k' = K_d \varphi \qquad (4\text{-}1)$$

或者

$$\lg k' = \lg K_d + \lg \varphi \qquad (4\text{-}2)$$

因为在 LC 中溶质的容量因子 k',如(4-2)式所示,包括了分配系数 K_d 和柱相比 φ,因此,只要能从该式中扣除柱相比 φ,才有可能用在不同温度条件下得到的该溶质的 k' 值来计算相应的 K_d,从而利用 van't Hoff 作图法计算出溶质在色谱保留过程中的 ΔH 和 ΔS。这就是 K_d 色谱热力学的研究基础。

色谱过程中溶质在固定相上的保留是一个自发过程,溶质在色谱过程中的自由能变 $\Delta G_{(Pa)}$ 通常可表示为

$$-\Delta G_{(K_d)} = 2.303\,RT\lg K_d = 2.303\,RT(\lg k' - \lg \varphi) \qquad (6\text{-}2)$$

式中:R 为理想气体常数;T 为热力学温度,式(6-2)左边的负号是人为所加,表示了溶质保留为自发过程。

将式(4-2)和(6-2)代入式(6-1)可得:

$$\lg k' = \frac{-\Delta H}{2.303\,RT} + \frac{\Delta S}{2.303\,R} + \lg \varphi \qquad (6\text{-}3)$$

如果用 van't Hoff 公式,以 $\lg k'$ 对 $1/T$ 作图能得到一条直线,便可以从该直线的斜率计算出 ΔH,截距便是 $(\Delta S/2.303\,R) + \lg \varphi$。但如上所述,通常因无公认柱相比定义和更无法准确测定出柱相比 φ,故无法准确计算溶质在色谱保留过程中的 ΔG 和 ΔS,因此,准确测定柱相比 φ 便成为色谱热力学研究中首先要解决的问题。

§6.2 柱相比的热力学定义

6.2.1 柱相比的传统定义

式(4-2)中的 φ 原为用传统柱色谱法定义的柱相比,即吸附在固定相表面的吸附层液相体积(mL)与色谱柱中除固定相颗粒外的流动相体积(mL)之比,是一个无量纲的常数。但是,在 RPLC 中所用的化学键合相的情况远比液-液色谱复杂得多,这主要是由于吸附在固定相表面上的吸附层液体的体积很难求得,所以不能简单地将传统的 LC 中有关柱相比的定义用于 RPLC。迄今为止,在 RPLC 中出现过许多种有关柱相比的定义。Melander 和 Horvath[3] 定义柱相比为固定相表面积与

柱死体积之比。Davydov 等[4]定义柱相比为装填在色谱中填料的质量与柱死体积之比。Jandera 等[5]定义柱相比为除去柱死体积后空色谱柱的几何体积与柱死体积之比。Melander 等[6]还用同系物在相似的条件下在两个色谱柱 A 和 B 中所测得的 $\log k'_A$ 和 $\log k'_B$ 之比表示相比的相对值。Sander 和 Field[7]用硅胶表面的硅羟基含量与硅胶表面的键合量之比表示柱相比。之所以会有这么多柱相比定义出现,就表明了这些定义无一得到公认。所以,如果要深入地研究 LC 的色谱热力学,首先就必须对 LC 中 φ 的真实涵义进行新的定义。

因为我们要研究的是 K_d 所反映出的热力学函数,所以如果能从热力学的角度对柱相比进行定义,以扣除在溶质保留过程中除 K_d 以外的所有对 k' 的贡献,也就是式(4-2)中的 φ,这应当才是最符合实际和最准确的柱相比的定义。所以它的定义只能是从热力学角度给出,这样才能符合上述的要求。依据自由能的可加和原则,从式(4-2)和式(6-2)得:

$$-\Delta G_{(k')} = -\Delta G_{K_d} + \Delta G_{(\varphi)} \tag{6-4}$$

式(6-4)中各自由能变项表示了式(4-2)中无量纲的各项在乘以 $2.303\,RT$ 后才能变成的能量。式(6-4)中带小括号的下角标分别表示各自由能变的种类。在热力学研究中,需要测定的是溶质的分配系数 K_d 而得的保留自由能变。这样,依据式(4-2),从热力学观点可以方便地以下述三种方式中的任意一种对 φ 进行定义:(1)非溶质项对溶质的容量因子 k' 的贡献;(2)溶质对色谱保留自由能的贡献为零($\Delta G_{K_d}=0$)时的 k' 值;(3)溶质在两项中分配系数等于 1 时溶质的容量因子 k'。这三种定义的实质是完全相同的。

柱相比为非溶质对保留的贡献系指固定相与流动相物理及化学性质对溶质保留的影响,它可能与流动相性质和固定相表面性质有关,从而影响到流动相吸附在固定相表面上。另外,因为溶质分子大小不同,从而也影响到它进入固定相毛细孔内深度的不同。流动相能够到达之处,表明固定相上所吸附的流动相的存在是有效的;不能到达之处,表明只有固定相存在。但对溶质来讲,不能达到之处,实际上意味着相当于该固定相根本就"不存在"。故从这一角度出发,溶质分子大小会少许影响到柱相比。这与 5.3.1 节所述的 φ 与溶质种类无关的提法略有不同。只要这种影响小到可以忽略的程度,两者的描述就统一了。现在的问题是如何能准确地测定该方法定义的柱相比。

6.2.2　柱相比的两种新的测定方法[8]

众所周知,溶质从色谱柱进口到从出口流出的体积是柱的流出体积,并不一定等于柱内流动相的几何体积,因为流动相会与该不被吸附的溶质分子及固定相表面的分子间相互作用,它占据一定的空间,但不一定会随流动相流出,故前者一定会小于后者。至于溶质与流动相分子间的相互作用及溶质分子间相互作用力的大小,均包括在 SDT-R 中的 5 个热力学平衡中的某一个或某几个平衡之中,不属柱相比定义所包括的范围内。

第五章中已经从理论上推导出了一个式(5-7),它是在 SDT-R 中的一个重要线性方程[9]。

$$\lg I = Zj + \lg \varphi \tag{5-7}$$

如前所述,式中 Z 为 1mol 溶剂化溶质被溶剂化固定相吸附时,从两者接触处释放出溶剂或置换剂的物质的量,$\lg I$ 表示一个与溶质对固定相亲和势有关的常数,j 为一个与 1mol 置换剂对固定相的亲和势有关的常数,它与溶质的种类无关。从式(5-7)看出,柱亲和势 $\lg I$ 由两项组成,一是式中右方第一项的 Zj,完全是溶质本身的对溶质亲和势的贡献,而该式右边最后一项便是基本上与溶质种类无关的,存在于该 RPLC 中对任何溶质而言都是相同的量,所以式中的 φ 便是以热力学方法定义的柱相比。只要式(5-7)有好的线性关系,对于小分子溶质而言,可以准确测定柱相比 φ。在第五章已经指出,该式的线性关系仅适用于溶质与固定相相互作用力为非选择性作用力的 RPLC 和 HIC。由于经许多实验数据都证实了式(5-7)的准确性和可靠性,这便从方法学方面为研究色谱热力学奠定了实验基础。表 6-1 列出了在 RPLC 中四种小分子非极性溶质在六种不同温度条件下,以该四种非极性溶质的 $\lg I$ 对 Z 线性作图的结果。除在 50℃时线性相关系数 R 为 0.9992 外,其余五个 R 值均大于 0.9996,证明式(5-7)足够准确.其平均 j 值为 1.40 ± 0.01,$\lg \varphi$ 值为 -1.02 ± 0.09.说明 j 和 $\lg \varphi$ 值不仅是基本上与溶质种类无关,而且基本上不受温度变化的影响。此前用不同相比定义所得的 $\lg \varphi$ 值是无法相互进行比较的。但是,以上结果与文献报道[10]的 11 种极性和非极性同系物在甲醇-水体系中的 $j = 1.42 \pm 0.02$,$\lg \varphi = -1.10 \pm 0.10$ 值极为接近。这更进一步证实了(5-7)式的可靠性。

表 6-1　相同温度不同溶质 $\lg I$ 对 Z 的线性作图测定的 $\lg \varphi$[8]

$T^{-1}/10^{-3}K^{-1}$	3.63	3.55	3.41	3.30	3.19	3.09	平均值
R	0.9999	0.9996	0.9999	0.9999	0.9999	0.9992	1.40 ± 0.01
J	1.39	1.40	1.39	1.40	1.38	1.42	-1.02 ± 0.09
$\lg \varphi$	-1.03	-1.04	-0.990	-1.03	-0.887	-1.16	-1.02 ± 0.09

还有一个不用柱相比即可测定 ΔS 的表达式,将式(4-6)和式(5-7)与式(6-1)联立,则得:

$$\lg k' = 2.303 Z(j - \lg a_D) = -\Delta H / T + \Delta S \tag{6-5}$$

式(6-5)中不含有 $\lg \varphi$ 项,因此,只要知道 Z,j,a_D,ΔH 和 T,便可计算出 ΔS 值。故式(6-5)是一个不用柱相比便可计算出熵变的公式,同时也是一个将 SDT-R 中的参数 $\lg I$,Z 和热力学函数 ΔH 及 ΔS 联系起来的定量表达式。

§6.3 SDT-A 中热力学函数及其分量

6.3.1 ΔG 及其分量

依据 SDT-A,首先应当推导出新的表示溶质种类、活度和溶剂对吉布斯自由能贡献的数学表达式。

液–固吸附体系中的热力学研究通常只涉及过程中的热力学函数,吉布斯自由能、焓、熵的变化及其与溶质性质间的关系[11]。对于在非 LC 中的液–固吸附过程中溶质吸附热力学研究,柱相比因固相表面吸附层体积也存在着不易精确测定的问题,故 ΔS 和 ΔG 也难以测准[11],用通常的外推法算得的标准自由能亦不准确[12]。液–固吸附体系中的 SDT-A 是建立在体系中溶质、溶剂和吸附剂间相互作用的 5 个热力学平衡基础上的定量吸附理论,应当能解决这一问题[13]。据此,ΔG 及其分量[14]自然可以表示成下列形式:

$$-\Delta G = 2.303 RT \lg K_d = 2.303 RT \beta_a - 2.303 RT (q/Z) \lg a_{PD_m} \qquad (6\text{-}6)$$

因用 SDT-A 能将通常液–固吸附体系中溶质吸附分成 β_a 和 $nr/Z \lg a_{PD_m}$、$q/Z \lg a_{PD_m}$ 两个独立的部分,如能将式(3-25)和式(3-27)所示的结果再乘以 $2.303 RT$,就能将液–固吸附中溶质吸附自由能变分成上述的两个独立的能量分量。

依据能量可加和原则,式(6-6)可以写为:

$$\Delta G_{K_d} = \Delta G_\beta + \Delta G_{(q/Z, PD_m)} \qquad (6\text{-}7)$$

式(6-7)表明,溶质吸附自由能变 ΔG_{K_d} 是由 ΔG_β 和 $\Delta G_{(q/Z, PD_m)}$ 两个独立的自由能变组成的。依据 β_a 表示溶质对吸附剂的亲和能力大小的参数这一物理意义,ΔG_T 表示在吸附达到平衡时该溶质对吸附剂的净吸附自由能变,它的数值等于当溶液中溶质的平衡活度为 1 时的 ΔG_{K_d} 值。如果把溶质活度 1.0 定义为标准态,ΔG_β 即为在系统中的标准吸附自由能,所以溶质的净吸附自由能变也就是通常所讲的,在溶质活度定义为 1 时的溶质的标准吸附自由能变,并按惯例以 $\Delta G_{K_d}^\ominus$ 表示。$\Delta G_{(q/Z, P_m)}$ 含有 q、Z 和 α_{PD_m} 且与 $\lg \alpha_{PD_m}$ 成正比。从式(6-6)知,q/Z 表示的是 1mol 溶质计量置换在被吸附的过程中,在溶质与吸附剂接触表面处,溶质表面释放溶剂的物质的量占从吸附剂和溶质表面释放溶剂的总物质的量的分数。因为 $\Delta G_{(q/Z, PD_m)}$ 是与该比值 q/Z 呈正比的,故它的物理意义应为该溶质在吸附达到平衡时净的解吸附自由能变。这样就可以用 SDT-A 将通常表述的一个总 ΔG_{K_d} 分成两种独立能量变量 ΔG_β 和 $\Delta G_{(q/Z, PD_m)}$ 来研究。

6.3.2 $\Delta H_{K_d}^\ominus$ 及其分量

因为溶质分配系数 K_d 具有平衡常数的性质,而且在此的吸附与解吸附是可逆的。依据范特霍夫方程,用 SDT-A 表达式中溶质的分配系数 K_d 也能计算出的 ΔG_{K_d} 并表示[14]为:

$$\Delta G_{K_d} = \Delta H_{K_d} - T\Delta S_{K_d} = -2.303\,RT\lg K_d \qquad (6\text{-}8)$$

式中:K_d 应为吸附剂表面吸附溶质活度与体相中溶质活度的比值,式(3-26)中的 K_d' 为溶剂在两相中的分配系数,它也具有热力学平衡常数的性质并遵守式(6-8)。式(3-26)中 $\lg K_d'$ 为吸附剂表面所吸附溶剂活度与体相中溶剂活度之比,前者应为 n 与吸附剂比表面积之积,而后者活度的变化极小,可视其为常数。故当固定相一定时,K_d 应与 n 成正比,只要 K_d 遵守式(6-8),那么 n 值就会服从式(6-2)。所以,β_a 应与 $1/T$ 成正比,基于与 n 相同的理由,q,Z 值亦会与 $1/T$ 呈线性关系。从 ΔG_{K_d} 可以分为两个能量分量且各分量亦应遵从式(6-8),我们可分别求出其各能量分量的 ΔH 和 ΔS,进而求出 ΔH 和 ΔS 各自的分量。

显然,这里已将总的焓变 ΔH_{K_d} 分成了对应于与溶质净吸附焓变 ΔH_{β_a} 及与溶剂净解吸附有关的净解吸附焓变 $\Delta H_{(q/Z,PD_m)}$;将总的熵变 ΔS_{K_d} 分成了对应于净吸附熵变 ΔS_{β_a} 和净解吸附熵变 $\Delta S_{(q/Z,PD_m)}$。

$$\Delta H_{K_d} = \Delta H_{\beta_a} + \Delta H_{(q/Z,PD_m)} \qquad (6\text{-}9)$$

$$\Delta S_{K_d} = \Delta S_{\beta_a} + \Delta S_{(q/Z,PD_m)} \qquad (6\text{-}10)$$

Melander 等[15]和 Colin 等[16]均发现 RPLC 中溶质的容量因子 k' 的对数 $\lg k'$ 与溶质标准焓 $\Delta H^{\ominus}$ 之间有线性关系,即溶质在液-固两相间的分配系数对数 $\lg K_d$ 与 $\Delta H^{\ominus}$ 之间也有线性关系。依据 SDT 为表面物理化学中溶质吸附和液相色谱中溶质保留的统一的理论这一事实,本节的 $\lg K_d$ 亦应与溶质的 $\Delta H^{\ominus}_{K_d}$ 有线性关系。因此,可算出溶质在不同温度和活度下的焓变。

因为式(6-7)中各能量下脚标过于复杂,使用很不方便,故可将 ΔG_{K_d} 简化成 ΔG_T,将 ΔG_{β_a} 简化为 $\Delta G_{N,A}$,将 $\Delta G_{(q/Z,PD_m)}$ 简化为 $\Delta G_{N,D}$。同简化 ΔG 及其分量的下脚标一样,式(6-9)中的 ΔH_{K_d} 简化成 ΔH_T,将 ΔH_{β_a} 简化为 $\Delta H_{N,A}$,将 $\Delta H_{(q/Z,PD_m)}$ 简化为 $\Delta H_{N,D}$,将式(6-10)中的 ΔS_{K_d} 简化成 ΔS_T,将 ΔS_{β_a} 简化为 $\Delta S_{N,A}$,将 $\Delta S_{(q/Z,PD_m)}$ 简化为 $\Delta S_{N,D}$。

6.3.3　ΔH 和 ΔS 的分量表示及分配系数的计算[17]

基于 SDT-A 的表达式及上述的能量简明表达方式,液-固体系中的吉布斯自由能 ΔG_T 的两个分量 $\Delta G_{N,A}$ 或 $\Delta G_{N,D}$ 可以分别表述如下:

$$\Delta G_{N,A} = -2.303\,RT\beta_a \qquad (6\text{-}11)$$

$$\Delta G_{N,D} = 2.303\,RT(q/Z)\lg \alpha_{PD_m} \qquad (6\text{-}12)$$

当温度改变时,可以由 SDT-A 的各个参数 β_a,q/Z 和 $1/T$ 之间的线性关系分

别计算出 $\Delta G_{N,A}$ 和 $\Delta G_{N,D}$。假如前面所述的两种线性关系的斜率和截距分别为 k 和 b，k' 和 b'，就有：

$$\beta_\alpha = k/T + b \tag{6-13}$$

$$q/Z = k'/T + b' \tag{6-14}$$

将式(6-13)和(6-14)分别代入式(6-11)和(6-12)中，便可以得到

$$\Delta G_{N,A} = -2.303Rk - 2.303RTb \tag{6-15}$$

$$\Delta G_{N,D} = 2.303Rk'\lg\alpha_{PD_m} + 2.303RTb'\lg\alpha_{PD_m} \tag{6-16}$$

式(6-15)和式(6-16)表明溶质亲和自由能变 $\Delta G_{N,A}$ 是温度的线性函数，同样也是在相同的 α_{PD_m} 条件下溶剂从吸附剂上解吸附时的自由能变。比较式(6-15)、(6-16)两式和热力学方程，可得到：

$$\Delta H_{N,A} = -2.303Rk \tag{6-17}$$

$$\Delta S_{N,A} = 2.303Rb \tag{6-18}$$

$$\Delta H_{N,D} = 2.303Rk'\lg\alpha_{PD_m} \tag{6-19}$$

$$\Delta S_{N,D} = -2.303Rb'\lg\alpha_{PD_m} \tag{6-20}$$

则吸附的总焓变和熵变之间的关系如下：

$$\Delta H_T = \Delta H_{N,A} + \Delta H_{N,D} \tag{6-21}$$

$$\Delta S_T = \Delta S_{N,A} + \Delta S_{N,D} \tag{6-22}$$

很明显，可以做出相似的在某些情况下同时与焓变和熵变(本文中包括总量和分量)有关的 van't Hoff 方程的假设，这样的温度变化范围并不很宽。有必要强调，因为前述的热力学分量的计算是基于溶质的吸附等温线，计算的精确度主要是依赖于溶质和溶剂在吸附剂上完全吸附 n_1^s 和 n_2^s 的置信度，以及溶质在两相中的活度分配系数 K_d 的准确计算。

由于在一个液-固体系中溶质和溶剂在吸附剂上的共吸附，表观(混合)吸附等温线只能通过实验测定而得到。因吸附仅限于单层和通过实验决定的表观吸附量 $n_0\Delta x/m$ 的假设，溶质和溶剂的单独组分吸附量 n_1^s 和 n_2^s，可以有以下方程组得到：

$$n_0\Delta x_1/m = n_1^s(1 - x_1) - n_2^s x_1 \tag{6-23}$$

$$n_1^s A_1 + n_2^s A_2 = A \tag{6-24}$$

式中：x_1 表示平衡溶液中溶质浓度的摩尔分量；Δx_1 表示吸附的摩尔分量变化；n_0 是溶液的总物质的量；m 表示吸附的质量(g)；A_1，A_2 和 A 分别表示 1mol 被吸附的溶质、溶剂分子所占据的面积以及 1g 吸附剂的面积。A_1 和 A_2 在上述温度范围内不随其而变化的假设。

溶质的活度分配系数可以简单表述为：

$$K_d = P_1^s/P_2^s \tag{6-25}$$

式中：P_1^s 和 P_2^s 分别表示溶质在表面相和本体溶液中的摩尔浓度，虽然 P_1^s 的严格计算应该通过吸附层体积或厚度计算。在此方法中，假定是一理想的吸附层，就有

$$P_1^s = 1/(V_1 + V_2\, n_2^s/n_1^s) = 1/(M_1/\rho_1 + M_2\, n_2^s/\rho_2\, n_1^s) \tag{6-26}$$

式中：M，ρ 和 V 分别表示摩尔质量，密度和摩尔体积，下标"1"和"2"分别代表溶质和溶剂，当使用式(6-25)时，溶液中溶质的浓度 P_1^l 应该用摩尔浓度代替摩尔分数，它们之间的转换可以用式(6-26)进行

$$C_l^1 = 1/[M_1/\rho_1 + M_2(1 - x_1)/x_1\,\rho_2] \tag{6-27}$$

将式(6-26)和(6-27)代入式(6-25)中，可以计算出不同温度和不同浓度条件下的溶质分配系数 K_d。另外两个吸附分量 β_a 和 q/Z，在特定的温度下可以由以 $\lg K_d$ 对 $\lg \alpha_{P_2^s}$ 线性关系作图的截距和斜率而获得，用 SDT-A 表述为

$$\lg K_d = \beta_a - q/Z \cdot \lg a_{P_2^s} \tag{3-27}$$

进一步将式(6-11)、(6-12)和(6-16)与式(6-17)、(3-27)联合，可以得到所需要的在不同温度和不同浓度下的所有的热力学函数变化分量。

6.3.4 测定 Gibbs 自由能及其分量

表 6-2 列出了乙醇-水/Graphin II 体系中 ΔG_T 及两个分量 $\Delta G_{N,A}$ 和 $\Delta G_{N,D}$ 随温度和体相溶液平衡浓度的变化所计算的结果。温度一定时，$\Delta G_{N,A}$ 为定值，而且在 298～348K 范围内均为较大的负值。从深层次的含义来讲，此乃自发进行的传统意义上的吸附过程的"驱动力"；$\Delta G_{N,D}$ 为正值，表明溶剂分子从吸附剂上解吸本身不能自动发生，之所以能被溶质分子从吸附剂上替换下来，则靠上述"驱动力"的

表 6-2　乙醇-水/Graphin II 体系在不同浓度和温度条件下的 Gibbs 自由能及其分量[17]

T/K	$\Delta G_{N,D}$ 及 $\Delta G_T^*/\text{kJ}\cdot\text{mol}^{-1}$ $C_l^1/\text{mol}\cdot\text{L}^{-1}$					$\Delta G_{N,A}/\text{kJ}\cdot\text{mol}^{-1}$
	1.15	1.49	2.51	4.69	5.98	
298	0.304 (−5.50)	0.870 (−4.93)	1.99 (−3.81)	3.34 (−2.46)	3.87 (−1.93)	−5.80
308	0.313 (−5.64)	0.895 (−5.06)	2.05 (−3.90)	3.44 (−2.51)	3.98 (−1.97)	−5.95
318	0.321 (−5.76)	0.917 (−5.16)	2.10 (−3.98)	3.53 (−2.55)	4.08 (−2.00)	−6.08
328	0.329 (−5.89)	0.940 (−5.28)	2.15 (−4.07)	3.61 (−2.61)	4.18 (−2.04)	−6.22
338	0.336 (−6.01)	0.960 (−5.39)	2.20 (−4.15)	3.69 (−2.66)	4.28 (−2.07)	−6.35
348	0.342 (−6.13)	0.978 (−5.49)	2.24 (−4.23)	3.76 (−2.71)	4.36 (−2.11)	−6.47

* 圆括号内的数据分别表示 ΔG_T，即 $\Delta G_{N,A}$ 与 $\Delta G_{N,D}$ 之和的数据。

作用。而且,随 C_l^1 增大,$\Delta G_{N,D}$ 增大,ΔG_T 负值减小,表明随表面覆盖度增大,吸附逐渐减弱,解吸附相对增强。

随着温度升高,表 6-2 中 $\Delta G_{N,A}$ 的负值更负,显示溶质对吸附剂的亲和能力增强,但同时,当 C_l^1 一定时,随温度升高,$\Delta G_{N,D}$ 增大,溶剂分子自吸附表面上的解吸作用也略有增强。

6.3.5　$\lg K_d$,β_a 和 q/Z 与 $1/T$ 的线性关系

在文献[14]所示的正庚烷–乙醇/Graphon Ⅰ,苯–乙醇/graphon1 和甲醇–水/Graphon Ⅱ 的 3 种不同液–固体系中,以不同活度及不同温度下所测得的吸附数据计算出 K_d 值,并由式(6-6)计算出 β_a 和 q/Z 值,再用所得的这 3 种值分别对 $1/T$ 作图,线性关系良好。

依据式(6-8),当以 $\lg K_d$ 对 $1/T$ 作图时便能得到在此温度间隔范围内的平均 ΔH_T,即为实验值并以 ΔH_T 表示。然而,ΔH_T 是与溶质活度有关的,由 β_a 对 $1/T$ 的线性作图所求出的为溶质活度为 1.0 时或标准态下的 $\Delta H_T^{\ominus}$。求出的 $\Delta H_T^{\ominus}$ 应较通常所用的外推法求得的标准焓[3]准确。

表 6-3 列出了 10 种吸附体系的 $\Delta H_T^{\ominus}$ 值,$\Delta H_T^{\ominus}$ 为负值表明在标准态下溶质的吸附是放热过程,溶质与吸附剂的亲和力比溶剂与吸附剂的亲和力强,反之则表明

表 6-3　10 种液固吸附体系的 β_a 对 $1/T$ 作图和 q/Z 对 $1/T$ 的作图
线性参数和相应的 $\Delta H_T^{\ominus}$[16]

	$\Delta H_T^{\ominus}$	β_a			q/Z		
		R	S	I_n	R	S	I_n
(1)	-10.1 ± 0.2	0.9977	529	-2.67	0.9972	316	-1.19
(2)	-1.37 ± 0.03	0.9989	71.5	-1.36	-0.9088	-73.4	0.268
(3)	-1.02 ± 0.02	0.9936	53.3	-1.18	-0.9985	-263	1.16
(4)	-3.62 ± 0.07	0.9815	187	-1.17	0.9027	122	6.9×10^3
(5)	5.59 ± 0.01	0.9918	-292	0.864	0.9854	324	-0.597
(6)	1.80 ± 0.04	-0.9884	-94.1	1.27	0.9849	126	0.250
(7)	-1.92 ± 0.04	0.9998	100	-0.159	0.9361	705	-2.11
(8)	3.75 ± 0.1	-0.9998	-196	2.05	-0.9548	-243	1.48
(9)	4.98 ± 0.01	-0.9981	-260	2.31	0.9822	-351	1.86
(10)	5.04 ± 0.10	-0.9957	-263	2.41	-0.9131	-148	1.29

注:(1)正庚醇–乙醇/石墨体系;(2)苯–乙醇/石墨体系;(3)甲醇–水/石墨体系;(4)乙醇–水/石墨体系;(5)正丁醇–水/石墨 ;(6)水–正丁醇/木炭;(7)水–正戊醇/硅胶;(8)阳离子淀粉–水/纤维素(Ⅰ);(9)阳离子淀粉–水/纤维素(Ⅱ);(10)阳离子淀粉–水/纤维素(Ⅲ)。

吸附是吸热过程,溶剂的解吸自由能变大于溶质在吸附剂上的吸附自由能变,这些都是由体系的性质、溶质和溶剂及吸附剂的相互作用决定的。

从所得的结果还可看出,正庚烷-乙醇、乙醇-水和水-正戊醇/硅胶的 3 条直线的斜率 S 均为正值,故该三体系的 $\Delta H_T^{\ominus}$ 随溶质增大而向正方向移动,从而使总的 $\Delta H_T^{\ominus}$ 也向正方向移动,在该表所示的体系中,斜率均为负值,故这些数值向负方向移动,均与实验结果相符。

有些实验求出的 $\Delta H_{T,c}$ 值与计算出的 $\Delta H_{T,c}$ 值差别较大,表明文献[15,16]中将 ΔH 与 ΔS 间的线性关系归结于焓和熵的补偿关系不总是适用于任何情况。当然,实验测定的准确度与本文公式不适用于所有液-固吸附体系的情况亦是可能存在的。因此,这里所推导的公式仍须用更多的实验数据检验。尽管如此,我们的结果显示出绝大多数结果的最大相对误差小于 10%,表明这种处理办法是合理的。

6.3.6 焓变和熵变及其分量的测定

表 6-4 列出了焓变和熵变的分量和它们各自的总和 ΔH_T 和 ΔS_T 在 298～348K 范围内的计算值。在一特定活度下,$\Delta H_{N,A}$ 和 $\Delta S_{N,A}$ 可以分别通过式(6-15)和(6-16)由 $\Delta G_{N,D}$ 和 $\Delta G_{N,A}$ 分别对 T 线性做图所得的截距和斜率获得。这也说明一方面在前述的条件下式(6-15)和(6-16)是温度 $1/T$ 的线性方程,用它可以很容易推断出以前文章中所指出的观点。

表 6-4　在 298～348K 乙醇-水/GraphinⅡ体系中总的置换
吸附焓变和熵变及其分量的计算结果[17]

P_1^s /mol·L^{-1}	$\Delta S_{N,D}$ /J·mol^{-1}·K^{-1}	$\Delta H_{N,D}$ /kJ·mol^{-1}	$\Delta S_{N,A}$ /J·mol^{-1}·K^{-1}	$\Delta H_{N,A}$ /kJ·mol^{-1}	ΔS_T /J·mol^{-1}·K^{-1}	ΔH_T /kJ·mol^{-1}
1.15	−0.763	0.0776	13.4	−1.81	12.6	−1.73
1.49	−2.16	0.227	13.4	−1.81	11.2	−1.58
2.51	−5.00	0.506	13.4	−1.81	8.40	−1.30
4.69	−8.37	0.856	13.4	−1.81	5.03	−0.954
5.98	−9.86	0.939	13.4	−1.81	3.54	−0.871

表 6-4 表明在 298～348K 时,$\Delta H_{N,A}$ 的值为负,在改变乙醇浓度 c_1' 条件下 $\Delta H_{N,D}$ 都为正值,而且随 P_1^s 的增大而增大。这证明了吸附质与吸附剂亲和作用放热,当溶剂从吸附剂上解吸附时是吸热的,后者随 P_1^s 的增加而增加。而且,总的置换吸附焓变 ΔH_T 为 $\Delta G_{N,A}$ 和 $\Delta G_{N,D}$ 值的和,比 $\Delta H_{N,A}$ 的绝对值小。随着 P_1^s 的增加 ΔH_T 的负值减小。总之,总的置换吸附释放热,如果被吸附物在溶液中处于一个较低浓度,在吸附剂表面的相当高的活性点是被吸附质优先占据的。

§6.4 SDT-R 中热力学函数及分量

既然 SDT-R 可适用于除 SEC 以外的 LC 中所用其他类型色谱,那么它的第一组线性参数 $\lg I$ 和 Z 的重要性以及在热力学中的重要性就是显而易见的了。本节首先要依据该二线性参数的组成和性质,考察它们是否具有热力学性质,如果结论是肯定的,则可用其对色谱热力学进行深入地研究。

6.4.1 $\lg I$ 和 Z 的热力学性质[18]

在温度变化范围不大时,$\lg k'$ 与 $1/T$ 作图有线性关系。所以从数学上讲,只要能证明计量置换保留方程中 $\lg I$ 或 $Z\lg \alpha_D$ 中的一个与 $1/T$ 成正比,则另外一个必然也会与 $1/T$ 有线性关系(如果其中一项是一个不受温度变化影响的常数,可近似地认为其温度变化系数为零,仍是该线性关系式的特殊情况)。

首先从最简单的溶质同系物进行分析。已知 $\lg k'$ 和 Z 值与该同系物重复结构单元个数 N 成正比,并可表示为[19]

$$\lg k' = AN + B \tag{6-28}$$
$$Z = sN + i \tag{5-23}$$

式(6-28)便为著名的马丁方程。当流动相中置换剂浓度一定时,马丁方程中的 A 和 B 为两个经验常数。式(5-23)为一理论上推导的公式,式中 s 和 i 是 SDT-R 中第三组线性参数中的,分别表示同系物中一个重复结构单元、端基和侧链对 Z 值的贡献。当流动相组成及固定相一定时,同系物的 $\lg k'$ 应与 Z 值成正比。这可解释为在此情况下 $\lg k'$ 和 Z 均与溶质同固定相的接触表面面积成正比。前述研究结果表明,这种线性比例关系不仅适用于同系物,而且适用于非同系物的小分子非极性及极性溶质。当柱温改变时,式(5-30)是一个不受温度影响的线性方程式,且式中的 $\lg k'$ 与 $1/T$ 成正比,由此又能得出非同系物的极性和非极性的小分子溶质的 Z 与 $1/T$ 呈线性关系的结论。虽然 Z 与 $1/T$ 呈线性关系是很明显的,但柱温变化对式 $\lg k' = \lg I - Z\lg \alpha_D$ 右边的最后一项中的 $\lg \alpha_D$ 的影响比较复杂,须详尽说明。$\lg \alpha_D$ 可以写为

$$\lg a_D = \lg c_D + \lg \gamma_D \tag{6-29}$$

式中:γ_D 为流动相中置换剂的活度系数;c_D 为其中置换剂的摩尔浓度。当柱温为 20℃时,水、甲醇、乙醇和丙醇的热胀系数分别为 0.207×10^{-3},1.2×10^{-3},1.12×10^{-3} 和 1.07×10^{-3}[20]。由此看出,在 RPLC 中,流动相的热膨胀对 c_D 的影响是可以忽略的,即 $\lg c_D$ 可近似认为是一个不受柱温改变的常数。

对于两种性质很接近的二组分溶剂体系而言,$\lg \gamma$ 与温度的关系写成[18]

$$T\lg \gamma = 常数 \quad \lg \gamma = (1/T) \times 常数 \tag{6-30}$$

即 $\lg \gamma$ 与 $1/T$ 成正比。虽然凯萨诺斯(Katsanos)[21]等指出甲醇-水为一近似理想溶液,但从他们报告的数据来看,甲醇和乙醇的水溶液均不遵守式(6-30)。当温度

变化时,这两种溶剂-水溶液的 $\lg \gamma_D$ 值分别为:甲醇为 0.517 ± 0.09(摩尔分数 $x_{甲醇}$ 为 0.1,温度变化范围为 30~60℃),乙醇为 1.27 ± 0.26($x_{乙醇}$ 为 0.072,温度变化范围 43~71℃)。可以看出,两者的 $\lg a_D$ 值亦可近似地视其为不受温度变化影响的常数,故式 $\lg k' = \lg I - Z\lg a_D$ 中的 $\lg \alpha_D$ 也是一个近似地与温度无关的常数,由此得出,式 $\lg k' = \lg I - Z\lg a_D$ 中右边最后一项的 $Z\lg \alpha_D$ 应与 $1/T$ 近似地成正比。

如前所述,式 $\lg I = \lg K_a + \lg \varphi + n\lg a_{LD}$ 中右边第二项的 $\lg \varphi$ 是一个几乎不受温度变化影响的常数。该式右边第一项 $\lg K_a$ 中的 K_a 是一个热力学平衡常数,故 $\lg K_a$ 是与 $1/T$ 成正比的。而在该式右边的最后一项 $n\lg a_{LD}$ 中,a_{LD} 为置换剂在固定相表面上的活度。虽然温度改变会影响置换剂在固定相表面上的绝对吸附量,但吸附层中 a_{LD},如同前述的流动相中的 α_D 一样,对热胀及活度系数产生的影响是可以忽略的。因为在 RPLC 中无论是极性还是非极性溶质,均由其非极性部分与固定相表面接触并在接触表面上,从溶质分子表面释放出置换剂的物质的量 q,应与从非极性的固定相表面释放出的摩尔置换剂有相同的热力学性质,而且如式 $nr + q = Z$ 所示,nr 是 Z 值的分量,故 nr 和 q 应与 Z 一样,与 $1/T$ 成正比。所以,$\lg I$ 对 $1/T$ 作图亦应有线性关系。Z 和 $\lg I$ 对 $1/T$ 的线性关系可分别用式(6-31)和式(6-32)表示为

$$Z = S_Z/T + C_Z \qquad (6\text{-}31)$$

$$\lg I = S_I/T + C_I \qquad (6\text{-}32)$$

式中的 S_Z、S_I、C_Z 和 C_I 均为常数。φ 受温度的变化影响极小,$\lg I$ 与 $\lg I_a$ 仅差一个常数项 $\lg \varphi$,故(6-32)式可写成

$$\lg I_{(a)} = S_{(I,a)}/T + C_{(I,a)} \qquad (6\text{-}33)$$

图 6-1 和 6-2 分别表示了在 RPLC 以及 Synchropak RP-8/甲醇-水体系中,以联苯、4-苯基联苯、联苄及 3,3′-二甲苄为溶质的 $\lg I$ 和 Z 对 $1/T$ 的线性作图,可

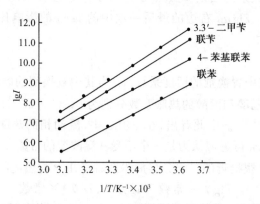

图 6-1 四种非极性小分子溶质的 $\lg I$ 对 $1/T$ 的线性作图[9]

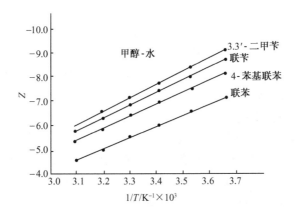

图 6-2 四种非极性小分子溶质的 Z 对 $1/T$ 的线性作图[9]

以看出 $\lg I$ 和 Z 确与 $1/T$ 有线性关系,且与 $\lg k'$ 对 $1/T$ 作图的线性关系相近。

从图 6-1 和 6-2 看出,Z 和 $\lg I$ 有与热力学平衡常数一样的性质,故溶质的总吸附自由能 ΔG_T 也应能分别表示溶质净吸附自由能 $\Delta G_{N,A}$ 和净解吸附自由能 $\Delta G_{N,D}$ 的表达式[8]。

6.4.2 △G 及其分量

在 RPLC 中依据 SDT-R 中参数的定义,$\lg I$ 值越大,溶质被固定相吸附得愈牢。而 α_D 越大,即流动相中置换剂活度愈高,则溶质从固定相愈易被洗脱。所以式 $\lg k' = \lg I - Z\lg \alpha_D$ 中的 $\lg I$ 和 $Z\lg \alpha_D$ 分别表示了与溶质吸附和解吸能力大小有关的两个分量。如果以吉布斯自由能变来表征 $\lg I$ 和 $Z\lg \alpha_D$,则它们分别为下述表征的包括溶质吸附、解吸和柱相比贡献在内的吸附自由能变和解吸自由能变:

$$-\Delta G_{Z,A} = 2.303 RT\lg I \tag{6-34}$$

$$\Delta G_{N,D} = 2.303 RTZ\lg a_D \tag{6-35}$$

式(6-34)和(6-35)中下角标表示能量的种类。前已指出由于溶质在固定相上的保留为自发过程,故将此过程中的吸附自由能变规定为负值。因溶质 $\Delta G_{N,D}$ 由 $\lg I = \lg k_a + \lg \varphi + n\lg a_{LD}$ 右边的三部分分量组成,为包括柱相比在内的总吸附自由能变,而不是真实的吸附自由能变 $\Delta G_{N,A}$。在计算 $\Delta G_{N,A}$ 时,必须将柱相比的贡献部分扣除。

如果从式 $\lg I = \lg k_a + \lg \varphi + n\lg a_{LD}$ 双方减去 $\lg \varphi$,则有

$$\lg I_a = \lg K_a + n\lg a_{LD} \tag{6-36}$$

式中:

$$\lg I_a = \lg I - \lg \varphi \tag{6-37}$$

依据自由能的可加和原则,将式(6-4)写成不含 φ 的能量简化表达式,则 $-\Delta G_T$ 变

成：

$$-\triangle G_T = -\triangle G_{N,A} + \triangle G_{N,D} \tag{6-38}$$

$$-\triangle G_{N,A} = 2.303 RT \lg I_a \tag{6-39}$$

式(6-38)表示在 RPLC 中溶质保留过程的总自由能变 $\triangle G_T$ 是由净吸附自由能变 $\triangle G_{N,A}$ 及净解吸自由能变 $\triangle G_{N,D}$ 两个独立的分量组成。还能看出,总自由能变 $-\triangle G_T$ 与净洗脱自由能变 $-\triangle G_{N,D}$ 与流动相活度对数呈正比,这就能用此二式估算流动相中在不同有机溶剂活度条件下的该二独立的热力学分量。

$\lg I_a$ 与 $\lg I$ 仅差一个与溶质种类无关的常数项 $\lg \varphi$, $\lg I_a$ 的物理意义可由 $\lg I$ 而得。即 $\triangle G_{N,A}$ 表示一个与 1mol 溶质对固定相的吸附自由能变,并定义在 30℃ 时的 $\triangle G_{N,A}$ 为溶质对固定相的标准亲和势 $\triangle G_{N,A}^{\ominus}$,它等于在相同温度时流动相置换剂活度等于 1 时的 $\triangle G_{N,A}$ 值。$\triangle G_{N,D}$ 受 Z 和 α_D 两个因素的制约,它表示当 1mol 溶质被固定相吸附时,Z mol 置换剂返回到活度为 α_D 的流动相中所需的能量,同时,它也与 Zmol 置换剂置换 1mol 溶质并返回到活度为 α_D 的流动相中所需的能量呈比例(这里不讲相等,是因为在 Z mol 溶剂吸附及 1mol 溶质解吸附时,其吸附及解吸附热可能不等)。

从表 6-5 看出,Z 和 α_D 是 $\triangle G_{N,D}$ 的函数,后者为溶质保留自由能变与吸附自由能变之差。当 $\triangle G_{N,A} \leqslant \triangle G_{N,D}$ 时,溶质对固定相的亲和力小于溶质与流动相中置换剂的相互作用力。这时溶质不保留;在相反情况下,如果 $\triangle G_{N,A} > \triangle G_{N,D}$,溶质对固定相的亲和力大于溶质与流动相中置换剂的相互作用力,这时溶质有了多余的能量使之被吸附,从而产生了溶质在 RPLC 中的保留,该两能量之差越大,则

表 6-5　在 20℃时不同甲醇浓度条件下的四种非极性小分子溶质的 k 保留自由能变及其分量值($kJ \cdot mol^{-1}$)[8]

甲醇/% (体积分数)	联苯				4-苯苄			
	k	$-\triangle G_{N,A,e}$	$-\triangle G_{N,A,c}$	$-\triangle G_{N,D}$	k	$-\triangle G_{N,A,e}$	$-\triangle G_{N,A,c}$	$-\triangle G_{N,D}$
68	0.82	5.40	5.40	39.5	1.06	6.06	6.20	45.7
65	1.00	5.92	6.10	38.3	1.47	6.89	6.90	45.0
62	1.32	6.62	6.71	38.2	2.09	7.77	7.71	44.2
59	1.79	7.39	7.40	37.5	2.94	8.04	8.51	43.4
56	2.52	8.24	8.21	36.7	4.15	9.50	9.30	42.6
53	3.47	9.05	8.91	36.0	6.04	10.5	10.2	41.7
50	4.88	9.91	9.71	35.2	8.71	11.4	11.2	40.7
47	6.79	10.8	10.6	34.3	12.6	12.3	12.2	39.7
44	9.35	11.6	11.5	33.4	18.3	13.2	6.20	45.7
41	13.4	12.5	32.4	32.4	26.9	14.2	6.90	45.0

甲醇/% (体积分数)	联苄				3,3′-甲基联苯			
	k	$-\Delta G_{N,A,e}$	$-\Delta G_{N,A,c}$	$-\Delta G_{N,D}$	k	$-\Delta G_{N,A,e}$	$-\Delta G_{N,A,c}$	$-\Delta G_{N,D}$
68	1.21	6.39	6.60	48.3	1.59	7.10	7.71	44.2
65	1.74	7.31	7.30	47.6	2.22		8.51	43.4
62	2.53	8.26	8.10	46.8	3.18		9.30	42.6
59	3.65	9.18	9.00	45.9	4.65		10.2	41.7
56	5.28	10.1	9.90	45.0	5.79		11.2	40.7
53	7.78	11.1	10.8	44.1	10.1		12.2	39.7
50	11.4	12.1	11.8	43.1	15.1			
47	16.9	13.0	12.9	42.0	22.6			
44	24.8	14.0	14.0	40.9	33.6			
41	37.2	15.0	15.2	39.7				

注：联苯,4-苯苄,联苄和3,3′-二甲基联苯的标准吸附自由能变$\Delta G_{N,A}^{\ominus}$分别为-44.9,-51.9,-54.9和$-58.1 \text{kJ} \cdot \text{mol}^{-1}$,$\Delta G_{T,e}$为实验值,$\lg \varphi$取$-1.02$,$\Delta G_{T,c}$为计算值。

溶质的保留越大,反之则越小。这是从 SDT 和从化学热力学的观点对溶质保留过程的解释。

6.4.3 ΔH 及其分量[18]

如果溶质保留过程中的总吸附焓变 ΔH_T 具有自由能性质,则分量也就应为净吸附焓 $\Delta H_{N,A}$ 和净解吸附焓 $\Delta H_{N,D}$。

依据范特霍夫公式,其测定方法也应当是从 $\Delta G_{N,A}$ 和 $\Delta G_{N,D}$ 与 $1/T$ 线性作图求出,即：

$$\Delta G_{N,D} = \Delta H_{N,D} - T\Delta S_{N,D} \tag{6-40}$$

$$\Delta G_{(N,A)} = -\Delta H_{(N,A)} + T\Delta S_{(N,A)} \tag{6-41}$$

式中：$\Delta H_{N,A}$ 和 $\Delta H_{N,D}$ 分别表示在溶质保留过程中,在流动相中有机溶剂浓度为 $1\text{mol} \cdot \text{L}^{-1}$时,1mol 溶质被固定相吸附时焓的变化称之为净吸附焓变(吸附热)和 1mol 溶质从固定相上被 Zmol 置换剂置换下来返回到在流动相中有机溶剂浓度为 $1\text{mol} \cdot \text{L}^{-1}$(或解吸附)时的焓变,并称之为净解吸附焓变(或解吸附热)。$\Delta S_{N,A}$ 与 $\Delta S_{N,D}$ 分别为上述过程中对应的 1 mol 溶质的净吸附熵和净解吸附熵。

在 RPLC 中,吉布斯自由能变可分为净吸附自由能变 $\Delta G_{N,A}$ 和净解吸附自由能变 $\Delta G_{N,D}$。从式(6-31)和(6-33)知,$\lg I_a$ 和 Z 对 $1/T$ 作图均有线性关系,且斜率分别为 $S_{N,A}$ 及 $S_{N,D}$。又从式(6-40)及(6-41)知,$\Delta G_{N,A}$ 又可分为吸附净自由焓变 $\Delta H_{N,A}$ 和净吸附熵变 $\Delta S_{N,A}$ 以及净解吸附焓变 $\Delta H_{N,D}$ 及净解吸附熵变 $\Delta S_{N,D}$。因为在式(6-38)中$-\Delta G_T$ 为吉布斯自由能变,而且它与 $1/T$ 有着与式(6-34)同

样的线性关系,这样,式(6-41)中的 $\Delta H_{N,A}$ 可直接写为

$$\Delta H_{N,A} = 2.303 R S_{N,A} \tag{6-42}$$

(1) 在 α_D 一定时的 $\Delta H_{(T)}$ 和 $\Delta H_{(N,D)}$,当 α_D 一定时,式(6-40)中的 $\Delta H_{N,D}$ 就变成了 ΔH_Z,按照与得到式(6-42)相同的方法直接写成:

$$\Delta H_Z = 2.303 R S_Z \tag{6-43}$$

通常 RPLC 中所测 ΔH 的方法为在固定 α_D 浓度条件下测定不同温度时的 k' 值并以式(6-44)计算:

$$\lg k' = \Delta H/2.303 R T - \Delta S/2.303 R + \lg \varphi \tag{6-44}$$

式(6-44)测定的熔变为溶质计量置换过程所得的总熔变 ΔH_T。依据能量的可加和原理,它应等于溶质净吸附熔变 $\Delta H_{N,A}$ 和净解吸附熔变 $\Delta H_{N,D}$ 之和,即:

$$\Delta H_T = \Delta H_{N,A} + \Delta H_{N,D} \tag{6-45}$$

(2) 不同 α_D 下的 $\Delta H_{(T)}$ 和 $\Delta H_{(N,D)}$。如果用 3 种不同 α_D 和 3 种不同温度条件下测得的 k' 值,后用 SDT-R 的数学表达式分别计算出在该 3 种温度条件下溶质的 $\lg I$ 和 Z,再用式(6-40)和式(6-41)计算出 $S_{N,A}$ 及 $S_{N,D}$ 值,在 α_D 变化范围不大时,$\lg I$ 和 Z 不受 α_D 变化的影响,$S_{N,A}$ 及 $S_{N,D}$ 是在任意浓度 α_D 时的两个常数。如同直接写出(6-42)式一样,从(6-39)式及(6-41)式能直接写出:

$$\Delta H_{N,D} = 2.303 R S_{N,D} \lg a_D \tag{6-46}$$

在不同条件下的总熔变 ΔH_T 应为式(6-42)和式(6-46)的加和,所以:

$$\Delta H_T = 2.303 R (S_{N,A} + S_{N,D} \lg a_D) \tag{6-47}$$

表 6-6 分别列出了由惯常方法测定的、用式(6-44)算出的、在不同 a_D 条件下的四种溶质的总熔变实验值 $\Delta H_{T,e}$ 和分别由式(6-42)和式(6-43)计算出的 $\Delta H_{T,c}$ 的分量,净吸附熔变 $\Delta H_{N,A}$ 和净解吸附熔变 $\Delta H_{N,D}$,以及用后二者的加和式(6-45)以估算出的总熔变。表 6-6 中所有吸附熔变 $\Delta H_{N,A}$ 均为负值,表明溶质在吸附时为放热过程,而表 6-6 中所有净解吸附熔变 $\Delta H_{N,D}$ 均为正值,表明净解吸附为吸热过程并与流动相中置换剂摩尔浓度对数呈正比。因前者的贡献较后者大,故总吸附熔变 ΔH_T 也为负值,表明在该四种溶质在 RPLC 中的保留过程为放热过程,这不仅与通常在物理化学中溶质吸附所伴随着放热的现象的定性描述一致,还以定量的方式给出了放热及吸热的大小。

6.4.4 ΔS 及其分量[22]

1. 总熵变 ΔS_T 及分量的表达式

上节指出了以总自由能变 ΔG_T、净吸附自由能变 $\Delta G_{N,A}$ 及净解吸附自由能变 $\Delta G_{N,D}$ 分别对 $1/T$ 作图的斜率可得到溶质保留的总熔变 ΔH_T、净吸附熔变 $\Delta H_{N,A}$ 及净解吸附熔变 $\Delta H_{N,D}$,而两个截距应分别对应为总熵变 ΔS_T 的两个吸附独立分量,净吸附熵变 $\Delta S_{N,A}$ 和净解吸附熵变 $\Delta S_{N,D}$,并表示为

表6-6 在不同 α_D 条件下四种非极性小分子溶质 $\Delta H_{T,e}$、$\Delta H_{N,A}$ 和 $\Delta H_{N,D}$ 以及 $\Delta H_{T,e}$ 与 $\Delta H_{T,c}$的估计及实验值(kJ·mol^{-1})的比较[18]

溶质 甲醇体积分数/%	联苯			4-苯苄		
	$\Delta H_{T,e}$	$\Delta H_{T,c}$	$\Delta H_{N,D}$	$\Delta H_{T,e}$	$\Delta H_{T,c}$	$\Delta H_{N,D}$
74						
71						
68				-13.9	-14.1	98.3
65	-12.3	-13.4	97.9	-15.7	-15.4	97.0
62	-14.2	-15.1	96.2	-17.8	-17.0	95.3
59	-12.6	-16.9	94.4	-19.6	-18.8	93.5
56	-19.1	-18.7	92.6	-20.7	-20.7	91.7
53	-20.3		90.7	-22.7	-22.6	89.8
50	21.4		88.7	-23.9	-24.6	87.8
47	-24.0		86.5	-26.1	-26.8	85.6
44	-26.2		84.1	-27.4	-29.1	83.3
41	-28.4		81.7	-29.4	-31.5	80.0
38	-30.7					

溶质 甲醇体积分数/%	联苄			3,3′-二甲联苯		
	$\Delta H_{T,e}$	$\Delta H_{T,c}$	$\Delta H_{N,D}$	$\Delta H_{T,e}$	$\Delta H_{T,c}$	$\Delta H_{N,D}$
74				-9.68	-10.0	123.5
71	-13.3	-14.0	117.4	-13.7	-11.8	121.7
68	-15.2	-15.7	115.7	-16.4	-13.6	119.9
65	-15.8	-17.5	113.9	-19.7	-15.4	118.1
62	-18.9	-19.5	111.9	-18.8	-17.4	116.0
59	-20.7	-21.6	109.8	-20.3	-19.6	113.9
56	-22.0	-23.7	107.7	-22.1	-21.8	111.7
53	-23.9	-25.9	105.5	-23.8	-24.1	
50	-24.5	-28.3	103.1	-26.2	-26.6	
47	-28.3	-30.9	100.5	-28.9	-29.2	
44	-31.0	-33.6	97.0	-29.9	-32.1	
41	-34.6	-36.4	95.0			
38						

注：$\Delta H_{N,A}$/kJ·mol^{-1}：联苯，-111.3，4-苯苄，-112.4，联苄，-131.3，3,3′-二甲联苯，-133.5。

$$\Delta G_T = -2.303 RT(\lg k' - \lg \varphi) = \Delta H_T - T\Delta S_T \qquad (6\text{-}48)$$

吉布斯自由能可分别由其对应的焓和熵的定义出发,用描述 $\Delta H_{N,A}$ 和 $\Delta H_{N,D}$ 的同样方法,可直接写出对应的吸附熵变 $\Delta S_{N,A}$ 和解吸附熵变 $\Delta S_{N,D}$ 并可分别表示为:

$$\Delta S_{N,A} = 2.303 RC_I \qquad (6\text{-}49)$$

$$\Delta S_{N,D} = 2.303 RC_Z \lg a_D \qquad (6\text{-}50)$$

式中：C_I 和 C_Z 分别为式(6-31)和(6-32)中的两个常数。

在 RPLC 中溶质保留总熵变 ΔS_T 应为净吸附及净解吸附熵变之和：

$$\Delta S_T = \Delta S_{N,A} + \Delta S_{N,D} \tag{6-51}$$

溶质的吸附熵变来源于溶质计量置换过程中的平衡常数和在此过程中从固定相表面上释放出置换剂的多少，而 K_a 与 n 值均与溶质、固定相及流动相的性质有关。溶质从混乱度大的流动相到混乱度小的固定相表面是非自发过程，故 $\Delta S_{N,A}$ 应为负值。单从熵变而言(非自由能变)，它的大小主要依赖于 K_d。此外，它还与溶质分子同固定相的接触面积及在固定相表面上置换剂的密度有关。在固定相及流动相一定、分子形状相同时，应与溶质分子大小成正比。分子疏水性改变也会对 $\Delta S_{N,A}$ 产生影响。固定相的非极性愈强，溶质对固定相的亲和能力愈强，表征这种亲和能力的 $\lg I$ 及与之对应的 K_d 就愈大，所以，相对于溶质而言，与此相应的溶剂对固定相的亲和能力就愈弱，所以，当溶质一定时，减弱溶剂强度会增加溶质的 $\Delta S_{N,A}$。SDT-R 中的 n，q 和 Z 均与溶质同固定相的接触表面面积成正比，同样受固定相与流动相性质的影响，所以从 Z 对 $1/T$ 线性作图的截距而计算出的 $\Delta S_{N,D}$，与 $\Delta S_{N,A}$ 一样，也同溶质分子结构及固定相及流动相的性质有关。不同于 $\Delta S_{N,A}$ 的是，$\Delta S_{N,D}$ 为净解吸附熵变，溶质分子从混乱度小的固定相表面到流动相混乱度变大是一个自发过程，其熵值应当为正值，而且受流动相中置换剂浓度的影响，置换剂浓度愈大，在色谱中溶质愈易被洗脱，其 $\Delta S_{N,D}$ 应愈大。

2. 总熵变及其分量的实验检验

从表 6-7 看出，实验测定值 $\Delta S_{T,e}$ 与计算值 $\Delta S_{T,c}$ 还是很接近的。但是，与焓变的实验值及估算值相比，误差要略大一些，这是很容易理解的。因为 ΔS 是由线性作图的截距计算出来的，其误差要比相对应的斜率计算出的 ΔH 大，特别是当 α_D 处在表的上部和下部时，更是如此，这里的"浓度效应"对保留的影响似乎起到重要的作用[7]。但是，因 ΔS 值单位为 $J \cdot K^{-1} \cdot mol^{-1}$ 而 ΔH 的单位为 $kJ \cdot mol^{-1}$，故 ΔS 的这种稍大的误差不会给 ΔG 的计算带来大的影响。从表 6-7 还能看出该四种溶质的溶解熵随着流动相中甲醇浓度的增加而增大，这种溶质从固定相到流动相的熵增大有利于溶质的洗脱和使溶质的保留值减小，从而由熵变来解释 RPLC 中溶质能够从固定相洗脱的原因。另外，比较净吸附熵变 $\Delta S_{N,A}$ 和对应的净解吸附熵变 $\Delta S_{N,D}$ 看出，前者的绝对值小，这与在理论部分预计的相符。即：溶质被固定相吸附时，溶质分子趋向于较整齐的排列，其混乱度大大减少；而溶质解吸附时混乱度增大，溶质分子倾向于做杂乱无章的布朗运动，这符合分子运动规律。虽然，不用上面的结果，物理化学家仍然知道这一规律，然而到目前为止，还只是一种定性的了解，上面的结果不仅从数据上证实了这一规律，更主要的是不仅给出了增大和减小的程度，还给出了定量的结果，这进一步说明如上所述的总熵变分成独立两个分量的结果的合理性。

表 6-7 在不同 α_D 条件下四种非极性小分子溶质的总熵变、吸附和解吸附熵变，及实验值与估算的比较[22]

甲醇体积分数/%	联苯			4-苯苄		
	ΔS	$\Delta S_{T,e}$	$\Delta S_{N,D}$	$\Delta S_{T,e}$	$\Delta S_{T,c}$	$\Delta S_{N,D}$
68	—	−23.9	198.5	−25.3	−28.9	174.3
65	−24.3	−27.0	195.4	−28.3	−31.6	171.6
62	−28.1	−30.4	192.0	−32.2	−34.6	168.6
59	−36.1	−34.0	188.4	−36.2	−37.7	165.5
56	−38.5	−37.6	184.8	−37.0	−40.8	162.4
53	−40.1	−41.4	181.0	−38.8	−44.3	158.9
50	−43.7	−45.5	176.9	−39.5	−47.8	155.4
47	−47.7	−49.9	172.5	−38.2	−51.6	151.6
44	−47.5	−54.6	167.8	−46.7	−55.6	147.4
41	−48.3	−59.4	163.0	−52.2	−60.0	143.2
38	−53.5					

甲醇体积分数/%	联苄			3,3′-二甲联苯		
	$\Delta S_{T,e}$	$\Delta S_{T,e}$	$\Delta S_{N,D}$	$\Delta S_{T,e}$	$\Delta S_{T,c}$	$\lg \varphi$
68	−31.5	−31.5	221.5	−33.8	−24.0	229.0
65	−30.3	−33.7	219.3	−40.0	−27.6	225.4
62	−38.0	−38.8	214.2	−36.4	−31.5	221.5
59	−40.8	−42.7	210.3	−38.2	−35.6	217.3
56	42.0	−46.7	206.3	−40.3	−39.0	213.2
53	−45.1	−51.0	202.0	−32.6	−44.2	208.8
50	−43.9	−55.6	197.4	−43.9	−48.9	204.1
47	−46.8	−60.4	192.6	−52.3	−54.0	199.0
44	−55.2	−65.7	187.3	−52.3	−59.3	193.6
41	−57.3	−71.1	181.9	—	−65.0	188.0

注:熵的单位为 $J \cdot K^{-1} \cdot mol^{-1}$;联苯,4-苯苄,联苄和 3,3′-二甲联苯的 $\Delta S_{N,A}$ 值,分别为 −222.4, −203.2, −253.0 和 −253.0。

§6.5 焓-熵补偿

6.5.1 在 RPLC 中溶质保留过程中焓-熵补偿理论公式的推导[23]

在 RPLC 中,在一特定的温度下,无论溶质保留的焓或熵怎么变化,其吉布斯自由能变 ΔG 等于零,这种现象称为焓-熵补偿(enthalpy-entropy compensation),该温度称之为补偿温度,文献中通常用 β 表示[24]:

$$\beta = \Delta H / \Delta S \tag{6-52}$$

焓-熵补偿作为一种重要的物理化学数据已获得广泛的应用,并被用来解释溶质的保留机理[24]。焓-熵补偿被解释为蛋白质处于键合状态是以一种被约束的分子构象存在,更多的焓变意味着此时的键合力更强,更强的键合力将伴随着与结构相关的更大的熵变。焓-熵补偿行为可用不同的物理化学过程中的焓变与相应的熵变之间的线性关系来表征。Melander 等[24]报告了在 RPLC 中溶质保留的焓变 ΔH 与相应的熵变 ΔS 之存在着焓-熵补偿,并依此判断反应或吸附过程的机理是否相同。Makhatade 等人[25]对四种蛋白质在折叠过程中的热容和焓变对温度的收敛现象进行了描述,但未阐明温度收敛的物理意义。因此,进一步研究焓-熵补偿是否存在和这种补偿与温度收敛之间的关系,对于生命科学中蛋白质折叠热力学的研究和揭示生命的起源具有重要的意义。

本节从焓-熵补偿的定义出发,在前面的研究基础上对四种非极性小分子溶质的焓-熵补偿进行了研究,以证实焓-熵补偿的存在和阐明其补偿温度的物理意义,同时也与文献中报告的焓-熵补偿温度的计算方法进行比较。

在 RPLC 中,通常测定 β 值的办法是,在流动相组成一定时,以不同溶质的 $\lg k'$ 对其 ΔH 线性作图而得[24]。

$$\lg k' = -\frac{\Delta H}{2.303R}\left[\frac{1}{T} - \frac{1}{\beta}\right] - \frac{\Delta G}{R\beta} + \lg \varphi \qquad (6\text{-}53)$$

式中:k' 为容量因子;ΔG 为在补偿温度 β 时的吉布斯自由能变;R 为气体常数;φ 为柱相比。若以不同溶质的 $\lg k'$ 对 ΔH 作图并得到一条直线时,则表明溶质在 RPLC 保留过程中存在着焓-熵补偿,并有着相同的保留机理。

然而,因式(6-53)中的 k' 值不仅是温度的函数,而且也是流动相组成的函数。这就提出了一个问题,在式(6-52)定义中的 β 是否与流动相组成有关?

从分子力学的角度出发,在 RPLC 中,无论溶质是极性或非极性,它们与固定相间的相互作用力为非选择性的作用力[26],溶质与固定相间的相互作用力的性质和大小控制着溶质的吸附过程,而溶质与流动相的作用力性质及大小促使溶质解吸。所以,非极性溶质与流动相中强溶剂间分子的相互作用(即溶剂化)[26]也同样是非选择性作用力。这表明,在 RPLC 中,非极性溶质的吸附和解吸附机理是非选择性相互作用力占主导地位的。换句话讲,在 RPLC 中吸附与解吸附有着相同的分子作用机理。如果非极性溶质在 RPLC 的保留过程(包括吸附与解吸附)中存在着焓-熵补偿,溶质在吸附与解吸附过程中必然也分别存在着如式(6-54)和式(6-55)所示的这种补偿关系,并且,在这两个独立的过程中吸附补偿温度为 $\beta_{N,A}$、解吸附补偿温度为 $\beta_{N,D}$ 以及总吸附-解吸附过程中的焓-熵补偿温度 β 应该相等或近似相等,即应与(6-52)式相同。

$$\beta_{N,A} = \Delta H_{N,A}/\Delta S_{N,A} \qquad (6\text{-}54)$$

$$\beta_{N,D} = \Delta H_{N,D}/\Delta S_{N,D} \qquad (6\text{-}55)$$

式中:$\Delta H_{N,A}$ 和 $\Delta H_{N,D}$ 分别为 1mol 溶质的吸附焓变和解吸附焓变;$\Delta S_{N,A}$,$\Delta S_{N,D}$ 则分别为对应的 1mol 溶质的吸附熵和解吸附熵。

第四节已证明了 $\lg I_a$ 和 Z 与热力学温度的倒数 $1/T$ 有线性关系,即

$$\lg I_a = A_{N,A}/T + C_{N,A} \qquad (6\text{-}56)$$

$$Z = S_z / T + C_z \qquad (6\text{-}31)$$

式(6-56)中 $\lg I_a$ 表示扣除柱相比对数 $\lg \varphi$ 后,与 1mol 溶质对固定相亲和势有关的常数。$A_{N,A}$,$C_{N,A}$ 分别为 $\lg I_a$ 对 $1/T$ 线性作图的斜率和截距,它们分别表示了与溶质吸附过程的 $\Delta H_{N,A}$,$\Delta S_{N,A}$ 有关的常数。由于 $\Delta H_{N,A}$ 和 $\Delta S_{N,A}$ 是与流动相无关的常数,故吸附过程的补偿温度 $\beta_{N,A}$ 也是一个与流动相强溶剂浓度变化无关的常数。式(6-31)是 Z 对温度变化的线性关系表达式,Z 为 1mol 溶剂化溶质被溶剂化固定相吸附时,从两者接触表面上释放出溶剂或置换剂的物质的量。式中 A_Z 和 C_Z 分别为用该式线性作图所得的斜率(Z 的温度变化系数)和截距(当 A_Z 为零时的 Z 值)。它们是与溶质解吸附过程的 $\Delta H_{N,D}$ 和 $\Delta S_{N,D}$ 有关的常数。

根据前面的结果中的 $\Delta H_{N,D}$ 和 $\Delta S_{N,D}$ 的表达式并将其带入式(6-55),可得:

$$\beta_{N,D} = A_Z / C_Z \qquad (6\text{-}57)$$

式(6-57)表示描述 Z 对温度变化线性关系的斜率与截距之比为一常数,而 $\Delta \beta_{N,D}$ 为与流动相强溶剂活度变化无关的常数。

在 SDT-R 中,计算 LC 中溶质收敛点(第七章详细描述)的通用公式为[27]

$$\lg k' = \lg \varphi + (A_i + E_i U_i)(j - \lg a_D) \qquad (6\text{-}58)$$

其中

$$Z = A_i + E_i U_i \qquad (6\text{-}59)$$

式中:j 为 $1\text{mol} \cdot \text{L}^{-1}$ 纯置换剂对固定相的亲和势;U_i 是与溶质性质,或溶质保留过程中温度变化在内的有关色谱参数。A_i 和 E_i 为两个常数,式(6-59)为一线性方程式。从式(6-31)知,在 RPLC 中溶质的 Z 值也存在着温度收敛点。

当 $U_i = 1/T$ 时,溶质保留值的收敛温度为 $-E_i / A_i$,将其与(6-31)和(6-57)比较得出:

$$\beta_{Z,D} = T_{conv} \qquad (6\text{-}60)$$

因而式(6-59)中的二参数 A_i,E_i 现在就有了明确的物理意义。它们分别表示了与溶质解吸附过程中的 $\Delta H_{N,D}$ 和 $\Delta S_{N,D}$ 有关的常数。文献[27]中指出的几种收敛点均为平均收敛点,因 $\beta_{N,A}$ 和 $\beta_{N,D}$ 近似相等,故取二者的平均值为溶质计量置换保留过程中的补偿温度 β_{SDT},则有

$$\beta_{SDT} = \beta = T_{conv} \qquad (6\text{-}61)$$

6.5.2 公式的实验验证

在一定的甲醇浓度和一定的温度条件下,按惯常方法,依据式(6-53)用乙联苯、4-苯苄、联苄和 3,3′-二甲联苯四种非极性小分子溶质的 $\lg k'$ 对其对应的焓变 ΔH 作图,由直线的斜率求得该温度下的补偿温度 β,其结果列于表 6-8 中。同时,亦列出了在不同甲醇浓度条件下 β 的平均值。表 6-8 所列结果表明,按照常用的式(6-53)计算收敛温度时,只有在甲醇浓度一定时,β 才是一定值。除甲醇浓度

为 59％时的线性相关系数为 0.91 外,其余均大于 0.94。较好的线性关系表明在甲醇浓度一定时这四种溶质在 SynChrompak RP-8 柱上保留过程中的确存在着焓-熵补偿关系。

表 6-8　在不同甲醇浓度下四种小分子非极性溶质的补偿温度 β[23]

甲醇体积分数/%	$\dfrac{T}{K}$						
	273	283	293	303	313	323	β/K
65	384.5	396.0	411.6	415.1	401.5	—	401.7±12.3
62	496.4	485.4	490.3	506.6	500.1	—	495.8±8.3
59	364.1	375.7	387.6	400.6	426.5	510.7	410.9±53.4
56	1234.4	1218.9	1231.4	1176.3	—	1226.2	1217.4±28.7
53	674.7	952.2	878.5	896.1	881.3	900.0	901.6±29.7
50	879.1	745.6	752.0	768.7	777.2	831.3	775.0±34.0
47	—	622.1	629.6	702.5	702.5	720.0	687.2±44.1

但是从表 6-8 看出,不同甲醇浓度下的 β_{SDT} 并不相同,而是随甲醇浓度的改变而改变。Jinno 等也发现按式(6-53)求得的补偿温度随甲醇-水的组成不同而变化。这种现象可以用文献中所指出的"浓度效应"来解释[19]。即溶剂浓度很低或很高时,就会对 $\lg k'$ 与各种参数的线性关系产生影响而使之偏离线性关系,这就是为什么在文献[27]中要使用平均收敛点的原因。

6.5.3　计量置换过程中的焓-熵补偿

图 6-3 四种小分子非极性溶质在解吸附过程中的解吸附焓变 $\Delta H_{N,D}$ 对其解吸附熵变 $\Delta S_{N,D}$ 作图所得的四条直线,线性相关系数均大于 0.99。表明这四种溶质在解吸附过程中存在着焓-熵补偿关系,且 $\beta_{N,D}$ 与置换剂的浓度无关。

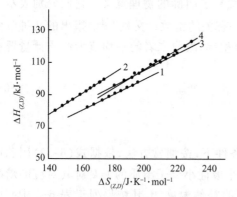

图 6-3　四种溶质的 $\Delta H_{Z,D}$ 对 $\Delta S_{Z,D}$ 作图[23]
1. 联苯;2. 4-苯苄;3. 联苄;4. 3,3′-二甲联苯

用公式(6-52),(6-54)及(6-55)计算四种溶质在保留过程及其吸附、解吸附过程中的平均补偿温度 β,$\beta_{N,A}$ 和 $\beta_{N,D}$,并将其结果分别列于表6-9。同时,为了便于比较,β_{SDT} 以及依据表 6-8 中 Z 对 $1/T$ 作图的线性参数,也用式($T_{conv} = -E_i/A_i$)计算

出了该溶质保留值的收敛温度 T_{conv} 并一并列于表 6-9 中。

表6-9　四种小分子非极性溶质的 β, $\beta_{N,A}$, $\beta_{N,D}$, β_{SDT} 及 T_{conv} 的平均值[23]

	联苯	4-苯苄	联苄	3,3'-二甲联苯	平均值
β	501.2 ± 7.1	564.2 ± 22.7	512.2 ± 16.7	528.5 ± 39.0	526.5
$\beta_{N,A}$	500.7	553.1	519.4	527.7	525.2
$\beta_{N,D}$	501.0 ± 0.2	564.9 ± 0.4	525.9 ± 8.3	523.9 ± 0.3	528.9
β_{SDT}	501.0	559.0	525.8	525.8	527.1
T_{conv}	501.2	563.9	663.5	523.6	563.1
					529.7

从表6-9看出,这四种溶质的 β, $\beta_{N,A}$ 和 $\beta_{N,D}$ 及 β_{SDT} 的确是近似相等的,这与理论部分的预计是一致的。表明了溶质在保留、吸附和解吸附过程中均遵循 SDT-R。此外,每种溶质保留值的收敛温度 T_{conv},除联苄外,亦与其 $\beta_{N,D}$ 相等。这亦进一步表明无论是在保留过程还是在其吸附和解吸附过程的焓-熵补偿温度实质上就是溶质保留值的收敛温度 T_{conv}。

图6-4表示该四种非极性小分子溶质的 Z 对 $1/T$ 的线性作图。从图6-4看出,Z 对温度具有收敛性,其收敛温度 β_c 为 526K,与这四种小分子溶质的平均收敛温度的预

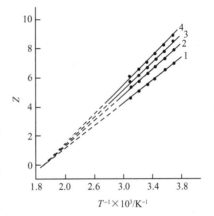

图6-4　四种非极性小分子溶质的
Z 对 $1/T$ 作图[23]
1.甲苯,2.4-苯苄,3.联苄,4.3,3'-二甲联苯

计值 529.7K 很吻合。而图6-4 中的温度收敛点恰好是该四种溶质的解吸附过程的平均补偿温度 $\beta_{N,D}$。表明在此温度条件下,所有溶质的焓变 ΔH 都将被其熵变 ΔS 所抵消。图6-4 更直观地表明了理论预测的准确性。

虽然采用的是 C_8 柱和非极性的苯衍生物,而文献[15]分别采用了 C_{18} 和 C_{14} 柱以及烷烃、烯烃、烷基苯三种非极性同系物,但所得的温度收敛点或焓-熵补偿温度 β,如表6-10 所示。该表所示的收敛温度和补偿温度的差别可以解释为溶质分子体积不同,从而使其实际进入键合相吸附层的深度不同所致。

表6-10　三种非极性同系物在不同色谱条件下的收敛温度(T_{conv} /K)[23]

$C_nH_{2n+1}Z$		C_{18}柱 MeOH-H_2O(90/10)	C_{18}柱 MeOH	C_{14}柱 MeOH
$Z=H$	$n_c<n_{crit}$	589K	542K	570K
$CH=CH_2$,Ph	$n_c>n_{crit}$	548K	512K	486K

n_{crit}:为相迁移点。

总之,根据 SDT-R,溶质在 RPLC 保留过程中的焓-熵补偿温度,在本质上为溶质保留值的收敛温度,它在数值上等于 Z 对 $1/T$ 线性作图的斜率与截距之比。与 Melander 等[15]计算 β 值的方法相比,本文的方法计算所得的 β 与流动相中有机溶剂的浓度无关,因而在不同实验条件下求得的 β 值具有可比性,这便为 β 作为溶质保留机理的判断依据提供了可靠的实验数据和理论依据。此外,溶质保留值的收敛温度也应与 β 一样,也可作为溶质保留机理的判断依据。

§6.6　生物大分子的色谱热力学

生物大分子具有与小分子溶质许多不同的特性。如构成蛋白质分子的肽链是由重复的、具有极性的、种类不同的氨基酸残基通过肽键连接起来的。蛋白质分子的分子质量高达数万乃至几十万 Da,并且具有三级或四级结构。在 RPLC 中,蛋白质分子会因流动相中有机溶剂或离子对试剂的存在完全或部分失去三维结构,但还不至于破坏它的一级结构而改变分子质量。虽然生物大分子在 RPLC 中洗脱时流动相的变化范围很窄,但是仍会出现蛋白质分子的构象变化。此外,某些蛋白质分子亦会因温度的变化而改变分子构象,因此,在实验温度范围内(如 0～50℃),改变温度时蛋白质的容量因子 k' 的变化是如此之大,以至于无法在同一流动相组成条件下测出 0～50℃温度范围内,乃至温度范围再窄些的全部 k' 值。所以无法用 van't Hoff 作图求其焓变等热力学函数,这就给生物大分子在 RPLC 保留过程中热力学的研究带来了极大困难。另一方面,即便能得到在某一较窄温度范围内变化的 k' 值,但是,由于蛋白质分子构象发生变化,甚至完全失活,使得其 $\lg k'$ 对 $1/T$ 作图不呈线性,亦无法测得蛋白质保留过程中的焓变 ΔH。加之,测定生物大分子的柱相比也比小分子溶质的困难得多,这又给深入研究蛋白质在色谱保留过程的热力学增加了难度,所以迄今未见到有关这方面的研究报道。此外,用疏水色谱法成功地使某些变性蛋白质完全折叠,又提出了如何准确测定变性蛋白质折叠自由能的新课题。前面依据 LC 中溶质的 SDT-R,建立了准确测定 RPLC 中溶质保留过程中的吉布斯自由能变 ΔG、焓变 ΔH 和熵变 ΔS 及其分量的理论模式和实验方法,这便为我们研究生物大分子在 RPLC 保留过程中的热力学奠定了理论基础。

6.6.1　RPLC 中生物大分子 $\lg\varphi$ 的测定[28,29]

在 RPLC 中六种相同的温度条件下,依据公式(5-7),在甲醇-水-三氟乙酸体系中,以该七种蛋白质的 $\lg I$ 对 Z 线性作图,斜率为 j,截距为 $\lg\varphi$,其结果列于表 6-11。

从表 6-11 看出,除 50℃时线性相关系数 R 为 0.9988 外,其余五个 R 值均大于 0.9992,证明式(5-7)用于生物大分子是足够准确的。其平均 j 值为 1.27±0.03, $\lg\varphi$ 值为 -2.04±0.11(不包括 50℃时的 $\lg\varphi$ 值 -1.28),说明 j 和 $\lg\varphi$ 值不

表 6-11　相同温度时不同蛋白质的 $\lg I$ 对 Z 的线性作图参数[28,29]

$T^{-1}/10^{-3}\mathrm{K}^{-1}$	3.63	3.54	3.41	3.30	3.19	3.09	平均值
j	1.30	1.29	1.28	1.27	1.25	1.23	1.27 ± 0.03
$\lg\varphi$	-2.14	-2.10	-2.00	-2.08	-1.87	-1.28	2.04 ± 0.11
R	0.9997	0.9996	0.9994	0.9992	0.9994	0.9988	

仅与蛋白质的种类无关,而且基本上不受温度变化的影响。表 6-12 是以相同溶质在此六种不同温度条件下的 $\lg I$ 对 Z 线性作图所得的线性参数。线性相关系数 R 除 Ins 的值为 0.9645 外,其他蛋白质的均大于 0.9986。若不包括 Ins,其余六种蛋白质的平均 j 值为 1.38 ± 0.06,而蛋白质的 $\lg\varphi$ 却随蛋白质种类的不同而变化很大。这表明同一种蛋白分子随温度升高,其 $\lg I$ 和 Z 的相对变化规律是不同的,从而造成了各 j 值的不同,不同蛋白质的 $\lg\varphi$ 差别更大,且无规律可循。这与非极性和极性小分子溶质用上述两种方法计算 $\lg\varphi$ 所得出的结论不同。对于小分子溶质而言,用上述两种方法所得的 $\lg\varphi$ 很接近,而对于生物大分子而言,两种方法所得 $\lg\varphi$ 的差别是如此之大,以至于按表 6-12 的方法求得的 $\lg\varphi$ 根本不能用。因此,本节采用了表 6-11 所得的数据,$\lg\varphi$ 为 -2.04 ± 0.11。

表 6-12　同一种蛋白质在不同温度条件下 $\lg I$ 对 Z 的线性作图参数[28,29]

蛋白质	Ins	Myo	Fer	Cyt-C	Lys	CAB	α-Amy
j	1.21	1.30	1.32	1.44	1.46	1.39	1.38
$\lg\varphi$	-1.49	-1.22	-1.28	-13.78	-12.20	-8.73	-13.58
R	0.9645	0.9992	0.9986	0.9999	0.9994	1.0000	0.9999

6.6.2　生物大分子的 ΔG 及其分量

如果在 RPLC 中蛋白质完全失去三级或四级结构,则可将蛋白质分子看成是一个分子量特别大的极性分子。从这一观点出发,小分子热力学的所有公式及计算方法便可用于生物大分子的热力学函数及其分量的计算。但是,蛋白质在常用的流动相体系中,特别是在甲酸-有机溶剂中会部分或全部失去立体结构,这就使得蛋白质对保留的贡献(k')随流动相中有机溶剂浓度或温度变化而变得很复杂。由于蛋白质在 RPLC 中的保留对流动相中有机溶剂浓度变化十分敏锐,一般在 $1\%\sim5\%$(体积分数)范围内变化,在此狭窄的有机溶剂浓度变化范围内,假定生物大分子分子构象的些微变化可以忽略,只要温度一定,则生物大分子在 RPLC 中保留还是遵守式(4-16)的。

式(4-16)的成立意味着可以从已测得的实验数据计算出所需要的,在任意 α_D

条件下是合理的,但用实验方法无法测到的 k' 值。当然,这就能够测定出在指定温度条件下的 SDT-R 中的线性参数 $\lg I$ 和 Z。但是,如前所述,无法采取相反的方法,即用固定流动相中有机溶剂的活度,改变温度以求其所需的全部 k' 值,或者,即便得出 k' 值,由于温度对生物大分子构象变化影响是如此之大,以至于 $\lg k'$ 对 $1/T$ 作图不呈线性,同样亦无法用于色谱热力学参数的准确测定。但是,如上所述式(4-16)的线性关系是不受温度影响的。如果在给定的流动相体系和在给定的温度变化范围内(一般为 $0 \sim 50$℃),蛋白质分子构象变化甚微,则它的分子构象变化对 Z 和 $\lg I$ 的影响在要求误差范围之内,只要固定温度而改变 α_D 值,如 0、10、20、…、50℃,便可求得蛋白质在各固定温度条件下不同的 Z 和 $\lg I$ 值。由于流动相中有机溶剂浓度的些微变化对蛋白分子构象的影响本身已知在要求的范围之内,只要这两种影响不产生协同效应,则蛋白分子构象变化所产生的影响仍可忽略,这样以来,前述的两个关系式(6-31)和(6-32)仍可成立。

只要式(6-31)和(6-32)成立,则式(5-7)亦会成立。由式(5-7)便能求出 $\lg \varphi$ 值。将式(5-7)与式(4-16)联立,便可用式(6-48)求出蛋白质在 RPLC 保留过程中总的自由能。由于蛋白质的 $\lg k'$ 对 $1/T$ 作图不呈线性,故无法像小分子溶质那样,用 van't Hoff 作图的方法求其在保留过程中的焓变 ΔH 和熵变 ΔS。但是,只要上述各式成立,便有可能用小分子热力学的函数的方法分别求出蛋白质在 RPLC 保留过程的 ΔG、ΔH 和 ΔS 各自的分量,然后再将其各自的分量加和以分别计算出蛋白质保留过程中,在扣除柱相比后的总自由能变 ΔG、焓变 ΔH 和熵变 ΔS。

1. 蛋白质的 $\lg k'$ 对 $1/T$ 作图

如上所述,如果用通常研究色谱热力学的方法,即用 $\lg k'$ 对 $1/T$ 线性作图,便可发现是无法用其对蛋白质分子保留过程中的热力学进行研究。

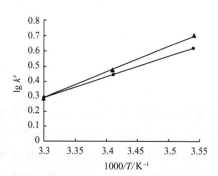

图 6-5 Myo 和 Fer 在甲醇体积分数
为 59%时的 $\lg k'$ 对 $1/T$ 作图[29]
●:Myo; ▲:Fer

图 6-5 是肌红蛋白(Myo)和铁蛋白(Fer)在 $10 \sim 30$℃范围内的 $\lg k'$ 对 $1/T$ 的线性作图。对于所研究的七种标准蛋白质,除 Myo 和 Fer 外,其他五种蛋白质在 $0 \sim 50$℃温度范围内,在同一甲醇浓度条件下,由于保留值相差太大,即便只是在该变化范围很窄的条件下,也是无法得到它们各自的 $\lg k'$ 值,因此也就无法对其进行 van't Hoff 作图。如果更换流动相体系,如异丙醇-甲酸-水情况稍有好转,但如图 6-6 所示,在异丙醇-甲酸-水体系中的细胞色素-C(Cyt-C)、核糖核酸酶(RNase)和溶菌酶(Lys),也只能获得在 3 个不同温度条件下的 k' 值。所以在同一异丙醇浓度条件下更无法测出 $0 \sim 50$℃温度范围内的全部 k' 值。

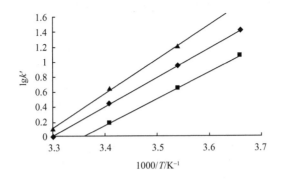

图 6-6　Cyt-C，RNase 和 Lys 在不同异丙醇浓度条件下 $\lg k'$ 对 $1/T$ 作图[29]

◆：Cyt-C；■：RNase；▲：Lys

通过上述讨论看出,蛋白质在上述两种体系中均无法在一定的有机溶剂浓度下得到 0～50℃温度范围内的全部 $\lg k'$ 值,因此用 van't Hoff 作图对生物大分子的色谱热力学进行研究就无法进行。

2. 不同温度条件下七种蛋白质的 $\lg I$ 和 Z

液相色谱中 SDT-R 不仅适用于小分子溶质,亦适用于 RPLC 中的生物大分子分离体系。根据式(4-16),在一定温度条件下,以不同蛋白质的 $\lg k'$ 对流动相中置换剂甲醇浓度的对数 $\lg[D]$ 进行线性作图,斜率为 Z,截距为 $\lg I$。

图 6-7 只列出了六种蛋白,胰岛素(Ins)、肌红蛋白(Myo)、细胞色素-C(Cyt-C)、溶菌酶(Lys)、碳酸酐酶(CAB)和 α-淀粉酶(α-Amy)在 20℃时的 $\lg k'$ 对甲醇浓度的对数 $\lg[D]$ 的线性作图,表 6-13 中列出了七种标准蛋白质,在温度间隔为 10℃的条件下,在其变化范围为 0～50℃时蛋白质的 Z 和 $\lg I$ 值。因 Fer 与 Myo 的 $\lg I$ 和 Z 值很接近,故在在此六个温度条件下均很接近。

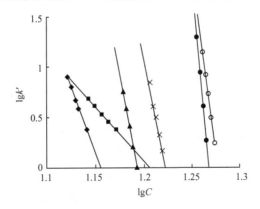

图 6-7　20℃时七种蛋白质的 $\lg k'$ 对 $\lg[D]$ 作图[28～30]

◆：Ins；■：Myo；▲：Cyt-C；×：Lys；○：CAB；●：α-Amy

表 6-13 不同温度时七种蛋白质的 $\lg I$ 和 Z 值（ODS柱，甲醇-水）[28~30]

蛋白质	参　数	$T^{-1}/10^{-3}K^{-1}$					
		3.66	3.53	3.41	3.30	3.19	3.09
Ins	$\lg I$	32.56	27.24	29.98	32.21	28.92	27.99
	Z	27.59	23.32	25.95	28.12	25.58	25.00
	R	0.9996	0.9997	0.9995	0.9990	0.9998	0.9967
Myo	$\lg I$	18.05	15.00	12.37	12.87	10.59	10.80
	Z	14.74	12.36	10.25	10.81	8.93	9.29
	R	0.9993	0.9997	0.9997	0.9999	0.9995	0.9995
Fer	$\lg I$	16.70	15.64	12.07	12.71	10.63	10.85
	Z	13.61	12.91	9.98	10.67	9.00	9.34
	R	0.9988	0.9983	0.9995	0.9998	1.000	0.9986
Cyt-C	$\lg I$	77.32	69.81	64.68	59.65	55.59	51.51
	Z	63.28	57.93	54.26	50.90	48.03	45.43
	R	0.9961	0.9989	0.9979	0.9996	0.9998	0.9998
Lys	$\lg I$	74.03	66.54	63.28	58.33	54.03	48.91
	Z	59.40	53.93	51.80	48.49	45.66	41.97
	R	0.9987	0.9995	1.000	0.9999	0.9980	0.9995
CAB	$\lg I$	113.86	107.69	98.57	92.04	80.19	71.65
	Z	88.42	83.82	77.22	72.68	64.06	57.94
	R	0.9955	0.9998	1.000	0.9990	0.9987	0.9996
α-Amy	$\lg I$	184.98	164.49	147.85	134.67	119.60	102.79
	Z	144.13	128.91	116.70	107.65	96.73	84.29
	R	0.9998	0.9998	1.0000	0.9990	0.9987	0.9996

　　从图 6-7 和表 6-13 看出，七种蛋白质的 $\lg k'$ 对流动相中置换剂甲醇浓度的对数 $\lg[D]$ 作图均有良好的线性关系，其线性相关系数 R 均大于 0.995，表明生物大分子亦能很好地遵循 SDT-R，其精确度可以和小分子溶质相比拟。从表 6-13 还可看出，各蛋白质的 Z 和 $\lg I$ 随温度的升高而有规律地减小，这与在 RPLC 中 k' 值随温度升高而降低的实验结果是一致的。在甲醇-水体系中，蛋白质分子基本上完全失去了三级结构。这些变性的蛋白质分子中的疏水氨基酸残基会发生相互作用，但还达不到在蛋白质分子内部形成埋藏的疏水核的程度。随温度升高，这些疏水氨基酸残基间相互作用力的增大会使具有杂乱结构的蛋白质分子向一种紧密结构的方向过渡，从而使其与 RPLC 固定相表面接触面积减小。从 SDT-R 来看，随温度升高，在溶质和固定相之间的表面上吸附的置换剂分子密度会减小，蛋白质分子结构的某种紧缩使 Z 值减小，同时，蛋白质分子随温度的升高，其计量置换平衡常数 K_a 亦会减小，导致了蛋白质的 $\lg I$ 值亦随温度的升高而减小。

3. 不同 a_D 条件下七种蛋白质 ΔG_T 和 $\Delta G_{N,D}$ 的估算

只要能准确地测定 $\lg \varphi$，便能由小分子溶质的热力学函数分别计算出计量置换过程中蛋白质的总自由能变 ΔG_T 及其分量，净吸附自由能变 $\Delta G_{N,A}$ 和在不同活度 a_D 时的净解吸附自由能变 $\Delta G_{N,D}$。因 $\Delta G_{N,A}$ 与 a_D 无关，故表 6-14 中列出了在 20℃条件下，在不同甲醇浓度体积分数时，由实验测定的该七种蛋白质的 k' 值和当 $\lg \varphi$ 为 -2.04 时，计算出的自由能变的实验值 $\Delta G_{T,e}$。用式(6-35)计算出

表 6-14 在 20℃时不同甲醇浓度条件下的七种蛋白质的 k'，保留自由能变及其分量(kJ·mol^{-1})[28~30]

甲醇体积分数/%	Ins				甲醇体积分数/%	Myo			
	k'	$-\Delta G_{T,e}$	$-\Delta G_{T,c}$	$\Delta G_{N,D}$		k'	$-\Delta G_{T,e}$	$-\Delta G_{T,c}$	$\Delta G_{N,D}$
53.5	7.79	16.46	16.48	163.28	56	4.80	15.28	15.26	65.64
54	6.31	15.94	15.88	163.88	57	4.03	14.85	14.82	66.08
54.5	4.70	15.22	15.30	164.46	58	3.38	14.42	14.39	66.51
55	3.84	14.73	14.73	165.03	59	2.81	13.97	13.96	66.94
56	2.40	13.54	13.58	166.18	60	2.38	13.57	13.54	67.36
	Fer					Cyt-C			
56	4.60	15.17	15.13	63.91	61	5.65	15.68	15.79	358.77
57	4.05	14.86	14.70	64.34	61.5	3.85	14.74	14.69	359.87
58	3.40	14.43	14.28	64.76	62	2.56	13.74	13.63	360.93
59	2.82	13.98	13.86	65.18	62.5	1.62	12.63	12.56	362.00
60	2.44	13.63	13.45	65.59	63	0.98	11.45	11.53	363.03
	Lys					CAB			
65	6.94	16.18	16.17	350.53	74	13.85	17.86	17.86	546.96
65.5	3.96	14.81	15.21	351.49	74.5	8.22	16.60	16.60	548.22
66	3.14	14.24	14.25	352.45	75	5.30	15.52	15.35	549.47
66.5	2.11	13.27	13.29	353.41	75.5	3.09	14.20	14.09	550.73
67	1.44	12.35	12.33	354.37	76	1.72	12.77	12.83	551.99
	α-Amy								
73	19.75	18.73	18.73	822.74					
73.5	8.73	16.74	16.77	824.70					
74	4.02	14.84	14.87	826.60					
74.5	1.85	12.96	12.97	826.50					

注：Ins、Myo、Fer、Cyt-C、Lys、CAB 和 α-Amy 七种蛋白质的吸附自由能变 $\Delta G_{N,A}$ 分别为 -198.84，-80.90，-79.04，-374.56，-366.70，-564.82 和 -841.47 kJ·mol^{-1}，$\lg \varphi$ 取 -2.04 ± 0.11，$\Delta G_{T,c}$ 为计算值。

的 Ins、Myo、Fer、Cyt-C、Lys、CAB 和 α-Amy 七种蛋白质的吸附自由能变 $\triangle G_{N,A}$ 分别为 -198.84，-80.90，-79.04，-374.56，-366.70，-564.82 和 $-841.47\text{kJ·mol}^{-1}$。

表 6-14 中还列出了在不同 α_D 条件下用式(6-36)计算出的该七种蛋白质的净解吸附自由能变 $\triangle G_{N,D}$ 值。此外，由 $\triangle G_{N,A}$ 和 $\triangle G_{N,D}$ 加和而得的蛋白质自由能变的估算值 $\triangle G_{T,c}$ 亦列入表 6-14 中。从表 6-14 中的 $\triangle G_{T,e}$ 和 $\triangle G_{T,c}$ 的相互接近程度看出，实验值 $\triangle G_{T,e}$ 与 $\triangle G_{T,c}$ 之间的相对偏差一般都小于 2%。纵观表 6-14 中计量置换过程中蛋白质的总自由能变 $-\triangle G_T$ 值，再与用 $\lg\varphi=-2.04$ 计算出的 $\triangle G_\varphi$ 为 -11.45kJ·mol^{-1} 比较，两者的大小几乎相当，说明在 RPLC 中要准确测定 $\triangle G_T$，必须准确测定柱相比值，否则，结果的可信度可能是很小的。

6.6.3　生物大分子的 $\triangle H$ 及其分量[28]

1. $\lg I_a$ 和 Z 对 $1/T$ 的线性作图

图 6-8 和 6-9 分别是六种蛋白质的 $\lg I$ 和 Z 对 $1/T$ 的线性作图。由于生物大分子对温度很敏感，故 $\lg I_a$ 和 Z 对 $1/T$ 线性作图的斜率较大，这就表明线性关系稍微有所改变，对其截距就有很大的影响。选择两种线性作图的目的就是为了比较这种些微的差别是否会对以后蛋白质的自由能变、焓变及其熵变的估算带来较大的偏差。

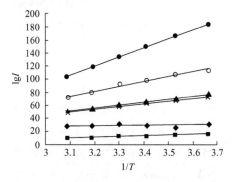 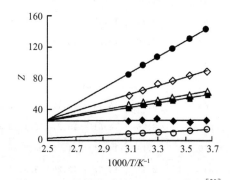

图 6-8　六种蛋白质的 $\lg I$ 对 $1/T$ 作图[29]　　　图 6-9　六种蛋白质的 Z 对 $1/T$ 作图[29]
◆：Ins；■：Myo；▲：Cyt-C；　　　　　　◆：Ins；○：Myo；△：Cyt-C；
×：Lys；○：CAB；●：α-Amy　　　　　　　■：Lys；◇：CAB；●：α-Amy

这里再次强调对于生物大分子而言，不可能在一定的流动相组成的条件下，以其 $\lg k'$ 值对 $1/T$ 进行线性作图，但从图 6-8 和图 6-9 可看出，生物大分子的 $\lg I$ 和 Z 对 $1/T$ 线性作图的线性关系亦可和小分子溶质在 RPLC 中的相同作图相比较，也表明将(6-31)式和(6-32)式用于生物大分子与其用 van't Hoff 公式作图有着相同的可靠性。

2. 不同 α_D 条件下净吸附焓变 ΔH_T 和净解吸附焓变 $\Delta H_{N,D}$ 的估算

对于生物大分子而言,用惯常的 van't Hoff 线性性作图的方法,无法以蛋白质的 $\lg k'$ 对 $1/T$ 线性作图求得蛋白质在色谱保留过程中的总焓变 ΔH_T。表6-15列出了分别由式(6-42)和式(6-43)计算出的该七种蛋白质的净吸附焓变 $\Delta H_{N,A}$ 和在不同 α_D 条件下的净解吸附焓变 $\Delta H_{N,D}$ 以及用两者数据,再由式(6-45)加和而估算出的总焓变 $\Delta H_{T,c}$。因无法计算出该七种蛋白质的总焓变实验值 $\Delta H_{T,e}$,所以就无法对其总焓变的估算值和实验值进行比较。表 6-15 中所有蛋白质的净吸附焓变 $\Delta H_{N,A}$ 均为负值,表明蛋白质在吸附时为放热过程。而表 6-15 中所有净解吸附焓变 $\Delta H_{N,D}$ 均为正值,表明净解吸附为吸热过程,并与流动相中置换剂摩尔浓度对数成正比。因前者的贡献较后者大,所以总保留过程的总焓变 ΔH_T 也为负值,表现为蛋白质在 RPLC 中的保留过程为放热过程,这与通常在表面物理化学中溶质吸附伴随着放热的现象是相符的。

比较表 6-15 中蛋白质的净吸附焓变 $\Delta H_{N,A}$ 后可看出,蛋白质被固定相吸附时,要放出 $10^2 \sim 10^3 \text{kJ} \cdot \text{mol}^{-1}$ 的热量,而其释放热量的多少与蛋白分子的大小基本上是成正比的。分子质量仅有 6000Da 的 Ins 在吸附过程中释放的热量为 $388 \text{kJ} \cdot \text{mol}^{-1}$,而分子量大约是其 7 倍的 α-Amy(41000Da)所释放出的能量约为 $2684 \text{ kJ} \cdot \text{mol}^{-1}$,基本上为 Ins 的 7 倍。由于蛋白质在吸附过程中释放出上百万焦耳每摩尔大小的热量,必然使其部分或完全失去分子构象。蛋白质的吸附焓变 $\Delta H_{N,A}$ 越大,蛋白质的分子构象变化越大,其变性程度也就越大。这从热力学的观点定量地解释了生物大分子在 RPLC 中被固定相吸附时蛋白质分子质量愈大、愈易失活的原因。

另一方面,比较表 6-15 中蛋白质的解吸附焓变 $\Delta H_{Z,D}$ 后看出,随着流动相中有机溶剂浓度的增大,蛋白质从固定相解吸附并返回到流动相中的倾向性愈来愈大直至完全解吸附。在其解吸附过程中,蛋白质要吸收热量。分子质量较小的 Ins 吸收的热量约为 $325 \text{ kJ} \cdot \text{mol}^{-1}$,而分子质量较大的 α-Amy 吸收的热量约为 $2450 \text{ kJ} \cdot \text{mol}^{-1}$,亦基本上与其分子质量大小成正比。这就是分子质量较大的蛋白质要用较高浓度的有机溶剂洗脱的原因所在。然而,与其净吸附焓变 $\Delta H_{N,A}$ 相比,蛋白质所吸收的热量要比其在吸附过程中所释放的热量要小些。从分子本身能量学的角度来讲,天然蛋白质分子能量最低,伸展态的能量高,蛋白质分子折叠成天然态要释放出能量。这里要讲的是蛋白质分子与固定相的相互作用。当生物大分子被固定相吸附时,如表 6-15 的计算结果所示要放热,这种热量会反作用到生物大分子与固定相的接触处的分子的局部部位,从而使蛋白质分子局部乃至全部分子构象发生了变化。当蛋白质分子解吸附时,就产生了相反的过程。从能量学的角度来讲,蛋白质分子解吸附时要从环境吸热,倾向于使分子恢复到被吸附前的状态,所以蛋白质所吸收的热量可驱使其进行折叠而使蛋白质完全或部分恢复其分子构象。如果吸收的能量能使蛋白质完全折叠成天然分子构象,则蛋白质经洗脱

表 6-15　在不同 α_D 条件下七种蛋白质 $\Delta H_{N,A}$、$\Delta H_{N,D}$ 和 $\Delta H_{T,c}$ 的估算值（$kJ \cdot mol^{-1}$）[28]

甲醇体积分数/%	Ins $\Delta H_{N,D}$	Ins $\Delta H_{T,c}$	甲醇体积分数/%	Myo $\Delta H_{N,D}$	Myo $\Delta H_{T,c}$	甲醇体积分数/%	Fer $\Delta H_{N,D}$	Fer $\Delta H_{T,c}$	甲醇体积分数/%	Cyt-C $\Delta H_{N,D}$	Cyt-C $\Delta H_{T,c}$
53.5	321.69	-66.23	56	206.18	-32.58	56	179.75	-32.40	61	695.72	-143.13
54	322.87	-65.05	57	207.57	-31.19	57	180.96	-31.19	61.5	697.84	-141.00
54.5	324.02	-63.90	58	208.93	-29.83	58	182.15	-30.00	62	699.91	-138.93
55	325.14	-62.78	59	210.27	-28.49	59	183.31	-28.84	62.5	701.98	-136.84
56	327.40	-60.52	60	211.58	-27.18	60	184.46	-27.69	63	703.98	-134.86

	Lys $\Delta H_{N,D}$	Lys $\Delta H_{T,c}$		CAB $\Delta H_{N,D}$	CAB $\Delta H_{T,c}$		α-Amy $\Delta H_{N,D}$	α-Amy $\Delta H_{T,c}$
65	667.94	-140.84	74	1306.47	-127.33	73	2446.90	-238.52
65.5	669.26	-139.02	74.5	1309.47	-127.33	73.5	2451.94	-232.68
66	671.59	-137.19	75	1312.47	-124.33	74	2457.59	-227.03
66.5	673.42	-135.36	75.5	1315.47	-121.33	74.5	2463.24	-221.38
67	675.25	-133.53	76	1318.47	-118.33			

注：Ins、Myo、Fer、Cyt-C、Lys、CAB 和 α-Amy 七种蛋白质的吸附焓变 $\Delta H_{N,A}$ 分别为 -387.92、-238.76、-212.15、-838.84(-779.86)、(-847.45)、-1436.80(-1656.04)和 -2684.62(-2684.24)kJ·mol⁻¹，lg φ 取 -2.04±0.11，$\Delta H_{T,c}$ 为计算值。

后可得到一个色谱峰,即天然蛋白的色谱峰。如果这些能量只能使其部分恢复分子构象,并且所形成的分子构象如果有差异,即折叠成了蛋白折叠中间体,那么蛋白质经洗脱后可能得到多个色谱峰。这就对生物大分子在 RPLC 的保留过程中失去分子构象,而在流动相中又部分恢复天然构象这一现象做出了合理的解释。

6.6.4　生物大分子的 ΔS 及其分量[28]

依据式(6-49)和式(6-50),表 6-16 给出的该七种蛋白质的净吸附熵变 $\Delta S_{N,A}$ 和净解吸附熵变 $\Delta S_{N,D}$。

表 6-16　在不同 α_D 条件下七种蛋白质 $\Delta S_{N,A}$,$\Delta S_{N,D}$ 和 $\Delta S_{T,c}$ 的估算(J·K^{-1}·mol^{-1})[28]

甲醇体积分数/%	Ins		甲醇体积分数/%	Myo		甲醇体积分数/%	Fer		甲醇体积分数/%	Cyt-C	
	$\Delta S_{N,D}$	$\Delta S_{T,c}$		$\Delta S_{N,D}$	$\Delta S_{T,c}$		$\Delta S_{N,D}$	$\Delta S_{T,c}$		$\Delta S_{N,D}$	$\Delta S_{T,c}$
53.5	464.62	−166.85	56	451.45	−58.63	56	366.28	−57.06	61	1137.50	−439.65
54	466.32	−165.15	57	454.50	−55.58	57	368.75	−54.59	61.5	1140.97	−436.18
54.5	467.97	−163.50	58	457.47	−52.61	58	371.16	−52.18	62	1144.35	−432.8
55	469.59	−161.88	59	460.40	−49.68	59	373.54	−49.80	62.5	1147.23	−429.42
56	472.87	−158.60	60	463.29	−46.79	60	375.88	−47.46	63	1151.02	−426.13
	Lys			CAB			α-Amy				
65	1087.27	−428.40	74	2605.68	−388.36	73	5508.70	−757.97			
65.5	1090.27	−425.42	74.5	2611.66	−382.38	73.5	5521.86	−744.81			
66	1093.25	−422.44	75	2617.65	−376.36	74	5534.59	−732.08			
66.5	1096.22	−419.47	75.5	2623.64	−370.40	74.5	5547.36	−719.36			
67	1099.20	−416.49	76	2629.63	−364.41						

注:Ins、Myo、Fer、Cyt-C、Lys、CAB 和 α-Amy 七种蛋白质的吸附熵变 $\Delta S_{N,A}$ 分别为 −631.47,−510.08,−423.34,−1577.15(−1385.87),−1515.69(−1638.42),−2994.04(−3699.23)和 −6266.67(−6260.35)J·K^{-1}·mol^{-1},lgφ 取 −2.04,$\Delta S_{T,c}$ 为计算值。

比较表 6-16 中七种蛋白质的净吸附熵变 $\Delta S_{N,A}$ 可以看出,所有的 $\Delta S_{N,A}$ 均为负值,表明蛋白质被固定相吸附时,其熵是减小的,说明蛋白质被固定相吸附时,蛋白质的疏水氨基酸会以非选择性相互作用力与固定相作用,从而使蛋白分子的构象趋于较整齐的排列,其混乱度大大地减小。Ins 在吸附过程中熵减小 631.5 J·K^{-1}·mol^{-1},而 α-Amy 在吸附过程中熵要减小 6266.7 J·K^{-1}·mol^{-1}。蛋白质的熵减小的程度从几百 J·K^{-1}·mol^{-1} 到几千 J·K^{-1}·mol^{-1},并随其分子质量的增大而增大的。α-Amy 的分子质量是 Ins 的 7 倍,而其吸附过程中熵的减小约是 Ins 的 10 倍。表明蛋白质分子质量愈大,对热的稳定性愈小,也愈易失活乃至发生变性。这也是从熵变的观点对生物大分子在保留过程中的变性进行的解释。

从表 6-16 看出,该七种蛋白质的解吸附熵变 $\Delta S_{N,D}$ 也随着流动相中甲醇的浓度的增大而增加,这种蛋白质从固定相到流动相的熵增大有利于蛋白质的洗脱和使蛋白质的保留值减小,这是从熵变的观点解释 RPLC 中蛋白质能够从固定相被洗脱的原因。另外,比较各种蛋白质的净吸附熵变 $\Delta S_{N,A}$ 和对应的净解吸附熵变 $\Delta S_{N,D}$ 可看出,前者的绝对值大,表明生物大分子被固定相吸附时熵减小的程度较其解吸附时熵的增大程度要大。也就是说,蛋白质从固定相解吸附并返回到混乱度较大的流动相中是熵增大过程。但是蛋白质的熵增大的程度并没有达到其在吸附过程中熵减小的程度,说明蛋白分子的构象并未完全折叠成其初始状态,即天然的分子构象,而这时蛋白的折叠构象较其天然分子构象要紧密一些,是一种紧密中间态。生物大分子在保留过程中熵变对其保留值 k' 的贡献,正是通过这种分子构象熵的减小,即其在 RPLC 保留过程中总熵变 ΔS_T,对其保留值 k' 做出贡献的。如 Ins 和 α-Amy 在吸附和解吸附过程中熵的损失平均分别约为 160 J·K^{-1}·mol^{-1}和 800 J·K^{-1}·mol^{-1},说明蛋白质在保留过程中熵变对 k' 的贡献是随蛋白质分子质量增大而增加的。蛋白质分子质量越大,其分子构象熵的损失也越大,故对其保留值的贡献也越大。

综上所述,通过对生物大分子在 RPLC 保留过程中的熵变及其分量、净吸附熵变和净解吸附熵变的计算,不仅从数据上证实了生物大分子在吸附过程中熵减小,而解吸附返回流动相中是熵增的定性说明的过程,而且,更主要的是给出了生物大分子在吸附和解吸附过程中熵增大和减小的程度,即给出了定量的结果。同时从熵变的观点对生物大分子在吸附和解吸附过程中部分或完全失去分子构象,以及其熵变对保留值的贡献给予了定量的说明。

6.6.5 生物大分子在 HIC 中的热力学参数

Norbert Muller[31]等人提出了用疏水性水合作用理论模型来解释蛋白质变性过程中的等焓温度和等熵温度。Raffaele Ragone[32]关于蛋白质的变性研究表明等焓温度和等熵温度的不同是由于在一个较大的温度范围内水合程度对蛋白质变性的影响不同而引起的。Litian Fu[33]等人发现蛋白质在不同浓度的甲醇溶液中焓变收敛于 112℃,熵变收敛于 100℃。Murphy[34]等人研究发现蛋白质的变性和疏水性物质在水中的溶解过程中的热容量变与焓变及熵变之间存在线性关系。上述蛋白质的变性热力学研究为本节关于 HIC 中的热力学研究提供了许多研究方法。

当 $\Delta H^{\ominus}$、$\Delta S^{\ominus}$ 与温度无关,且 $\Delta C_P^{\ominus}$ 为零时,线性 van't Hoff 一般方程:

$$\ln k' = -\Delta H^{\ominus}/RT + \Delta S^{\ominus}/R + \ln\varphi \tag{6-62}$$

当 $\Delta H^{\ominus}$、$\Delta S^{\ominus}$ 是与温度有关的变量,但 $\Delta C_P^{\ominus}$ 是与温度无关且不为零的常量时,即

$$\Delta H^{\ominus} = \Delta C_P^{\ominus}(T - T_H) \tag{6-63}$$

$$\Delta S^{\ominus} = \Delta C_P^{\ominus}\ln(T/T_S) \tag{6-64}$$

根据 Kirchhoff 公式,可得 van't Hoff 对数方程

$$\ln k' = \Delta C_p^{\ominus} / R(T_H / T - \ln T_s / T - 1) + \ln \varphi \tag{6-65}$$

当 $\Delta H^{\ominus}$、$\Delta S^{\ominus}$ 和 $\Delta C_p^{\ominus}$ 都是与温度有关的变量时,根据 Kirchhoff 公式,可得 van't Hoff 平方方程:

$$\ln k' = a + b / T + c / T^2 + \ln \varphi \tag{6-66}$$

由 Kirchoff 公式和方程(6-66)式可推导出[35]:

$$\Delta H^{\ominus} = - R \frac{d \ln k'}{d(1 / T)} = - R(b + 2c / T)$$

$$\Delta S^{\ominus} = R(a - c / T^2) \tag{6-67}$$

$$\Delta C_p^{\ominus} = 2 Rc / T^2 \tag{6-68}$$

式中:a,b 和 c 为常数;φ 为柱相比,即疏水色谱中流动相与固定相的体积比;T 为实验温度;R 为气体常数;T_H 和 T_s 分别是当 $\Delta H^{\ominus}$、$\Delta S^{\ominus}$ 为零时的温度。

利用蛋白质保留的容量因子($\ln k'$)与热力学温度倒数间的 van't Hoff 平方方程,依据式(6-68)和式(6-69)计算出肌红蛋白保留过程中的热力学参数——焓、熵、热容和自由能变,并将部分实验结果列于表 6-17。

表 6-17　疏水色谱中肌红蛋白(Myo)在不同温度下保留的热力学参数[38]

$[(NH_4)_2SO_4]$ /mol·L^{-1}	T/K	$\Delta H^{\ominus}$ /kJ·mol^{-1}	$\Delta S^{\ominus}$ /J·K^{-1}·mol^{-1}	$\Delta C_p^{\ominus}$ /kJ·K^{-1}·mol^{-1}	$\Delta G^{\ominus}$ /kJ·mol^{-1}
	273	38.97	146.3	0.95	-0.98
2.25	283	48.12	179.3	0.88	-2.61
	293	56.65	208.9	0.82	-4.55
	273	49.10	179.9	0.009	-0.04
2.22	283	49.18	180.3	0.008	-1.85
	293	49.26	180.6	0.008	-3.65
	283	34.96	127.80	0.57	-1.21
2.16	293	40.46	146.92	0.53	-2.59
	303	45.60	164.17	0.50	-4.14
	293	1.34	12.29	4.39	-2.26
2.13	303	43.82	154.87	4.11	-3.11
	313	83.58	283.99	3.85	-5.31
	293	13.21	50.17	3.54	-1.49
2.10	303	47.44	165.07	3.31	-2.57
	313	79.49	269.13	3.10	-4.75
	303	45.72	154.0	1.44	-0.96
2.04	313	59.63	199.2	1.35	-2.73
	323	72.67	240.2	1.26	-4.93

从表 6-17 中的实验结果看出，蛋白质保留过程中的四个热力学参数均随温度的变化而变化。这说明在实验温度范围内蛋白质保留的熵增抵消了不利于保留的焓变，从而使溶质的自由能降低，使蛋白质得以保留，表明蛋白质在 HIC 中的保留是由熵控制。这不同于芳香醇在 HIC 中低温时保留由熵控制，高温时则变为由焓控制的实验结果[35,37]，也不同于 Horvath 等人用氨基酸为对象研究 HIC 保留热力学所得到的结果[38]。蛋白质在 HIC 体系中的熵增主要来自三个方面：① 随着温度的升高，蛋白质分子构象变化导致的熵增；② 蛋白质变性过程中分子表面水分子的重组以及蛋白质与固定相表面之间接触面积的变化引起释放出水分子数的变化导致的熵增；③ 蛋白质在 HIC 保留时蛋白质和固定相表面结合的有序水被置换而进入溶液中变成无序水而引起的熵增。

参 考 文 献

[1] Lin F Y, Chen W Y, Ruaan R C, Huang H M. J. Chromatogr. A, 2000, 872: 37

[2] Maria A, King E, Cabral A C, Queiroz J. J. Chromatogr. A, 1999, 865: 111

[3] Melander W, Campbell D E, Horvath Cs. J. Chromatogr., 1986, 349: 369

[4] Davydov V Ya, Gonzalez M E, Kiselev A V, Lenda K. Chromatographia, 1981, 14: 13

[5] Jandera P, Coin H, Guichon G. Anal. Chem., 1982, 54: 435

[6] Melander W, Stovenken J, Horvath Cs. J. Chromatogr., 1980, 199: 35

[7] Sander L C, Field L R. Anal. Chem., 1980, 52: 2009

[8] 耿信笃. 化学学报, 1995, 53: 369

[9] 耿信笃. 现代分离科学理论导引. 北京: 高等教育出版社, 2001

[10] Adamson A W. Physica Chemistry of Surface. 4th. New York: Wiley, 1982: 319

[11] 赵振国, 顾惕人. 化学学报, 1983, 41: 1091

[12] Bartell F E, Thomas T L, Fu Y. J. Phys. Chem, 1951, 55: 1456

[13] 耿信笃, 时亚丽. 中国科学, B 辑, 1988, 6: 571

[14] 陈禹银, 耿信笃. 高等学校化学学报, 1993, 14(10): 1432

[15] Melander W, Campbell D E, Hovath Cs. J. Chromatogr., 1978, 15: 215

[16] Colin N, Diey-Maya J C, Guiochon G, Cyaj Kowska T, Miedyiak J. J. Chromatogr., 1978, 167: 41

[17] Geng X P. Thermochimica Acta, 1998, 308: 131

[18] 耿信笃. 化学学报, 1996, 54: 497

[19] 耿信笃. 西北大学学报, 1991, 21(2): 25

[20] 饭田修一, 大野和郎, 神前照等合编. 曲长芝译. 物理化学常数表. 第二卷. 北京: 科学出版社, 1987, 5

[21] Katsanos M M, Karaiskakis G, Agathonous P. J. Chromatogr. 1986, 349: 369

[22] 张瑞燕, 白泉, 耿信笃. 化学学报, 1996, 54: 900

[23] 白泉, 张瑞燕, 耿信笃. 化学学报, 1997, 55: 1025

[24] Melander W, Campbell D E, Horvath Cs. J. Chromatogr., 1978, 158: 205

[25] Makhatadze G L, Privalov P L. J. Mol. Biol., 1993, 232: 639

[26] 耿信笃. 中国科学(B 辑), 1995, 25: 364

[27] Geng X D, Regnier F E. Chromatographia, 1994,38(3/4):158

[28] 白泉. 博士论文. 西北大学,1997

[29] 白泉,耿信笃. 化学学报,2002,60:870

[30] Bai Q, Geng X D. J. Liq. Chromatogr. & Related Tech., 2003, 26(9):3199

[31] Nobert L, Baldwin and Norbert Muller. Natl. Acad. Sci. USA, 1992, 89:7110

[32] Raffaele Ragone and Giovanni Colonna. J. Bio. Chem., 1994, 269:4047

[33] Litian Fu and Ernesto Freire. Natl. Acad. Sci. USA, 1992, 89:9335

[34] Murphy K P, Privalov P L, Gill S. J. Science, 1990, 247:559

[35] Wei Y, Yao C, Zhao J, Geng X D. Chromatographia, 2002, 55:659

[36] 赵建国. 西北大学硕士学位论文,2001,6

[37] 卫引茂,赵建国,姚丛,耿信笃. 分析化学,2002,30:641

[38] Vailaya A, Horvath Cs. Ind. Eng. Chem. Res., 1996, 35:2964

第七章　界面过程中的收敛现象

§7.1　概　　述

在液相色谱(LC)中有这样一个非常有趣,但长时间以来无法从理论上予以合理地解释的现象,就是溶质保留过程中的许多收敛(convergence)。例如,在 RPLC 中当流动相中有机物浓度不断地升高,或者作为溶质的同系物的碳数不断地减小时,各溶质的保留值趋向于一个相同值,这种现象叫做收敛,此点叫收敛点。色谱学家当初对这一现象迷惑不解,不知其为什么会存在着"收敛"现象。只是抱着一种好奇心来探索 RPLC 中这一"神秘的"现象。近年来,随着色谱理论的发展,有关 RPLC 中保留值收敛性的研究日益成为色谱工作者感兴趣的课题。色谱学家曾根据已有的不同的色谱理论模型,对这一实验现象进行了定性、定量的研究,取得了相当满意的结果。到目前为止,这一研究的实际利用价值是什么尚不清楚,然而色谱学家最感兴趣的是通过对此现象的认识及了解,使之成为检验其所用理论的合理性及正确性的重要手段之一。

目前,有关 RPLC 保留值收敛性实验报道主要有下列三个方面:①如溶质为一同系物,只要该同系物中重复结构单元数(简称碳数) N 在不断的减小,则无论流动相中有机改性剂浓度如何变化,当以 $\lg k'$ 对 N 作图,并将所得到的一组直线外推时,各直线近似的相交于一共同点,即收敛点[1]。这两种收敛是因同系物中重复单元中碳原子数目的变化形成的,故称其为碳数收敛;②当流动相中有机改性剂浓度增加到一定值时,不同溶质的 $\lg k'$ 值持续减小而趋于相同,由此,当将 $\lg k'$ 对 [D](流动相中有机溶剂的体积分数)或 $\lg[D]$ 作图时就会产生保留值收敛现象[2]。因这类收敛是因流动相中强溶剂浓度变化引起的,故称其为浓度收敛。事实上还会有其他与溶质分子结构参数相关的收敛,会在本章中详细予以介绍。Colin[1] 等首次研究这一现象并指出:"同一种同系物其碳数收敛点的横坐标大致相同,一般为负值"。焦庆才[3] 等根据顶替吸附多种相互作用模型及由其推导出的广义的 Martin 方程对上述三种保留收敛现象进行了研究,并探讨了 $\ln k'$ 与色谱其他参数,如柱温 T 和有机改性剂同系物中碳数 N 之间存在的收敛现象,认为碳数收敛点的横坐标仅仅是一个理论求算的点。孙兆林[4] 等不仅仅报道了收敛点的存在,还推导了求算收敛点坐标的方程。然而,上述这些研究均未阐明收敛点的物理意义。如何从理论上解释上述的收敛性,阐述其坐标的物理意义呢?在本章中根据液-固界面上的 SDT-A 和 LC 中的 SDT-R,对于如何从理论上推导并预计收敛点存在的普遍性、建立求算收敛点坐标的方程、依据横坐标的种类将收敛分成包括浓度收敛和碳数收敛在内的等多种类型的收敛以及对收敛点这一在 LC 中普遍存在的现象的原因做了详尽地论述。还将讨论如何能从理论上推导出它存在的必然性和一个通用的计算出收敛点坐标的公式。

§7.2 收敛的非热力学表征

7.2.1 理论依据[2]

在 RPLC 体系中依据五种热力学平衡和几个假定,该 SDT-R 的表述式已在第四章中推导出为

$$\lg k' = \lg I - Z\lg a_D \tag{4-6}$$

将式(4-6)与式(5-7)联立,便能得到的式(4-6)的另外一种表达为

$$\lg k' = \underset{a}{\lg \varphi} + \underset{b}{Z} \underset{c}{(j - \lg a_D)} \tag{7-1}$$

式(7-1)中的各项物理意义已在第四、五章中详细说明过,既然该式是 SDT-R 中第一组线性方程式(4-6)另一种表达式,但较式(4-6)更有用。因为当流动相组成一定时,即 α_D 固定,式(7-1)中右端只有 Z 值与溶质性质有关。从而使式(4-6)的双参数 $\lg I$ 和 Z 方程变成了单变数 Z 方程,使研究 k' 与溶质性质之间的定量关系更明确和更简单化。

当固定相和流动相一定,而 a_D 项可以变化时,式(7-1)右边可分为有下划线的 a,b 和 c 三部分。a 项表示柱相比 $\lg \varphi$ 对 $\lg k'$ 的贡献,而 b 项表示当流动相和固定相一定时溶质对 $\lg k'$ 的贡献,c 项则表示流动剂相对 $\lg k'$ 的贡献。当将式(7-1)用于同系物时,将式(5-30)代入式(7-1),则式(7-1)就成为改进的马丁方程:

$$\lg k' = \underset{a}{\lg \varphi} + \underset{b}{(i + sN)} \underset{c}{(j - \lg a_D)} \tag{7-2}$$

式中:s 表示 1mol 同系物的重复结构单元对 1mol 同系物的 Z 值的贡献,i 表示 1mol 同系物的末端侧链和极性基团对 Z 值的总的贡献。

在式(7-1)和(7-2)中 $\lg \varphi$ 是一个与溶质项(b)或置换剂项(即溶剂)(c)无关的独立项。当用式(7-1)或(7-2)以 $\lg k'$ 对 $\lg \alpha_D$ 作图,或用式(7-2)以 $\lg k'$ 对 N 作图时,如所得的斜率为 0,即 $Z=0$ 或 $i + sN = 0$,则两式相同,即 $\lg k' = \lg \varphi$。在第四章中已经讲过 j 的理论值为纯置换剂浓度的对数。当流动相为纯置换剂时,则式(7-2)的 c 项为零。这样一来,无论式(7-1)和式(7-2)中 $i + sN$ 的值是多大,这时该两式中的 $\lg k'$ 均与 $\lg \varphi$ 相等。故这时所得的浓度收敛的纵坐标应当是 $-\lg \varphi$,而横坐标应为纯置换剂浓度的对数。另一方面,当式(7-2)右边(b)项为零,即 $i = -s/N$ 时,无论流动相中置换剂浓度有多大,则 $\lg k'$ 还是等于 $\lg \varphi$,这便是碳数收敛点,即纵坐标仍然为 $\lg \varphi$,它与浓度收敛有相同的纵坐标。然而横坐标为重复结构单元个数,其值为 $N = -i/s$。如果我们对同系物使用三维坐标,即相同的 $\lg k'$

轴和另外两个坐标轴 $\lg a_{\mathrm{D}}$ 和 N,可以得到由三个向量 $\lg \varphi_c$, j 和 $-i/s$ 所表示的收敛点的三维坐标。

式(7-2)仅是式(7-1)的一种特殊情况。实际上只要 Z 值和与溶剂性质有关的任意一种物理量存在线性关系,就可以绘制三维坐标用 $\lg k'$ 和 $\lg a_{\mathrm{D}_p}$ 及与 Z 呈线性的各种溶质分子结构参数,如范德华表面积 S_v,范德华体积 V_v 和疏水片段常数 $\lg f$ 等。

7.2.2 浓度平均收敛点[2]

虽然从理论上推导出了不同种类的收敛点,如浓度收敛点和碳数收敛点等,各自的坐标应是一定的,但因实验误差,其收敛点只是一个平均值。不同种类的收敛点,如图 7-1 所示的浓度平均收敛点(average convergence point of concentration,ACPC),正烷基邻苯二甲酰亚胺的同系物的 ACPC 可以用 LiChrosob RP8 作固定相以 $\lg k'$ 对 $\lg[D]$ 作得到。从图 7-3 看出,ACPC 确实存在。该 ACPC 的纵坐标为 $\lg k'$ 是 -0.899,横坐标轴为 $\lg[D]$ 是 1.44,所得到的 $\lg[D]$ 值比在 $25\,^\circ\mathrm{C}$ 时 j 的理论值 1.39 高一点。这种反常现象可以由浓度和溶质保留时的空间效应来解释。当同系物的 N 值从 0 变化到 2 时,碳数平均收敛点(average converge point of number of carbon,ACPN)的坐标 $\lg k'$ 等于 -1.06,$\lg[D]$ 为 1.48。当 N 值很小或[D]

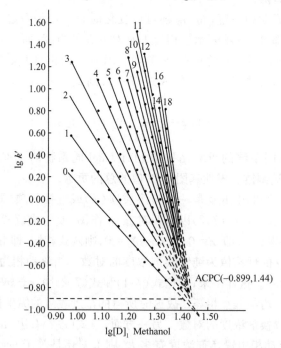

图 7-1　正烷基邻苯二甲酰亚胺的同系物(0~18)的 ACPC[2]
固定相:LiChrosorb RP 8;流动相:甲醇-水(原始数据取自文献[5])

值表示一种在极端状态(很大或很小)条件下时,测定的 k' 值可能不很精确。当用 Bondapak C_{18} 作为固定相,当流动相中甲醇的体积分量低于 30% 时,以 $\lg k'$ 对 $\lg[D]$ 作图,C_2 到 C_5 将偏离直线(如图 7-2 左半部分虚线所示),当忽略了其处于极端条件下,如 C_2、C_3、C_{17}、C_{18} 和 C_{19} 的 k' 值,图 7-2 中 ACPC 的坐标 $\lg k'$ 为 -1.34,$\lg[D]$ 为 1.50,当 N 值只取 5~8 且用式(7-2)计算时,其坐标轴的交点为 $\lg k'$ 是 -2,$\lg[D]$ 是 1.52。此反常现象和图 7-1 中所示的一样,但是偏离出现在相反的方向。这或许可以归咎于极性的羧基对 k' 值的影响,特别是一些邻位的亚甲基及流动相的影响。图 7-3 也表明了与在图 7-2 中所示的正烷基的相同情况,ACPC 的坐标为横轴,$\lg[D]$ 是 1.52 和纵轴 $\lg k'$ 是 -1.20。从图 7-1,7-2,7-3 中可以发现,三个图中所显示出的 $\lg \varphi$ 或 $\lg[D]$ 值大约是相同的。

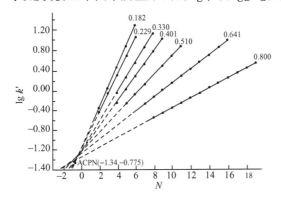

图 7-2　正羧酸同系物(4~16)的 ACPC
固定相:C_{18}柱;流动相:甲醇-水(原始数据取自文献[6])

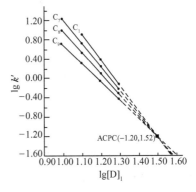

图 7-3　正烷烃同系物
(5~8)的 ACPC
固定相:Bondapak C_{18}柱;流动相:甲醇-水(原始数据取自文献[6])

式(7-1)通常对小分子物质是有效的,正如图 7-4 中所示的,五种含极性和非极性基团的溶质都应该有一个 ACPC($\lg k'$ 为 -0.47 和 $\lg[D]$ 为 1.42)。当[D]值低于给定的值时,以 $\lg k'$ 对 $\lg[D]$ 作图出现了偏离直线的三组数据。图 7-4 是一个典型的用一般溶质研究 ACPC 的例子。事实上,一般溶质的保留行为是很复杂的,例如许多溶质,甚至用纯有机溶剂也难以洗脱,所以 ACPC 的坐标值有时会表现出明显的偏差。

7.2.3　碳数平均收敛点(ACPN)

以 $\lg k'$ 对碳数 N 作图,也可以得到 ACPN 值。图 7-5 表示正羧酸同系物的 ACPN。图 7-5 和图 7-6 中横坐标分别为 -0.775 和 -2.56,由式(7-2)知,两个横坐标都应该为 $-i/s$。i/s 的绝对值可以理解为所需多少个—CH_2—基团的 Z 值对整个分子端基、极性基和侧链对 Z 值贡献之和进行补偿。因为极性基团对 $\lg k'$

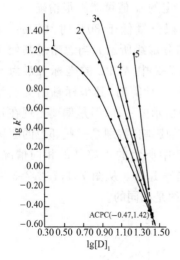
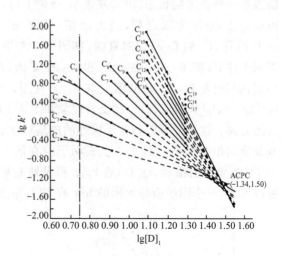

图 7-4 五种溶质的 ACPC

固定相:Bondapak C_{18}柱;流动相:甲醇–
水(原始数据取自文献[7]);1. 苯胺;
2. 甲苯酚;3.2,4-二甲基苯;4. 邻苯
二甲酸二乙酯;5. 邻苯二甲酸二丁酯

图 7-5 羧酸同系物(4~16)的 ACPN[2]

固定相:μ-Bondapak C_{18};

流动相:甲醇–水(原始数据取自文献[7])

的贡献应为负值,羟基和邻苯二甲酰亚胺的 i/s 值分别为 -0.775 和 -2.56,然而它们的绝对值是有很大差异的。

式(7-2)有两个变量 N 和[D],但是无论这两个量如何变化,在式(7-2)中的 (b)、(c) 两项中,只要有一项为零,则 $\lg k'$ 值就有相同的 $\lg \varphi$。如果绘制一个三维坐标轴,$\lg k'$、[D]、N,平均收敛点的坐标就有两个相同的轴纵坐标 $\lg \varphi$、横坐标 $\lg a_D$ 以及一个特殊的坐标轴,如$-i/s$。

§7.3 RPLC 中收敛的统一表达式

如果说在 LC 中溶质保留收敛是一个普遍存在的现象,那就应当存在着能表示这种普遍现象的一个通用性的定量模型及其计算这类收敛现象存在的表达式,1994 年笔者等提出了该表达式[2]。假定溶质的 Z 值与该溶质的分子结构参数(以 U_i 表示)有线性关系,则

$$Z = A_i + E_i U_i \tag{7-3}$$

式(7-3)中的 E_i 和 A_i 便是与该 1mol 溶质 Z 值相关的常数。将式(7-3)代入式(7-1),则得:

$$\lg k' = \lg \varphi + (A_i + E_i U_i)(j - \lg a_D) \tag{7-4}$$

除了 ACPN 外,图 7-6 同样显示以 $\lg k'$ 对 U_i 作图的多种不同类型,如范德华表面积 S_v,范德华体积 V_v,疏水片段常数 $\lg f$ 和它们相应的收敛点 ACPS,

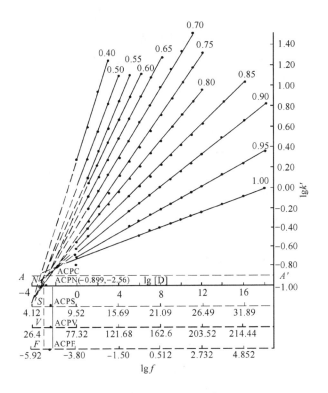

图 7-6 直链烷基苯邻二甲酰同系物的 ASPN,ACPS,ACPV 和 ACPF[2]

ACPN,ACPS,ACPV 和 ACPF 中的 C,N,S,V 和 lg f 分别代表浓度,碳数,范德华表面积,范德华体积和疏水片段常数。图中每条直线顶端上的数字表示流动相甲醇浓度(体积分数)(原始数据取自文献[5])

$ACPV$,$ACPF$。因为 S_v,V_v 和 lg f 是 Z 值的线性函数,它们的参数都满足前述的假定,以 Z 对 U_i 作图所得的参数 A_i 和 E_i 应该为常数。

§7.4 收敛的热力学表征

在 §7.3 节中主要是对 ACPC 和 ACPN 收敛坐标的计算及其物理意义进行了表述,但仍然不容易理解。本节从热力学的角度对收敛现象进行解释和表征,以便深入地了解有关各种收敛的本质。

7.4.1 等自由能点[8]

1. 表示等自由能点公式的推导

如将式(7-2)以能量的形式表示,则对同系物而言有:

$$\Delta G_T = -2.303 RT(i + sN)(j - \lg a_D) \tag{7-5}$$

已知

$$Z = sN + i \tag{5-23}$$

$$\Delta G_T = -2.303\,RTZ(j - \lg a_D) \qquad (6\text{-}6)$$

根据自由能可以加和的原则,式(6-6)可写成:

$$\Delta G_T = -2.303\,RTZj + 2.303\,RTZ\lg a_D \qquad (7\text{-}6)$$

或写成其简单的自由能表达式

$$\Delta G_T = \Delta G_{N,A} - \Delta G_{N,D} \qquad (7\text{-}7)$$

$$\Delta G_{N,A} = -2.303\,RTZj \qquad (7\text{-}8)$$

$$\Delta G_{N,D} = -2.303\,RTZ\lg a_D \qquad (7\text{-}9)$$

从上节知,溶质的保留自由能变可以分成两个独立的分量:净吸附自由能变和净解吸附自由能变,所以式(7-8)及(7-9)中的 $\Delta G_{N,A}$ 实际应为溶质的净吸附自由能变,$\Delta G_{N,D}$ 为溶质的净解吸附自由能变。若以 $\Delta G_T^{\ominus}$、$\Delta G_{N,A}^{\ominus}$、$\Delta G_{N,D}^{\ominus}$ 分别表示在流动相中有机溶剂浓度为 1mol/L 时的 1mol 溶质的总保留自由能、净吸附自由能和净解吸附自由能,则溶质的净吸附自由能变 $\Delta G_{N,A}$ 应等于 Z mol 溶剂的净解吸附自由能变,即 $Z\Delta G_{N,A}'$;溶质的净解吸附自由能变 $\Delta G_{N,D}$ 应等于 Z mol 溶剂的吸附自由能变,即 $Z\Delta G_{N,D}'$,所以,式(7-7)可写成:

$$\Delta G_T = Z\Delta G_T' = Z\Delta G_{N,A}' - Z\Delta G_{N,D}' \qquad (7\text{-}10)$$

当 $j = \lg a_D$ 时,无论何种溶质,均应遵从

$$\Delta G_T = 0 \qquad (7\text{-}11)$$

此时,$\Delta G_{N,A} = \Delta G_{N,D}$,溶质总保留自由能变便等于其净吸附自由能变。也就是说,无论何种溶质的 ΔG_T 对 $\Delta G_{N,D}'$ 作图,均应通过横坐标为 $\Delta G_{N,A}'$,纵坐标为 ΔG_φ 的点。此点就应当为溶质保留的浓度收敛点,其横坐标的物理意义为 1mol 溶剂的解吸附自由能,因其与溶质种类无关,故当固定相和流动相一定时,无论何种溶质其浓度收敛点的横坐标值应是相同的。

根据自由能可以加和的原则,式(7-5)中的 ΔG_T 又可写成:

$$\Delta G_T = \Delta G_i + \Delta G_N \qquad (7\text{-}12)$$

$$\Delta G_i = -2.303\,RT(j - \lg a_D)i \qquad (7\text{-}13)$$

$$\Delta G_N = -2.303\,RT(j - \lg a_D)sN \qquad (7\text{-}14)$$

式中:ΔG_i 为同系物端基对自由能的贡献;ΔG_N 为同系物中重复结构单元对自由能的贡献。从式(7-12)知,当 $\Delta G_i = -\Delta G_N$ 时,$\Delta G_T = 0$。也就是说,无论流动相中有机溶剂的摩尔浓度为多少,无论何种同系物,ΔG_T 对 $\Delta G_N/(j - \lg a_D)$ 作图均应通过横坐标为 $-\Delta G_i/(j - \lg a_D)$、纵坐标为 ΔG_φ 的点,这个点就应当是同系物的碳数收敛点。这里的纵坐标与浓度收敛点的纵坐标完全相同。

如何理解碳数收敛点的横坐标为 $\Delta G_i/(j - \lg a_D)$ 呢?在该点 $\Delta G_T = 0$,即溶质分子的端基对自由能的贡献与重复结构单元对自由能的贡献相互抵消。依据 j 的理论值为纯有机溶剂浓度的对数值 $\lg a_{D,纯}$,则

$$j - \lg a_D = \lg(a_{D,纯} / a_D) \tag{7-15}$$

即

$$-\Delta G_i / (j - \lg a_D) = 2.303 RTi \tag{7-16}$$

也就是说,碳数收敛点横坐标的理论值为当有机溶剂的浓度为纯有机溶剂浓度的十分之一,即 $j - \lg a_D = 1$ 时的同系物的端基保留值自由能的负值,因其与各同系物的实际洗脱使用的有机溶剂浓度无关,所以对同一同系物而言,各溶质的碳数收敛点横坐标应该相同。

上面是从自由能的角度描述了同系物的浓度收敛和碳数收敛现象,可以得出收敛点实际上是溶质在迁移过程中自由能变为 0 的点,此点的纵坐标为 0,在此点溶质的保留值为柱相比,或者溶质的分配系数等于 1。浓度收敛点的横坐标为 $\Delta G_{N,A}^{\ominus}$,其物理意义为 1mol 纯溶剂的解吸附自由能;碳数收敛点的横坐标为 $-2.303RTi$,是当有机溶剂的浓度为纯有机溶剂浓度的十分之一时,同系物端基的保留自由能的负值。

2. 等自由能点坐标方程的验证

图 7-7 为芳香醇同系物在乙腈-水流动相中的浓度收敛图,图中直线顶端所示的阿拉伯数字表示同系物重复结构单元。

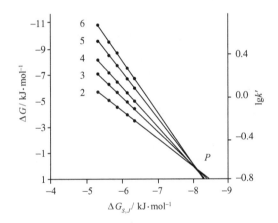

图 7-7　芳香醇的 ACPC 的自由能表示图[8]
收敛点横坐标为 -8.088 ± 0.004,纵坐标为 0 ± 0.004,
图中直线顶端的阿拉伯数字为同系物重复结构单元的数目

图 7-8 为五种芳香醇化合物的碳数收敛图,可以看出,五种芳香醇在五种乙腈浓度下收敛于 P 点,用热力学参数表征其收敛点的横坐标理论值为 $2.303RTi = 7.19$ kJ·mol^{-1},是当 $a_D = a'_D/10$ 时端基保留自由能变的负值,其纵坐标仍为 $\Delta G_\varphi = 0$。图中所示的收敛点横坐标为 7.20 ± 0.08 kJ·mol^{-1},纵坐标为 0 ± 0.08 kJ·mol^{-1},与理论值 0 非常接近。当其用文献[2]中的方法表征时,纵坐标为柱相

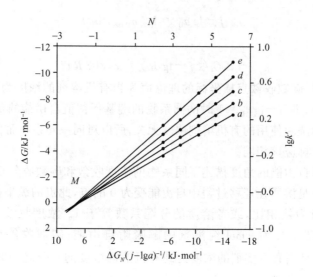

图 7-8 芳香醇的 ACPN 的自由能表示图[8]

收敛点横坐标为 $7.20\pm0.08kJ\cdot mol^{-1}$，纵坐标为 $0\pm0.08kJ\cdot mol^{-1}$，

直线顶端所示的 a，b，c，d，e 分别代表流动相中置换剂

乙腈的体积分数分别为 60%，55%，50%，45%，40%

比,等于-0.89,与图 7-7 所示的浓度收敛点纵坐标完全相同。横坐标为抵消端基对自由能的贡献时所需重复结构单元的数目,其值为 $-i/s=-2.8$,这与图中所示的数据完全相符。这进一步证实了在理论部分所得出的结论。

7.4.2 LC 同系物保留过程中的等焓点[9]

LC 中溶质的保留自由能变可以分为净吸附自由能、净解吸附自由能及等自由能点。本节对 RPLC 中的总焓变与其分量间的关系予以更深入地讨论,并阐明在 RPLC 中同系物保留过程中等焓点的存在及其表征等焓点的坐标方程。

1. 表示等焓点公式的理论推导

已知吉布斯自由能 ΔG 与溶质的容量因子 k 之间的关系式为

$$\Delta G_T = -2.303 RT\lg K_d = -2.303 RT(\lg k' - \lg \varphi) \qquad (6-6)$$

式中:T 为热力学温度,R 为气体常数。不同溶质具有相同的 K_d 值就意味着这些溶质在色谱保留过程中有相同的 ΔG 值。

对于同系物而言,Z 值与该同系物重复结构单元数 N 成正比,可表示为

$$Z = sN + i \qquad (5-23)$$

因为 Z 为 1mol 溶剂化溶质被溶剂化固定相吸附时从两者接触面积处释放出溶剂的摩尔总数,s 和 i 又分别表示同系物一个重复结构单元和它们端基对同系物 Z 值的贡献。Z 与溶质同固定相的接触面积成正比[10],而接触面积是同系物端

基和总重复结构单元与固定相接触面积的加和。Z 具有热力学平衡常数的性质并与 $1/T$ 有线性关系,符合线性自由能加和规则[11],那么分别决定端基和总重复结构单元同固定相接触面积的 i 和 sN 必然与 $1/T$ 有线性关系。因 N 为重复结构单元的数目,是不受温度影响的常数,由此便能得出 s 与 $1/T$ 成线性关系的结论,分别用(7-15)和(7-16)表示为

$$i = A(i)/T + C(i) \tag{7-17}$$

$$s = A(s)/T + C(s) \tag{7-18}$$

式中:$A(i)$,$A(s)$,$C(i)$,$C(s)$ 均为常数。

在 RPLC 过程中,同系物保留的总自由能变以端基和结构单元总数能量 $\Delta G_i + \Delta G_N$ 表示:

$$\Delta G_T = \Delta G_i + \Delta G_N \tag{7-12}$$

又因为在 LC 中,溶质计量置换参数 Z 与该溶质在保留过程中的 ΔG_T 的关系为:

$$\Delta G_T = -2.303RTZ(j - \lg a_D) \tag{6-6}$$

j 的物理意义为一个与溶剂对固定相的亲和势有关的常数,其理论值为纯有机溶剂活度的对数值 $\lg a_D$。

式(7-2)右边的 ΔG_i 和 ΔG_N 可分别表示为

$$\Delta G_i = -2.303RT(j - \lg a_D)i \tag{7-13}$$

$$\Delta G_N = -2.303RT(j - \lg a_D)sN \tag{7-14}$$

依据 van't Hoff 公式,在式(7-13)中的 ΔG_i 和式(7-14)中的 ΔG_N 对 $1/T$ 作图就必然存在着线性关系,由此能得出:

$$\Delta G_i = \Delta H_i + T\Delta S_i \tag{7-19}$$

$$\Delta G_N = \Delta H_N + T\Delta S_N \tag{7-20}$$

式(7-19)和(7-20)中的 ΔH_i 和 ΔH_N 分别表示同系物端基、侧链和同系物中所有重复结构单元对焓变的贡献。ΔS_i 和 ΔS_N 则分别表示相对应的同系物端基、侧链和同系物中所有重复结构单元对总熵变的贡献.

由式(7-12)知,ΔG_T 可分为 ΔG_i 和 ΔG_{sN},从式(7-17)和(7-18)知,i 和 s 对 $1/T$ 有线性关系,且斜率分别为 $A(i)$ 和 $A(s)$。

如果要计算同一种同系物在不同浓度条件下的收敛点,虽为同系物,但收敛仍为浓度收敛。如讨论在此条件下焓的收敛,则为同系物焓的 ACPC。从式(7-19)和式(7-20)知,ΔG_i 可分为 ΔH_i 和 ΔS_i 以及 ΔG_N 可分为 ΔH_N 和 ΔS_N,再将式(7-17)代入式(7-13)并与式(7-19)对比,这样式(7-19)中的 ΔH_i 可写为

$$\Delta H_i = -2.303R(j - \lg a_D)A(i) \tag{7-21}$$

同理,ΔH_N 可写为

$$\Delta H_N = -2.303R(j - \lg a_D)A(N) \tag{7-22}$$

焓是一种特殊形式的自由能,也具有加和性[11],据此可得:

$$\Delta H_T = \Delta H_{N,A} - \Delta H_{N,D} \tag{6-45}$$

式中：$\Delta H_{N,A} = \Delta H_i$，$\Delta H_{N,D} = -\Delta H_N$。

从式(6-45)、(7-21)、(7-22)得：

$$\Delta H_T = -2.303 R(j - \lg a_D)(A(i) + A(s)) \tag{7-23}$$

当 $\Delta H_i = -\Delta H_N$ 时，$\Delta H_T = 0$。也就是说，无论流动相中有机溶剂摩尔浓度为多少，无论何种同系物，ΔH_T 对 $\Delta H_{s N_c}/(j - \lg a_D)$ 作图均应通过横坐标为 $-\Delta H_i/(j - \lg a_D)$、纵坐标为 0 的点，这个点应当是同系物的等焓点，这种收敛称之为焓收敛。

$\Delta H_T = 0$，为同系物需要几个重复结构单元产生的焓变才能抵消端基对焓变的贡献，这样一来，式(7-23)可以写为

$$-\Delta H_T/(j - \lg a_D) = 2.303 R A(i) \tag{7-24}$$

等焓点横坐标的理论值为当有机溶剂的浓度为纯有机溶剂浓度十分之一，即 $(j - \lg a_D) = 1$ 时的同系物的端基对总焓变贡献的负值。因其与各同系物的实际洗脱使用的有机溶剂浓度无关，所以对同系物而言，各溶质的等焓点横坐标应该相等且为 $-2.303 R A(i)$，即当有机溶剂浓度为其纯溶剂十分之一时的同系物端基对焓变贡献的负值。

式(7-23)是一种新的求算焓变的方法，与通常 RPLC 中测定 ΔH 的方法为在固定 a_D 不变条件下测定不同温度时的 k' 值相比较，这种新方法可以计算在流动相中，在有机溶剂活度不同条件下的 ΔH_T 值。

2. 等焓点方程的实验检验

图 7-9 所示为 9 种正构烷烃同系物在 6 种甲醇浓度条件下的等焓点图，图 7-10 为 5 种芳香醇同系物在 7 种甲醇浓度条件下的等焓点。由该二图看出，无论

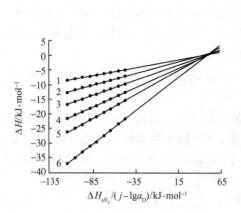

图 7-9　正构烷烃同系物的等焓点[9]
甲醇/水(v/v):1.35%;2.40%;
3.45%;50%;55%;60%

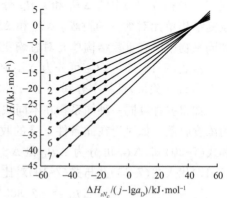

图 7-10　芳香醇同系物的等焓点图[9]
甲醇/水(v/v):1.35%;2.40%;3.45%;
4.50%;5.55%;6.60%;7.65%

是非极性的正构烷烃同系物,还是芳香醇同系物均有等焓点。正构烷烃同系物等焓点的纵坐标值为 $0\pm0.08kJ/mol$, 横坐标值为 $48.39\pm0.02kJ/mol$,分别与理论值 0 和 $2.303RA(i)=48.39kJ/mol$ 非常接近;芳香醇同系物等焓点的纵坐标值为 $0\pm0.06kJ/mol$,横坐标为 $44.77\pm0.01kJ/mol$,亦分别与其理论值 0 和 $2.303RA(i)=44.77kJ/mol$ 非常接近。

等焓点的物理意义为:不同溶质在此点的热效应相等,所以,可称之为等焓点。表明在特定的条件下,不同溶质在液-固界面过程中的热效应相等。它也表明,在此条件下各溶质的自由能完全由熵变控制,即混乱度控制。本研究不仅从理论上指出了等焓点的存在,而且从实验中得到了证实。

7.4.3 同系物的熵收敛[12]

1. 表示同系物等熵点公式的推导

在前面从热力学的自由能变和焓变对同系物的碳数收敛点的研究基础上,本节从熵变的角度进一步地讨论同系物的熵变的收敛。

由式 (7-17)和(7-18)知,i 与 s 对 $1/T$ 作图均有线性关系,且截距分别为 C_i 和 C_s,因为 ΔG_i 为吉布斯自由能变,这样式(7-19)和式(7-20)中的 ΔS_i 和 ΔS_N 可写为:

$$\Delta S_i = 2.303R(j - \lg a_D)C_i \tag{7-25}$$

$$\Delta S_N = 2.303R(j - \lg a_D)NC_N \tag{7-26}$$

故总的熵变可表示为:

$$\Delta S_T = \Delta S_{N,A} + \Delta S_{N,D} \tag{6-51}$$

$$\Delta S_T = 2.303R(j - \lg a_D)(C_i + NC_{s,N}) \tag{7-27}$$

将式(7-27)改为下式

$$\Delta S_T/(j - \lg a_D) = 2.303R(C_i + NC_{s,N}) \tag{7-28}$$

$$\Delta S_T/(C_i + NC_{s,n}) = 2.303R(j - \lg a_D) \tag{7-29}$$

从式(6-51)知,当 $\Delta S_{N,A} = -\Delta S_{N,D}$ 时,$\Delta S_T = 0$。也就是说,无论流动相组成如何改变,无论何种同系物,它们的 ΔS_T 均为零,都交于坐标为 $-\Delta S_T/(j - \lg a_D)$ 的点,这也就是同系物的碳数收敛点,我们把这个点定义为等熵点。

将式(6-51)分成 ΔS_j 和 ΔS_{a_D} 两部分

$$\Delta S_T = \Delta S_j + \Delta S_{a_D} \tag{7-30}$$

$$\Delta S_j = 2.303R(C_i + NC_{s,N})j \tag{7-31}$$

$$\Delta S_{a_D} = 2.303R(C_i + NC_{s,N})\lg a_D \tag{7-32}$$

从式(7-30)知,当 $\Delta S_j = -\Delta S_{a_D}$ 时,$\Delta S_T = 0$。这也就是说,无论是流动相浓度如何变化,无论何种同系物,它们都交于纵坐标 ΔS_T 为零,横坐标为 $-\Delta S_{a_D}/(C_i +$

$NC_{s,N}$)$\lg a_D$ 的点,这也就是同系物的浓度收敛点。从式(7-27)知,在下述两种情况下,即 $j=\lg a_D$ 和 $C_i=-NC_{s,N}$ 时,$\Delta S_T=0$。对于前者所讲的浓度收敛点而言,因为 j 的理论值为流动相中纯有机溶剂浓度的对数值,故当纯有机溶剂为流动相时,所有同系物,无论碳链有多长,均不保留。这时的溶质不被固定相表面吸附。这时溶质在两相的浓度相等,或分配系数 K_d 等于 1。依据 $k'=K_d\varphi$ 定义,所有同系物的保留均等于相比,而依据第六章中 SDT-R 对柱相比的热力学定义[12],这时的总保留自由能 $\Delta G_T=0$。由上述理论推导得出,在此条件下,所有同系物的熵变为零,这完全符合所有同系物在纯流动相中不保留的实际情况。

对于后者,即同系物的碳数收敛点而言,当 $C_i=NC_{s,N}$ 时,无论流动相中的 a_D 如何变化,只要满足同系物端基对熵的贡献与同系物结构单元对熵贡献绝对值相等而符号相反就能使同系物的保留熵变为零。因此,这是一个与碳数多少有关的数值。由于同系物碳数收敛于 $-\Delta S_{s,N}/(j-\lg a_D)$,根据碳数的熵变收敛的正负是由 C_i 的正负决定的。如果 C_i 是一个正数,碳数收敛于一个负值,反之,收敛于一个正值。

2. 等熵点公式的实验检验

图 7-11 给出了用 $\Delta S_N/(j-\lg a_D)$ 对 ΔS 的作图,无论是极性芳香醇或非极性芳香烃都收敛于 $\Delta S=0$ 这一点。收敛点横坐标分别是 $-155.05 \text{J} \cdot \text{K}^{-1} \cdot \text{mol}^{-1}$ 和 $120.29 \text{J} \cdot \text{K}^{-1} \cdot \text{mol}^{-1}$,与理论值($-155.05 \text{J} \cdot \text{K}^{-1} \cdot \text{mol}^{-1}$ 和 $120.29 \text{J} \cdot \text{K}^{-1} \cdot \text{mol}^{-1}$)符合程度很好。

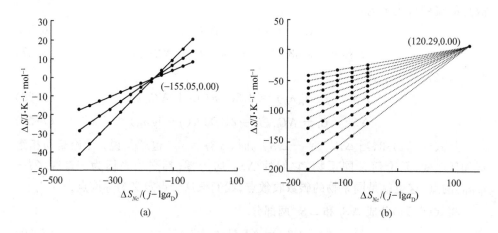

图 7-11　同系物的碳数等熵点[12]

(a) 芳香烃；(b) 芳香醇

图 7-12 表示了同系物的浓度收敛,用 $\Delta S_{a_D}/(C_i+NC_s)$ 对 ΔS 作图,无论何种同系物都收敛于 $\Delta S=0$ 的点,收敛点的横坐标分别为 $-28.00 \text{J} \cdot \text{K}^{-1} \cdot \text{mol}^{-1}$ 和

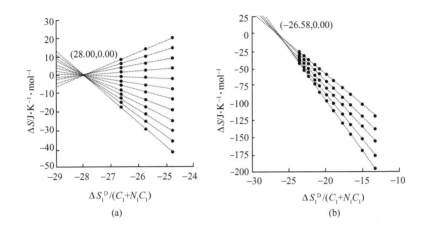

图 7-12　同系物的浓度等熵点[12]

(a) 芳香烃；(b) 芳香醇

-26.28 J·K^{-1}·mol^{-1}，与理论点（$-2.303Rj=-26.67$J·K^{-1}·mol^{-1}）接近。

对同一种同系物来说，在不同溶剂中如果端基熵的贡献增大，则重复结构单元对熵的贡献必然减小。因此，对于同一种同系物在不同溶剂体系中，碳数的收敛有正也有负，它决定于端基的熵变 ΔS_i 随溶剂活度变化是增大还是减小。如果 ΔS_i 随 a_D 的增长而增大，碳数的收敛于正值，如果 ΔS_i 随溶剂浓度的增大而减小，碳数收敛方向正好和前一种情况相反，它收敛于负值。

§7.5　SDT-A 中的收敛

7.5.1　吸附量与溶剂浓度多参数方程的推导[13]

假定一个溶质在液-固界面发生吸附，溶质与溶剂之间会发生计量置换过程，由第三章知此过程的总的热力学平衡常数

$$K_a = \frac{a_{P\overline{L}_nD_{(m-q)}} a_D^Z}{a_{PD_m} a_{\overline{L}D}^n} \tag{3-8}$$

假定吸附剂表面总的活性点数为 a_{SD}。当溶剂活度 a_D 给定时，a_{SD} 可以表示为

$$a_{SD} = a_{\overline{L}D} + a_{P\overline{L}_nD_{(m-q)}} \tag{7-33}$$

将方程(7-33)中 $a_{\overline{L}D}$ 代入方程（3-8），得

$$K_a = \frac{a_{P\overline{L}_nD_{(m-q)}} a_D^Z}{a_{PD_m}(a_{SD} - a_{P\overline{L}_nD_{(m-q)}})^n} \tag{7-34}$$

$$a_{P\overline{L}_nD_{(m-q)}} = \frac{K_a a_{PD_m}(a_{SD} - a_{P\overline{L}_nD_{(m-q)}})^n}{a_D^z} \tag{7-35}$$

方程（7-35）可以改写成下式：

$$a_{P\overline{L}_nD_{(m-q)}} = K_a a_{PD_m} a_S^n D \left(1 - \frac{a_{P\overline{L}_nD_{(m-q)}}}{a_{SD}}\right)^n a_D^{-z} \tag{7-36}$$

式中：K_a，a_{SD} 和 n 都是常数。当在方程(7-36)中的 a_{PD_m} 保持一定时，方程（7-36）可以写成以下对数形式：

$$\ln a_{P\overline{L}_nD_{(m-q)}} = \ln P + n \ln \left(1 - \frac{a_{P\overline{L}_nD_{(m-q)}}}{a_{SD}}\right) - Z \ln a_D \tag{7-37}$$

式中：P 为一常数，$P = K_a \times a_{PD_m} \times a_{SD}^n$。方程(7-37)表示了当溶质活度保持一定时，吸附量 $a_{P\overline{L}_nD_{(m-q)}}$ 与溶剂活度 a_D 之间的函数关系。由于方程（7-37）是一个很复杂的方程，要得到它的准确的数学解是很困难的，所以必须做一些假定和数学变换才能得到它们的近似解。

当 $a_{P\overline{L}_nD_{(m-q)}}$ 很小时，$a_{P\overline{L}_nD_{(m-q)}}/a_{SD}$ 近似等于 0。

$$\ln \left(1 - \frac{a_{P\overline{L}_nD_{(m-q)}}}{a_{SD}}\right) = 0 \tag{7-38}$$

将式(7-38)代入方程(7-37)中，可以得出，

$$\ln a_{P\overline{L}_nD_{(m-q)}} = \ln P - Z \ln a_D \tag{7-39}$$

在方程(7-39)中以 $\ln a_{P\overline{L}_nD_{(m-q)}}$ 对 $\ln a_D$ 作图，可以得到一条直线，$-Z$ 是直线的斜率，$\ln P$ 是截距。所以方程(7-39)是一个近似的含两参数的线性方程。

从上面的推导看出，以表示吸附量 $a_{P\overline{L}_nD_{(m-q)}}$ 与溶剂活度 a_D 之间的基本关系(7-39)式出发，用两参数方程，可得到吸附量 $a_{P\overline{L}_nD_{(m-q)}}$ 与溶剂中强置换剂的活度的对数 $\ln a_D$ 之间的函数表达式。

7.5.2 两参数方程吸附量与溶剂浓度作图的收敛趋势[13]

从图 3-5 中看出，芳香醇同系物的 $\ln a_{P\overline{L}_nD_{(m-q)}}$ 对 $\ln a_D$ 作图呈现收敛趋势，计算得平均收敛点为 $a_{P\overline{L}_nD_{(m-q)}}$ 1.2 mg·g^{-1}，$\ln a_D$ 为 2.90。在 RPLC 中，当置换剂溶剂浓度是纯置换剂浓度时发生收敛现象。纯甲醇的 $\ln a_D$(mol·L^{-1})为 3.20。在甲醇和水中邻苯二甲酰亚胺同系物和羧酸同系物的此值分别为 3.32 和 3.45[13]，实验与预计值还是很接近的。

参 考 文 献

[1] Colin H, Krstulovic A M, Gonnord M F, Guiochon G. Chromatographia, 1983, 17:9

[2] Geng X D, Regnier F E. J. Chromatogr. 1994, 38:158

[3] 焦庆才,陈耀祖,师治贤. 中国科学(B辑), 1992, 22:35

[4] 孙兆林,白建娥,刘满仓,胡之德. 高等学校化学学报, 1997, 18:9

[5] Dufek P. J. Chromatogr., 1983, 281:49

[6] Tanaka N, Thornton E R. J. Am. Chem. Soc., 1977, 99:7300

[7] Schoenmakers P J, Billiet H A H, Tijseen R, Galan L de. J. Chromatogr., 1978, 149:519

[8] 张静,马致考,耿信笃. 化学学报, 1999, 57:907

[9] 张维平,郭鸿,耿信笃. 分析化学, 2000, 28(4):480

[10] Geng X D, Regniar F E. J. Chromatogr., 1985, 332:147

[11] 耿信笃. 化学学报, 1995, 53:369

[12] 郭鸿,张维平,耿信笃. 西北大学学报, 1999, 29(6):523

[13] 王彦. 液-固界面的吸附及溶菌酶在液相色谱中复性的应用研究. 西北大学博士论文, P38, 2002, 12

第八章 液相色谱中新的表征参数

§8.1 概 述

液相色谱(LC)中已有的表征参数,如容量因子、理论塔板数、分离度、半峰宽等,是分别用来表征溶质的色谱行为、柱效或流动相强度的参数。随着现代分离科学和分析化学的发展,要求对分离过程中的一些参数,如在 RPLC 中固定相与流动相各自对溶质保留的贡献,而不是通常讲的总贡献,与蛋白质分子活性密切相关的分子构象变化进行表征和描述。已知在 SDT-R 中溶质的计量参数,如 Z 可用作表征 RPLC 和 HIC[1,2]体系中蛋白质分子构象变化的参数和液−固体系中溶质的 SDT-A 中的许多变化参数,且已从理论和应用两方面证实了在液−固界面上溶质的计量置换可用于多种液−固吸附体系,所以在第五章中提到了在 SDT-R 和 SDT-A 中的其他许多参数也应当能作为许多种 LC,如 RPLC[3,4]、NPC[5]、IEC[6]、TLC 和 PC[7]、AFC[8]、HIC[9]中新的表征参数。既然 SDT-R 可适用于除 SEC 以外的各类 LC,作为液相色谱的一些新的表征参数,它们除了可作为溶质分子结构表征参数外,在限定条件下,亦应可分别作为流动相中置换剂和所用固定相特性及有关溶质分离选择性大小的表征参数。本章只对小分子溶质、固定相及流动相的性质进行表征。在第五章中共介绍了 Z,$\lg I$,j,$\lg \varphi$,S,i,β,n/Z,q/Z,$n\,r$ 和 q 共 11 类包括了 10 个参数,本章将主要对除 β 以外的(因在第五章已经做了有关 β 的相关描述)用于小分子溶质色谱体系中流动相和固定相性质的表征的诸多参数分别予以介绍。有关对生物大分子性质的表征详见第十章。

虽然,在第四章中已提出了适用于三元体系和全浓度范围内的统一的 SDT-R 及其数学表达式,但式(4-16)仍是最简便的和应用最为广泛的公式。

在色谱过程中,如果溶质的分子构象发生了变化,则溶剂化溶质与溶剂化固定相的接触面积就会变化,一般是增大,故 Z 值也会变大。这就是 Z 值成为生物大分子构象变化表征参数的基础。对于在色谱过程中小分子溶质而言,它的分子不会发生变化。当固定色谱中的溶质、流动相和固定相中的任何两种,变化第三种,则其 Z 值就会发生变化。因此,Z 值又会分别成为表征溶质、固定相和流动相特征的参数了。

§8.2 Z 和 S 以及 $\lg I$ 和 $\lg K_w^{\ominus}$ 的平行与非平行关系[10]

自从 Kunitani 等[1]借用 Z 的物理意义将 RP LC 中一个广泛应用的经验公式[11]中无物理意义的线性参数 S 联系起来以后,对 Z 和 S 的研究相当活跃。遗憾的是,常常出现将 Z 和 S 混用,写成 $Z(S)$ 或 $S(Z)$ 这样视 Z 和 S 为同一参数的不够合理的情况。由于 Z 和 S 值不仅对研究色谱专家系统和建立什么样的数据库很重要,而且对研究 RPLC 中溶质的保留机理有重要作用。

在 RPLC 中的几个与 Z 和 $\lg I$ 有关的公式是:

$$\lg k' = \lg k_w^{\ominus} + S[D] \tag{8-1}$$

$$\lg k' = C + B[D] + A[D]^2 \tag{8-2}$$

$$\lg k' = a + b[D] + c\lg[D] \tag{8-3}$$

式(8-1)即为 Synder 的经验公式[11],式(8-2)为 Shoenmarks 等提出的溶解度参数公式[12],式(8-3)为我国卢佩章等提出的分配-顶替公式[13]。在上述 3 式中的[D]为流动相中置换剂的体积或摩尔分数,k' 为容量因子,其余各项均为常数值。

在实际应用中,人们常常将式(8-2)和式(8-3)右边最后一项略去,这样,式(8-2)和式(8-3)在数学上就变成了与式(8-1)完全一样的二参数的线性方程。这样以来,式(8-1)中的二线性参数便与 SDT-R 中的 Z 相对应,$\lg k_w^{\ominus}$ 又与 SDT-R 中的 $\lg I$ 相对应。当流动相中有机溶剂的浓度为零,即[D]=0,也就是纯水作流动相时,$\lg k_w^{\ominus}$ 就等于溶质的 $\lg k'$ 值,故 $\lg k_w^{\ominus}$ 常常看作是与溶质在水-正辛醇中分配系数对数有平行关系。在色谱文献中有不少关于 S 和 $\lg k_w^{\ominus}$ 的研究,研究 S 与分子结构的关系,$\lg k_w^{\ominus}$ 与溶质在水和正辛醇中的分配系数间的关系等。在 SDT-R 发表后的第三年,Synder 的研究组找出了 S 和 Z 之间的线性式为[1,11]

$$Z = 2.3[D]S \tag{8-4}$$

由于(8-4)式中的[D]与溶质性质无关,所以只要[D]值一定,Z 便近似与 S 成正比。如果式(8-4)中 S 与 Z 有平行关系,则 $\lg k_w^{\ominus}$ 与 $\lg I$ 也应当有平行关系,这就是 Snyder 等借用 Z 的物理意义来研究 S 与溶质结构性质间定量关系的理论依据和合理之处。但在 RPLC 中,流动相中有机溶剂的浓度[D]是一个变数,只有当[D]=0.433 或在此浓度附近小范围变化时,Z 才近似等于 S,因此式(8-4)也明确地从理论上阐述了 Z 与 S 间存在着一种非平行关系。

8.2.1 Z 和 S 及 $\lg I$ 和 $\lg K_w^{\ominus}$ 之间的平行与非平行关系

因文献中有关用 S 表征溶质性质、溶剂强度的报道很多,这里就必须对其准确度做多一些描述。Kaibara 等[14]用 5 种不同固定相、5 种组成不同的流动相和 62 种不同种类的小分子溶质对 S 和 Z 值测定结果进行了比较,得出了 S 值的不确定性和 Z 值的可靠性结论。本节采用了文献数据,绘制了以 Hyperisil 为固定相,分别用异丙醇和四氢呋喃为流动相时 7 种苯的衍生物的 $\lg k'$ 分别对[D]及其 SDT-R 公式中的 $\lg k'$ 对 $\lg[D]$ 的线性作图,其线性参数列入表 8-1[10]。在置换剂浓度变化最大范围内的线性相关系数 R_Z 及 R_S 和与其相对应的 Z 和 S 值看出,SDT-R 的线性关系要比式(8-1)好得多。为了说明置换剂浓度范围对 Z 和 S 可能

表 8-1 置换剂浓度变化范围对 Z 和 S 测定准确度的影响[10]

	异丙醇（IDA）										四氢呋喃（THF）										
	0.30~0.60		0.50~0.80		0.70~1.00		0.30~1.00				0.30~0.50		0.50~0.70		0.70~0.90		0.30~0.90			
	Z^*	S^*	Z^*	S^*	Z^*	S^*	Z^*	$C(Z)$	S	$C(S)$	Z^*	S^*	Z^*	S^*	Z^*	S^*	Z^*	$C(Z)$	S	$C(S)$
苯	2.96	2.96	3.18	2.16	2.78	0.969	3.00	0.9992	1.37	0.9831	2.93	3.25	3.19	2.33	3.96	2.18	3.26	0.9974	1.56	0.9954
甲苯	3.54	3.53	3.57	2.42	3.30	1.70	3.40	0.9998	1.73	0.9827	3.52	3.90	3.65	2.67	4.47	2.46	3.72	0.9990	1.90	0.993
乙苯	4.10	4.09	3.92	2.66	3.75	1.36	3.94	0.9995	2.05	0.9807	4.18	4.63	4.08	2.98	4.32	2.37	4.19	0.9997	2.21	0.988
正丙苯	4.76	4.73	4.26	2.89	4.22	2.18	4.47	0.9990	2.41	0.9782	4.86	5.38	4.58	3.35	4.66	2.56	4.72	0.9998	2.55	0.985
正丁苯	5.36	5.33	4.56	3.08	4.70	2.42	4.95	0.9983	2.75	0.9761	5.40	5.23	4.97	3.63	4.98	2.73	5.10	0.9996	2.54	0.991
异丙苯	4.31	3.80	4.15	2.81	4.01	2.06	4.16	0.9998	1.98	0.9888	4.47	4.34	4.51	3.30	4.60	2.52	4.57	0.9996	2.20	0.993
叔丁苯	4.60	4.05	4.37	2.96	4.13	2.15	4.38	0.9996	2.14	0.9875	4.11	3.99	4.85	3.54	4.75	2.61	4.71	0.9991	2.31	0.994

* 为分段浓度范围内的 Z 和 S 值。

造成的影响,将异丙醇和四氢呋喃的浓度变化分成了如表 8-1 所示的 4 个小范围。再分别计算出各个分段浓度范围内的 Z^* 和 S^* 值,且一并列入表 8-1。可以看出,各 S^* 值间差异较大,且随置换剂浓度的增大而减小。虽然在此情况下 Z^* 值亦有变化,但显示出随机误差的性质。对异丙醇和四氢呋喃而言,Z^* 值的相对偏差分别为 $\pm 5.8\%$ 和 $\pm 7.2\%$;而对应的 S^* 值的相对偏差高达 $\pm 39.9\%$ 和 $\pm 28.9\%$。这表明了由于流动相中置换剂浓度范围不同所带来的测定 S^* 值的不确定性。所以,如不对测定 S 值的条件进行严格地限制,用 S 值联系溶质分子结构性质的数据和结论往往就会出错。由于在 $[D]$ 值偏离 0.443 值很大的条件下,S 和 Z 之间不存在平行关系,故式(8-1)中的 $\lg K_w^\ominus$ 和式(4-16)中的 $\lg I$ 也就没有了线性关系。尽管如此,文献中常常会出现 $Z(S)$ 和 $S(Z)$ 的混用。

8.2.2　分子结构性质与 Z、S

用同系物规律检验保留模型中溶质分子结构参数的准确性是一个常用的方法。用表 8-1 列出的同系物的 Z 和 S 值分别对同系物结构单元数作图,当以异丙醇-水为流动相,此作图的线性相关系均为 0.9999。以四氢呋喃-水为流动相时,Z 对 N 作图的线性相关系数仍高达 0.9999,但是 S 对 Z 作图仅为 0.9685。这说明,即便对于同系物这样简单的溶质,用 S 来表征其分子结构参数,也会遇到很不准确的情况。

8.2.3　溶剂强度与 $Z(S)$、N

最初 Synder 等将 S 作为溶剂强度的表征并指出:耿和 Regnier 首次用 $Z(S)$ 做各溶质分子结构的表征[15]。当固定相和溶剂相同时,用两种溶剂所得的 Z 和 S 值的不同就是该两种溶剂强度的表征。图 8-1 表示了以四氢呋喃-水为流动相时所获得的该同系物 S_{THF}、Z_{THF} 值分别对异丙醇-水为流动相时所测得的 S_{IPA} 和 Z_{IPA} 值的作图。图 8-1(a)的线性相关系数 R 只有 0.9686。相反,图 8-1 (b) 的 R

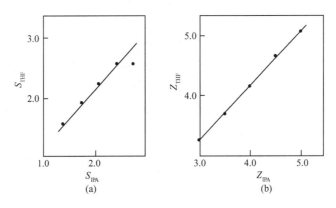

图 8-1　对正烷基苯同系物的 S_{THF}-S_{IPA} 和 Z_{THF}-Z_{IPA} 比较图[10]

值却高达 0.9991。两种线性作图的截距分别为 Z 和 S 两种参数对两种溶剂的强度差。笔者等最近就此发表了专门的论述[16]。因此，图 8-1(a)说明了用 S 表示溶剂强度并不准确，图 8-1(b)用 Z 值的表征远较用 S 为佳。

总之，依据 Z 的物理意义，S 可以用作溶质分子结构性质，溶剂强度及固定相性质的表征，但理论上 S 和 Z 之间并无平行关系。因 S 值受流动相中置换剂浓度范围变化较大，从而造成了 S 值的不确定性，使得用其对色谱体系中溶质、固定相及溶剂强度进行表征和在用其建立色谱数据库时会遇到困难。这进一步证实了在 RPLC 中 SDT-R 的可靠性及用 Z 值为一个新的表征参数的准确性。

§8.3 新表征参数 Z

8.3.1 溶质分子结构参数

1. 非极性小分子溶质

如上所述，在限定条件下，Z 值亦可分别作为溶质种类、大小和空间效应及有关溶质分离选择性大小的表征参数。下面以非极性小分子苯的取代物为例进行说明 SDT-R 中的一组线性参数 Z 的应用。

对与溶质分子具有相同形状的同系物分子而言，其 Z 值与同系物结构单元个数（碳原子数）成正比，而且，对于那些具有大端基的同系物，在正-链烷基苯邻二甲酰亚胺同系物中，当碳原子数较少时（例如少于 3），则 Z 值偏离线性，这说明 Z 值还能表示大的端基对邻近 3 个亚甲基的空间屏蔽作用，而用其他的分子结构参数，如疏水片断常数，$\lg f$ 和范德华表面面积（以 S_v 表示）值均无法对这种空间效应，甚至构体分别进行表征，而 Z 值是从整体上考虑到空间效应，而不是简单地来自于一些局部常数的加和，所以，其实测值更接近实际。Z 对溶质分子范德华表面面积 S_v 作图的结果见图 8-2。

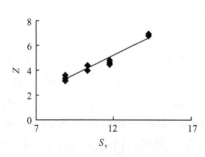

图 8-2 三种芳香取代基苯构体在 SynChropak RP-C18 固定相的 Z 对范德华表面面积（以 S_v 表示）作图[17]

对与溶质分子有相同结构的同系物而言，其 Z 值与同系物结构单元数成正比。在两种不同的流动相中，由苯到辛苯，随着取代基的增大，溶剂化的溶质分子与溶剂化的固定相的接触面积增大，故而引起 Z 值也随着增大。从图 8-3 看出，在不同的流动相中，由苯到辛苯，$\lg k'$ 对 $\lg [D_0]$ 做图所得直线的斜率的绝对值依次增大，即 Z 值依次增大，进一步表明 Z 可作为溶质分子大小的表征参数。

2. 极性小分子溶质

（1）同系物极性端基对 Z 值邻近同系物结构单元的影响。RPLC 中小分子极

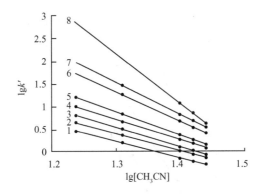

图 8-3　苯–辛苯的 $\lg k'$ 对 $\lg[CH_3CN]$ 作图[19]

1. 苯；2. 甲苯；3. 乙苯；4. 丙苯；5. 丁苯 6. 己苯；7. 庚苯；8. 辛苯

性溶质的极性是可以用 RPLC 中溶质的 SDT-R 的 Z 值来表征,其大小可用带有该极性端基的同系物的 Z 值对碳原子数线性作图的截距求得。这些极性基的 Z 测定值与疏水性片段指数 $\lg f$ 间有极好的线性关系[18]。依此关系理应能测定出一些用其他实验方法无法测得的某些基团的 $\lg f$ 值。

第五章中的图 5-12 表示了在直链烷基苯邻二甲酰亚胺同系物中极性端基邻二甲酰亚胺对该同系物中单元结构单元数小于 3 时,该同系物 Z 值出现大的偏差。为避免大的极性端基所产生的空间屏蔽效应,本节选用了小的极性端基,如酯基、羟基和羧酸基以便说明端基极性对 Z 的影响。

图 8-4 表示同系物直链烷基乙酸酯、直链烷基醇、直链脂肪酸(X)和直链烷基苯的 Z 值对同系物中碳数 N 的作图。除直链烷基苯同系物的 Z 值用右边属于纵坐标表示外,其余 Z 值用左边的纵坐标标明。从图 8-4 看出,直链烷基苯同系物无极性基,Z 对 N 作图线性关系极佳,但对于其余 3 种同系物而言,当 N 小于一定数量时,Z 对 N 作图,如图 8-4 中的虚线所示,出现了弯曲。并且 N 值愈小,偏离线性关系愈大。出现这种弯曲的原因是各极性基对邻近的几个—CH_2—基的影响,这与苯邻二甲酰亚胺基对相邻—CH_2—基影响的原因不尽相同[2]。

(2) 同系物端基极性的 Z 表征。如果仅考虑图 8-4 中各曲线中的直线,便能得出如下所述的四个方程式,式中的 Z 表示线性相关系数。

$Z=0.31N-0.16$ (直链烷基乙酸酯同系物,$N=3$–6, $R=0.9994$)　(8-5)

$Z=0.32N-0.82$ (直链烷基醇同系物,$N=4$–8, $R=0.9997$)　(8-6)

$Z=0.31N-0.83$ (直链脂肪酸同系物,$N=5$–6, $R=0.9995$)　(8-7)

$Z=0.30N+1.00$ (直链烷基苯同系物,$N=0$–4, $R=0.9999$)　(8-8)

从式(8-5)～(8-8)看出,该四种同系物的斜率几乎完全相同,表明了每个—CH_2—基对 Z 的贡献平均为 0.31。但是,各同系物的截距却差异甚大,这种不

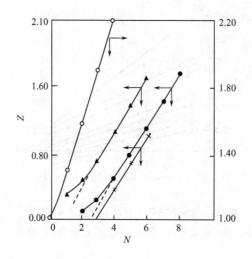

图 8-4　4 种小分子极性和非极性同系物的 Z 与碳原子数的作图[20]

○：直链烷基苯；▲：直链烷基乙酸酯；●：直链烷基醇；×：直链脂肪酸

同显然是由各同系物端基的极性(疏水性)不同所引起的。如式(8-8)所示,苯基的 Z 值恰好等于 1,所以,乙酸酯基、羟基和当 $N=0$ 时直链脂肪酸同系物端基羧酸的 Z 值依次为 -0.16, -0.82 和 -0.83。该 3 种极性基均为负号,表明该 3 种极性基对各自同系物的 Z 值作负的贡献,致使 Z 值减小,只是程度不同而已。

(3) 极性基团的 Z 值及其疏水强度。因为式(5-7)表示的 Z 值亦应与 $\lg I$ 呈线性关系,后者又与溶质分配系数的对数 $\lg k_d$ 成正比,而且,溶质疏水片段指数 $\lg f$ 是由溶质在水和正辛醇之间的分配系数测定得出的,所以 Z 亦应与 $\lg f$ 呈现出线性关系。

图 8-5 中阿拉伯数字所表示的极性基团,羟基(1),乙酸酯基(2),亚甲基(3)和苯基(4)。该四种极性基的 Z 值与 $\lg f$ 间的线性关系数为 0.9995,是一条几乎通过零点(截距为 -0.008),斜率为 1.86 的直线。

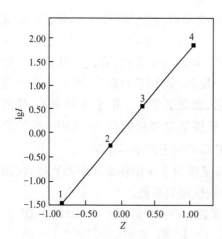

图 8-5　4 种非极性和极性同系物端基的 Z 对其对应 $\lg f$ 的线性作图[20]

1.羟基；2.乙酸酯基；3.亚甲基；4.苯基

8.3.2　溶剂性质

表 8-2 分别列出了 7 种非极性苯及其取代物(即溶质固定)在 SynChropak RP-C$_8$ 柱上,分别选用甲醇-水,乙腈-水和异丙醇-水为流动相,这时所得的 Z 值分别列入

表 8-2。

表 8-2　7 种非极性苯及其取代物在 3 种流动相中 Z 值的比较[17]

溶质	甲醇–水	乙腈–水	异丙醇–水
苯	1.71	1.46	2.21
甲苯	2.65	2.40	3.00
间二甲苯	3.59	3.00	3.96
1,2,4-三甲苯	4.43	3.62	4.17
联苯	4.92	4.30	4.25
联苄	6.49	5.03	6.09
3,3-二甲基联苄	6.79	5.09	6.53

从表 8-2 看出,用这 3 种流动相时,其相应的 Z 值是随表中的顶端至底部顺序依次增大的。但从表 8-2 横的方向比较看,未显示出什么规律性,若将乙腈–水和异丙醇–水为流动相所得的 Z 值分别对以甲醇–水为流动相所得的 Z 值作图,则能得到两条斜率分别为 0.666 和 0.807 及截距分别为 0.795 和 0.790 的直线。由于 Z 值大小直接与色谱峰的敏锐程度相关,且 Z 值愈大,峰形愈钝。所以,此三种流动相中,以乙腈–水流动相所得色谱峰形最敏锐,异丙醇次之,以甲醇为最差,的确与实际情况完全相符。

8.3.3　固定相特征

用上述相同的 7 种非极性溶质(溶质一定)和以甲醇–水为流动相(流动相一定),但用三种配基链长不同的 SynChropak 柱,RP-C_{18},RP-C_8 和 RP-C_1,并以 C_8 的 Z 值为基准,分别以 C_{18} 和 C_1 所对应的 Z 值对其进行作图,亦能得到两条斜率分别为 0.930 和 0.870,截距分别为 0.853 和 -0.0383 的直线。所以用 RP-C_1 柱所得峰形较 RP-C_{18} 敏锐。两者作图斜率小于 1 均表明 RP-C_8 柱对小分子溶质分离所得色谱峰最钝。从所得的截距数据大小来看,RP-C_{18} 柱对溶质的吸附能力较 RP-C_1 强,RP-C_1 截距为负值表明比以 RP-C_8 为基准的吸附能力小,因此它对上述溶质的吸附能力最弱。对于生物大分子的表征详见第十章。

§8.4　溶质对固定相的亲和势 $\lg I$

8.4.1　表征亲和势的参数 $\lg I$

由于 $\lg I$ 物理意义与 Z 值不同,从 $\lg I$ 的数值对 LC 体系进行表征必能获得更多和更新的信息。我们知道,虽然 SDT-R 中包括了 5 个参数,K_a,n,r,a_{LD} 和

φ,其中 a_{LD} 仅与流动相组成、固定相性质有关。当流动相中溶剂浓度变化范围不大时，a_{LD} 可以视为一个常数。φ 与溶质种类无关[17]。这样一来，只有 K_a，n，r 与溶质有关，并且影响 $\lg I$ 的大小。K_a 是表示溶质置换溶剂总的热力学平衡常数，它是由4个分步平衡常数组成[21]。

$$K_a = \frac{K_{a1}^{nr} \cdot K_{a2}}{K_{a3} \cdot K_{a4}} \tag{3-7}$$

这4个分步热力学平衡常数分别表示为：K_{a1} 表示溶剂与固定相表面配体的相互作用，K_{a2} 为溶质与溶剂的相互作用，K_{a3} 是溶质与该配体的相互作用，K_{a4} 溶剂化溶质与溶剂化固定相的相互作用。由此可见，K_a 包括了溶质、溶剂和固定相相互作用的4种关系。K_a 看起来是总的热力学平衡常数，其实它也是表明了溶剂化溶质被溶剂化固定相吸附时生成固定相-溶质-溶剂三组分复合物并释放出 Z 个溶剂分子的可逆过程的分步热力学常数，故式(3-7)实质上表明了 RPLC 中5种分子间的相互作用。这就表明 $\lg I$ 中，仅用 K_a 一项就可分别表征固定相、流动相和溶质的特性，因为 K_a 表示溶质置换溶剂的总的计量置换平衡常数，故 K_a 表示溶质与固定相亲和势的大小。nr 表示从固定相表面释放出溶剂的物质的量，是 Z 值的一部分。从物理意义可知，它与溶质被固定相表面吸附层淹没的体积成正比，与溶质对固定相的亲和势无直接关系。所以在 $\lg I$ 的5个参数中，与溶质对固定相亲和势有关的只有热力学平衡常数 K_a。这就形成了 $\lg I$ 的物理意义，一个表示溶质对固定相亲和势有关的常数。故它的大小就与固定相、流动相和溶质分子结构相关联。这再次表明，$\lg I$ 与 Z 值一样，可作为色谱体系中的一个新的表征参数。

8.4.2 $\lg I$ 对非极性小分子溶质体系的表征[21]

从式(8-1)中看出，当 $\varphi=0$ 时，$\lg k' = \lg K_w^\Theta$ 或

$$\lg k' = \lg K_d \varphi = \lg K_w^\Theta \tag{8-9}$$

式中：K_d 为溶质在纯水和固定相间的分配系数，这一物理意义是式(8-1)特有的，也促进了国际上对 $\lg K_w^\Theta$ 与水-正辛醇之间分配系数的大量研究，其结论为：$\lg K_w^\Theta$ 与 $\lg K_d$ 基本上有平行关系[22]。但有许多例子却无法解释，虽有多种校正方法，结果有所改进，然而仍达不到预期的目的。问题是 Z 与 S 有近似的平行关系，$\lg I$ 是否也与 $\lg K_w^\Theta$ 有近似的平行关系？

计量置换平衡常数 K_a 还有另一表达式：

$$K_a = \frac{a_{p(i)} \cdot a_D^Z}{a_{p(m)} \cdot a_{LD}^{nr}} \tag{3-8}$$

式中：$a_{p(i)}$ 和 $a_{p(m)}$ 分别表示溶质在固定相和流动相中的活度，故该二值之比即为溶质在流动相与固定相间的活度分配系数 K_d[23]：

$$K_d = \frac{a_{p(i)}}{a_{p(m)}} \tag{3-9}$$

SDT-R 的第一组线性参数 $\lg I$ 与 Z 又存在下列关系[23]

$$\lg I = jZ + \lg \varphi \tag{5-7}$$

式中：j 表示 1mol 纯置换剂对固定相的亲和势，是一个常数。将式(3-8)、(3-9)和(5-7)联立，可得：

$$\lg I = \frac{j}{j - \lg a_D} \lg K_d + \lg \varphi \tag{8-10}$$

从 SDT-R 知，$\lg I$ 是一个与流动相活度无关的常数，而 K_d 则与流动相中有机溶剂的活度有关，这就限定了 a_D 必须是一个定值时，方可对 $\lg I$ 与式(3-9)中的 K_d 和式(8-10)中的 K_d 之间的关系进行比较。由于(8-10)式中的 j，φ 为常数，而 $\lg a_D$ 又被限定为一定值，因此得出 $\lg I$ 应与 $\lg K_d$ 有线性关系。K_d 表示在流动相中任意指定活度条件下，溶质在液-固两相的活度分配系数。$\lg I$ 已被证实与 8 种非极性苯取代物在水-正辛醇体系中分配系数的对数 $\lg K_d$ 有极佳的线性关系[24]。

将二元体系中 SDT-R 的表达式和式(5-7)联立，便可得出

$$\lg k' = \lg I \left[1 - \frac{1}{j} \lg a_D \right] - \frac{\lg \varphi}{j} \lg a_D \tag{8-11}$$

因 j 与 $\lg \varphi$ 是两个与溶质无关的常数，所以，依据 $\lg I$ 值，用式(8-11)有可能对溶质的保留值 $\lg k'$ 进行预测。

图 8-6 表示了在 ODS 柱上甲醇-水体系中正烷烃同系物的 $\lg I$ 与该同系物碳原子数(N)间的线性作图，从图 8-6 看出，两者之间的确有好的线性关系，表明 $\lg I$ 能用于表征溶质分子的大小。

图 8-7 为正烷烃化合物在氰基柱上乙腈-水流动相中的 $\lg I$ 对碳原子数(N)的线性关系作图。与图 8-6 比较，相同流动相，相同溶质在不同种类柱上的 $\lg I$ 值不相同，两者相差甚大。用 ODS 柱所得的上述作图斜率或亚甲基在 ODS 上的亲和势是在氰基柱上亲和势的 3 倍。然而，两者的截距($N = 0$)却相反，表明在 $N = 0$ 时在 ODS 柱上根本无保留，而在氰基柱上仍有保留，表明了烷基化合物对两类柱子亲和势的差别。

图 8-8 表示分别用甲醇-水和四氢呋喃-水为流动相，在温度变化范围为 $10 \sim 40$℃时，正十烷的 $\lg I$ 对 $1/T$ 的线性作图。虽然后者线性关系较前者差，但这种 $\lg I$ 对 $1/T$ 有线性关系的这个规律还是存在的。表明 $\lg I$ 具有热力学平衡常数的性质。两条直线斜率分别为 6.15×10^3 和 1.22×10^4，这种斜率的差别是因为流动相的不同引起的。

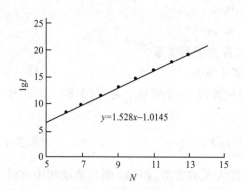

图 8-6　甲醇-水中正烷烃同系物(6~14)的　图 8-7　乙腈-水中正烷烃化合物(6~14)的
　　lg *I* 对碳数 *N* 线性作图[21]　　　　　　　　lg *I* 对碳数 *N* 线性作图[21]

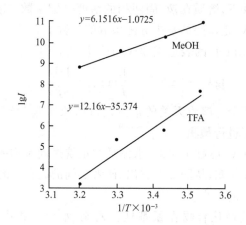

图 8-8　正十烷分别在甲醇-水、乙腈-水中的
lg *I* 对 1/ *T* 线性作图[21]

　　本节从理论上阐述了计量置换平衡常数的对数 lg K_a 对液相色谱(LC)中 SDT-R 的线性参数 lg *I* 起着主导作用。lg *I* 表示溶质对固定相的亲和势,且具有热力学平衡常数的性质。指出 lg *I* 作为 LC 中对非极性小分子溶质、固定相和流动相性质的表征参数的可能性,并用非极性小分子溶质对上述的预计进行了检验,符合程度较好。

8.4.3　lg *I* 和分配系数 K_d 之间的关系[24]

　　Yalkowsky 和 Valvani[25]的关于分子的表面积和该溶质分配系数之间关系是从 Nauta 和 Rekker[26]的疏水片断常数获得的。由于简化了计算,在这些研究中,溶质非极性部分的范德华表面积被 Rekker 常数取代。也与 Yalkowsky 和 Valvani

所获得的线性结果相同。图 8-9 以 $\lg I$ 对 $\lg K_d$ 作图是线性的,其斜率和截距的数值分别为 0.445 和 1.222。在 C_8 柱辛醇-水体系中,烃基同系物的 $\lg I$ 与 $\lg K_d$ 之间的相关性是好的,所以用非极性溶质作为一个 C_8 硅胶柱的液-液分配体系是可信的。

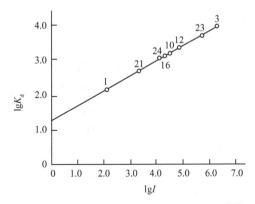

图 8-9　芳香烃化合物的 $\lg I$ 与 $\lg K_d$ 作图[27]

1.苯;21.甲苯;24.对-二甲苯;10.邻二甲苯;
12.萘;23.1,2,4-三甲基苯;3.二联苯

8.4.4　镧系元素中"四素组"效应的表征[22]

模拟 SDT-R 模型,以 HDEHP(固定相)-HNO₃(溶剂)-Ln 体系为例,在色谱分离镧系元素时,若以 SDM-R 对其分离机理进行描述,其置换机理与 RPLC 略有不同,应为:

$$n'(HDEHP)_2 \cdot n(H^+NO_3^-) + \quad Ln(H^+NO_3^-) \approx$$
(固定相-硝酸络合物)　　　(溶质-硝酸络合物)

$$(H^+NO_3^-)_{m-q}Ln[H(DEHP)_2]_n + (n+q)H^+NO_3^- + \quad n'H^+$$
(硝酸-溶质-固定相络合物)　　(置换出 HNO₃ 数)　(置换出 H⁺ 数)
$$\tag{8-12}$$

式(8-12)中 N' 表示在吸附达到平衡时,一个镧系元素离子与 HDEHP 二聚物结合的个数,也是从 HDEHP 二聚物中置换出的氢离子数,所以释放出氢离子总数(N)中,除了同 RPLC 意义完全相同的 n 和 q 外,还应加上 n',即

$$N = n + q + n' \tag{8-13}$$

式中的 n' 应为 1、2 或 3 的整数(依系统条件不同而异),n 和 q 应为大于零的分数或整数值。

式(8-12)只给出了溶质、固定相及其硝酸化络合物之间的作用,实际与式(8-12)相对应的水合作用依然存在。所以在计量置换时,出现了较复杂的情况;其一是仅出现硝酸之间的置换,如式(8-13)所示的 n 和 q 均为大于 1 的整数,即 $N = n + q + n_1'$;其二是仅出现水合物之间的置换,若以 n''、q'' 表示其置换出的水分子数,那么 n''、q'' 均为大于 1 的整数,则 $N'=n''+q''+n_2'$。在讨论该体系与氢离子浓度的关系时,n'' 和 q'' 无实际意义,所以在此过程或式(8-13)中 $n=q=0$;其三是上述两者的交互作用。在式(8-13)中左边第一项为硝酸化物,第二项则为水合物,则 n 为大于 1 的整数,$q=0$;反之 q 为大于 1 的整数,$n=0$。但是不论出现上述的哪一种情况,$n'(n_1'+n_2')$ 始终相同,而且是大于 1 的整数。从统计学的观点出发,平均每个稀土离子被吸附时,Ln 置换出的 n 和 q 值均可能出现小于或大于 1 的分数,基于上述观点,可以预计 N 的绝对值可能是大于 1 的任意数。

$\lg I$ 可表征溶质与固定相作用力的大小,以色谱中溶质的 SDT-R 来研究稀土元素的四素组效应,则显示出其优越性。通常研究四素组效应是以在某指定浓度下的 $\lg k'$ 或 $\lg K_d$ 值对镧系元素的原子序数作图,常常因选择的浓度不合适而得到不明显的四素组效应图。但是,如若用 SDT-R 对在不同 [D] 值条件下的 $\lg k'$ 进行计算和优化处理,并对镧系元素的原子序数作图,则能得到的四素组效应,会因人为选择浓度的变化而改变,从而显示出极明显的四素组效应图谱。用其表征镧系元素的四素组效应现象更为明显[27]。

图 8-10(a)为描述四素组效应的通常方法。图 8-10 中的 1、2、3、4、5 是酸度分别为 0.1、0.2、0.3、0.5、0.8 mol·L^{-1} 时的曲线,6、7、8、9 曲线分别引自文献[28~31]。由图看出,在所选的 5 种不同氢离子浓度中,没有一个浓度可覆盖 15 个镧系元素,所得的只是四组素效应曲线形状的一部分,其形状差别较大,其中以 [H$^+$] 为 0.5、0.8 mol·L^{-1} 时为最好,但这两条曲线仍有明显差异,这就给研究四素组效应带来很大的不便。另外,由于实验误差,使得仅以某个浓度来描述四素组效应,其结果不可能很准确。因此把考察四素组效应最为明显时的浓度[如图8-10(a)中的 0.5、0.8mol·L^{-1}]称之为最佳浓度。但对于绝大多数分离体系,即使是在最佳分析浓度条件下,也很难得到含有 15 个镧系元素且能准确描述四素组效应的曲线。然而利用溶质的 SDT-R,可以计算出与溶剂浓度无关的常数 $\lg I$ 和 N 值。由于 $\lg I$ 和 N 是用最小二乘法对多个浓度试验数据处理后求出的,所以用此二个参数、以溶质的 SDT-R 计算出镧系各元素在任意分析浓度时的 $\lg k'$ 为最优化值。图 8-10(b)为不同试验条件下,经优化处理后,以 $\lg k'$ 对 Z 作图所得的镧系元素四素组效应曲线。由图 8-10(b)看出,用 $\lg k'$ 进行最优化计算,可以准确、完整地描述任何系统的镧系元素四素组效应。图 8-10(b)中,各曲线形状的不同,表明了分析系统之间的差异性。

$\lg I$ 是表征原子本性并与亲和势有关的因子,它与镧系元素离子势 ε、离子表面面积参数 r^2 等因素有关。随着镧系元素原子序数 Z 的增加,镧系三价离子表面面积的减少,其离子势则增大,因此 $\lg I$ 应随 Z 的增加而递增;另一方面,$\lg I$ 亦与溶质-溶剂复合物的表面面积成反比;对于同一体系,应与镧系元素离子表面面积参数 r^2 成反比。离子表面面积愈大,该络合物的极性端与流动相作用就会愈强烈,故随 Z 的增加,$\lg I$ 也应是增大的。由 SDT-R 知,对同一分离体系,其 φ、

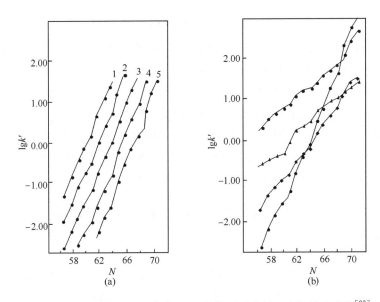

图 8-10　不同酸度(a)和最优化后(b)的镧系元素的四素组效应曲线[27]

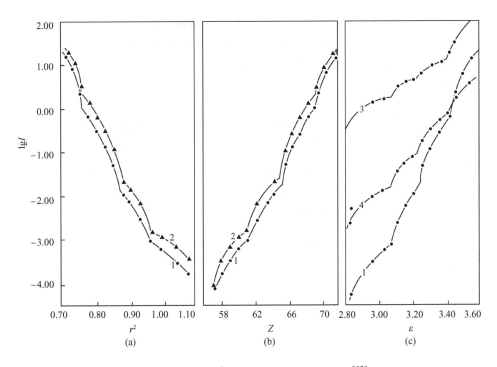

图 8-11　$\lg I$ 与 r^2(a)，Z(b)和 ε(c)的关系[27]

$[L_d]$、n 可近似的视其为常数,因此 $\lg I$ 仅与计量置换常数 K_a 有关,即与 K_{a_1}、

K_{a_2}、K_{a_3}、K_{a_4}有关。可以预计,$\lg I$ 将与面积参数 r^2 成反比。K_{a_1}、K_{a_2} 随 Z 的增加使 K_a 呈递增趋势,且递增幅度大大增强;由文献[32]知,K_{a_4} 在一些无机酸或盐的介质中甚小,随 Z 的变化并不明显,而在另一些介质中,其 K_{a_4} 与上述递变规律有明显的关系。无论 K_4 是常量还是变量,随着原子序数的增加,K_{a_1}、K_{a_2}、K_{a_3}、K_{a_4} 随 Z 的变化,都使得 $\lg I$ 对镧系元素收缩变得非常敏锐。若以 $\lg I$ 为纵坐标,镧系元素各物理量(Z、ε、r^2)为横坐标作图(如图 8-11 所示),图 8-11 中 1、2、3、4 曲线分别引自文献[29,31,33],所描述的四段光滑曲线,表现出四个特定的四素组,并证明 $\lg I$ 与离子势 ε 成正比,与面积参数 r^2 成反比。

§8.5　置换剂对固定相的亲和势 j

8.5.1　理论依据

在 SDT-R 基本公式中的第 2 组线性方程[23]中 j 和 $\lg\varphi$ 是 SDT-R 的第二组线性参数。如果此方程不呈线性,则表明在溶质与固定相间存在着选择性作用力,如正相色谱、离子交换色谱和亲和色谱等。因此第 2 组方程是否是线性可用来表征溶质与固定相间相互作用力的性质。

j 的物理意义为 1mol 置换剂对固定相的亲和势,因此在固定相和溶质一定时,j 值可用来表征置换剂强度。下面用实验证明 j 的确具有表征溶剂分子强度大小的能力,为研究物理有机提供重要信息。

8.5.2　j 值与置换剂强度

选用了 3 种直链醇的同系物为有机溶剂,以 13 种烷基醇作为溶质,应用 SDT-R 中的线性参数研究了同系物置换剂对保留的影响,还与 Snyder 经验公式所得的研究结果进行了比较。首先考察同系物置换剂分子对固定相之间亲和势 j 值与其理论值,即纯的甲醇、乙醇和正丙醇的摩尔浓度的对数值的比较。从表 8-3 中看出,j 的实验值与理论值非常接近,说明 j 值准确程度是可信的。

表 8-3　7 种同系物置换剂中 j 的实验值与理论值的比较[35]

流动相	j_c^*	j_e^{**}	参考文献
甲醇-水	1.44	1.40	[33]
乙腈	1.29	1.30	[33]
四氢呋喃-水	1.03	1.01	[33]
乙醇-水	1.24	1.23	[32]
正丙醇-水	1.12	1.12	[32]
异丙醇-水	1.14	1.17	[34]
盐-水	1.74	1.74	[34]

* j_c 表示理论值,** j_e 表示计算值。

图 8-12 表示 j 值与溶剂碳数的关系。置换剂从甲醇到正丙醇，j 随溶剂碳数 N 的增加呈减小的趋势。而且二者之间存在着良好的线性关系。j 值的物理意义明确，能准确反映溶剂的性质。因此，应用 j 值表征溶剂强度更为合理。

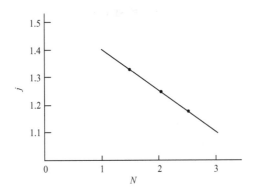

图 8-12　j 值与溶剂碳数 N 之间的关系[35]

§8.6　柱相比对数 $\lg\varphi$

如果没有对 $\lg\varphi$ 进行热力学定义和准确测定其数值，则其有关色谱热力学的研究便无法深入，便无法将通常的热力学函数分成净吸附及净解吸附热力学分量。另外前已讨论过的各种收敛的纵坐标总是等于 $\lg\varphi$ 也无法得知。这表明对 $\lg\varphi$ 的了解对前述的小分子溶质在色谱中的分离机理是很重要的。另外如果没有用热力学方法定义 $\lg\varphi$ 和准确测定其数值，则根本无法准确测定蛋白质在 HPHIC 固定相表面的折叠自由能。

对于小分子溶质而言，应用 SDT-R 中的重要线性方程式(5-7)可以准确测定柱相比 φ。虽然我们对于生物大分子的 $\lg\varphi$ 的测定也知道一些，但在这一领域中所存在的问题还很多，有待进一步研究。

§8.7　同系物中重复结构单元和端基、侧链对 Z 的贡献 s 和 i

8.7.1　测定 s 和 i 的准确度

在第五章中已推导出在 SDT-R 中运用于同系物的第三组线性方程：

$$Z = sN + i \tag{5-23}$$

式中：s 表示同系物中 1mol 重复结构单元对该 1mol 同系物 Z 值的贡献，i 表示该 1mol 同系物端基、侧链对其 Z 值的贡献，如果该同系物侧链且端基为极性时，则 i 值应表示为极性基对 Z 值的贡献。

从(5-23)式知，Z 应与同系物中对应的 N 值成正比。如在第五章中的图 5-10

所示，n-烷基苯邻二甲酰亚胺同系物的 Z 对其相应的 N 作图确系为一组直线。其线性参数，斜率 s 和截距 i，以及线性相关系数 R 列入了表 8-4。所有 R 值均大于

表 8-4　一些同系物的 SDT-R 线性参数值[35]

序号	同系物名称（重复结构单元数）	固定相	流动相（MeOH/%）	线　性　参　数					
				j	$lg\varphi$	R	s	i	R
1	n-烷基苯邻苯二甲酰亚胺（0～18）	LiChrosorb RP 8	0.40～1.00	1.44	−0.894	1.000	0.874	2.24	0.9994
2	羧酸（4～16）	μ-Bondapak	0.40～0.90	1.42	−1.00	0.999	1.04	−1.10	0.9975
3	n-烷烃（5～8）	μ-Bondapak	0.60～0.80	1.44	−1.00	1.0000	1.00	1.54	0.9969
4	n-烷烃（5～14）	Hypersil	0.60～0.90	1.43	−1.05	0.9999	1.09	1.70	0.9957
5	n-烷基苯（0～12）	Hypersil	0.40～0.90	1.43	−1.04	1.0000	1.02	3.75	0.9981
6	n-甲酯（6～16）	Hypersil	0.30～1.00	1.41	−0.908	1.000	1.04	−1.45	0.9985
7	2-酮代烷（4～15）	μ-Bondapak	0.60～0.90	1.44	−0.923	0.9999	1.07	−2.23	0.9957
8	n-烷基苯（0～4）	YWG	0.64～0.94	1.44	−0.496	0.9999	0.859	3.49	0.9965
9	2-酮代烷（4～13）	μ-Bondapak	0.40～0.70	1.30	−0.888	0.9999	0.867	3.2	0.9849

0.99，而对 n-烷基苯邻二甲酰胺同系物，虽然在 N 值为 0，1 和 2 时，Z 和 N 的作图出现了大的偏差，但对于整个同系物（$N=0～18$）而言，R 值还是大于 0.999。因此，大的苯邻二甲酰亚胺端基一定会对相邻的几个次甲基产生立体效应影响，可以想像，在受这个端基影响的几个亚甲基中，离端基最近的亚甲基受其影响应当最甚，反之亦是。

对于表 8-4 中系统 1～9 而言，s 值仍然趋近于在 1.01±0.10 范围内有一个常数值。而 Z 对 N 作图的截距 i 的情况就很复杂了。因为它包括了同系物的端基、侧链及极性基对 Z 值影响的总贡献。在纸色层、薄层及气相色谱中已有许多标准的或近标准数据可表示出一些特性基团对色谱保留值的贡献。然而，在高效液相色谱中，特别是 RPLC，没有这些数据可供参考，所以无法对 i 值做定量地解释，更无法对不同同系物的 i 值进行比较。但对同种同系物在相同色谱条件下，如表 8-4 所示，其烷烃同系物的 i 值分别为 1.54 和 1.70，结果极为接近。而对烷基苯同系物而言，则对应的 i 值分别为 3.75 和 3.49，其结果仍然是很接近的。

8.7.2　s 和 i 应用举例——改进的马丁方程的推导[36]

1949 年马丁（Martin）依据纸色层色谱的数据总结了溶质分子在两相间的分配系数的对数应等于组成这种分子各基团的常数之和这一规律[36]。人们称之为马丁方程。从此以后，在色谱中也相继出现了表示各种线性自由能的关系式[37]。

马丁方程在色谱中广泛应用是众所周知的。然而,这一方程并未考虑分子中相邻基团之间以及它们与环境分子间的相互作用。正如卡格尔(Karger B L)所指出的:"一般说来,马丁方程对同系物 $CH_3(CH_2)_NY$ 才是可靠的"(N 为同系物中重复结构单元的个数,Y 为该同系物的端基)[38]。根据马丁方程,可以预计在色谱过程中溶质迁移自由能 ΔG 或 $\lg k'$(k' 为溶质的容量因子)对同系物中重复单元数目间应有线性关系这一点已为文献中的许多数据所证实[39]。本节以 SDT-R 和 Z 与同系物碳数 N 之间存在线性关系这两点为基础对马丁方程进行了推导,得到了改进的马丁方程[35]。

依据 SDT-R 的表达式,从式(4-6)和式(4-7)推导和改进的马丁方程

$$\lg k' = \lg I - Z\lg a_D \tag{4-6}$$

$$\lg I = \lg K_a + n\lg a_{LD} + \lg \varphi \tag{4-7}$$

从文献[40]知,非极性分子的总接触面积 A_t 应等于分子中各结构单元非极性接触面积之和。后者又等于各结构单元的范德华(van der Waals)表面积 $A_{v(i)}$ 和接触表面积对 $A_{v(i)}$ 之比 $f_{(i)}$ 二者之积。所以,

$$A_t = \sum_{(i)}^{M} f_i A_{v(i)} \tag{8-14}$$

式中: M 为该分子结构单元的数目,下角 i 表示该分子中结构单元 i。

将式(4-6)与式(5-7)联立,得:

$$\lg k' - \lg \varphi = Z[j - \lg a_D] \tag{7-1}$$

从式(7-1)得:

$$\Delta G^{\ominus} = -2.303 Z RT[j - \lg a_D] \tag{8-15}$$

得出了该 $\Delta G^{\ominus}$ 与溶质的接触面积 A_t 之间的关系为:

$$\Delta G^{\ominus} = -2.303 dRT \sum_{(i)}^{M} f_i A_{v(i)}[j_a - \lg a_D] \tag{8-16}$$

或者,(8-16)式的简化式,

$$\Delta G^{\ominus} = \sum_{(i)}^{M} \Delta G_i^{\ominus} \tag{8-17}$$

式中: ΔG_i 表示在色谱过程中该分子中一个结构单元的自由能变。乍看起来,式(8-16)和式(8-17)与普通的马丁方程表达式一模一样,事实上,式(8-16)包括了溶剂活度 a_D 和立体以及分子构象变化 f_i 几个参数。当 $a_D = 1mol$ 时,式(8-15)和式(8-16)中的 $\lg a_D$ 便等于零。因此,式(8-15),式(8-16)和式(8-17)就分别变成了式(8-18),式(8-19)和式(8-20):

$$\Delta G^{\ominus}_{(a_D, 1)} = -2.303 j Z RT \tag{8-18}$$

$$\Delta G^{\ominus}_{(a_D, 1)} = -2.303 j dRT \sum_{(i)}^{M} S_{v(i)} \tag{8-19}$$

$$\Delta G^{\Theta}_{(a_D, 1)} = \sum_{(i)}^{M} \Delta G^{\Theta}_{(i)} \qquad (8\text{-}20)$$

式中：$\Delta G^{\Theta}_{(a_D, 1)}$ 表示当溶剂浓度为 1mol 时，1mol 溶质吸附时的置换自由能变，因为 $\Delta G^{\Theta}_{(a_D, 1)}$ 不包括溶剂浓度项 a_D，它比较接近通常的马丁方程。所以 $\Delta G^{\Theta}_{(a_D, 1)}$ 只是 ΔG^{Θ} 的一个特例。从式(8-19)和式(8-20)知，如果相同的几个结构单元处在同系物的几个不同位置处，其各自的 f_i 值可能不同。在同系物中的极性基团将远离疏水的固定相表面而面向亲水的流动相，并与流动相中的极性基相互作用。这种作用力将溶质分子拉向流动相。因此，在 RPLC 中，极性基对分子的总保留和自由能做负贡献。对于含有极性基分子而言，其置换自由能变表示为

$$\Delta G^{\Theta} = \sum_{(i)}^{M} \Delta G^{\Theta}_i - \Delta G^{\Theta}_P \qquad (8\text{-}21)$$

式中：下角 P 表示分子中的极性基团。这就是对含有极性基团的马丁方程的表达式。

对于含有 N 个重复单元和具有侧链和端基的某同系物中的一种溶质来讲，假定没有立体效应和分子构象变化影响，则(8-14)式变成了：

$$A_m = N f_{(i,h)} A_{v(i,h)} + \sum f_{(e,h)} A_{B(e,j)} + \sum f_{(b,h)} A_{v(b,h)} \qquad (8\text{-}22)$$

或

$$A_m = A_{m(b,e,h)} + A_{m(i,h)} N \qquad (8\text{-}23)$$

式中：下脚注 h 表示同系物，b 和 c 分别表示侧链和端基；$A_{m(b,e,h)}$ 表示该溶质侧链、端基接触面积之和；$A_{m(i,h)}$ 表示该溶质重复结构单元接触面积之和。将式 $Z = dAs_m$ 和式(8-23)联立后，得：

$$Z = i + sN \qquad (5\text{-}23)$$

这是从另一角度推导出 SDT-R 中的第三组线性参数方程表达式(5-23)。

从上述讨论得知，即便在 a_D 变化的条件下，式(5-23)仍为一线性方程式，并且，如果该同系物中每重复结构单元都有相同的 $A_{m(i,h)}$ 值，则式(5-23)还表明了 Z 与同系物中的重复结构单元数 N 成正比。

将在等浓度条件下与保留有关的 5 个参数（φ、i、j、s 和 N）与式(5-30)联立，得：

$$\lg k'_{(h)} = \lg \varphi + i[j - \lg a_D] + s[j - \lg a_D] N \qquad (8\text{-}24)$$

或

$$\lg k' = A + BN \qquad (8\text{-}25)$$

式中：

$$A = \lg \varphi + i[j - \lg a_D] \qquad (8\text{-}26)$$

$$B = s[j - \lg a_D] \qquad (8\text{-}27)$$

式(8-24)为适用于同系物的改进的马丁方程的又一种表达式，事实上用这一方程

可以求出在不同活度 a_D 条件下的 A 和 B 值。当然,亦可求出在不同 a_D 时的 $\lg k'$ 值。

在 $j,\lg\varphi,s$ 和 i 为已知的条件下,可用式(8-26)及式(8-27)计算出在不同浓度$[D_0]$时的 A 值和 B 值。表 8-5 列出了在不同$[D_0]$条件下 n-烷基二甲酰亚胺同系物的 A 和 B 的计算值和实验值。

表 8-5　用改进的马丁-方程计算与实验测定 A 和 B 值的比较[35]

溶剂体积分数/%	0.40	0.50	0.55	0.60	0.65	0.70	0.75	0.80	0.85	0.90	0.95	1.00
$\lg[D_0]$	-0.9921	-1.089	-1.130	-1.168	-1.203	-1.235	-1.265	-1.293	-1.319	-1.344	-1.368	-1.390
A(计算)	0.110	-1.108	-0.200	-0.285	-0.363	-0.434	-0.502	-0.565	-0.623	-0.679	-0.733	-0.782
(实验)	0.256	-0.026	-0.188	-0.245	-0.333	-0.435	-0.542	-0.569	-0.620	-0.686	-0.711	-0.765
B(计算)	0.391	0.307	0.271	0.238	0.207	0.179	0.153	0.128	0.106	0.0839	0.0629	0.0437
(实验)	0.329	0.277	0.258	0.225	0.202	0.177	0.155	0.127	0.104	0.0834	0.0591	0.0418

问题是如何得到这 4 个常数值,在没有标准条件下测得这 4 个常数值以前,只有用自定标准的实验测定法,杜菲克[41]建议的在两个不同 C_f 值时注入含有两个不同 N 值的同系物溶质于色谱柱上以得到 4 个 k' 值。再以这 4 个 k' 值为基准依次按他的方法计算出另外的 k' 值,遗憾的是,杜菲克没有告诉如何选这 4 个试验点。

一般来说,马丁方程是近似的,即便对同系物来讲,也是如此。改进的马丁方程对一般溶质和同系物均可适用。对后者而言,改进的马丁方程中的常数 A 和 B 与 SDT-R 中的 4 个参数及流动相中置换剂的浓度$[D_0]$有关,可以依据 A 和 B 对 $\lg[D_0]$的线性作图,对在适当浓度范围内同系物中任意溶质的 k' 值进行预计。此外,对于在 RPLC 中 $\lg I$ 和 Z 之间的线性关系可以从理论上推导出来,并且可以对由此得出的新的参数 j 和 $\lg\varphi$ 的物理意义进行详尽地描述。预计的 j 值应等于纯置换剂的对数值。从 4 个试验点的选择可对在置换剂浓度条件下的同系物 k' 值进行准确的预计。所有这些结果进一步证实了 SDT-R 的可靠性。

§8.8　1mol 溶质被吸附时从吸附剂和溶质表面释放出的溶剂物质的量 nr 和 q

SDT 中的计量置换参数 Z 在许多领域中是一个非常有用的参数,例如它是一个新的表征蛋白构象变化的参数,它还可以表征溶质结构,流动相中置换剂的特征,固定相和 RPLC 中溶质分离的选择性等等。Z 是由两个分量组成的,即 $Z = nr + q$(nr 和 q 分别表示当 1mol 溶质被吸附时分别从吸附剂和溶质表面释放出的溶剂物质的量)。如果这两个分量能被独立地测量出来,那将对理解液-固界面吸附过程是非常有用的。通过 β_a 与体相中溶剂浓度的定量关系，nr 和 q 可以由简单而又方便的方法获得。

有两种方法可以分别求出 nr 和 q。一种方法是用式(4-16)方法求出 Z 值，再以式(3-55)求出 nr/Z 值，又因为 $nr+q=Z$，这样便可分别计算出 nr 和 q 值。另一种方法是用式(5-16)直接求出 nr 和用式(3-72)直接测出 Z 值，再计算出 q 值。

在表8-6中用 $n_1 r_1$ 表示从前沿分析吸附等温线中 β_a 对 $\lg a_D$ 作图得到的数据，$n_2 r_2$ 表示通常的 RPLC 保留和吸附数据相结合得到的数据。从表8-6看出，除了二甲苯以外，用这两种方法得到的 $n_1 r_1$ 和 $n_2 r_2$ 符合程度很好。对 nr 和 q 来说，平均偏差均为 ± 0.07。而且从表8-6中可明显地看出，对所有的溶质，nr 值均大于 q 值，这些结果都说明在同一个吸附过程中从吸附剂表面释放出溶剂的物质的量要多于溶质表面释放出溶剂的物质的量。

同系物规律经常被用于验证 LC 中一个新的保留机理和方法。所以应当进一步用 nr 和 q 值验证其是否遵守其同系物规律。用 nr 和 q 值 对芳香醇同系物的碳数 N 作图，其线性相关系数均在 0.97 以上。这说明同系物的碳数越长，吸附剂表面的活性点被占据的就越多，越多的溶剂分子从溶质和吸附剂表面被释放出来。

同时，有一个很有趣的现象，当乙苯被吸附时，从吸附剂表面释放出来的溶剂的物质的量（$nr/Z=0.90$，$q/Z=0.10$）要多于当苯乙醇被吸附时的（$nr/Z=0.82$，$q/Z=0.18$）。这暗示着后者有更强的亲水性，它进入键合相层（bonded phase layer，BPL）要比前者浅，后者与 BPL 接触的面积要小于前者，因此，后者的 nr 值在整个 Z 值中所占的比例要小于前者。另一方面，后者由于亲水性更强，与 BPL 相比，它与流动相的相互作用更加强烈，导致释放出更多的甲醇，即后者的 q 值在整个 Z 值中所占的比例要比前者大。在第十二章的 §12.7 节中将仔细地说

表 8-6　用两种方法测得的 Z 值分量 nr 和 q[42]

溶质	Z	$n_1 r_1$[1]	$n_2 r_2$[2]	q_1[2]	q_2[2]
苯乙醇	0.68	0.55	0.56	0.13	0.12
苯丙醇	1.26	0.98	0.87	0.28	0.39
苯丁醇	2.02	1.48	1.37	0.54	0.65
苯戊醇	3.20	2.53	2.40	0.67	0.80
苯己醇	4.35	3.39	3.47	0.96	0.88
二甲苯	4.26	3.35	3.80	0.91	0.46
乙基苯	3.41	3.06	3.05	0.35	0.36
氯代苯	2.63	2.23	2.05	0.40	0.58

1）$n_1 r_1$ 数据从 SDT-A 公式得到；$n_2 r_2$ 数据从 SDT-A 和 SDT-R 统一的公式得到。

2）q_1 等于 $Z - n_1 r_1$；q_2 等于 $Z - n_2 r_2$。

明 nr 值和 q 值分别表示了在 RPLC 中固定相和流动相,也就是纯吸附机理和纯分配机理对溶质保留的贡献。

§8.9　被置换的溶剂的量和溶质到达吸附溶剂的层数 n 和 r

由公式 $Z = nr + q$ 知,r 表示溶质真正所到达的吸附的溶剂的层数,但它可能不是固定相上吸附的溶剂的真正的总层数。n 表示 1mol 溶质所覆盖的平均活性点的物质的量,如果 r 等于常数,nr 便是从固定相表面释放出的溶剂的物质的量,q 表示从溶质表面释放出的溶剂的物质的量。

在文献[43]中,被吸附甲醇的最大量 $\text{Methanol}_{T,A}$ 是 26.1 毫摩尔每柱面积 $(4.14\mu\text{mol·m}^{-2})$,其中只有 $27.2\%(1.34\mu\text{mol·m}^{-2})$ 对传质没有动力学影响。前者对 RPLC 中的前沿分析很重要,而后者则对通常的 RPLC 更重要。因为溶质保留是吸附机理还是分配机理,或是它们的混合模型的争论只是限定在通常的 RPLC 中,而不是前沿分析。这样,由 $1.34\mu\text{mol·m}^{-2}$ 甲醇所形成的被吸附的甲醇分子的层数的多少将是判断溶质在两相中的分配属于吸附机理的一个重要的信息。对于 n 和 r 的具体测定也详见第十二章的 §12.7 节。

因为无论键合相层有多深,溶质能够到达的深度不仅决定于键合相层本身的深度,而且决定于键合相层中的传质动力学。文献中许多作者报道覆盖键合相层的厚度在 $1.7\sim3.0$ nm 范围内[44,45]。在本节中将键合相层的厚度 r 取作 2.9[43],这样可以计算得出固定相或键合相层上的甲醇层数是 10.6 个甲醇分子层数。表 8-7 显示出了 nr、q、n 和 r 值的比较。它们分别代表分配机理和吸附机理对胰岛素保留的贡献[43]。表 8-7 中所示的 nr 小于它们对应的 q 的这一事实说明了吸附机理对胰岛素保留的贡献小于分配机理。

表 8-7　吸附机理(nr)和分配机理(q)对胰岛素的贡献[43]

	体积分数/%	R	Z	$\lg I$	nr	r	n	q
甲醇	$50\sim58$	0.9965	22.4 ± 1.3	26.3 ± 0.1	10.6	2.9	3.36	11.8
乙醇	$32\sim37$	0.9944	17.1 ± 1.0	13.8 ± 0.1	7.66			9.44
异丙醇	$18\sim22.5$	0.9975	14.0 ± 0.5	26.2 ± 1.0	5.87			8.13

因为如果没有任何传质动力学问题,甲醇的量是整个 BPL 最大吸附量的约四分之一[44],即 $r=2.9$,那么表 8-8 中的 n 为 3.36,表示在通常的 RPLC 中,1mol 胰岛素可覆盖的平均活性点的物质的量。

参 考 文 献

[1]　Kunitani M, Johnson D, Snyder L R. J. Chromatogr., 1986, 371: 313

[2] Wu S L, Benedek K, Karger B L. J. Chromatogr., 1986, 359: 3

[3] Geng X D, Regnier F E. J. Chromatogr., 1984, 296: 15

[4] Geng X D, Regnier F E. J. Chromatogr., 1985, 332: 147

[5] 宋正华,耿信笃. 化学学报, 1990, 48:237

[6] Kennedy L A, Kopaciewicz W, Regnier F E. J. Chromatogr., 1986, 359: 73

[7] 宋正华,耿信笃. 中国稀土学报, 1987, 48:237

[8] Anderson, D J, Walters R P. J. Chromatogr., 1985, 331: 1

[9] Geng X D, Guo, L, Chang J. J. Chromatogr., 1990, 507: 1

[10] 张瑞燕,张玲,耿信笃. 分析化学,1995,23(6):674

[11] Valko R, Snyder L R, Glajch J L. J. Chromatogr., 1993, 656: 501

[12] Schoenmark P J, Tijsen R J. Chromatogr., 1993, 656: 521

[13] 卢佩章,卢小明,李秀珍,张玉奎. 科学通报,1982,27:1175

[14] Kaibara A, Hivose M, Nakagawa T. J. Chromatogra. 1990,29:551

[15] Synder L R, Quary M A, Glajch J L. J. Chromatogra. 1987,24:28

[16] Gao J, Yu Q M, Geng X D. J. Liq. Chrom. & Rel.Technol., 2000,23(8):1267

[17] 时亚丽,耿信笃. 分析化学,1992,20(9):1008

[18] Nauta W Th,Rekker R F. The Hydrophobic Fragmental Constant. Amsterdam: Elsevier,1977

[19] 雷根虎,朱华艳,耿信笃. 西北大学学报,1997,27(5):401

[20] 时亚丽,耿信笃. 分析化学,1994,22(2):143

[21] Snyder L R, Kirkland J J. Introdution of Modern Liquid Chromatography. 2nd Ed. New York: Wiley

[22] Geng X D, Regnier F E. J. Chromatogr.,1984,296:15

[23] Yalkowsky S H, Valvani S C. J. Med. Chem., 1976, 19: 727

[24] Nauta W Th, Rekker R F. The Hydrophobic Fragmental Constant. Amsterdam:Elsevier, 1977

[25] 宋正华,耿信笃. 中国稀土学报,1987,5(3),633

[26] Pierce T B, et al. J. Chromatogr., 1963, 12: 81

[27] Huff E A. ibid, 1967, 27:229

[28] Jerome, W. O laughlin, ibid, 1968, 32:567

[29] 蔡起秀,袁承业. 化学学报,1982,40:563

[30] 中山大学金属系编. 稀土物理化学常数. 北京:冶金工业出版社

[31] Pierce T B et al. Anelyst, 1963, 88: 217

[32] 高娟,耿信笃. 西北大学学报(自然科学版),1999,29(5):389

[33] 耿信笃. 西北大学学报(自然科学版),1991,21(2):25

[34] Martin I J D. Biochem. Symp.,1949,3:4

[35] Tomlison E. J. Chromatogr., 1975, 113:1

[36] Karger B L et al. An Introduction to Seperation Science. New York: John Wiley & Sons, 1973, 44~67

[37] Melander W R, Horrath Cs. Chromatographia,1985,15: 86

[38] Geng X D, Regnier F E. J. Chromatogr.,1985,332:147

[39] Boyce C B C, Milborrow B V. Nature(London),1965,208:537

[40] Wang Y. Geng X D, Thermochimica Acta, 2003, 404, 109

[41] Geng X D,Reginer F E. Chin.J. Chem.,2003,21(2):181

[42] Schunk T C, Burke M F. J.Chromatogr. 1993,856: 289

[43] Sander L C, Glinka C J. Wise. S. A. Anal. Chem., 1990, 62: 1099

[44] Geng X D,Regnier F E Chin. J. Chem.,2003,21(3):311

第九章 生物大分子的分离与短柱理论

生物大分子分离与纯化是当今生物化学、基因工程、药学和色谱中的热点研究课题，有关这方面的内容已有许多书籍出版[1,2]，而这些书中介绍的方法，诸如膜分离、电泳、液相色谱、沉淀等都是发生在液-固界面上的。在本章着重介绍的是从液相色谱（LC）中溶质的 SDT-R 出发来了解有关生物大分子溶质的 LC 纯化方法。如在第二章已经讲的，生物大分子分离也必然与液-固界面上的计量置换紧密地联系在一起。仅凭这一点，生物大分子与小分子溶质的分离就没有什么区别。然而，事实上并非如此。例如，用 HPLC 分离小分子溶质，其分离度取决于柱长，一般来说，色谱柱愈长，分离效果愈好。但是，对于生物大分子分离而言，在用 HPLC 进行分离时，其分离效果基本与柱长无关。因此就有必要建立一个新的柱理论，新的理论不仅能定性地解释上述的这种现象，而且要能从定量的角度对此进行计算。这就是本章要着重介绍的短柱理论。为使读者容易理解，首先必须介绍生物大分子在 HPLC 柱上的保留特征。在此基础上再从理论上推导出分离生物大分子分离度所需的最短柱长和有效柱长及其实验检验。

§9.1 生物大分子在 HPLC 上的保留特征

9.1.1 描述生物大分子保留的 SDT-R

在第四章中已经讲过 SDT-R 是除 SEC 外的，适用于 HPLC 各类 LC 的保留机理。这里所指的溶质，既包括小分子溶质，当然也包括生物大分子。然而，如上所述，两者都有许多不同之处，从而决定了能定量描述两者保留所用的 SDT-R 的数学表达式应当不会完全相同。

1. 分子大小及洗脱方式

按通常意义讲，人为地将分子质量大于 2 000 Da 的分子称为大分子，而小于 2 000 Da 的溶质称为小分子。可以看出小分子与大分子溶质之间并无事实上的严格的界限。因为人们最感兴趣的生物大分子，如蛋白、核酸、酶等的分子质量一般都大于 10kDa，所以这种人为的分法的不严格性并不妨碍本章中我们对此问题的讨论。

如图 3-1 所示，分子质量愈大的溶质，当其与固定相接触时，其接触表面就会愈大，因此，Z 值也应增大。所以，又如图 4-2 所示，实验中以式（4-16）的 $\lg k'$ 对 $\lg [D]$ 作图所得的 Z 值就会愈大，而 Z 值大就意味着在相同 k' 值变化时，[D] 的变化就会愈小，且两者之间量的改变是以指数形式进行着的。现以分子质量为 3 335Da 糖原和分子质量为 44kDa 的卵清蛋白为例来说明这种变化关系。如表 4-7 所示，用等浓度洗脱法测定 k' 值时，前者的 [D] 的变化范围是 0.424mol·L^{-1}；而对后者而言，其 [D] 的变化范围仅为 0.194mol·L^{-1}。如将这种情况以图 4-2 来表示则其就会表现为前者所得的 $\lg k'$ 对 $\lg$ [D] 线性作图的斜率小，而后者却会很大。

$$\lg k' = \lg I - Z\lg[D] \tag{4-16}$$

为便于同小分子溶质比较，再将式 (4-16) 用于小分子溶质的线性作图。如图 4-3 所示：① 图 4-2 中所示的 7 条直线斜率比图 4-3 所示的 9 条直线的斜率大；② 在图 4-2 所示的 7 条直线中，除核糖核酸酶—A、糖原及胰岛素和细胞色素-C 两对蛋白质有交叉点外，其余蛋白质的直线几乎是平行的；而图 4-3 的 9 条直线均倾向于交于一点（见第七章的浓度收敛）。这种情况表明了从理论上讲，用等浓度洗脱法有可能将小分子溶质分离。例如，在 $\lg$ [D] $=-1.05$ 处，如图中虚线所示的约 50%（体积分数）甲醇有可能将这 9 种苯取代物分离开；然而，在图 4-2 中，除上述的两对蛋白质外，无法用等浓度洗脱方式将这 7 种蛋白质，甚至无法将卵清蛋白与胰蛋白酶抑制剂这两种蛋白质从柱上洗脱下来。如果用 SDT-R 中的 Z 值来分别定量地描述上述两种情况，则如表 4-7 和表 4-8 所示：① 生物大分子的 Z 值比小分子溶质大，这里特别要指出的是因该二表中所用流动相不同，不是严格意义上的在相同条件下 Z 值的比较，例如，在表 4-7 中所列糖原的 Z 值为 2.59，比表 4-8 中许多小分子溶质的 Z 值小，但如果将糖原放在表 4-8 所示的实验条件下，则其 Z 值会比 2.47，甚至比表 4-8 中所列的最大 Z 值 6.74 还要大。更严格的比较见本章后表 9-6；② 小分子溶质相互之间 Z 值相差小，而生物大分子间相差甚大。因此，可以得出分离小分子溶质可以用等浓度洗脱方式，而分离生物大分子则必须用梯度洗脱法才能将其对应的混合物分离的结论。

2. 描述可用于各类 HPLC 分离的 SDT-R

在第四章中 §4.3 中详尽地介绍了在 LC 中的溶质统一的 SDT-R，包括多元体系及二元体系。这些对小分子溶质是很有必要的。对生物大分子而言，因为其 Z 值非常之大，在式 (4-16) 中所示的 k' 对 [D] 的依赖关系是以指数形式表现出来的，所以除 SEC 外的，用式 (4-16) 便可对各种 HPLC 的生物大分子的保留机理进行描述，换句话讲，即式 (4-16) 用来描述生物大分子在各类 HPLC 中的保留机理的统一用数学表达式就足够了。小分子溶质可视其为刚性分子，在分离过程中，分子形状不会发生变化，而生物大分子则会因环境因素的改变（流动相组成、固定相的极性大小、处于吸附和解吸附状态、温度、pH 等）而发生分子形状的变化，即生物大分子构象（molecular conformation）变化，甚至发生失活（denature）或者失去分子空间结构变成伸展态（unfold-state）。这就要求在许多情况下，生物大分子的分离与纯化必须在很温和的条件下进行。

9.1.2 生物大分子分离中的固定相

通常依据欲分离溶质与固定相间相互作用力性质的不同，将 HPLC 分成如表 9-1 所示的 RPLC、IEC、NPC、HIC、AFC 和 SEC 六大类。但是，依据 SDT-R，无论溶质与固定相间的相互作用力性质是多么的不同，只是在 SDT-R 中所表征的 LC 体系中 5 种分子之间相互作用力中的一种，如式（3-3）所示的溶质与吸附剂之间的相互作用，可用分离平衡常数 K_3 的大小来表征。所以，依据 SDT-R，只有固定相、溶质和置换剂（RPLC 中是有机溶剂、HIC 是水，IEC 和 AFC 中是盐）三种组分。

表 9-1　在各类色谱中溶质与固定相间的相互作用力[3]

色谱种类	相互作用力	特点
IEC	电荷力	通用型
NPC	氢键、定向力（或选择的生物作用力）	通用型
RPLC	非选择的生物作用力或伦敦力	通用型
HIC	疏水相互作用力及非选择的生物作用力	通用型
SEC		通用型
AFC	选择的生物作用力	专用或基团性通用型

因本章所描述的是分子质量很大的生物大分子，对于固定相而言，除了固定相表面上的配基和与其相关的被置换的组分外，其物理性质，特别是多孔性固定相中孔径的大小显得十分重要。对小分子溶质而言，固定相中的比表面积是一个表示固定相大小的非常重要的参数。从式（4-16）知，在［D］一定时，Z 值决定着溶质的保留。又从第四章知，Z 值取决于溶质分子与固定相表面的实际接触表面积，接触表面积愈大，则愈易使溶质被吸附。当一个色谱固定相的比表面积愈大时，固定相表面中孔径就愈小，所以小分子溶质能够到达之处就愈多，溶质与固定相接触总表面就会愈大。与固定相比表面积小的相同几何形状和体积相比较，固定相比面积大的色谱柱，相当于柱子变长，这对分离十分有利。然而，对分子质量很大的生物大分子而言，无论固定相颗粒中孔径有多少，生物大分子因分子本身体积太大而无法到达再多的小孔，即更大的比表面都对生物大分子的分离并不会做出任何贡献。恰恰相反，如果生物大分子一旦被"卡"在小孔中，只能"吸附"而无法"解吸附"，则会造成生物大分子的不可逆吸附，从而使质量回收率降低并且会缩短柱寿命。据此，在与 SDT-R 问世的同时，即 20 世纪 80 年代初期，在美国加利福尼亚州的 Separation Group 公司就依据 SDT-R 生产出了国际上著名的、适用于生物大分子分离的大孔硅胶，例如当平均孔径 30nm 就适合分子质量在 10kDa～100kDa 之间的生物大分子的分离和纯化。该公司还将 SDT-R 中分离生物大分子的示意图，即本书的图 3-1 放在该公司产品的广告之中。

对于固定相表面上的化学改性而言，如分离小分子溶质，必须在化学合成完后进行"封尾"，以便将未结合的、残留在硅胶表面上的硅烷基以键合方式"遮盖"起来。而对于分离生物大分子而言，因分子很大，根本不能从键合的配基之间的"缝隙"或通道间进入，并与这些残留的硅醇基接触，所以就无须进行"封尾"操作。

关于如何选择分离生物大分子的固定相，请参见有关著作[3~5]。

9.1.3 生物大分子分离所用流动相

如上所述，对于 SDT-R 而言，无论用什么种类的色谱流动相，只有置换剂和为获得不同置换剂浓度所用的稀释剂。表 9-2 列出了不同种类色谱所用的置换剂和稀释剂。

表 9-2 在各类 HPLC（除 SEC）中所用的置换剂和稀释剂

种类	置换剂	稀释剂
IEC	各种盐	水
AFC	各种盐、H^+	水
RPLC	有机溶剂	水
HIC	水	各种盐
NPC	醇、水	正庚烷、环己烷

有关流动相如何选择也有大量的书籍进行过介绍。这里要强调的是流动相的选择，通常是在选择固定相以后才开始考虑的。事实上，依据 SDT-R，固定相和流动相应同时考虑。例如，在用 RPLC 分离胰岛素并用甲醇-盐酸（离子对试剂）-水为流动相时，固定相与流动相对胰岛素保留的贡献几乎相等，分别各占53%和47%（详见第十二章）。当固定相选定时，依据式（4-16），流动相中置换剂对生物大分子保留便起着决定性的作用，特别是在用梯度洗脱分离生物大分子时，情况更是如此。有关分离大分子的流动相选择详见文献[4,5]，表 9-3 特别列出了在用 IEC 分离生物大分子时常用的缓冲液。

表 9-3 在 IEC 纯化蛋白质时常用的缓冲液

交换剂	缓冲液	pK	缓冲范围
阳离子型	乙酸	4.76	4.8~5.2
	柠檬酸	4.76	4.2~5.2
	2-（N-吗啉代）乙磺酸	6.15	5.5~6.7
	磷酸	7.20	6.7~7.6
	N-2-羟基乙哌嗪-N'-2-乙磺酸	7.55	7.6~8.2
阴离子型	L-组氨酸	6.15	5.5~6.0
	嘧唑	7.0	6.6~7.1
	三乙醇胺	7.77	7.3~7.7
	Tris	8.16	7.5~8.0
	二乙基胺	8.8	8.4~8.8

§9.2 流动相对生物大分子保留的决定性作用

对于用梯度法洗脱生物大分子而言，因 k' 是随流动相中的置换剂浓度的变化而改变的，在此情况下，也可以用式（4-16）描述这种变化关系，但必须用其导数的形式，即[6]：

$$dk'/da_D = -ZI/a_D{}^{z+1} \qquad (9-1)$$

从式（9-1）看出，随置换剂活度的增加，k' 以指数变化形式降低。因此，在生物大分子的 HPLC 分离中 Z 值一般都大于 10，尤其在 HIC 分离的生物大分子分离中，它们的 Z 值更大，有些蛋白质的 Z 值甚至超过 200。所以，对一个给定的固定相和流动相体系而言，Z 和 $\lg I$ 为常数时，k' 值的大小主要由流动相中置换剂的浓度决定。在生物大分子的线性梯度洗脱分离中，色谱峰的峰宽近似相等。只有用梯度洗脱才能获得良好的分离效果。

在 HPLC 中，用梯度洗脱方法分离生物大分子时，流动相的组成是在不断变化着的[7]，因此，溶质在色谱柱中迁移过程与等浓度洗脱有所不同。在梯度的起始阶段，因为流动相中置换剂浓度很低，迁移速度非常小，小到可以忽略的程度，溶质这时候一般认为是被"阻留"在色谱柱的入端口。随流动相组成的变化，强溶剂浓度不断增加，溶质移动的速度不断增大直至流出色谱柱。如此，在 k' 值小的蛋白质流出的过程中或流出后的一段时间内，k' 值大的蛋白质会留在柱顶端几乎不动。因此，在这种洗脱条件下，溶质的分离度受柱长的影响较小，主要取决于流动相组成，但这只是一种定性解释。必须建立一个新的短柱理论，以便进行定量计算。

§9.3 短柱理论[6]

9.3.1 概述

在讨论小分子溶质时，一般认为色谱柱长/径比为 10 是较为合适的几何尺寸。但对于生物大分子而言，前已指出，情况是不同的。用 SDT-R[7] 已从理论上定性地解释了用梯度洗脱方式分离生物大分子的模式并得到了实验验证[8,9]。

Moore 等[10]用柱长为 6.3mm 的色谱柱，在 RPLC 中分离了五种蛋白，发现其分离度优于在柱长为 45mm 的色谱柱上的分离度。Eksteen 等[11]在 IEC 上，用柱长分别为 250mm 与 20mm 色谱柱分离了与 Moore 等所用相同的五种蛋白的混合物，也得出了长度为 20mm 的色谱柱的分离度好于长度为 250mm 色谱柱的分离度的结论。另外，M. B. Tennknikov 等[12]依据 SDT-R，针对这些现象提出了生物大分子在 HPLC 上保留的"开-关"机理（on-off mechanism），并且指出，由此可发展了一类全新的膜色谱固定相。他们还成功地从合成的连续棒状阴离子交换棒上切出 2mm 厚的离子交换薄片或膜以用于蛋白质分离，认为灌注色谱固定相更好地体现了这种"开-关"机理。B．G．Belenkii 等[13]也用 SDT-R 进一步提出了生物大分子在色谱上保留的"有-无"原理（all or nothing principle），并用 E．C．Freiling 提出的公式[14]和 Snyder 经验式[15]推导出了膜色谱中膜厚度或最短柱长的计算公式，使在短柱上获得好的分离度成为现实。但是当用 HPLC 对生物大分子进行分离时，随着柱长逐渐缩短，而柱长与柱径比就会越来越小，柱负荷也会愈来愈低，使得短色谱柱仅能用于分析的目的，难以用于制备或生产规模。如果要将其用于制备规模，只有增大柱直径，这不仅提出了制备色谱柱的长/径比最优化以及柱长的缩短有无极限等理论问题，而且对将其用于工业生产会有重要的实际意义。为此，必须建立短柱理论。

9.3.2 短柱理论表达式的推导

如上所述，对于生物大分子而言，它的保留主要是由流动相中置换剂的浓度决定的，柱长对生物大分子的分离几乎没有影响，有时甚至会出现短柱较长柱的分离效果还好的情况[10~14]，为了对此进行定量地表征和描述，首先作以下的假定。

1. 基本假定

（1）不同溶质在色谱柱上进行迁移时，若迁移速度大于零，但小于流动相的线性流速，溶质在色谱柱上的迁移对分离有贡献，此时溶质迁移所经历的柱长也对分离有贡献；而当其迁移速度等于流动相速度时（即固定相不吸附溶质或溶质完全从固定相洗脱时），溶质迁移所经历的柱长对分离无贡献。因此，定义溶质从开始迁移至其迁移速度等于流动相速度时，溶质在色谱柱上迁移的距离为有效迁移距离，并称之为有效柱长，用 L_{eff} 表示。

（2）对于等浓度洗脱而言，容量因子的最佳范围一般认为是：$1 < k' < 10$[16]，对于生物大分子而言，一般采用梯度洗脱，其 k' 随着梯度洗脱的进行而在不断地变化着，而且随着流动相中置换剂活度的变化，生物大分子的 k' 变化很大。假定 $k' = 1$ 时，溶质的迁移速度与流动相的流速相近，在计算有效柱长 L_{eff} 时可以将 $k' = 1$ 作为溶质完全洗脱时终止值。

（3）假定在微小的时间区间 dt 内，可以认为溶质的迁移是在等浓度条件下的迁移，若此微小时间区间的距离为 dx，则该溶质的迁移速度就应当为 dx/dt，所以溶质的迁移速度 U_x 可表示为：

$$U_x = dx/dt = U/(1 + k') \qquad (9\text{-}2)$$

式中：U_x 为溶质的瞬时迁移速度，即 $U_x = dx/dt$；U 为流动相的线性流速或线速。

（4）在该微小的时间区间 dt 内，由于溶质的迁移假定为等浓度条件下的迁移，所以这时该溶质的容量因子 k' 与流动相瞬时活度的关系应符合 SDT-R，即：

$$\lg k' = \lg I - Z \lg a_D \tag{4-16}$$

或者，

$$k' = I / a_D^Z \tag{9-3}$$

（5）当混合物中最难分离的两种溶质：溶质1（吸附弱）和溶质2（吸附强）达到近似基线分离时，即分离度 $R_s = 1$ 时[17]，所需的柱长定义为最短柱长 L_{min}。在该分离度条件下，两个色谱峰间的距离 w 应近似等于两个相邻色谱峰的平均峰宽值。

2. 有效柱长 L_{eff}

当采用线性溶剂梯度洗脱方式对生物大分子进行色谱分离时，其流动相中置换剂活度变化与时间之间的关系可写成[18]：

$$a_D = a_{D0} + B(t - t_D) \tag{9-4}$$

式中：a_D 为时间 t 时置换剂的活度；a_{D0} 为置换剂的初始活度，即 $t = t_D$ 时的活度；t_D 为梯度装置延迟时间；B 为梯度陡度。

基于上述假定（3），将式（9-2）从 t_1 到 t_2 进行积分便可得出有效迁移柱长 L_{eff} 的数学表达式为：

$$L_{eff} = x = \int_{t_1}^{t_2} \frac{U}{1 + k'} dt \tag{9-5}$$

式中：t_1 和 t_2 分别为溶质迁移的起始时间和当溶质的迁移速度 $U_x = U$ 的时间。

如果对式（9-5）在溶质迁移起始时间 t_1 所对应的活度和当溶质的迁移速度 $U_x = U$ 时的时间 t_2 所对应的活度进行积分，式（9-5）可进行如下数学变换。

首先以式（9-4）中活度 a_D 对时间 t 求导得：

$$da_D / dt = B \tag{9-6}$$

然后将式（9-3）和式（9-6）代入式（9-5）得：

$$L_{eff} = \frac{U}{B} \int_{a_{D1}^Z}^{a_{D2}} \frac{a_D^Z}{I + a_D^Z} da_D \tag{9-7}$$

式中：a_{D1} 和 a_{D2} 分别为该溶质从开始迁移时的速度 $U_x = 0$ 和其迁移到 $U_x = U$ 时所对应的瞬时活度。

如果将式（9-5）从该溶质迁移起始时 k' 所对应时间 t_1 及当溶质的迁移速度 $U_x = U$ 时容量因子所对应的时间 t_2 进行积分，需对式（9-7）作如下数学变换。

首先将式（9-2）中活度 a_D 对 k' 微分得：

$$da_D = -\left[\frac{I}{k'} \right]^{\frac{1}{Z}} \frac{1}{Zk'} dk' \tag{9-8}$$

再将式（9-3）和式（9-8）代入式（9-7），则该溶质的 L_{eff} 可表示为

$$L_{eff} = -\frac{U}{B} \int_{k_1'}^{k_2'} \frac{1}{Zk'(1 + k')} \left[\frac{I}{k'} \right]^{\frac{1}{Z}} dk' \tag{9-9}$$

式中：$k_1{}'$ 和 $k_2{}'$ 分别为溶质迁移速度 $U_x = 0$ 和 $U_x = U$ 时的瞬时容量因子值。

由式（9-9）可知，在其他色谱条件相同的条件下，有效迁移距离 L_{eff} 是随溶质的不同而变化的。对同一种溶质而言，$k_1{}'$ 值愈小，其对应的 L_{eff} 就愈小，洗脱时所需时间也就愈短，反之，洗脱时所需时间就愈长。

3. 最短柱长 L_{min}

分离度为 R_s 的线性梯度洗脱，这时所用的 k' 为色谱峰洗脱到柱子一半时的 k' 值。因生物大分子无法用等浓度洗脱，只能用梯度洗脱，所以本文借用了 Snyder[16] 在此洗脱条件下 R_s 的概念，依据假设（5），当最难分离的蛋白质对所形成的两个相邻色谱峰达到近似基线分离，即分离度为 $R_s = 1$ 时，该二色谱峰之间的距离为 w，而且

$$w = \frac{1}{2}(W_1 + W_2)R_s = \frac{1}{2}(W_1 + W_2) \tag{9-10}$$

式中：W_1 和 W_2 分别为最难分离的蛋白质对达到近似基线分离时所形成的两个相邻色谱峰所对应的峰宽。因此，最短柱长所描述的情况是该最难分离蛋白质 1 和 2，当吸附能力强的第二种蛋白质刚好迁移出该最短柱长的柱出口时，而吸附力弱的第一种蛋白质已经离开该最短柱长的柱出口后的情况。第一种蛋白质离开最短柱长的柱出口至第二种溶质迁移出该出口时的一段时间为

$$\Delta t = w / v \tag{9-11}$$

式中：Δt 为记录仪上两个色谱峰之间的时间差；v 为记录仪的走纸速度。

由式（9-4）可得出，第二种蛋白质迁移出最短柱长的柱出口时与第一种蛋白质迁移出最短柱长的柱出口时的活度差为 Δa_D：

$$\Delta a_D = B\Delta t \tag{9-12}$$

为了进一步说明最短柱长的含义，将该两种相邻蛋白质在色谱柱上的迁移模式以图 9-1 进行说明。

图 9-1 中左端实线所示为色谱柱进口，而中间的单虚线表示满足最难分离蛋白质对达到近似基线分离时所需色谱柱最短柱长的柱出口。在图 9-1 右端，从单虚线到双虚线这一段柱长则表示在实际所用的色谱柱中除去最短柱长后多余的色谱柱的柱长。当蛋白质离开最短柱长的柱出口后会沿着多余部分色谱柱继续进行迁移。

图 9-1 还将该二难分离的蛋白质的分离分成了 4 个步骤，并分别以步骤 1、步骤 2、步骤 3 和步骤 4 来表示。步骤 1 表示当梯度洗脱刚刚开始时，因置换剂的活度较小，该二蛋白质的容量因子 k' 值均很大，因此，二者的迁移速度非常小。事实上可以认为二者均被阻留在柱头上没有移动；步骤 2 表示随着梯度洗脱的继续进行，流动相中置换剂的活度不断增大，两种蛋白质的 k' 值均会逐渐减小，因色谱柱对蛋白质 1 的保留弱，故蛋白质 1 的 k' 减小最快，直至它开始迁移。由于二蛋白质的 k' 值不同，所以它们迁移的速度也会不同，其结果是在柱

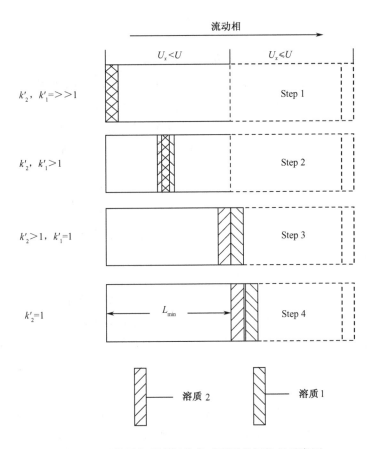

图 9-1 两种蛋白质刚好分离时所需最短柱长示意图

上的迁移的距离也不同，但因迁移距离不够，二者还不能完全分离；步骤 3 表示当蛋白质 1 迁移出最短柱长的柱出口时，蛋白质 2 还未迁移出最短柱长的出口，虽然此时二者的分离已较步骤 2 为佳，但还未达到分离度 $R_s = 1$ 的要求。随着梯度洗脱的继续进行，蛋白质 1 流出最短柱长的柱出口继续在假定的最短柱长后的延长部分前进，蛋白质 2 逐渐向最短柱长的柱出口逼近；步骤 4 表示当蛋白质 2 迁移出最短柱长的柱出口，即单虚线位置时，蛋白质 1 已离开最短柱长的出口处并迁移了一段距离，此时，二蛋白质的分离度 $R_s = 1$。

用式（9-7）将图 9-1 中蛋白质 1 从色谱柱进口迁移出最短柱长的柱出口，即步骤 3 所示的单虚线的位置所通过的距离，即最短柱长 $L_{\min}$ 表示为：

$$L_{\min} = \frac{U}{B} \int_{a_{D11}}^{a_{D12}} \frac{a_D^{z_1}}{I_1 + a_D^{z_1}} \mathrm{d}\, a_D \tag{9-13}$$

当蛋白质 1 离开最短柱长的柱出口，即从单虚线迁移了一段距离使该蛋白质对达到了基线分离所要求的时间后，蛋白质 2 也迁移出最短柱长的柱出口，此时蛋白质 2 迁移的距离用式（9-7）表示为：

$$L_{\min} = \frac{U}{B} \int_{a_{D21}}^{a_{D22}} \frac{a_D^{Z_2}}{I_2 + a_D^{Z_2}} \, \mathrm{d} a_D \tag{9-14}$$

由于式（9-13）和（9-14）中 a_{D11} 和 a_{D21} 分别为蛋白质 1 和蛋白质 2 的起始迁移浓度，所以其值为流动相 A 液中置换剂的活度，可在配制溶液时测得，而 a_{D12} 和 a_{D22} 分别为蛋白质 1 和蛋白质 2 流出最短柱长的柱出口时流动相中置换剂的瞬时活度，为两个未知值，需要从式（9-13）和式（9-14）得到的方程中求得，所以从该两式可得：

$$\frac{U}{B} \int_{a_{D11}}^{a_{D12}} \frac{a_D^{Z_1}}{I_1 + a_D^{Z_1}} \, \mathrm{d} a_D = \frac{U}{B} \int_{a_{D21}}^{a_{D22}} \frac{a_D^{Z_2}}{I_2 + a_D^{Z_2}} \, \mathrm{d} a_D \tag{9-15}$$

由于蛋白质 1 和蛋白质 2 流出最短柱长的柱出口时的瞬时活度 a_{D12} 和 a_{D22} 之间有如下关系：

$$a_{D22} = a_{D12} + \Delta a_D \tag{9-16}$$

将式（9-16）代入式（9-15）并求得 a_{D12} 或 a_{D22} 后，将其值代入式（9-13）或式（9-14）后便可计算出最短柱长 $L_{\min}$（因为所有积分式的积分结果为超几何函数，无法求出它们的解析函数，所以必须通过计算机进行数值计算。所用的计算软件为 Mathematic 4.0）。

4．L_{eff} 和 $L_{\min}$ 的关系

L_{eff} 和 $L_{\min}$ 均是用来描述蛋白质在色谱柱上迁移行为的两个参数。L_{eff} 表征的是一种蛋白质的迁移特征，而 $L_{\min}$ 描述的则是在满足一定分离度要求条件下，两种蛋白质迁移的差异程度。所以二者是两个完全不同的概念，而且相邻色谱峰所对应的两种蛋白质中必然存在一种蛋白质的 $L_{\text{eff}} > L_{\min}$。当柱长 $\leqslant L_{\text{eff}}$ 时，蛋白质在色谱柱上的迁移为有效迁移，即柱长对分离有贡献。而当柱长 $> L_{\text{eff}}$ 时，蛋白质在色谱柱上的迁移分为有效迁移和无效迁移两部分，其分界线即为有效迁移柱长。当 $L_{\min} \leqslant$ 柱长 $\leqslant L_{\text{eff}}$ 时，两种蛋白质的分离可满足对分离度的要求了，但当柱长 $< L_{\min}$ 时，则无法使蛋白质对达到所要求的分离度。在该二蛋白质对满足分离度的要求，即先后开始离开最短柱长的柱出口时，蛋白质的迁移速度不一定等于流动相的速度。尽管此时在该蛋白质对中有一种蛋白质在最短柱长的色谱柱上的迁移一定是有效迁移，但蛋白质的这段有效迁移距离不是有效迁移柱长。如果计算的最短柱长大于两种蛋白质的有效迁移，说明这两种蛋白质的分离无法满足对分离度的要求，需要改变色谱条件以达到预期的分离的目的。

9.3.3 有效柱长 L_{eff} 的测定

选择不同规格的色谱柱装于色谱系统中，在每次色谱分离之前，先用 A 液在所设定流速下平衡色谱系统 15min 后，在选定的流速和色谱洗脱方式下进行色

谱分离和测定。所有实验中所用的检测波长为 280nm。用等浓度洗脱方法测定 $\lg I$ 和 Z 值，而测定 $\lg I$ 和 Z 值所需的不同浓度是由 A、B 泵控制上述 A、B 液按不同比例混合方式所得，混合液的密度用称量法测得，最后计算出混合液中置换剂的活度，依据 SDT-R 的基本关系式作图，其斜率为 Z，截距为 $\lg I$。死时间用质量分数为 10% 的亚硝酸钠测得，进样量为 $2\mu L$。梯度延迟时间用 B 液及 B 液配成质量浓度为 6% 的亚硝酸钠溶液在所设定线性梯度条件下测定。实验中所有数据用计算机进行处理。如在第三章和第四章中指出的，在实验中将溶液中均取其为理想溶液活度系数等于 1，所以所有的活度均变成了浓度。

表 9-4 是在流动相 A 液的置换剂水浓度的测定值为 43.7mol·L^{-1}，B 液水浓度为 55.3mol·L^{-1}[18]。体积流速为 1.0mL·min^{-1}，不同等浓度条件下，用 100mm×4.6mmI．D. 不锈钢色谱柱分别测定六种蛋白质：细胞色素-C（Cyt-C）；肌红蛋白（Myo）；核糖核酸-A（RNase-A）；溶菌酶（Lys）；α-淀粉酶（α-Amy）；胰岛素（Ins）的 Z 值和 $\lg I$ 值（有关 Z 值和 $\lg I$ 值的内容可参见第八章和第十章）。

表 9-4　六种蛋白质在疏 HIC 水柱上的 Z 和 $\lg I$ 值及 L_{eff}

蛋白质	Z	$\lg I$	积分上限 k' 值（[D]＝43.722）	L_{eff}（mm，积分下限 k'＝1）
Cyt-C	51.5	85.5	9.4	67.3
Myo	65.6	110.5	629.6	65.0
RNase-A	552.4	88.8	636.3	83.1
Lys	53.0	90.3	2328	84.3
α-Amy	116.8	200.5	8.68×10^8	39.9
Ins	68.7	118.8	1.14×10^6	69.2

9.3.4　最短柱长 L_{min} 的测定

依据 SDT-R 推导的公式和假设（5），进行最短柱长 L_{min} 计算。用 100mm× 4.6mmI．D. 色谱柱，其色谱条件与 L_{eff} 的测定相同。将六种蛋白质 Cyt-C、Myo、RNase-A、Lys、α-Amy、Ins 混合物进样，以实验的方法测定色谱峰宽，然后计算出相邻色谱峰宽的平均值。由于相邻色谱峰宽的平均值分别为 2.02min、1.17min、1.75min、1.58min 和 1.89min（皆取时间单位），故直接将其代入式（9-12）并计算出 Δa_D，然后由式（9-16）确定出 a_{D12} 和 a_{D22} 之间的定量关系，最后由式（9-15）求出 a_{D12} 或 a_{D22}，这样，L_{min} 便可由式（9-13）或式（9-14）得出，计算结果列于表 9-5 中。

如果比较分配系数与最短柱长的关系，可以根据 SDT-R 中式（4-16）依次推导公式（9-17）、（9-18），并按所选用六种蛋白的出峰顺序，分别计算两种相邻蛋白的容量因子，然后用式（9-19）计算出不同蛋白所对应的分配系数，如表9-5所示。

$$\lg k_1' = \lg I_1 - Z_1 \lg \alpha_D \tag{9-17}$$

$$\lg k_2' = \lg I_2 - Z_2 \lg \alpha_D \tag{9-18}$$

$$P_{a1} / P_{a2} = k_1' / k_2' \tag{9-19}$$

表9-5　HIC柱在线性梯度下不同蛋白对刚好分离的最短柱长

不同蛋白对	相邻色谱峰宽平均值*/min	不同蛋白对分配系数比	L_{min}/mm
Cyt-C/Myo	2.02	1.52×10^{-2}	0.45
Myo/RNase-A	1.1	9.8×10^{-1}	33.4
RNase A/Lys	1.75	2.66×10^{-1}	0.27
Lys/α-Amy	1.58	2.72×10^{-6}	3.36×10^{-7}
α-Amy/Ins	1.89	7.61×10^{2}	40.4

*测定时的色谱条件：色谱柱：$100\text{mm} \times 4.6\text{mmI. D.}$不锈钢色谱柱；体积流速：$1\text{mL} \cdot \text{min}^{-1}$；25min线性梯度，100％A-100％B.

表9-5结果显示出，六种蛋白质组成的五对蛋白质分别达到近似基线分离时所需的最短柱长 L_{min}，因不同蛋白对近似基线分离所需的 L_{min} 是不同的，而且与表征它们色谱行为的 Z、$\lg I$ 值、流动相的线性流速、线性梯度陡度、积分上线及与分离度有关的积分下限有关。而且若要将这六种蛋白质达到近似基线分离，选择最难分离的蛋白质对 α-Amy/Ins 时所需的色谱柱长度为 40.4mm。这从理论上说明了为什么人们在 20 世纪 80 年代初期在开始用 LC 分离大分子时常会用柱长为 50mm 色谱柱，就能够基本满足生物大分子的 HPLC 分离。

图 9-2 和图 9-3 是用 $20\text{mm} \times 4.6\text{mm I. D.}$ 和 $50\text{mm} \times 4.6\text{mm I. D.}$ 色谱柱，在采用同样色谱填料和色谱条件下，对其蛋白质进行色谱分离的结果。可以看出图 9-3 中所示 6 种标准蛋白质基本上能达到基线分离，而图 9-2 所示的长度为 20mm 的色谱柱上的 Myo 和 RNase-A 以及 α-Amy 和 Ins 未达到基线分离，其分离效果比 $50\text{mm} \times 4.6\text{mm I. D.}$ 色谱柱的差了很多，说明了最短柱长公式预测和实验结果是一致的。但用最短柱长理论进行最短柱长预测时仍存在一定的局限性，如未考虑进样量对峰宽的影响以及误差的存在，这有待对该理论作进一步的改进。虽然如此，最短柱长 L_{min} 的预测，仍为色谱饼的设计提供重要的理论依据。另外，在对 L_{min} 计算时，发现对分离度的要求不同，计算出的最短柱长差异较大，说明分离度对 L_{min} 的计算非常重要。最后由不同蛋白质分配系数的大小看出，比值越小，即蛋白质的色谱行为差异越大，分离这对蛋白质时所需的 L_{min} 就愈小，该结论与实验事实是一致的。

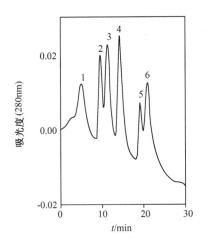

图 9-2 20mm×4.6mm I. D. HIC 色谱
柱对标准蛋白的色谱分离图

流速：1.0mL·min⁻¹；25min 线性梯度：100%A-
100%B；1.Cyt-C；2.Myo；3.RNase-A；
4.Lys；5.α-Amy；6.Ins

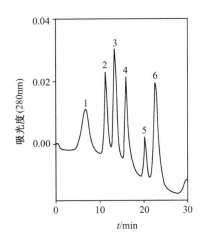

图 9-3 50mm×4.6mm I. D. HIC 色谱
柱对标准蛋白的色谱分离图

流速：1.0mL·min⁻¹；25min 线性梯度：100%A-
100%B；1. Cyt-C；2. Myo；3. RNase-
A；4. Lys；5. α-Amy；6. Ins

§9.4 短柱对生物大分子的分离效果

9.4.1 生物大分子的洗脱模式

众所周知，柱长对生物大分子的分离效果几乎没有影响，虽然§9.3对此做了定量计算，但显复杂。本节将用 SDT-R 对此从理论上进行较为直观的更进一步说明。根据 SDT-R，当一个溶剂化的溶质分子被溶剂化的固定相吸附时，在溶质与固定相的接触界面上必然要释放出一定计量的溶剂分子。接触面越大，接触位点越多，则 Z 值也就越大。从式（7-1）

$$\lg k' = Z(j - \lg a_D) + \lg \varphi \qquad (7-1)$$

在一个给定的色谱体系中，流动相与固定相均是一定的，因此仅与流动相和固定相有关的两参数：j 和 φ 均为常数。那么在一定流动相浓度下，k' 将随 Z 的变化而变化。在等浓度洗脱条件下，两种不同溶质的容量因子 k' 的比值为[19]

$$\lg \frac{k'_2}{k'_1} = (Z_2 - Z_1) \times (j - \lg a_D) \qquad (9-20)$$

由式（9-20）可以看出，两种溶质在等浓度条件下是否能够洗脱，取决于两者 Z 值之差。即 Z 值相差较小时，其 k' 值也相差不大，可用等浓度洗脱；反之，Z 值相差大至一定程度时，则必须用梯度才能洗脱。不论是在 RPLC 还是 HIC 中，生物大分子的 Z 值均很大。根据式（4-16），大的 Z 值使得流动相浓度变化一个很小的范围就可引起 k' 值几十倍、甚至上百倍的变化，也就是说，生物大分子的流动相洗脱范围很窄。而小分子溶质的 Z 值都远远小于生物大分子，造成其流动相洗脱范围较宽。表 9-6 中分别列出 RPLC 与 HPHIC 中 6 种生物大分子与 6 种小分子溶质的 Z 值。

表 9-6　6 种小分子溶质和 6 种生物大分子溶质在 RPLC 和 HPHIC 中的 Z 值比较[8,19]

	溶质种类	苯	甲苯	乙苯	丙苯	丁苯	叔丁苯
RPLC	Z	3.00	3.49	3.49	4.47	4.95	4.38
	溶质种类 *	Cab	Ins	Lys	Cyt-C	BSA	
	Z	8.13	16.6	26.5	31.4	69.7	
HIC	溶质种类 *	Cyt-C	RNase	Lys	α-Amy	BSA	OVA
	Z[8]	60.1	74.2	94.9	99.6	203	193
	溶质种类	苯甲醇	苯乙醇	苯丙醇	苯丁醇		
	Z	11.98	13.76	16.88	19.79		

* Cab：碳酸脱氢酶，Ins：胰岛素，Lys：溶菌酶，Cyt-C：细胞色素-C，BSA：牛血清蛋白，RNase：核糖核酸酶，α-Amy：α-淀粉酶，OVA：卵清蛋白。RPLC 的流动相为异丙醇－0.05 mol/L KH_2PO_4-H_2O 体系，HIC 的流动相为 $(NH_4)_2SO_4$-0.01mol/L KH_2PO_4-H_2O 体系。

从表 9-6 中看出，无论是在 RPLC 还是在 HPHIC 中，生物大分子的 Z 值均很大，通常在几十到几百范围之间。根据式（4-16），如此大的 Z 值所造成的结果是，当流动相中强溶剂浓度在一个很小的范围内变化时，就可引起 k' 值的几十倍、甚至上百倍的变化。这里再次强调，对一种蛋白质而言，它的流动相洗脱范围很窄。而小分子溶质的 Z 值都远远小于生物大分子，从而造成它们的流动相洗脱范围较宽。

另外，不同种类的生物大分子间的 Z 值相差很大，通常都大于 10，那么由式（9-20）计算得到的同一流动相浓度下的 k_2'/k_1' 也就很大。这就意味着适合于一种蛋白质的等浓度色谱分离条件几乎无法洗脱其他种类的蛋白质。所以，生物大分子的分离通常要采用梯度洗脱方式来实现。在梯度洗脱中，随着流动相浓度的不断变化，k' 迅速减小，当其达到适当的流动相范围时，蛋白质迅速解吸附并流出色谱柱，因此，可以说生物大分子的分离在很大程度上取决于流动相的组成，而与柱长基本无关。

9.4.2　不同柱长对生物大分子的分离效率

如前所述，生物大分子的分离受柱长影响很小，这并不意味着柱长无限小对分离度也不会产生大的影响。对于生物大分子分离体系，应当存在一个在梯度条件下不影响，或基本不影响其分离度的最小柱长。图 9-4 为四种标准蛋白在柱内

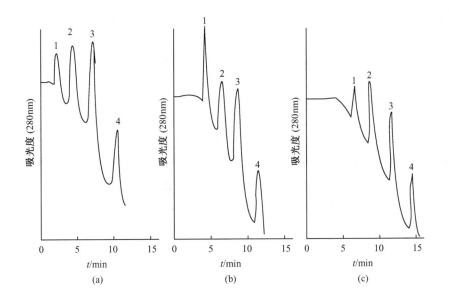

图 9-4　在 HIC 中用不同柱长对四种标准蛋白的色谱分离图[8]

（a），（b）和（c）分别表示四种标准蛋白在柱长为 5 mm，25 mm 和 150 mm
的 HPHIC 柱中的分离图；

1.Cyt-C；2.Myo；3.Lys；4.α-Amy

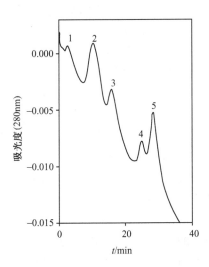

图 9-5　2mm×7.9mm I. D. HIC 色谱柱
对六种标准蛋白的色谱分离图[20]
流速：3.0mL·min⁻¹；25min 线性梯度
100％A-100％ B
1.Cyt-C；2.Myo 和 RNase-A；3.Lys；
4.α-Amy；5. Ins

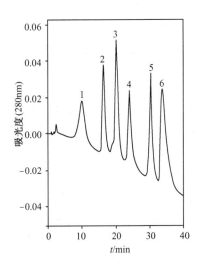

图 9-6　200mm×7.9mm I. D. HIC 色谱
柱对六种标准蛋白的色谱分离图[20]
流速：3.0 mL·min⁻¹；25min 线性梯度
100％A-100％B
1.Cyt-C；2.Myo；3.RNase-A；4.Lys；
5.α-Amy；6.Ins

径相同，而长度各异的三根 HIC 色谱柱上的色谱图。虽然最短与最长柱长相差 30 倍，但分离效果基本一致[8,19]。

为进一步证明最小柱长是有限度的论点，选定相差更大的 200mm×7.9mm I. D. 和 2mm×7.9mm I. D. 的两种 HIC 柱子，在流速为 3.0mL·min⁻¹、梯度为 100%A-100%B，40min 同样色谱条件下分离上述 6 种标准蛋白，如图 9-5 和图 9-6 所示，色谱图 9-6 中 6 个相邻蛋白峰的分离度明显好于图 9-5 中 6 个相邻蛋白峰的分离度。在该二色谱柱长度相差 100 倍的条件下，图 9-5 中 Myo 和 RNase-A 完全没有分离，而 α-Amy 和 Ins 远未达到基线分离的程度，表明分离生物大分子时确实存在最短柱长的问题。与图 9-2 和图 9-3 相比，图 9-5 中所示的色谱图中所有色谱柱的直径更大，其长/径比差异较大。前二者的长/径比均大于 1，而后者却小于 1。所以，这里又提出了一个图 9-5 所示的蛋白分离效果变差是由于柱长太短，还是长/径小于 1 的问题。

§9.5　色　谱　饼

9.5.1　半制备色谱柱和色谱饼的性能

从 SDT-R 和实验检验的结果均表明，分离生物大分子可以采用较短的色谱柱，这就为可以装填小颗粒填料的半制备型、制备型和生产型的色谱饼的应用奠定了基础。因为一般半制备型、制备型和生产型的色谱柱中装填的都是大颗粒填料，其主要的目的是为了能在较低的压力条件下进行大流量洗脱。但为满足必要的分离度要求，又不得不维持一定的柱长，这不仅使分离时间延长，而且降低产率，使生产成本升高。装填小颗粒填料虽然很容易满足分离度的要求，并具有较大的柱负载量，但因在此条件下，色谱系统呈现出很高的压力而妨碍其应用。生物大分子在 LC 分离中受柱长影响较小这一特性有利于对解决半制备型、制备型和生产型色谱分离中使用小颗粒填料的问题。作者等[20,21]在 SDT-R 基础上，进行了大量的实验研究，依据不同生物大分子在 LC 分离时 Z 值具有较大的差异，首先设计和制造出 10mm 厚的"饼"形色谱柱，将其称作色谱饼（chromatography cake）。因其可用于变性蛋白复性并同时纯化，故又称其为变性蛋白复性和同时纯化装置（unit of simultaenous renaturation and purification of proteins，简称 USRPP）。图 9-7 是实验型、制备型和生产型的 USRPP 或色谱饼的照片。

如图 9-8（a）和图 9-8（b）所示，规格为 5mm×50mm I. D. 的色谱饼和 200mm×7.9mm I. D. 的色谱柱，二者的内腔体积相同，均为 9.9±0.2mL，并在 40MPa 压力条件下装填同一批 HPHIC 填料。在进样量相同和流速均为 4.0mL·min⁻¹条件下，对六种标准蛋白进行了分离。可以看出，柱几何体积相同、柱长/柱径比相差较大的色谱柱和色谱饼分离蛋白质时对分离度没有大的影响。由图 9-8（a）看出，其六种蛋白质的分离效果颇佳，所以，饼（柱）直径大

图 9-7　实验室型、制备型和制备型 USRPP 照片

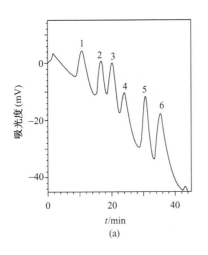

(a)

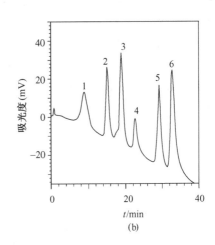

(b)

图 9-8　色谱柱与色谱饼分离性能的比较[20]

流速：4.0mL·min^{-1}；40min 线性梯度：100％A-100％B

1.Cyt-C；2.Myo；3.RNase-A；4.Lys；5.α-Amy；6.Ins

（a）5mm×50mmI. D.；（b）200mm×7.9mmI. D.

和长/径比小于 1 都不会对分离效果带来大的影响，图 9-5 所示分离效果差主要还是柱长 2mm 对于其中 Myo 和 RNase-A 这对蛋白质分离而言是太短了。

9.5.2 色谱柱与色谱饼压力-体积流速曲线

用 LC 法分离生物大分子时，在同样的色谱条件下，在分离效果和蛋白质活性回收方面，色谱饼和色谱柱的差异不大。但流动相流出对色谱饼比色谱柱具有更小的压差。当然，前者的柱负荷略高于后者。由于色谱饼中的填料较色谱柱中的装填更为紧密和均匀，当流动相流速增加时，色谱饼不仅反向压力上升慢，而且质量和体积负载也比色谱柱高。将新装填的色谱柱和色谱饼分别装于色谱系统中，测定其柱压随流动相体积流速变化曲线。并在色谱柱和色谱饼各使用大约30 次后，再分别测定它们的柱压随流动相体积流速的变化曲线。

如图 9-9 所示，色谱饼在使用前和使用后的两种压力-体积流速曲线皆明显低于色谱柱的两种压力-体积流速曲线，说明在相同几何体积条件下，色谱饼的压力变化较色谱柱小。特别是在它们使用了一段时间后，色谱饼的优势更加显著。由不同规格色谱饼对不同蛋白质混合物的色谱分离实验发现，当色谱饼的厚度大于最短柱长，而且流动相能在色谱饼进口端均匀分布时，其柱长/柱径比对生物大分子分离度影响不大［如图 9-8（a），9-8（b）］；对不同规格色谱饼性能，依据短柱理论设计的厚度为 10mm、最大直径已经达到 300mm 的不同规格的色谱讲，可以满足对生物大分子分离和纯化的要求。而且，从直径为 300mm 色谱饼的分离性能看，在厚度不变的条件下，其直径还可以继续增大；在不同体积流速下，对不同柱长与柱径比色谱饼压力装填小颗粒填料的色谱饼，可在中、低压（小于 5.0 MPa）条件下对蛋白质混合物进行制备分离。这不仅能充分发挥小颗粒填料柱效高和负载量大的优势，克服其造成色谱系统压力高的不足，而且还具有灌注色谱可在大流速条件下使用的特点。

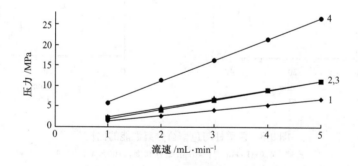

图 9-9　压力-体积流速曲线的比较

1. 色谱饼；2. 使用 30 次后的色谱饼；3. 色谱柱；4. 使用 30 次后的色谱柱

色谱饼的应用对生物大分子进行分离具有明显的优势，直径大、柱长短的色谱饼更适用于高流速下对蛋白质的分离，这对缩短生产周期是有利。具有中、低压色谱分离的高柱负载，这有利于蛋白质保持高的生物活性，因此，色谱饼的色谱分离具有可与 HPLC 相媲美的分离效率，表明了色谱饼对生物大分子的分离已达到制备规模，将为色谱饼的工业化应用奠定了基础。

9.5.3 色谱饼与色谱柱质量负载和体积负载

人们最担心的问题是长度仅为 10mm 的色谱饼的体积负荷和质量负荷。在相同实验条件下，分别用 $5.0mg \cdot mL^{-1}$ 牛血清蛋白（BSA）溶液测定几何体积接近相等的色谱柱和色谱饼的体积负载，用 $12.5mg \cdot mL^{-1}$ BSA 测定其质量负载的两次测定的平均结果列于表 9-7 中。由于流动相组成会显著影响溶质在固定相上的保留，所以流动相的组成很重要。所以，每次测定时，首先用体积流速为 $5.0mL \cdot min^{-1}$ 流动相 A 液平衡柱子约 30min 后按连续进样，选择流动相与样品的体积流速比为 9:1。

表 9-7 HIC 色谱柱和色谱饼体积负载和质量负载比较[6]

规格	5mm×50mm I. D.	200mm×7.9mm I. D.
装填的填料量/g	6.0	4.6
体积负载/mL·g^{-1}	0.067	0.043
质量负载/mg·g^{-1}	28.65	23.46

由表 9-7 看出，尽管色谱柱和色谱饼内部几何体积近似相同（9.9±0.2mL），但在同样装柱条件下装填的填料质量却有差异，色谱柱中的填料量为 4.6g，而色谱饼中的填料量为 6.0g，为所对应色谱柱装填质量的 1.3 倍。换句话讲，色谱饼中填料颗粒间的空隙要比通常色谱柱的小许多。这是由于在装填色谱填料时，色谱饼中压力梯度小于色谱柱中的压力梯度，所以前者可以使填料装填的更均匀，更紧密。另外由表 9-7 还可看出，色谱饼的体积负载为所用色谱柱的近 1.6 倍，较前者所述的质量负载 1.2 倍还高一些。这是因为流动相在色谱饼中经装在柱入口端的径向流分布器使溶液均匀分布在大面积的填料上，降低了流动相的线速，从动力学角度上讲更有利于色谱填料对 BSA 吸附更完全。因此，色谱饼比色谱柱体积负载和质量负载略高是合理的。

9.5.4 制备型色谱饼

分别将不同规格色谱饼（10mm×10 mm I. D.、10mm×20 mm I. D.、10mm×50 mm I. D.、10mm×100 mm I. D.、10mm×200 mm I. D. 和 10mm×300 mm I. D.）装于色谱系统中，在选定的色谱条件下，对由不同蛋白质组成的混合物进行分离。

如图 9-10～图 9-12 所示，尽管色谱饼长/径比不同，但对不同蛋白质混合物

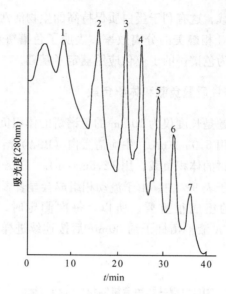

图 9-10　10mm×50mm I. D. HIC 色谱
饼对七种标准蛋白的色谱分离图[20]

流速：5.0mL·min⁻¹；40min 线性梯度：100％A-100％B，
1.Cyt-C；2.Myo；3.RNase-A；4.Lys；5.α-Chy；6.α-Amy；7.Ins

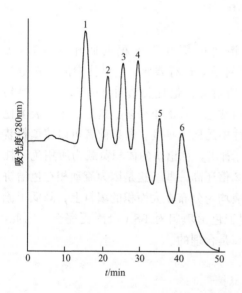

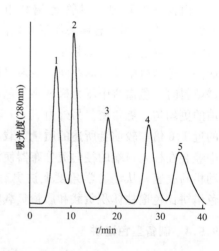

图 9-11　10mm×100mm I. D. HIC 色谱饼
对六种标准蛋白的分离图[20]

流速：20.0mL·min⁻¹；40 min 线性梯度：
100％A-100％B，
1.Cyt-C；2.Myo；3.RNase-A；4.Lys；
5.α-Amy；6.Ins

图 9-12　10mm×200mm I. D. HIC 色谱
饼对五种标准蛋白的分离图[20]

流速：100.0mL·min⁻¹；40min 线性梯
度：100％A-100％B，
1.Cyt-C；2.Myo；3.Lys；4.α-Amy；5.Ins

都可达到好的分离效果，说明在生物大分子的色谱分离中，当色谱饼的厚度大于优化厚度，也就是大于式（9-13）或式（9-14）所预测的最短柱长时，长/径比对分离度影响不大。这是由于在柱入口装有分布器，并使分布器上放射状的沟槽与环状沟槽交叉处的小孔直径从其中心到周边逐渐增大，并在分布器与筛板之间留出约 0.5 mm 的空隙，在流动相达到填料表面前，首先形成一个薄层，然后均匀地分布与填料的表面上。而且，由于装填色谱饼时的压力梯度小，可使填料装填的更加紧密均匀。并在装填色谱饼时采取的径向装填法[22]，可使填料表面平整。

如图 9-13 所示，以水为流动相，在不同体积流速下，对规格分别为 10mm×50mmI．D．、10mm×100mm I．D．、10mm×200mm I．D．和 10mm×300mm I．D．色谱饼的压力测定结果和二通阀代替色谱饼后的压力变化。对四种规格的制备型色谱饼而言，随着体积流速的增大，色谱系统的压力逐渐增大，但通过与二通阀代替色谱饼所做的压力-体积流速曲线比较得出，色谱饼引起的压力增加值很小，最大增加值小于 0.5MPa。表明装填小颗粒填料的色谱饼可在中、低压条件下对蛋白质混合物进行制备分离。这不仅能充分发挥小颗粒填料柱效高和负载量大的优势，克服其造成色谱系统压力高的不足，而且还具有灌注色谱可在大流速条件下使用的特点。

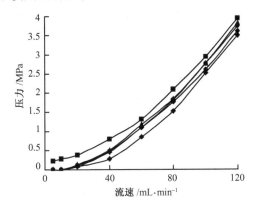

图 9-13　不同规格色谱饼的压力-体积流速曲线[20]

◆—二通阀；　■—50mmI.D.；　▲—100mmI.D.；
●—200mmI.D.；　▼—300mmI.D.

另外，色谱饼的低压环境还有利于对维持蛋白质的活性[24~26]。这使色谱饼用于蛋白质的工业规模制备成为可能。另外，不同规格色谱饼采用的是径向装填色谱饼的方法，从色谱饼良好的分离性能已经表明流动相在其表面可以达到了均匀的分布，也说明合理的设计分布器，减少喷射流的方法是可行的[6]。色谱饼达到了设计要求，10mm×100 mm I．D．以上规格的色谱饼具备了工业化生产规模，可以满足其工业化应用。

§9.6 色谱饼分离条件的优化

由于色谱饼可以装填小颗粒填料，并能在大流速条件下使用，所以具有灌注色谱的特征。在分析型 HPLC 中，其目的主要是了解混合物的组成以及各组分的含量，所以主要要求检测限、分离度和分离速度，一般不需要过多考虑影响生产成本的负载量和流动相的用量等问题，但在半制备型、制备型和生产型 HPLC 中，负载量和流动相的用量等问题却是一个不可忽略的影响成本核算的重要因素，因此，有必要对在线性梯度洗脱条件下，分离纯化蛋白质时流动相用量估算方法以及在总流动相不变时，改变流速和梯度时间对分离度和活性的影响进行研究，以便对生产过程进行优化，降低生产成本，提高生产效率。

9.6.1 流动相用量优化[26]

对生物大分子色谱行为的研究表明，SDT-R 不仅适用于小分子溶质在 HPLC 中的保留行为，而且适用生物大分子溶质在 HPLC 中的保留行为，这一点在 9.2.3 节中已详细的论述。为了考察小分子和生物大分子物质在某一个置换剂浓度点的变化趋势，选用了四种小分子物质和五种生物大分子物质在疏水色谱中的 Z 和 $\lg I$ 值，并计算它们在置换剂——水的浓度为 $45 \text{mol} \cdot \text{L}^{-1}$ 时 k' 随浓度变化的变化率（见表 9-8）。

表 9-8　HIC 柱中小分子和生物大分子容量因子随置换剂浓度的变化率[27]

物质种类	Z 值	$\lg I$ 值	$\mathrm{d}k'/\mathrm{d}a_D$
苯甲醇	10.6	20.3	-1.43×10^{-17}
苯乙醇	12.7	22.3	-6.35×10^{-21}
3-苯基丙醇	15.8	28.1	-7.47×10^{-26}
4-苯基丁醇	18.4	32.8	-5.11×10^{-30}
细胞色素-C	75.6	126.5	-2.21×10^{-123}
肌红蛋白	128.4	220.1	-3.35×10^{-210}
溶菌酶	97.4	166.2	-3.41×10^{-159}
牛血清蛋白	119.0	203.0	-9.94×10^{-195}
α-淀粉酶	144.0	247.0	-6.84×10^{-236}

由表 9-8 看出，小分子的 Z 值较小，在选定置换剂浓度 $45 \text{mol} \cdot \text{L}^{-1}$ 时的 k' 随置换剂的浓度变化率远远小于生物大分子的变化率。所以，对一个给定的固定相和流动相体系而言，当 Z 和 I 为常数时，微小的浓度变化都会引起较大的 k' 值

的变化，所以 k' 值的大小主要由置换剂的浓度决定。如前所述，也就是说生物大分子的吸附与解吸附主要是由流动相中置换剂的浓度决定的。

在小分子的 LC 分离中，当采用线性梯度洗脱时，色谱峰宽近似相等。在生物大分子的线性梯度洗脱色谱分离中，也同样发现色谱峰的峰宽近似相等，能够估计最小流动相用量。假定在某一色谱模式下研究制备型色谱饼的流动相用量时，用一种在色谱饼上完全不保留的物质测定色谱系统的死时间为 t_0，色谱峰的峰宽为 W_0，另外假定所测混合物中有 n_c 种溶质，并且每对相邻色谱峰的分离度 $R_s=1$ 时，两个色谱峰近似基线分离。特别指出的是这里如同在 9.3.2 节中指出的一样，将通常 R_s 定义为等浓度洗脱条件下的概念用于梯度洗脱，所不同的是此处假定色谱峰的峰宽为不保留的小分子溶质亚硝酸钠的色谱峰的峰宽 W_0。事实上，这时亚硝酸钠的色谱峰的峰宽 W_0 与是否是梯度洗脱无关。而且，假定每种生物大分子在该线性梯度洗脱条件下的色谱峰的峰宽均近似相等为 W_0。

如在疏水色谱中，选用在疏水色谱饼上不保留的亚硝酸钠溶液测得的死时间为 t_0，当流动相的流速为 F 时，n_c 种溶质达到近似基线分离所消耗的最小流动相用量（Q_0）应为色谱饼的死体积加上每一种溶质从开始洗脱到完全流出色谱饼出口处时所用的流动相的体积。由于估算的是最小流动相用量，并假定每个相邻溶质对的分离度 $R_s=1$，由此推导出估算最小流动相用量的数学式为[26]：

$$Q_0 = F \times (t_0 + n_c \times W_0) \tag{9-21}$$

式（9-21）中，W_0 取时间单位。该式为制备型色谱饼线性梯度洗脱分离时最小流动相用量的计算和线性梯度的设计提供了一个简单的估算方法和理论依据。

9.6.2　色谱条件与分离度[6]

在分析型 HPLC 中一般不需要过多考虑负载量和流动相的用量等问题，但在工业制备型 HPLC 中，负载量和流动相的用量等问题却是一个不可忽略的影响成本核算的重要因素。为此，在线性梯度洗脱条件下，分离纯化蛋白质时流动相用量的估算，就可以考察在总流动相用量不变时，改变色谱条件，即流动相的流速和线性梯度时间对分离度和蛋白质复性效率的影响。

由 SDT-R 中式（4-16）的讨论已明确地说明对一给定的色谱固定相和溶质而言，k' 主要受 a_D 的影响，只要 a_D 达到某一种生物大分子的解吸附浓度，就能将生物大分子从色谱柱上洗脱下来而不受流速大小的影响。据此，在确定出最小用流量 Q_0 后，以最小流动相总量为基础，则有：

$$F_1 t_{G1} = F_2 t_{G2} = Q_0 \tag{9-22}$$

式中：F_1 和 F_2 为线性梯度时间分别为 t_{G1} 和 t_{G2} 时的流速。

图 9-14 和图 9-15 是在两种色谱条件下的分离效果，可以看出在保持流动相

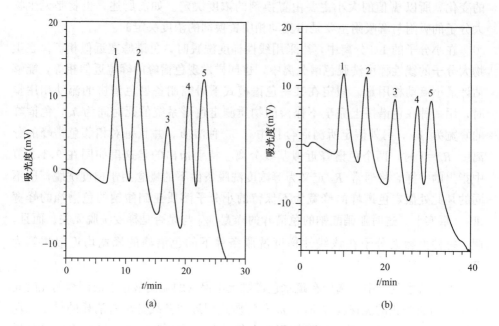

图 9-14　10mm×50 mm I. D. HIC 饼在相同流速条件下不同梯度时间时
对五种蛋白质的色谱分离图[6]

流速：4.0mL·min^{-1}；不同线性梯度时间，100%A-100%B，

1. Cyt-C；2. Myo；3. Lys；4. α-Amy；5. Ins

（a）25min 梯度；（b）30min 梯度

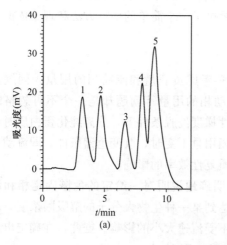
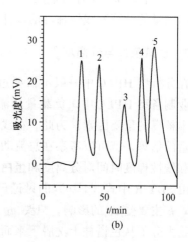

图 9-15　10mm×50mm I. D. HIC 饼相同流速条件下不同梯度时间时对五种
蛋白质的色谱分离图[6]

1. Cyt-C；2. Myo；3. Lys；4. α-Amy；5. Ins

（a）10min 线性梯度；（b）100min 线性梯度

总量不变的条件下，改变其流速和梯度变化时间对分离度影响很小。

然而，在讨论分离科学中进行分离条件最优化时，往往会出现这种情况，为了缩短分离时间不得不牺牲一点分离度[17,28]。所以，根据式（9-22），在保持最小流动相总量 Q_0 不变时，通过改变流速 F 和梯度时间 t_G，便可在泵的许可压力下，在对分离度影响不大的前提下，尽可能地减少线性梯度时间，缩短分离周期，提高制备色谱的分离效率。

从由图 9-15（a）和图 9-15（b）的比较可以得出，在总流动相用量相同的条件下，通过改变流速、梯度时间等色谱条件，可使分离时间缩短 10 倍，为在制备色谱分离时可采用大流速和短梯度时间的方法缩短生产周期，提高工业生产效率提供了理论依据。

9.6.3 生物活性回收率

在通常讨论小分子分离最优化时，其优化参数中通常是没有质量回收率 R_e 的。因为对小分子溶质而言，有许多提高质量回收率的方法，如溶剂萃取中增加分离次数，色谱中的循环进样等。另外，在小分子溶质分离时，特别是在组分浓度极低的分析检测中，有时允许检测误差在同一数量级上浮动，这时对分离过程中的质量回收率能达到 90% 以上，甚至再低一些也就足够了。因此，在分离过程中的优化指标通常就没有 R_e 项。然而，对生物大分子的分离，特别是生物活性物质的分离，要求保持生物活性。从产品质量的要求角度出发，相同的蛋白质但已经失活，不仅影响活性蛋白质的比活（通常为国际活性单位，international unit/mg，IU/mg）的提高，还会作为杂质必须予以分离。对生物大分子分离优化来说，即无论是色谱柱或色谱饼以及色谱条件的选择，特别是对基因工程药物，蛋白质生物活性回收率是一个特殊的指标。

从工业生产来讲，活性蛋白质的产量是以总活性单位/年进行计量，而不是用总质量/年表示的。一个经最优化选择生产的蛋白质药物，无论工艺有多么简单，分离纯化手续又是多么简便，而消耗又是多么的低，蛋白质没有生物活性或者分离过程中活性损失了很多，这样的优化无论如何是不可能被采纳的。RPLC分离效果是所有 HPLC 中最佳的，但就是因为许多活性蛋白质经 RPLC 后不可能恢复生物活性或活性损失很多，在分析检测中可以采用，而在工业生产中却很少被采纳。所以对于活性蛋白质的最优化分离是与保持高生物活性这一指标紧密联系在一起的。

9.6.4 色谱饼的复性并同时纯化

作者基于 SDT-R 提出生物大分子分离纯化的短柱理论以及变性蛋白质在 HPHIC 中的复性机理（详细介绍见第十一章）等，设计制作的各种用途色谱饼（见图 9-7），也就是我们下一章中用于基因重组蛋白质药物的复性与同时纯化装置。此装置柱长度最小为 2mm，而直径可达 300mm，分离效率高，柱压低，分离速度快，在蛋白质的分离纯化及复性方面都有很好的应用前景。变性蛋白质复性及同时纯化装置商品名称为多功能蛋白质复性器（multiple functions-unit for protein renaturation，MFUPR）。MFUPR 为国际首创，是一个直径为 5～300mm，长度仅为 10mm 的"饼"状装置。

如前所述，依据生物大分子的色谱保留特征，液相色谱法用色谱柱进行变性蛋白质复性并同时纯化是一个理想的过程，变性蛋白质复性及同时纯化装置（USRPP）也具备了如图 9-16 所示的"一石四鸟"的这种理想过程的作用：① 在进样后可很快除去变性剂；② 由于色谱固定相对变性蛋白质的吸附，因此可明显地减少，甚至完全消除变性蛋白质分子在脱离变性剂环境后的分子聚集，从而避免沉淀的产生，以提高变性蛋白质复性后的质量和活性回收率；③ 在变性蛋白质复性的同时可使目标蛋白质与包括尚未复性的该变性蛋白质、蛋白质折叠中间体及其他的"杂蛋白质"分离，以达到使变性蛋白质复性和纯化同时进行的目的；④ 便于回收变性剂，以降低废水处理成本。

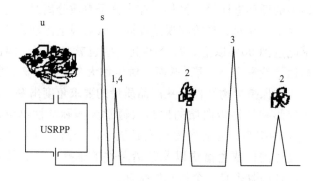

图 9-16　理想的色谱复性的"一石四鸟"的功能示意图
1. 除变性剂；2. 变性蛋白质复性；3. 杂蛋白质分离；
4. 回收变性剂

该装置克服了常用的稀释法和透析法使变性蛋白质复性时易产生蛋白质聚集沉淀、质量回收率和活性回收率低的不足的缺点，并可同时达到上述的除去变性剂、分离、复性和便于回收变性剂四重功效。表 9-9 表示了在不同进样条件下用色谱饼（10mm×20mmI. D.）对 rhIFN-γ 纯化的色谱峰收集液中的蛋白质总量及比活。因此，色谱饼能对蛋白质进行快速、高效复性，在基因工程技术中具有广阔的应用前景。有关 USRPP 对变性蛋白的复性及同时纯化详见第十一章。

表 9-9　不同进样条件下用 HIC 色谱饼（10mm×20mm I. D.）对 rhIFN-γ 纯化的色谱峰收集液中的蛋白总量及比活

疏水填料类型	100％A 液进样		50％A 液进样	
	蛋白质总量/mg	比活/（IU/mg）	蛋白质总量/mg	比活/（IU/mg）
填料 I	0.53	$1.52×10^7$	1.24	$2.26×10^7$
填料 II	0.65	$2.21×10^7$	1.27	$3.78×10^7$
填料 III	0.81	$8.16×10^7$	9.87	$9.70×10^7$
填料 IV	0.51	$1.39×10^7$	1.21	$2.11×10^7$

参 考 文 献

[1]　Horvath Csaba, Ettre Leslie S. Chromatography in Biotechnology. New Haven, Connecticut, USA American Chemical Society, 2002

[2]　Janson Jan-Christer, Ryden Lars. Protein Purification. New York：John Wiley and Sons Ltd, 2002

[3]　刘国诠主编. 生物工程下游技术. 北京：化学工业出版社，1993

[4]　丁世林. 高效液相色谱方法及应用. 北京：化学工业出版社，2001

[5]　郭立安. 高效液相色谱法纯化蛋白质理论. 西安：陕西科学技术出版社，1993

[6]　张养军. 制备型色谱饼的理论、性能及应用研究. 西北大学博士论文，2001，11

[7]　Geng X D, Regnier F E. J. Chromatogr., 1984, 296：15

[8]　Liu T, Geng X D. Chinese Chemical Letters, 1999, 10 (3)：219

[9]　刘彤. 蛋白质复性及同时纯化理论、装置及应用. 西北大学博士论文，1999，5

[10]　Moore R M, Walters R R. J. Chromatogr., 1984, 317：119

[11]　Eksteen R, Gisch D J, Ludwig R C, Witting L A. America Chemical Society National Meeting, St. Louis, MO, 1984, April 8～13

[12]　Tennknikov M B, Gazdina N V, Tennikova T B, et al.. J. Chromatogr., 1998, 798：55

[13]　Belenkii B G, Podkladenko A M, Kurenbin O I, et al.. J. Chromatogr., 1993, 645：1

[14]　Freiling E C. J. Phys. Chem., 1957, 61：543

[15]　Valko K, Snyder L D, Glajch J L. J. Chromatogr. A, 1993, 656：501

[16]　Snyder L R, Kirkland J J. Translated by Gao Chao, Chen Xinmin, Gao Hong. Introduction to Modern Liquid Chromatography. 2nd ed. Beijing：Chemical Industrious Press, 1988

[17]　Giddings J C. Unified Separation Science. New York：John Wiley & Sons, Inc., 1991, 101

[18]　Snyder L R, Dolan J W, Gant J R. J. Chromatogr., 1979, 165：3

[19]　刘　彤，耿信笃. 西北大学学报（自然科学版），1999，29 (2)：123

[20]　耿信笃. 张养军. 生物大分子分离或同时复性及纯化色谱饼. 申请号：01115263.X

[21]　耿信笃，冯文科，边六交等. 一种变性蛋白复性并同时纯化方法. 中国专利，ZL92102727.3

[22]　耿信笃，张养军，色谱饼的径向装柱法. 申请号：01115264.8

[23]　Wong P T T, Heremans K. Biochim. Biophys. Acta, 1988, 956：1

[24]　Zhang J, Peng X D, Jonas A, et al. Biochemistry, 1995, 34：8631

[25]　Samarasinghe S D, Campbell D M, Jonas A, et al. Biochemistry, 1992, 31：7773

[26]　张养军，李翔，耿信笃. 色谱，2001，19：423

[27]　Chang J, Guo L, Feng W, Geng X. Chromatographia, 34 (11/12)：589

[28]　耿信笃. 现代分离科学理论导引. 北京：高等教育出版社，2001，8，346～367

第十章 生物大分子构象变化的表征

从第五章和第八章中有关 SDT-R 中的参数及 LC 中新的表征参数的阐述知道，Z 值和 $\lg I$ 可以作为 LC 中的两个新的表征参数，也有可能用于表征生物大分子的构象变化[1~6]。在第八章已详细地介绍了 Z 值对小分子溶质的表征。不同于小分子溶质，用 LC 对生物大分子分离会产生分子构象变化，据此有可能表征和描述与蛋白质分子活性密切相关的分子构象变化的程度。

由式（4-16）知，Z 值是与溶质、流动相和固定相有关的参数。在色谱过程中，如果溶质分子构象发生了变化，则溶剂化溶质与溶剂化固定相的接触表面就会变化，一般是增大，故 Z 值也会相应变大。这就是 Z 值成为生物大分子构象变化参数的基础。而 $\lg I$ 是一个反映蛋白质与配体间亲和势的参数，虽然它包括一组参数，但因其与 Z 值间紧密联系，在某些情况下亦可作为表征蛋白质分子构象变化的参数。LC 法研究蛋白质分子构象变化的优点是可以使用不纯且用量极少（μg 级）的样品，这是因为在测定 Z 值的过程中就会与其他组分相互分离。加之 Z 值可以准确测定，故可用 Z 值对蛋白质分子构象变化进行定量表征，这是目前其他方法无可比拟的。因此，在生物技术下游工程中针对不同的分子构象而采用不同的分离纯化方法也要求有更多这方面的信息。

本章将详细讨论用 SDT-R 中的 $\lg I$ 和 Z 两个参数以表征 LC 中生物大分子构象的变化。

§10.1 生物大分子构象变化的 Z 值表征

生物体内的生物大分子，如蛋白质、酶、核酸、多糖等的分离都是在液相中进行的，由于这些分子中与原子或基因分子之间主要是通过非共价的静电引力、氢键和范德华力等联系在一起。其键能较弱，而且键的性质差别较大。在用 LC 对蛋白质分子进行纯化时，常常需要在十分温和的条件下，以避免由于强烈的环境因素引起三、四级立体结构变化，从而丧失其生物的活性。所以，我们用 SDT-R 中的 Z 值来表征和描述生物大分子构象变化变得十分有意义。

在文献[7]中笔者等就发现了环境因素对 Z 值的影响，潜在地表明了 Z 值可能成为蛋白分子构象变化的表征参数，而明确用 Z 值表征蛋白分子是 Synder 领导的研究组[8]，用 Z 的物理意义推导出一个能将 S 与 Z 联系在一起的公式（8-4），用来表示 30 种白细胞介素-Ⅱ突变蛋白分子的构象变化[9]。笔者等又用更为合理的方法推导了 S 与 Z 之间联系公式[10]，并通过对正直链醇同系物的研究，使 SDT-R 的 Z 值更合理用于生物大分子的构象表征。这样就将文献中常用

Z（S）或 S（Z）对生物大分子构象表征更进一步做了确认。

从图 3-1 看出，溶质分子与固定相接触面积愈大，Z 值就愈大，所以，正如在第八章所讲的，Z 值可以作为表征溶质分子结构的一个参数。包括在同一分子中相同基团的所在不同位置及空间效应等，例如，N-烷基二酰亚胺同系物中与其大的端基二酰亚胺邻近的亚胺基就很难与固定相表面接触，距端基愈近，影响愈大，这种立体效应会影响到距端基为三个亚甲基的程度。如果从定量的角度来说明这一现象，则可用 Z 值的大小来表征。从图 5-12 和 5-13 中看出，当 $N<3$ 时，式（5-23）的作图出现了弯曲，即 Z 值变小，且 N 值愈小，Z 值亦变得愈小。所以，靠近该端基的—CH_2—基对 Z 值的贡献较远离端基的—CH_2—基小。这一事例说明了 Z 值的变化能对溶质与固定相接触面积变化直接提供信息。

作为对蛋白质分子受环境影响而改变的两个事例，见图 10-1 和图 10-2 所示的温度对 α-乳酸清蛋白与溶菌酶在实验条件下其构象随温度变化。

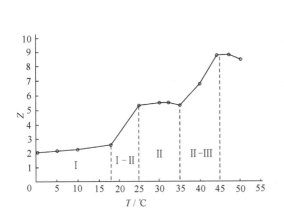

图 10-1 α-乳酸清蛋白 Z 对 T 的作图[10]　　图 10-2 在 $8mol \cdot L^{-1}$ 脲存在下溶菌酶的 k' 随 T 的变化[10]

值得一提的是，既然生物大分子的构象是受环境因素所影响的，而生物大分子的 Z 又是一个常数，这看起来很矛盾，事实上，如在第八章所讲的，因为 SDT-R 中 Z 值为常数是以假定在所用置换剂浓度范围内，蛋白质分子构象不发生变化为条件的。本假定的合理性条件是该置换剂浓度变化范围很窄。例如用从分子质量仅为 3 335Da 的糖原到分子质量为 44 000Da 的卵清蛋白的一些生物大分子，用异丙醇-甲酸（52.5%）-水流动相洗脱，异丙醇的浓度变化范围仅为 $0.42 \sim 0.19 mol \cdot L^{-1}$。当置换剂浓度变化范围超过上述界限时，就很难找到洗脱的蛋白质峰。当用分子质量为 67 000Da 的牛血清蛋白质为溶质时，在异丙醇-甲酸（52.8%）-水流动相中异丙醇浓度变化范围超过 $0.1 mol \cdot L^{-1}$，它的色谱峰是如此的平扁，以致我们无法找到峰的位置。故在研究环境因素对蛋白质分子构象变化时限定置换剂浓度变化很窄，从而不会因蛋白质分子本身构象变化引起 Z 值的变化。

生物大分子的 LC 分离方法常常根据其分配系数、分子质量大小、离子电荷性质及外部环境条件的差别等因素而选用不同固定相和流动相，用通常的话讲，选用了不同的色谱方法，因此，在 LC 中它不同于小分子溶质。如生物大分子溶质在 RPLC 中会因流动相中组成的不同使蛋白质分子完全或部分失去三维结构，也会因温度的变化而改变分子构象，甚至失活或称为热变性。但是一般说来，在没有加还原剂使蛋白质分子的二硫键断裂的条件下，蛋白质分子会失去二维结构还会维持，即还不致使它的一维结构破坏而改变分子质量大小。

当流动相和固定相一定时，生物大分子 Z 值的任何变化便是对其本身特性及其引起蛋白质分子构象变化的那些因素的表征。如果蛋白质分子未失去或部分失去三维结构，它的分子构象便会随色谱条件的些微变化而改变，从而引起它与固定相接触表面面积的变化，如图 3-1 所示，Z 值就会跟着改变。Z 值的这种变化是如此的灵敏，有时会因分子质量为数万 Da 的蛋白质分子中的一个氨基酸残基的差异而导致 Z 值很大的变化，而相同情况下的 k' 值的变化几乎可以忽略。这方面的研究如 Synder 等[9]对 30 余种白细胞介素-2 突变蛋白的分子构象变化进行的研究，Karger 等[3]亦报告了用计量置换保留理论的 Z 和 $\lg I$ 值分别对在 RPLC 中蛋白质的不同折叠状态进行表征，后面将详细介绍。笔者等利用 SDT-R 着重介绍和探讨如何用蛋白质分子的 Z 值变化对不同种类离子对试剂及浓度、置换剂种类以及甲酸浓度变化等进行表征。

§10.2　RPLC 中蛋白质分子构象的 Z 值表征

10.2.1　蛋白质构象的始末状态[4]

LC 中溶质的 k' 是与热力学平衡常数，即溶质的分配系数相关的。由式(4-6)知，Z 值可由 $\lg k'$ 对置换剂活度对数 $\lg a_D$ 的微商求出，并且在第六章已经指出 Z 值实质上亦是一个热力学函数。只要蛋白质分子构象变化是可逆的，则 Z 值应与始状态无关，而与最终状态有关。

表 10-1 列出了把胰岛素、细胞色素-C、溶菌酶和核糖核酸酶-A 分别溶在不同溶液和变性剂溶液以后，再用异丙醇-40％甲酸为流动相时各自的 Z 值。众所周知，蛋白质在 $0.1 \text{mol} \cdot \text{L}^{-1}$、pH7.0 的 Tris 缓冲液中不失去生物活性，说明它的分子构象不会发生显著变化或 Z 值为常数。蛋白质在 40％异丙醇和 0.1％三氟乙酸-水溶液中，前已述及，分子构象会发生显著变化，但不会完全失去三维结构。如所预计的一样，当蛋白质在 $7.0 \text{mol} \cdot \text{L}^{-1}$ 的盐酸胍溶液中是会失去三维结构的。所以，这里选用的蛋白质分子构象的三种起始态分别为天然、部分失去和完全失去立体结构。从表 10-1 的测定结果看出，这四种蛋白质的终态 Z 值是由

流动相40％异丙醇-0.1％三氟乙酸和固定相 Synchropak RP-8,（25±0.1)℃的这些终态条件决定的，Z 值可以对平衡状态的每一终态条件下的蛋白质分子构象进行表征。从上述情况看出，与小分子溶质一样，生物大分子的 Z 值也具有热力学平衡常数性质，这就为用不同变性剂对蛋白质变性，进行 LC 条件下复性奠定了热力学基础。

表 10-1　蛋白质构象起始态对终 Z 值的影响（异丙醇-40％甲酸-水体系）

蛋白质	试液组成			平均
	0.1mol·L^{-1}、pH7.0 的 Tris 缓冲液	40％异丙醇和 0.1％三氟乙酸-水溶液	7.0mol·L^{-1}的 盐酸胍	
胰岛素	6.45	6.75	6.58	6.59±0.13
细胞色素-C	10.8	10.7	11.4	11.0±0.3
溶菌酶	11.4	12.1	10.7	11.4±0.5
核糖核酸酶-A	5.54	5.50	5.46	5.50±0.03

10.2.2　变性蛋白质的 Z 值与蛋白质的分子质量

蛋白质分子是由重复的肽链将种类不同的氨基酸残基连接起来以形成分子质量高达数万乃至几十万 Da、具有三维或四维结构的生物大分子。在用 RPLC 对生物大分子的分离过程中，一旦蛋白质分子失去空间结构，其实质上就成了一个含有许多极性肽基的分子质量很大的极性分子。已经发现小分子极性或非极性溶质同系物的分子大小与 Z 值有线性关系[7]。并且发现在异丙醇-甲酸-水流动相中甲酸浓度分别为 52.8％和 44％时，除核糖核酸酶-A 外，其余蛋白质的 Z 值与分子质量有线性关系。将甲酸在 3 种不同浓度条件下所得的 Z 值对蛋白质分子质量作图，便能得到如图 4-4 所示的线性关系。表 10-2 也列出了在不同甲酸浓度时蛋白质分子质量的依赖关系。

从表 10-2 所列结果看出，流动相甲酸浓度大于 44％，在此色谱分离过程中蛋白质完全失去了立体结构，与一些带多种相同极性基的大分子相似。所以，Z 值与分子质量大小成正比。但当甲酸浓度为 32.5％时，这种线性关系就不存在，说明在这个条件下，蛋白质分子至少还未完全失去蛋白质的立体结构，蛋白质与固定相的接触表面不与蛋白质的分子质量的大小成正比。但是，如图 10-3 所示，如果以 Z 值对蛋白质分子质量的立方根作图，则能得到一个很好的线性关系，这与 Kunitani 等所得的在乙腈-三氟乙酸-水体系中，蛋白质分子的 Z 值与分子质量的 0.39 次方成正比的情况完全符合[9]。

表 10-2　不同甲酸浓度下，蛋白质 Z 值对分子质量线性作图参数

甲酸/%	[D]	斜率/10⁻⁴	截距	蛋白质个数
52.8	0.9956	4.92	1.36	9
44.0	0.9973	5.05	1.77	6
32.5	0.6455	3.52	4.71	6

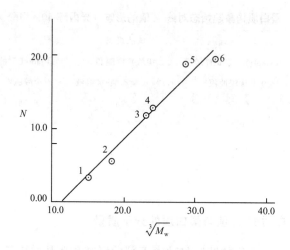

图 10-3　不完全失去立体结构的蛋白质的 Z 值与其分
子质量立方根的线性作图[9]

1. 糖原；2. 胰岛素；3. 细胞色素-C；4. 溶菌酶；

5. 胰蛋白酶抑制剂；6. β-乳球蛋白

10.2.3　甲酸浓度与生物大分子的构象

　　溶液中生物大分子构象变化完全取决于溶液组成的变化。在未失去三维结构前，这种变化是随流动相组成的改变朝着同一方向连续变化的，但是，当流动相变化到一定程度时，生物大分子的三维结构就会"崩塌"，这时使生物大分子构象就会出现突变。上述的这种连续及巨变也可由表征生物大分子与色谱固定相接触表面积的 Z 值的变化大小来衡量。Z 值变化愈大，生物大分子构象的变化就会愈甚。

　　从理论上讲，蛋白质分子失去三维结构，从图 3-1 知 Z 值会增大。但是，当用 RPLC 研究流动相中置换剂浓度对生物大分子构象变化影响时，情况会变得很复杂，主要是因为流动相中还有离子对试剂存在，在 RPLC 中流动相中的离子对试剂有 3 种作用，其中的一种便是它同置换剂一样，参与了从固定相置换蛋白质的过程，如在相同色谱条件下高浓度的三氟乙酸（TFA）所得 Z 值较低浓度时小。当用甲酸为离子对试剂时，有机溶剂，如异丙醇为置换剂，随着甲酸浓度的

增大，Z 值就会减小。所以，这时 Z 值是由蛋白质分子构象使 Z 值增大，还是由离子对试剂浓度使 Z 值减小？这是两种对 Z 值起相反作用的两种因素的总结果，这就会出现当流动相甲酸浓度增大时，蛋白质的 Z 值会减小的现象。

图 10-4 显示出当异丙醇-甲酸-水流动相中甲酸的体积分数从 32.5％依次增大到 44％和 52.5％时，五种标准蛋白 Z 值均在减小的情况。

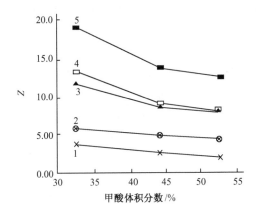

图 10-4　甲酸浓度变化对蛋白质分子构象变化
的影响（异丙醇-甲酸-水，Synechropad R8）
1. 糖原；2. 胰岛素；3. 细胞色素-C；4. 溶菌酶；
5. 胰蛋白酶抑制剂

然而，从图 10-4 中所示的这五种蛋白质各自的变化趋势来看，各自又是不同的，其中的糖原和胰岛素的 Z 值变化为连续的，而细胞色素-C、溶菌酶和胰蛋白酶抑制剂的 Z 值变化为不连续。这表明后三种蛋白质在甲酸浓度大于 44％时，分子的三维结构发生了巨变或者失去了三维结构，从而使 Z 值有增大的倾向，但是仍然小于因甲酸作为离子对试剂时使 Z 值减小的程度，这种部分地相互抵消的结果使得曲线 3，4 和 5 的斜率减小。而其他的两种蛋白质可能在甲酸的这一浓度的变化范围内（32.5％～52.5％）未发生巨变。这说明或者它们在甲酸浓度小于 32.5％时就已完全失去了三维结构，或者是完全相反的情况，即在甲酸浓度大于 52.5％时，它们还未完全失去三维结构。也就是说，对曲线 1，2 来讲，因蛋白质分子构象变化所引起的 Z 值变化不随甲酸浓度的变化而改变，这还需要用其他方法来进一步证实。

10.2.4　Z 值与不同种类离子对试剂

在 RPLC 中流动相一般为水及与之互溶的有机溶剂体系。如上所述，在分离生物大分子时，在流动相中常加入离子对试剂来增强流动相的洗脱能力，如果是强酸性流动相，还可抑制硅胶键合相未被覆盖的硅羟基离解以减少对蛋白质的不可逆吸附。常用的离子对试剂是 0.1％三氟乙酸（TFA），0.05mol·L^{-1} KH$_2$PO$_4$（pH 2.0～3.0）和甲酸（40％～55％），并以三氟乙酸（TFA）的应用最多。在色谱过程中 TFA 参与了蛋白质与置换剂分子间的计量置换过程。但是，另一方面，RPLC 中的有机溶剂和某些离子对试剂（如甲酸）都能使蛋白质分子构象发生变化，甚至完全失活。用 SDT-R 测定的 Z 值只是这两种不同作用的加和或协同作用。表 10-3 中列出了胰岛素、细胞色素-C、碳酸脱氢酶和牛血清蛋白 4 种蛋白质在异丙醇为置换剂条件下的 Z 值。

表 10-3　不同离子对试剂对蛋白质 Z 值及异丙醇洗脱范围的影响

蛋白质	三氟乙酸 (0.1%)	洗脱范围 (IPA%)	磷酸盐缓冲液（PB） (0.05mol·L^{-1})	洗脱范围 (IPA%)	甲酸 (52.5%)	洗脱范围 (IPA%)
胰岛素	16.6	20～23	15.7	16.4～20.4	4.16	2.1～4.8
细胞色素-C	31.4	25.2～27.0	30.5	21.2～24.0	8.12	2.9～4.2
碳酸脱氢酶	36.4	31～33	45.8	30～32	17.1	8.6～10.2
牛血清蛋白	96.5	29.2～30.0	117	26.0～26.8	33.1	7.7～8.4

从表 10-3 看出，随甲酸浓度的增加 Z 值在减小，这与 Kunitani 等从实验中所得的蛋白质分子构象变化愈大，一些蛋白质的 Z 值愈小的结论是一致的[9]（详见 10.2.6）。所以在表 10-3 中，在变性程度较大的异丙醇-磷酸盐缓冲液中的碳酸脱氢酶和牛血清蛋白的 Z 值较在异丙醇-0.1％三氟乙酸中的大。但是，只要蛋白质完全失去立体结构，它与 RPLC 固定相的接触表面就不会再变。

如何从表 10-3 的数据中将有机溶剂及离子对试剂的作用分开研究还是困难的。但是，从表 10-3 数据中可以发现下述规律：对于离子试剂 0.1％三氟乙酸和 0.05mol·L^{-1}磷酸盐缓冲溶液而言，其每种蛋白质的异丙醇洗脱范围（最高和最低浓度）及其差值很接近，特别是胰岛素和细胞色素-C 分别在该二离子对试剂存在下的 Z 值尤为接近，这表明该二离子对试剂的作用机理和对 Z 值大小的贡献很接近。与 52.5％甲酸比较，则与前两者相差甚大。假如 52.5％甲酸能使所有蛋白质分子完全失去三维结构，那么，在此体系中 Z 值与分子质量就有线性关系。对于前两种体系而言，从文献报道[11]的，在 RPLC 中磷酸盐缓冲溶液中蛋白质的 Z 值与其分子质量有近似的线性关系、和 0.1％三氟乙酸则无这种关系的事实表明，蛋白质在磷酸盐缓冲溶液中失去三维结构的程度较在 0.1％三氟乙酸中为甚。由此而得出的结论是：在甲酸-异丙醇体系中，在甲酸浓度大于 44％时，蛋白质失活主要是甲酸在起作用，在磷酸盐-异丙醇体系中是磷酸盐和异丙醇两者共同起作用的。而在 0.1％三氟乙酸-异丙醇体系中，蛋白质分子构象变化主要是由异丙醇引起的。

10.2.5　Z 值与置换剂分子的大小

在失去立体结构的溶剂化蛋白质分子与溶剂化固定相接触表面间所释放出置换剂分子数目 Z，除了与上述（见 10.2.2）蛋白质分子的大小成正比外，还应与置换剂分子大小成反比[12]。表 10-4 中列出了甲醇、乙醇、异丙醇分别置换胰岛素、溶菌酶、细胞色素-C 和牛血清蛋白 4 种蛋白时的 Z 值。图 10-5 显示出该四种蛋白质在这 3 种置换剂的范德华表面面积倒数之间的线性作图，结果表明线性关系良好，其线性相关系数为 0.9988。

表 10-4　在三种烷基醇-44％甲酸中 4 种蛋白质的 Z 值

蛋白质	甲醇	乙醇	异丙醇
胰岛素	24.4	18.5	16.6
细胞色素-C	47.0	37.4	34.9
碳酸脱氢酶	208	125	96.5
牛血清蛋白	51.2	43.2	32.1
合计	330.6	224.1	180.1

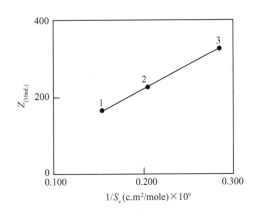

图 10-5　完全变性蛋白质分子 Z 值对置换剂范德华表面面积倒数的线性作图[12]

（异丙醇-52.8％甲酸-水体系）

1. 异丙醇；2. 乙醇；3. 甲醇

10.2.6　RPLC 中白细胞介素-2（IL-2）突变蛋白分子的构象变化与 Z 值表征

在 RPLC 中蛋白质或其他分子的保留是以一种置换方式存在的，计量置换参数 Z 或 S 可用来表征溶质与固定相的接触面积。因此，当蛋白质分子从其天然态展开时，其与固定相接触面积也增大，从理论上讲 Z 与 S 值也增大。所以，Z 值可以用来界定 RPLC 中蛋白质的构象变化。

Kunitani 等[9]通过研究 30 种 IL-2 突变蛋白质分子在 RPLC 中的保留行为，发现这些分子质量和组成相似的蛋白质分子其计量置换参数 Z 值相差可达 2.5 倍之多，从而进一步证明了 Z 值与蛋白质分子构象之间的关系：疏水性越大，结构越稳定的蛋白质分子具有较小的 Z 值，而在 RPLC 保留中越易去折叠的蛋白质分子其 Z 值也越大。

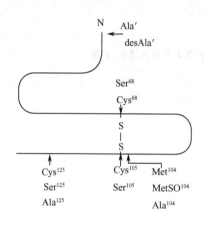

图 10-6　包含半胱氨酸的 IL-2 蛋白质
分子的简易结构图[9]

1. IL-2 蛋白分子的构象及性质

IL-2 蛋白具有很强的疏水性，分子中有较高含量的非极性氨基酸基。其蛋白质分子构型[12]如图 10-6 所示。突变蛋白分子是在母体蛋白的 1，58，104，125 位置上进行氨基酸替换。在母体蛋白上，在 58，105、125 位置上有三个半胱氨酸，其中两个巯基氧化就很易形成 S^{58}—S^{105} 这一对二硫键。如将突变蛋白分子这三个半胱氨酸之一被丝氨酸替换，使得蛋白质氧化时 S^{58}—S^{105} 这一对天然二硫键无法形成，而形成一非天然二硫键 S^{58}—S^{125} 或 S^{105}—S^{125}。另外，在天然 IL-2 蛋白分子中有四个蛋氨酸残基，在温和的氧化条件下，104 位置上的蛋氨酸会形成蛋氨酸亚砜。

2. 计算 S、Z 值及其用于蛋白分子构象的表征

对每种蛋白质分别进行三种线性洗脱，分别为 20，40，80min。通过各梯度对：20/40，40/80，20/80 的保留时间可求得 S 和 $\lg k_w$ 值[9]。在乙腈-水比率为 55:45 的流动相中根据 $\lg k'$ 和 S 值可得到 Z 值。对于每一种替换氨基酸所形成的 IL-2 突变蛋白又有四种形式 A-ox，B-ox，A-red，B-red，其中 ox 代表含有半胱氨酸（S—S）的二硫键的蛋白，red 代表含半胱氨酸（SH，SH），未氧化为二硫键的蛋白，A 代表峰 A，即 104 位置蛋氨酸氧化为硫砜（Met-104sulfoxide）的蛋白；B 代表峰 B，即 104 位置蛋氨酸未被氧化为硫砜（Met-104 not sulfoxidized）的蛋白。表 10-5 中列出了各种突变蛋白峰 B 的 S，Z 及 $\lg k'$（55%）的平均值。

普遍认为球形蛋白疏水残基折叠在分子内部，亲水性残基大部分暴露在分子外部。当蛋白质疏水性增加时，为了使其疏水基团与外部水溶液介质达到分离，会产生一作用力使得蛋白质在溶液中进一步折叠。这表明疏水性大的蛋白质会具有更密集、更稳定的结构，在 RPLC 中与固定相接触面积较小，Z 值也会较小。从表 10-5 中看出，Z 的变化范围较广：$19 < Z < 49$。这样的变化对于具有相同分子质量、氨基酸序列和组成的蛋白质是有些出乎意料的。这说明了各吸附蛋白

的分子构象发生了变化，使得蛋白质分子与固定相间的接触面积也发生了变化，导致 Z 值发生了较大的变化，而在相同情况下所对应的 $\lg k'$ 值却十分小，表明 Z 对蛋白质分子构象变化灵敏度极高，有可能以 Z 值的不同对不同突变 IL-2 进行鉴别。

表 10-5　各种突变蛋白峰 B 的 S，Z 及 $\lg k'$（55%）的平均值[9]

突变蛋白	B-ox			B-red		
	S	Z	$\lg k'$（55%）	S	Z	$\lg k'$（55%）
Ala[1]Cys[125]（parent）	22.1	26.4	0.03	15.7	19.4	0.67
Ala[1]Ser[125]	25.5	29.3	−0.70	19.7	23.2	0.02
desAla[1]Ala[125]	19.3	23.4	0.31	15.6	19.8	0.84
desAla[1]Ala[104]Ser[125]	24.1	27.4	−0.82	21.6	25.5	−0.25
desAla[1]Cys[125]	20.0	23.8	0.05	17.1	21.1	0.61
desAla[1]Ser[125]	22.6	25.8	−0.52	16.2	19.0	−0.01
desAla[1]Ser[58]	36.9*	37.0*	−3.9*	18.7	23.2	0.59
desAla[1]Ser[105]	47.8*	48.7*	−5.0*	17.2	21.0	0.35
desAla[1]Ser[58,105,125]	**	**	**	18.1	21.5	0.04

注：B 代表 104 位置蛋氨酸未被氧化为硫砜（Met-104 not sulfoxidized）的蛋白；ox 代表包含半胱氨酸（S-S）二硫键的蛋白；red 代表含半胱氨酸（SH，SH），未氧化为二硫键的蛋白；* 代表含有非天然二硫键的蛋白；** 半胱氨酸均被替换。

从表 10-5 中还可以看出，对于半胱氨酸在 125 位上的两个含有双硫键组成的半胱氨酸衍生物而言，其 Z 值达到了 30 以上。这是由于从 58 或 105 位置上替换了一个半胱氨酸，使得天然双硫键（S^{58}—S^{105}）遭到破坏，而剩余的两个半胱氨酸形成了一非天然的二硫键（S^{58}—S^{125} 或 S^{105}—S^{125}）。通常认为含有半胱氨酸对（SH，SH）的分子能使疏水基团最少范围的暴露于水相，从而降低部分摩尔自由能，而天然二硫键则在最低自由能点位置上形成。当此位置上的半胱氨酸被替换而形成非天然的二硫键，破坏了其原始结构，降低了分子稳定性时，从而使其分子部分展开，增加了蛋白质的疏水表面与固定相的接触面积，使得氧化的突变蛋白分子 Z 值明显增大。

另外，我们还可看出除了 Ser^{58} 及 Ser^{105} 外，B-ox 的 Z 值要比 B-red 的 Z 值大 4.7 ± 2.2，$\lg k'$（55%）减小 -0.59 ± 0.07。这是由于对于疏水性很强的蛋白质，即使是在最低自由能点形成二硫键，也会破坏其最合适的热力学动力学构象，使得其在 RPLC 的保留中稳定性降低，展开程度增大。

实验还表明，将 IL-2 蛋白在 104 位置上的蛋氨酸氧化为蛋氨酸硫砜时，RPLC 保留行为会发生变化，峰 B 变为峰 A[14]。IL-2 蛋白的蛋氨酸极性增加，在 RPLC 中保留减小，Z 值较小但稳定增加 $6\% \pm 3\%$。但若氧化其他三个蛋氨酸，只能使其保留有很小的增加，这说明了 104 位置蛋氨酸对于 IL-2 蛋白分子构象变化有一定的贡献。

3．Z 值表征 IL-2 蛋白分子中特定位置氨基酸替代对分子构象的影响

将蛋白质主链上不同的氨基酸进行替换，就会对蛋白质分子构象有显著的影响。这种影响取决于替换的氨基酸及替换发生的位置。表 10-6 中总结了这些因替换所引起的 Z 值和 $\lg k'$（55%）的变化。从表 10-6 中可以看出将单个的半胱氨酸 Cys 用丝氨酸 Ser 替换后，—SH 变为—OH，Z 只有较小的增大。但对于还有非天然二硫键（S—S）的蛋白质，其 Z 值显著增大，说明其分子构象发生明显变化。另外还可看出在 125 位置上替换丙氨酸 Ala 或从亲水 N 端基[14]上去除（Met）Ala 后，Z 值减小，说明在 RPLC 保留中这种替换有可能使蛋白质构象更加稳定。

表 10-6　IL-2 蛋白分子中氨基酸替换对构象的影响[9]

氨基酸替换	氧化态	ΔZ	$\Delta \lg k'$（55%）
$Cys^{58\ or\ 105} \rightarrow Ser^{58\ or\ 105}$	Cysteine（SH，SH）（1.5）*	$+3.1 \pm 1.6.$	-0.05 ± 0.05
$Cys^{58\ or\ 105} \rightarrow Ser^{58\ or\ 105}$	Cysteine（S-S）	$+17 \pm 8.$	-4.4 ± 0.8
$Cys^{125} \rightarrow Ser^{125}$		$+2.2 \pm 1.5.$	-0.58 ± 0.15
$Cys^{58,105,125} \rightarrow Ser^{58,105,125}$	Cysteine（SH，SH）（−4.5）*	$+0.4.$	-0.40
$Cys^{125} \rightarrow Ala^{125}$	（−0.4）*	$-0.9 \pm 0.6.$	$+0.25 \pm 0.01$
$Met^{104} \rightarrow Ala^{104}$	（0.5）*	$+4.1 \pm 3.5.$	$+0.41 \pm 0.18$
（Met）$Ala^1 \rightarrow desAla^1$	（−1.0）*	$-2.2 \pm 2.6.$	$+0.09 \pm 0.13$

　*氨基酸替换后疏水性变化，Rekker 常数[15]。

4．实际应用——$desAla^1 Ser^{125}$ 白细胞介素-2 蛋白混合物的分离

每一种白细胞介素-2 蛋白都可能是四种化合物的混合体，它们分别是 A-ox，B-ox，A-red，B-red。根据这四种状态 Z 值不同，在 RPLC 中保留不同，可以在一定的条件下将其分离。图 10-7 是 $desAla^1 Ser^{125}$ IL-2 蛋白混合物在 RPLC 中的分离图。

10.2.7　不同变性状态条件下溶菌酶的 Z 表征

1．不同变性状态下 Lys 在 RPLC 上的保留[16,17]

在蛋白质的 RPLC 分离过程中，疏水效应起着重要的作用。蛋白质分子暴露于外部的疏水性氨基酸残基越多，在 RPLC 的保留就越强。

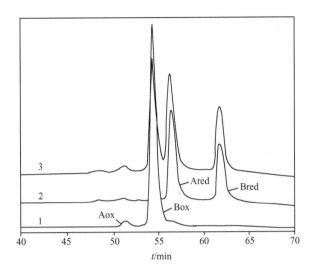

图 10-7　desAla^{1}Ser^{125}蛋白混合物在反相色谱中的分离图

（1）desAla^1（S^{58}-S^{105}）Ser^{125}白细胞介素-2，峰 A（MetSO^{104}），峰
B（Met^{104}）；（2）desAla^1（SH^{58}，SH^{105}）Ser^{125}白细胞介素-2，峰 A
（MetSO^{104}），峰 B（Met^{104}）；（3）（1）和（2）的混合物；梯度
41％～60％乙腈-水（0.1％TFA）60min；流速 0.5mL·min^{-1}

图 10-8 表示了五种不同状态的 Lys（天然态，native）；脲变非还原变性
（urea-unfolded）；盐酸胍非还原变性（GuHCl-unfolded）；脲还原变性（urea-re-
duced-unfolded）及盐酸胍还原变性（GuHCl-reduced-unfolded）在 RPLC 上的保
留。RPLC 固定相表面的疏水性很强，所使用的有机流动相也是高强度的蛋白质
变性剂，所以天然 Lys 在此时已经处于失活变性状态，但双硫键尚未断裂，这里
为方便起见暂且还是用"native"来表示。

从图 10-8 明显地看出，"天然" Lys 保留时间最短，胍和脲非还原变性态的
Lys 次之，而胍和脲还原变性态的 Lys 保留时间最长。在蛋白质的 RPLC 分离过
程中，疏水效应控制着保留。蛋白质分子暴露于外部的疏水性氨基酸残基越多，
在 RPLC 的保留就越强。所以图 10-8 的结果说明了与其他四种变性状态相比，
"天然" Lys 暴露在外部的疏水性氨基酸残基最少。而单纯用变性剂变性的未还
原的 Lys，即脲变及胍变仅有部分原来埋藏于 Lys 分子内部的疏水性氨基酸暴露
出来，增强了它与固定相的作用，使保留时间增加。但此时由于二硫键未打开，
埋藏于内部的疏水性氨基酸并没有完全暴露出来，所以保留时间没有其对应的两
种还原变性态的大。而还原变性的 Lys，即脲变还原性和胍变还原性，由于二硫
键已经打开，三维结构完全被破坏，疏水性氨基酸充分暴露出来，所以它们的保
留时间最长。

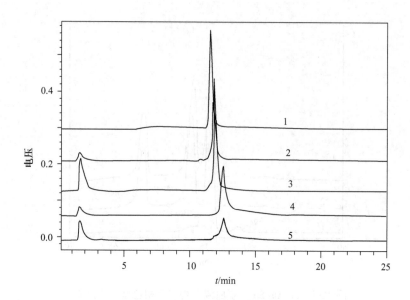

图 10-8　不同构象状态 Lys 的反相色谱保留行为比较[17]

A：100％H₂O ＋0.1％TFA，B，100％ACN＋0.1％TFA，

流速：1.0mL·min⁻¹，梯度：0-20min，0-100％B.

1.“native”；2.urea-unfolded；3.GuHCl-unfolded；4.urea-reduced-unfolded；

5.GuHCl-reduced-unfolded

　　Lys 含有四对二硫键，还原与非还原变性蛋白质的复性过程和机理差别很大。前者分子间容易聚集，因涉及分子内二硫键的对接使折叠速率变慢（t 为 15～20min)，折叠过程至少是一个三态折叠机理；而后者分子间却不易聚集，折叠速率较快（τ 为 15～20s），一般认为折叠过程遵循二态机理[18]。这些差别，从本质上说，主要是由于还原与非还原变性蛋白质分子构象不同的结果。从图 10-8 就可以说明还原变性的 Lys 如此容易聚集，是因为它在变性时疏水性氨基酸暴露的多，疏水性太强，在复性过程中易形成聚集体。而非还原变性的 Lys 复性很容易，则是因为变性后疏水性氨基酸暴露的较少，在复性过程中不易形成聚集体。同时从图 10-8 还可看出，对非还原变性的 Lys 而言，当使用不同的变性剂，即脲变及胍变的保留时间几乎是一致的。同样对其还原变性态，使用不同的变性剂产生的脲变还原和胍变还原的 Lys 在 RPLC 中的保留值也很难区分开来。从这可以说明虽然 RPLC 的保留行为可以反映出在 Lys 变性时二硫键是否打开所引起的 Lys 分子构象变化，但对使用不同的变性剂胍和脲所引起的 Lys 分子构象的不同却还是不能区分开来。

2. 在 RPLC 中不同变性状态下 Lys 的 Z 值

　　在 RPLC 中蛋白质分子愈接近天然结构，即三维结构愈完整，暴露出的疏水性氨基酸愈少，同时它与固定相的接触面积也愈小，故其对应的 Z 值就愈小。

表 10-7 为 RPLC 中 Lys 分子处在不同构象状态的 Z 值。前已指出，由于 RPLC 自身的特点，本文所称的在 RPLC 中的"天然"其实已不是真实的天然状态的 Lys，它是由反相固定相表面的强疏水性诱导及高浓度的有机试剂导致的一种变性的构象状态[18]。从表 10-7 可看出，"天然"和脲变这两种构象状态的 Z 值非常接近，说明反相 C_{18} 固定相表面及乙腈流动相引起天然 Lys 变性失活时，其疏水性氨基酸的暴露程度与 $8.0\text{mol}\cdot\text{L}^{-1}$ 脲引起的变化程度相近，两者与固定相接触的面积差不多，且这两种构象状态的蛋白质分子与固定相作用的强度也基本相同。

对于非还原变性的 Lys 分子构象来说，胍变的 Z 值大于"天然"和脲变的，而当二硫键打开后，脲变还原和胍变还原的 Z 值又比前三种都大。说明胍引起蛋白质失活的程度要大于 RPLC 固定相表面引起的蛋白质失活，疏水性氨基酸与固定相的接触面积和强度均大于表面诱导失活时的变性状态。但二硫键打开后蛋白质的疏水性氨基酸与固定相接触却是最多的，强度也是最大的。这个结果定量地说明了在图 10-13 中所示的五种分子构象状态在 RPLC 上的保留强弱，从而又一次证明还原变性 Lys 复性难的原因是疏水性氨基酸的充分暴露。

表 10-7　在 RPLC 中不同构象状态的溶菌酶的 Z 值及变性度[16]

构象状态	t_R	Z	α	α'
天然	11.688	35.5±0.3	0.00±0.00	0.00±0.00
脲变	11.784	35.2±0.5	0.00±0.04	0.00±0.15
胍变	11.796	39.4±0.1	0.11±0.01	0.41±0.04
脲变还原	12.509	40.0±0.7	0.13±0.03	0.48±0.11
胍变还原	12.478	45.0±1.0	0.27±0.04	1.00±0.15

此外，从表 10-7 中还可看出一个有趣的现象，对于同为非还原变性态的 Lys 来说，胍变的 Z 值要大于脲变。而对于还原变性的 Lys 而言，同样，胍变还原的 Z 值也都大于脲变还原的。说明在当二硫键的打开与否保持一致的情况下，盐酸胍变性后蛋白质分子与固定相的接触面积要大于脲变性的接触面积，盐酸胍变性后蛋白质分子与固定相作用的强度也要大于脲变性的作用强度，目前认为脲和胍使蛋白质失活的主要原因是与天然蛋白质相比，在失活蛋白质的分子构象上有更多相似的，未发生相互作用的键合位点，当蛋白质失活时变性剂分子与肽键相结合，使更多的肽键暴露于变性剂中[20]。对于这两种生物工程中最常用的变性剂引起蛋白质变性时所造成的蛋白质构象是否相同，长期以来人们已进行了深入地讨论。一部分学者认为蛋白质的变性与变性剂无关[21]，而另一部分却认为有关[22]。在图 10-8 中如果只从 RPLC 的保留行为来判断，可以认为 Lys 的变性与所用的变性剂无关，但从表 10-7 中 Z 值能够很清楚地看出这与实际情况不符。

变性剂使 Lys 变性后其分子构象并不相同，盐酸胍使 Lys 变性的程度要大于脲变性的程度。所以对于 Lys 来说，蛋白质的变性与变性剂是有关的。Greene 和 Pace[23]也曾经证明对于核糖核酸酶的变性，盐酸胍的变性能力是脲的 2.8 倍，溶菌酶的为 1.7 倍。

如果我们用 α 来表示变性度的大小，且将变性度定义为[16]：

$$\alpha = \frac{Z_U - Z_N}{Z_N} \tag{10-1}$$

式中：Z_U 表示各种失活态的 Z 值，Z_N 表示天然态的 Z 值。

再假定把变性度最大的 α 定义为 1，其他变性状态下的 α 与它相比较即可得到相对变性度 α'。根据表 10-7 中算出的变性度 α 和相对变性度 α' 不仅可以排出这几种构象中蛋白质的疏水性氨基酸暴露程度的次序为天然≈脲变＜胍变＜脲变还原＜胍变还原，还可判断分子构象变化的程度。

3. 在 RPLC 中不同折叠态的蛋白质分子的 Z 表征[23]

表 10-8 是一系列标准球形蛋白在不同折叠状态下在 RPLC 中的保留行为。每一种蛋白质有四种不同的折叠状态，分别是折叠态，色谱表面去折叠态，脲变态及二硫键还原变性态，可以看出 Z 值的变化可以达 10 倍之多。

表 10-8 不同蛋白质在不同折叠态的 Z，S 结果[24]

蛋白质和形态	MW	Z	S
Heme	618		
水中		10±1	17±1
脲中		10±1	17±1
RNase-A	13000		
表面去折叠态		11±1	36±4
脲变态		16±2	38±4
二硫键还原变性态		21±3	44±4
LYSO	14300		
折叠态		2.6±0.1	25±2
表面去折叠态		20±1	46±3
二硫键还原变性态		35±3	57±5
APMY	17000		
表面去折叠态		22±2	45±4
脲变态		34±1	52±5
PAPN	21000		
折叠态		4.3±0.1	26±2
表面去折叠态		23±1	43±2
脲变态		33±3	53±5

蛋白质和形态	MW	Z	S
CHTG	25000		
折叠态		3.9±0.3	34±2
表面去折叠态		27±2	53±5
脲变态		38±3	61±5

从表中还可看出，每种蛋白质其不同状态的 Z 值都遵循如下规律：折叠态＜色谱表面去折叠态＜脲变态＜二硫键还原变性态。不同状态下 Z 值不同，说明其不同状态的分子构象不同。折叠态时，蛋白质的保留与小分子相似，在 RPLC 中与固定相只有微弱的作用力。但蛋白质分子去折叠时，与固定相接触面积开始增大，相互作用增大，各种计量参数也相应增大。同时可看出蛋白质在二硫键断裂时具有最大程度的去折叠状态，色谱表面去折叠态比脲变态的去折叠程度要低许多。

10.2.8 在 RPLC 中人工交联修饰蛋白质保留行为及其与 Z 值表征[24]

表 10-9 所示是两种人工交联修饰蛋白质在 RPLC 中的保留行为，它们分别是二硝基交联[Lys (7) - Lys (41)] RNase A，酯键交联[Glu (35) - Trp (108)] LYSO。交联修饰后及未被修饰的蛋白质的 Z 值。

表 10-9 交联修饰及未修饰的蛋白质的 Z 值[24]

蛋白质	交联数	Z	S
折叠态 (35-108) LYSO	5	2.5±0.1	22±2
折叠态 LYSO	4	2.6±0.1	25±2
去折叠态 (35-108) LYSO	5	16±1	40±4
去折叠态 LYSO	4	20±1	45±4
(7-41) RNase-A	5	11±1	36±2
还原态 (7-41) RNase-A	1	16±1	39±1
还原态 RNase-A	0	21±3	44±2

从表 10-9 可以看出，在折叠状态下，修饰与未被修饰的蛋白质 Z 值相差不大，说明在折叠态下蛋白质交联并不影响其与固定相的接触面积。但在去折叠状态下，修饰过的蛋白质的 Z 值要比未修饰的蛋白质相对减小。研究表明，在 C_8 反相柱上附加一人工二硫键的 T_4-LYSO 的洗脱时间要比未修饰的短[25]。对于 RNase-A，其去折叠态 Z 值相差不大，但在还原状态下有明显区别。这是由于在还原状态下，RNase-A 的 4 个二硫键将会被破坏，而人工的 Lys (7)-Lys (41) 交联仍存在且限制了蛋白质的去折叠，从而使得其与固定相接触面积减小，Z 值

减小。

10.2.9 重组人干扰素-γ（rhIFN-γ）在有孔与无孔反相硅胶固定相上 保留行为的比较[26]

表 10-10 是重组人干扰素-γ（rhIFN-γ）及其同型物 AⅡ在有孔与无孔反相硅胶 C_{18} 固定相的 $\lg k_0$ 和 S 值。从表中可以看出，AⅡ的 $\lg k_0$ 和 S 值均比 rhIFN-γ 要小，说明虽然 AⅡ和 rhIFN-γ 只有一个单个残基不同，但前者的吸附面积要比后者小；还可看出，在无孔硅胶固定相上的蛋白质的 S 值要比在有孔硅胶固定相上的 S 值大，这是由于蛋白质在无孔硅胶固定相上的接触作用要比在有孔硅胶固定相上更容易一些，且由于无孔硅胶的柱容量较低，蛋白质在低浓度的有机溶剂下即可被洗脱下来；另外，S 值随着温度的升高而升高，说明了温度升高时，蛋白质分子构象发生了变化，使其与固定相的接触面积进一步增大。

表 10-10　rhIFN-γ 及其同型物在有孔与无孔反相硅胶固定相上保留行为的比较[26]

固定相	温度/℃	rhIFN-γ		AⅡ	
		$\lg k_0$	S	$\lg k_0$	S
C_{18}有孔硅胶固定相	20	16.8	41.4	16.1	39.3
C_{18}无孔硅胶固定相	10	20.0	58.4	18.0	52.0
	20	22.8	68.4	21.1	62.9
	30	27.7	86.0	23.8	73.4

§10.3　HIC 中蛋白质分子构象的 Z 值表征

虽然在生物大分子的 LC 分离中，HIC 与 RPLC 都是依赖于样品组分和流动相之间疏水作用强弱不同使蛋白质从流动相向固定相移动并与固定相作用得到分离的，但还是有许多不同点。Mories[27]描述了这些不同点如下：①保留过程有一个与其他色谱相反的温度系数，即温度增加，保留时间增长；②溶质在相对高的盐浓度下吸附于固定相上，而在低盐浓度时洗脱下来；③固定相的疏水基团的极性大于 RPLC。因此，在用式（4-16）描述 HIC 和 RPLC 中蛋白质保留时略有不同之处。

10.3.1　HIC 中在变性剂存在条件下 Z 值的准确测定方法

1. 在盐浓度相同条件下 $\lg k'$ 与变性剂浓度的关系

图 4-7 和图 4-8 表示了在不同色谱条件下的 Lys 和芳香醇同系物的 $\lg k'$ 对 $\lg [H_2O]$ 作图结果，可知两者都获得了非常好的直线。表明天然蛋白质分子与小分子溶质一样，均能遵守 SDT-R，并获得准确的 Z 值。但是，在基因工程中包涵体常用 $7.0 \text{mol} \cdot \text{L}^{-1}$ 的盐酸胍和 $8.0 \text{mol} \cdot \text{L}^{-1}$ 的脲作为蛋白质的溶解剂或变性

剂。无论是从理论还是从实用的观点出发，选用含有变性剂的溶液来研究蛋白质在 HIC 中的分子构象变化才会更有意义。然而，HIC 的流动相通常为盐的水溶液，如果在其中加入大量的变性剂则盐就会产生沉淀，为避免这种情况出现，在测定中使用的变性剂的浓度尽可能高，但以不致产生沉淀并能使蛋白质洗脱为限。

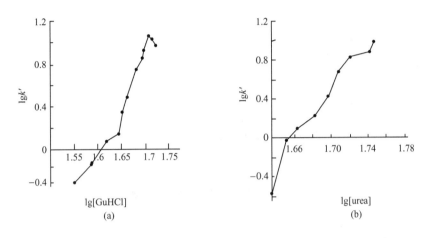

图 10-9　Lys 的 $\lg k'$ 对变性剂浓度作图[28]
(a) 盐酸胍；(b) 脲

图 10-9 表示了 Lys 的 $\lg k'$ 分别对盐酸胍浓度 [GuHCl] [图 10-9 (a)] 和脲浓度 [urea] [图 10-9 (b)] 的依赖关系。可以看出，随两种变性剂浓度的增大，Lys 保留变化的过程是不同的。如图 10-9 (a) 所示，在流动相中当盐酸胍浓度较低时，Lys 的保留随盐酸胍浓度的增大而增大，并出现一极大值。然后随盐酸胍浓度的增大，保留值减小。然而，在含脲的流动相中，如图 10-9 (b) 所示，Lys 的 $\lg k'$ 与 $\lg$ [urea] 的关系却较为简单，其随 $\lg$ [urea] 的增大呈单调性减小。但线性相关性较差。其他四种蛋白质，RNase-A，Myo，α-Amy，α-Chy-A 在变性剂中的保留分别与 Lys 在变性剂中的保留类似。

依据式 (4-16)，如果将变性剂作为蛋白质洗脱过程的置换剂，则 $\lg k'$ 与 $\lg$ [D] 就应该具有良好的线性关系。但是，上述蛋白质的 $\lg k'$ 随两种变性剂浓度变化的情况表明，虽然盐酸胍和脲会参与计量置换过程，但是并不单纯是一种置换剂。如果盐酸胍和脲在流动相中仅起到如水一样的稀释剂的作用，那么，蛋白质的保留值的对数与水浓度对数间仍存在线性关系，且随流动相中水浓度的减小而增大。图 10-10 却显示 Lys 的保留 $\lg k'$ 随水浓度的增大而增大，并且对流动相中水浓度 $\lg$ [H₂O] 作图的线性关系较差。表 10-11 还列出了其余 5 种蛋白质的线性参数。

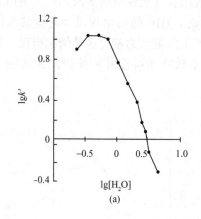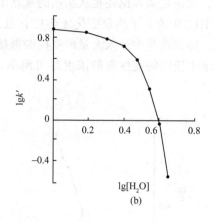

图 10-10　Lys 的 $\lg k'$ 对 $\lg\,[H_2O]$ 作图[28]

(a) 盐酸胍；(b) 脲

表 10-11　$\lg k'$-$\lg\,[H_2O]$ 作图的线性参数[28]

蛋白质	GuHCl			urea		
	R	a	b	R	a	b
RNase-A	0.9461	6.68	−10.31	—	—	—
Myo	—	—	—	0.9916	11.67	−17.90
α-Amy	0.9455	4.89	8.68	0.9713	6.65	−13.89
α-Chy-A	0.8854	7.86	−15.87	0.9670	9.24	−18.71
Lys	0.7913	8.38	−14.90	0.8258	8.95	16.80
Cyt-C	0.8964	7.47	−14.80	0.9925	8.78	17.38

注：a，b 是分别以 $\lg k'$−$\lg\,[H_2O]$ 作图的斜率和截距。

图 10-10 和表 10-11 的数据表明，在流动相中盐酸胍和脲连续变化时，$\lg k'$ 和 $\lg\,[H_2O]$ 之间无线性关系或无好的线性关系，因而无法求出该过程的 Z 值。这进一步地表明了，变性剂既非是单纯的置换剂，也非是单纯的稀释剂。冯文科等人[29,36]用紫外光谱分析的手段，研究了流动相中存在变性剂时，蛋白质分子的构象变化。认为 $\lg k'$ 与 $\lg\,[H_2O]$ 之间之所以不具有线性关系是由于蛋白质分子构象的变化引起的。因此，在流动相中存在的盐浓度，也可以讲水浓度不变的条件下，蛋白质的保留是受变性剂的变性作用所控制。

2. 变性剂浓度不变时 $\lg k'$ 与 $\lg\,[H_2O]$ 的关系

在 HIC 中，以解吸状态存在于流动相中的和以吸附状态存在于固定相上的蛋白质分子所受的作用力是不同的，也就是说，在流动相中和固定相的蛋白质的分子构象存在着差别[31]。这种分子构象差别的大小与盐的种类及蛋白质本身的性质有关。由于蛋白质在色谱洗脱过程中所用置换剂浓度变化范围很窄，为便于

研究，可以认为，当置换剂浓度在蛋白质能够洗脱的范围内变化时，蛋白质分子在流动相与固定相中分别仅存在一种构象状态，且两者间的分子构象转化是迅速的和可逆的[31]。当流动相中存在着盐酸胍和脲时，蛋白质的分子构象与流动相中不存在变性剂时的肯定不同，或者说，发生了变化。在某特定变性剂浓度条件下，在流动相中和固定相上的蛋白质分子仍可被视为各对应于某一种特定的构象。因而，从蛋白质分子与固定相接触表面之间释放出的水分子数为常数，$\lg k'$ 与 $\lg [H_2O]$ 之间作图就应当为线性关系。

图 10-11 是五种蛋白质分别在盐酸胍和脲浓度为 $1.0\,mol \cdot L^{-1}$ 时，$\lg k'$ 对 $\lg [H_2O]$ 的线性作图。各直线的线性相关系数都大于 0.995。在盐酸胍浓度分别为 1.5、2.0、2.5、$3.0\,mol \cdot L^{-1}$ 和脲浓度分别为 2.0、3.0、3.8、$4.8\,mol \cdot L^{-1}$ 时，其余四种蛋白质的 $\lg k'$ 与 $\lg [H_2O]$ 之间同样存在很好的线性关系。这说明在流动相中变性剂浓度维持不变时，蛋白质的保留符合 SDT-R，以 $\lg k'$ 与 $\lg [H_2O]$ 之间作图所求得的 Z 值足够准确。换言之，可以准确测定出在不同变性剂浓度条件下对应于蛋白质分子不同构象时的 Z 值。表 10-12 和表 10-13 分别列出了该五种蛋白质在盐酸胍和脲中的 Z 值。

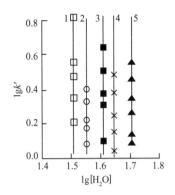

图 10-11　$1.0\,mol/l$ GuHCl 时五种蛋白质 $\lg k'$ 与 $\lg [H_2O]$ 作图[32]

1. Cyt-C；2. Lys；3. RNase-A；
4 α-A my；5. A-Chy-A

表 10-12　五种蛋白质在不同盐酸胍（GuHCl）浓度条件下的 Z 值（改性醚基疏水柱）[32]

GuHCl/mol·L^{-1}	0.0	1.0	1.5	2.0	2.5	3.0
Lys	87.1	42.4	52.7	33.6	40.6	14.6
α-Amy	107.0	122.2	219.2	49.2	13.7	53.2
Cyt-C	88.7	96.0	45.6	23.8	26.1	17.8
α-Chy-A	8.8	96.0	47.2	31.1	47.1	9.6
RNase-A	38.8	35.7	81.2	101.7	8.4	38.6

表 10-13　五种蛋白质在不同脲浓度条件下的 Z 值（聚乙二醇-600 疏水柱）[28]

urea/mol·L^{-1}	0.0	1.0	2.0	3.0	3.8	4.8
Lys	97.4	93.6	92.6	78.2	63.5	61.1
α-Amy	114.7	110.4	96.8	94.6	83.0	68.6
Cyt-C	128.4	86.2	79.8	45.2	46.3	29.6
α-Chy-A	89.3	86.8	78.0	75.2	65.9	58.4
Myo	101.5	84.7	73.9	65.0	54.3	50.9

此外，在§4.6 中也提到，蛋白质在 HPHIC 上的保留过程应当是蛋白质与

水分子之间的计量置换过程。HPHIC 中溶液对蛋白质的作用与 RPLC 中有机溶剂间的作用明显的不同，蛋白质分子不像在 RPLC 中那样几乎完全处于变性状态，而是疏水的区域不断的收缩与扩张引起蛋白质分子某些局部构象的变化，使 Z 值的变化更为复杂。但是，研究 HIC 中蛋白质分子构象变化所引起的 Z 值变化对于捕捉蛋白质分子构象变化的中间过程信息有着重要意义。

10.3.2 脲浓度与蛋白质分子构象变化的 Z 值表征

1. 不同脲浓度条件下的 Z 值

如表 10-14 给出了五种蛋白质的 $\lg k'$ 对 $\lg [H_2O]$ 作图的线性相关系数和斜率 Z，说明了当脲浓度一定时，五种蛋白质在 HIC 上的保留仍然可以用 SDT-R 中基本公式来描述，换言之，可准确测定出在不同脲浓度条件下对应于蛋白质分子不同构象时的 Z 值。并且，从表 10-14 的结果还可以看出，随着脲浓度的增大，分子构象变化的 Z 值却在减小的现象与 RPLC 中用异丙醇-甲酸-水作流动相时，蛋白质的 Z 值随甲酸浓度增大而减小的情况相类似[4]。当然，也可能是由于脲参与了计量置换过程，它实际上起到了置换剂的作用，从而也会引起了蛋白质 Z 值的减小。

表 10-14　五种蛋白质在不同脲浓度下 $\lg k'$ 对 $\lg [H_2O]$ 作图的线性参数

脲浓度 /mol·L^{-1} 蛋白质	0.0		1.0		2.0		3.0		3.8		4.8	
	Z	R	Z	R	Z	R	Z	R	Z	R	Z	R
Cyt-C	128.3	0.9990	86.2	0.9991	79.8	0.9987	47.2	0.9997	46.3	0.9983	29.2	0.9997
Lys	97.4	0.9982	93.6	0.9985	92.6	0.9990	78.2	0.9991	63.5	0.9992	61.1	0.9989
α-Amy	114.7	0.9989	110.4	0.9993	96.8	0.9991	94.6	0.9980	83.0	0.9994	68.0	0.9987
α-Chy-A	89.3	1.000	86.8	0.9989	78.0	0.9975	75.2	0.9992	68.1	0.9979	62.4	0.9996
Myo	101.5	0.9993	87.0	1.0000	73.9	0.9989	65.0	0.9994	54.3	0.9990	50.2	0.9982

蛋白质分子在天然状态下都有一个特殊的三级或四级结构，其分子外表面大多数为亲水性的氨基酸残基，而分子内部则主要为疏水性氨基酸残基。当用变性剂使蛋白质变性后，分子内部的疏水键被破坏，从而使包藏在分子内部的疏水性氨基酸残基更多地暴露出来，结果使蛋白质分子与固定相之间的接触面积发生变化，这种接触表面面积的变化自然导致了 Z 值的变化。蛋白质分子构象变化的程度应与变性剂的浓度有关。从一般情况而言，流动相中脲的浓度愈高，蛋白质分子失去立体结构的程度就越大，它的表面积就会进一步增大，它和固定相接触的表面积应该随之增大，即 Z 值也应该增大。如上所述，与表 10-14 所示的数据相反。这会在 10.3.3 中详细说明。

2. 不同脲浓度条件下蛋白质分子构象的变化[33]

SDT-R 中的 Z 值应是一个不随置换剂浓度变化的常数，当其他条件（温度，

pH，盐种类）不变时，以不同脲浓度下的 Z 值对脲浓度作图。图 10-12 即表示了这种蛋白质分子构象随脲浓度变化的全过程。

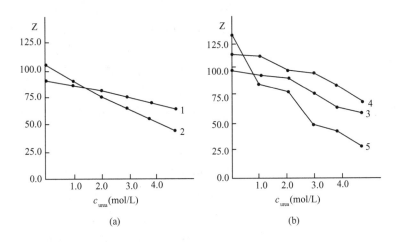

图 10-12　五种蛋白质的 Z 值对脲浓度的作图[33]
1. 肌红蛋白；2. α-糜蛋白酶-A；3. 溶菌酶；4. α-淀粉酶；5. 细胞色素-C

　　虽然，如前所述，脲浓度增大时，Z 值均在减小，表明蛋白质分子与固定相接触面积在减小，即蛋白质分子在向失去立体结构的方向变化。但是，从另一方面来讲，图 10-12 显示出所研究的 5 种蛋白质的 Z 值随脲浓度变化的趋势是不同的，如图 10-12（a）所示，其中肌红蛋白和 α-糜蛋白酶-A 的 Z 值发生连续性变化，表明这些蛋白质在所研究的脲浓度范围内三维结构发生了连续变化，分子内部的疏水性残基也随脲浓度的增大逐步暴露与分子表面。其余的 3 种蛋白（Cyt-C，Lys，α-Amy）如图 10-12（b）所示，它们的 Z 值变化为非连续性变化，说明了在 $0 \sim 4.8 \mathrm{mol \cdot L^{-1}}$ 脲浓度范围内，随脲浓度的增大，蛋白质分子构象发生了突变，导致了蛋白质与固定相接触面积的显著变化，而且，各个蛋白发生突变的脲浓度值是不同的，这与 RPLC 中的分子构象发生突变相吻合[8]。

10.3.3　脲浓度与蛋白质分子构象变化的 Z 值表征

1. 不同盐酸脲浓度条件下变性蛋白 Z 值

　　如上所述，在蛋白质分子未完全失去立体结构之前，由于蛋白质分子构象的变化，其在不同浓度 GuHCl 中的 Z 值应当不同。图 10-13 显示了 Cyt-C 的 Z 值随 GuHCl 浓度变化的曲线。在 GuHCl 浓度由 0.0 变化到 1.0 $\mathrm{mol \cdot L^{-1}}$ 时，Cyt-C 的 Z 值增至最大值，然后又减小，呈现出一种无规律地变化。表 10-12 中列出的 5 种蛋白质在不同 GuHCl 浓度下的 Z 值，除 Lys 外，其余蛋白质有一共同特点，即 Z 值随 GuHCl 浓度的增大先增大并出现一极大值，然后再减小。这显然与随变性剂浓度的增大，蛋白质分子逐渐失去立体结构而导致的分子表面面积增大这一事实相矛盾。

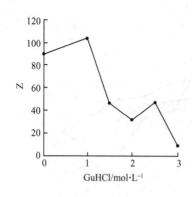

图 10-13　Cyt-C 的 Z 值随 GuHCl
浓度变化的曲线[32]

在 RPLC 中，对于一个完全变性的生物大分子而言，它与小分子溶剂的情况应该是等同的。溶质分子与固定相间的作用力大小近似地与两者之间的接触面积成正比，从而出现了同系物的 Z 值与碳原子数之间成线性关系的事实。然而，在 HIC 中，Z 值的变化至少有三点与 RPLC 中的小分子和生物大分子的不同。

众所周知，蛋白质分子内部是疏水性很强的核或疏水袋，虽然蛋白质分子表面会残留有疏水性氨基酸残基，但其表面平均疏水强度很低。当蛋白质分子失去立体结构时，一种情况是仅为分子形状发生变化，而不涉及任何分子内部氨基酸残基的外露，换句话讲，蛋白质分子表面平均疏水强度不变。这时，蛋白质分子与 HIC 固定相之间的接触面积会增大，那么 Z 值应该增大；第二种情况则是在蛋白质分子形状变化的同时，分子内部疏水性氨基酸残基外露，改变了分子表面的疏水强度。疏水性强的氨基酸残基的外露，增加了蛋白质分子与 HIC 固定相作用的强度。因蛋白质分子只用疏水性较强的表面与固定相接触即可，接触表面就会变小，这样就造成了 Z 值的减小。这样一来，就会出现在 Z 值增大和减小的两种作用方向相反的因素之间的竞争，最终的 Z 值变化要取决于哪个因素对 Z 值的贡献较大；第三种情况则是先出现第一种情况，而后第一和第二种情况同时出现。此时，一定会出现 Z 值先增大而后减小的情况。蛋白质分子构象的不同特点显然体现出了各蛋白质的差异。

2. 胍变蛋白质分子构象的 Z 表征

从定性的角度来描述，图 10-13 所示的 Cyt-C 和表 10-15 中其余 4 种蛋白质的 Z 值随 GuHCl 浓度的增大呈非连续性变化，说明这 5 种（细胞色素-C，溶菌酶、α-淀粉酶、α-胰蛋白酶）蛋白质分子构象变化为非连续变化。其次 Cyt-C、α-Amy 以及 α-Chy-A 的 Z 值随 GuHCl 和文献[33]中脲浓度的变化相比，可以发现，在含 GuHCl 的流动相中，这三种蛋白质的 Z 值随其浓度的增加先增大，而后又减小。表明它们的分子构象变化至少是与上述的第三种情况相符合。

然而，在文献[32]中，上述三种蛋白质的 Z 值随脲浓度的变化却是一个不断减小的过程，表明这三种蛋白分子构象变化与上述分子构象变化的第二种情况相对应。Hibbard 等人[34]在研究了脲变和胍变 α-胰凝乳蛋白酶的晶体结构后，认为 GuHCl 的变性主要作用于蛋白质分子表面的非极性侧链；而脲则不仅可以与蛋白质分子的表面基团，而且更主要的是能够与蛋白质的疏水性内核发生作用。

Lys 在 GuHCl 和脲中的 Z 值变化均与上述的第二种情况相对应，显示出有相似的分子构象变化过程，这可能是这两种变性剂对蛋白质变性的一个特例。

表 10-15　四种蛋白质随 GuHCl 浓度变化的 Z 值[28]

浓度范围/mol·L⁻¹	0.0~1.0	1.0~1.5	1.5~2.0	2.0~2.5	2.5~3.0
Cyt-C	14.7	−56.2	16.1	16.0	37.5
Lys	−44.7	−10.3	−19.1	7.0	−26.0
α-Amy	15.2	97.3	−170.3	−35.5	39.5
α-Chy-A	87.2	−50.4	−21.8	2.3	−8.3

另外，从定量的角度来描述，还可发现，蛋白质的 Z 值随流动相中 GuHCl 及脲浓度的变化而改变的程度是不同的。虽然文献[33]中脲浓度为 1.5 及 2.5mol·L⁻¹ 时蛋白质的 Z 值，但是，由于 Z 值随脲浓度的变化是一个单调减小的过程，因此，为了研究方便起见，取脲浓度为 2.0 与 1.0 mol·L⁻¹ 时的 Z 值之差，即可能产生的最大值作为蛋白质从脲浓度为 1.0 到 1.5、1.5 到 20mol·L⁻¹ 时的 Z 值增量。从表 10-15 可以看出，随 GuHCl 浓度改变时蛋白质 Z 值的增量的绝对值与其随脲浓度变化时可能产生的最大增量的绝对值相比，除个别值外，前者普遍大于后者。这说明，蛋白质在 GuHCl 中分子构象变化比在脲中的变化更剧烈。这与 Greene 等人[35]发现的 GuHCl 是一种更强的变性剂的结论是一致的。

10.3.4　Z 值的测定精度

为了研究变性蛋白在 HPHIC 柱固定相表面上的各种性质如分子构象、作用机理和折叠自由能变等，首先要能精确地测出用于表征这些特征的常数。如前所述，Z 值可用于蛋白质分子构象变化的表征，且与溶质在液-固界面上的吸附与解吸附的自由能变相关，因此，准确测定 Z 值是非常重要的。表 10-16 仅列出了不同脲浓度条件下核糖核酸酶-A 的 Z 值及其测定的相对平均偏差和线性相关系数，表示所得结果验的准确性和重现性均可达到研究要求。

表 10-16　RNase-A 在不同脲浓度条件下的 Z 值

c_{urea}/mol·L⁻¹	Z	S_1/%
0	76.2	±0.920
0.5	71.2	±0.794
1.0	69.3	±0.791
1.5	64.2	±3.41
2.0	63.1	±1.32
2.5	59.0	±1.09
3.0	57.6	±4.30

$c_{urea}/mol \cdot L^{-1}$	Z	$S_1/\%$
3.5	51.8	±0.221
4.0	50.0	±1.36
4.5	46.3	±0.0423
5.0	44.2	±1.55

注：固定相：LHIC-3 型疏水柱，流动相：A 液为 $2.5\,mol \cdot L^{-1}$ $(NH_4)_2SO_4 + 0.05\,mol \cdot L^{-1}\,KH_2PO_4 + X$ $mol \cdot L^{-1}\,urea\,(pH7.0)$，B 液为 $0.05\,mol \cdot L^{-1}\,KH_2PO_4 + X\,mol \cdot L^{-1}\,urea\,(pH7.0)$，$T = 25℃$，表中 S_1 为平行测定 Z 值的相对平均偏差。

§10.4　IEC 中蛋白质分子构象 Z 值的表征

10.4.1　IEC 中变性蛋白质与 Z 值的测定

同 RPLC 一样，IEC 广泛的用于肽、蛋白质和其他生物大分子的分离中。而

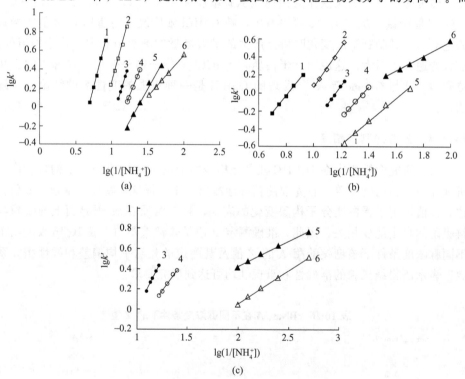

图 10-14　在固定脲浓度下不同状态溶菌酶 $\lg k'$ 对
$\lg(1/[NH_4^+])$ 作图[36]

○：$X=0$；●：$X=1$；△：$X=2$；▲：$X=3$；□：$X=4$；■：$X=5$

(a) 天然态；(b) 脲变非还原；(c) 脲变还原

且由于它使用的流动相为盐水体系，操作条件比 RPLC 温和，使得许多蛋白质在分离之后仍可能保持高的生物学活性，所以 IEC 在基因工程下游的分离纯化中占有举足轻重的地位。

首先必须知道，在不同浓度变性剂存在条件下，蛋白质的保留是否还遵守式 (4-16)。当脲浓度一定时，在蛋白质能够洗脱的盐浓度范围内，其分子构象会维持不变，此时蛋白质的保留应取决于流动相中盐的浓度，对处于三种状态，即天然态、脲变非还原和脲变还原条件下 Lys 的 $\lg k'$ 对 $\lg (1/[NH_4^+])$ 作图，以便从该线性关系图的斜率和截距得到 SDT-R 中 Lys 的参数 Z。图 10-14 给出了在固定脲浓度条件下不同状态 Lys 的 $\lg k'$ 对 $\lg (1/[NH_4^+])$ 作图的线性趋势。结果表明，$\lg k'$ 与 $\lg (1/[NH_4^+])$ 之间的确存在着良好的线性关系，其线性相关系数 R 均大于 0.99。说明当脲浓度一定时，这三种状态的 Lys 在 IEC 上的保留值也仍然可以用 SDT-R 的基本公式来描述。换言之，可准确测定出在不同脲浓度条件下对应于 Lys 分子不同构象时的 Z 值。

因为天然 Lys 样品进样到含有不同浓度脲的流动相中，会产生分子构象变化，所以在这样的条件下测定的 Lys 的 Z 值会与在流动相中无脲存在时的不同，图 10-14 (a) 是将天然 Lys 进样流动相中有脲存在的称之为"准天然态"（pseu-do-native state）的结果。

10.4.2 不同变性状态下 Lys 的弱阳离子交换色谱保留

图 10-15 为不同变性状态的 Lys 在不同色谱条件下在弱阳离子交换（WCX）柱上的分离情况。由于 $7.0 \text{mol} \cdot \text{L}^{-1}$ 的盐酸胍是一个高浓度的盐溶液，它严重影响蛋白质分子在 IEC 上的保留，所以无法对用盐酸胍变的 Lys 在 WCX 上的保留进行研究。

从图 10-15 可看出，当流动相中不加脲时 [图 10-15 (a)]，只有天然、脲变的色谱峰，而脲变还原 Lys 不出峰。这可能是两方面的原因造成的：一是还原变性 Lys 在复性的过程中非常容易形成聚集，所以可能形成了沉淀而没有出峰。因脲是一个有效的蛋白质溶解剂[32]，它能抑制聚集，增加失活蛋白质溶解度，减少疏水侧链之间的非特异性作用[32]。所以在流动相中加入 $2.0 \text{mol} \cdot \text{L}^{-1}$ [图 10-15 (b)]的脲时，脲变还原就有色谱峰出现；另一个原因是由于离子交换柱的非特异性吸附作用，使得还原变性的 Lys 从柱中洗脱下来很困难，加入脲后减少非特异性作用，增强洗脱力。

由于 IEC 以盐-水体系为流动相，操作条件比 RPLC 温和，使得许多蛋白质在分离之后仍可能保持高的生物活性，所以在 WCX 中的天然态就不同于前述的准天然态，是真正的天然状态的 Lys。当流动相中不含脲，天然与脲变的 Lys 洗脱峰保留时间很相近。加入 $2 \text{mol} \cdot \text{L}^{-1}$ 的脲后，天然态、脲变和脲变还原的 Lys 洗脱峰保留时间仍然很相近，只是脲变还原的 Lys 峰变得很低且较宽，可以看出

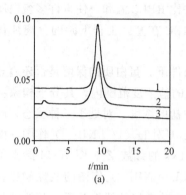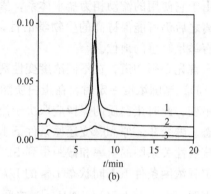

图 10-15　不同变性状态的 Lys 在 WCX 中的色谱保留行为[19]

流速：1.0mL/min；线性梯度：0～20min，0～100%B

1. 准天然态；2. 脲变非还原；3. 脲变还原

(a) A：0.1mol·L^{-1} Tris-HCl，pH=8.0；B：0.1mol·L^{-1}Tris-HCl+1mol·L^{-1}NaCl，pH=8.0；

(b) A：0.1mol·L^{-1} Tris-HCl+2mol·L^{-1} urea，pH=8.0

从柱子上洗脱出来的蛋白质量很少。

　　静电力不仅与作用的电荷数数有关，还与电荷之间的距离有关，天然蛋白质分子受三维结构的约束，虽然在分子中正电荷与固定相接触时能够拉动附近的正电荷向固定相移动，但距离较远，故作用力较弱，反映到 lg$I$ 值较小。而还原变性态用正电荷较集中的氨基酸残基直接与固定相作用，故其静电作用力强度反而要大于天然蛋白质。

10.4.3　不同脲浓度下溶菌酶与 Z 值[36]

　　如上所述，在 RPLC 和 HIC 中，Z 值大小与溶质和固定相的接触面积有关，但是在 IEC 中 Z 值的大小却取决于蛋白质分子同固定相接触电荷数的多少。蛋白质分子在天然状态下都有一个特殊的三级或四级结构，如前所述，其分子外表面上大多数为亲水性的氨基酸残基，而分子内部则主要为疏水性的氨基酸残基。另外，当蛋白质分子靠近一个带电荷的表面（如 WCX 的固定相表面）时，蛋白质分子中正电荷密度重心就会向 IEC 表面移动，而负电荷密度重心就向流动相的方向转移，这样，即便是天然态的蛋白质分子，其分子构象也会发生变化。当用变性剂使蛋白质变性后，其蛋白质分子内部的疏水性键被破坏，因为天然蛋白质进入到含有不同浓度脲的流动相中时，使其成为上述的"准天然态"，这时也会发生使包埋在分子内部的部分疏水性氨基酸残基更多的暴露出来的情况，从而导致蛋白质分子与固定相作用的电荷数目发生变化，电荷数的变化致使 Z 值发生变化。对于 3 种不同状态 Lys，准天然 Lys 暴露在外部的疏水性氨基酸残基最少；而脲变非还原变性态，仍然只是有部分原来埋藏于 Lys 分子内部的疏水性氨基酸残基暴露出来，此时由于二硫键未打开，埋藏于 Lys 分子内部的疏水性氨基酸并没有完全暴露出来；但是，还原变性的 Lys，即脲变还原，由于二硫键已经打开，三维结构完全被破坏，疏水性氨基酸完全暴露出来。

在 SDT-R 中的 Z 值应是一个不随置换剂浓度变化的常数，当其他条件（温度、pH、盐等）不变时，以不同脲浓度下测得的 Z 值对脲浓度作图，便可能得出如图 10-16 所示的蛋白质分子构象随脲浓度变化的全过程。

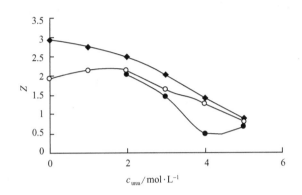

图 10-16　不同变性状态溶菌酶的 Z 值对脲浓度作图[36]

◆：准天然态；○：脲变；●：脲变还原变性

从图 10-16 看出，随脲浓度增大，准天然态 Lys 的 Z 值变化呈减小趋势。表明蛋白质与固定相作用的电荷数在减小，蛋白质在向失去立体结构的方向变化。非还原变性 Lys 的 Z 值先增大后减小，而还原脲变性 Lys 的 Z 值先减小后增大，均呈现出非单一方向的变化。图 10-16 所示的 Lys 的 3 种状态的 Z 值变化曲线看似连续，实际上变化方面发生了改变，均为不连续性变化，说明在此脲浓度范围内蛋白质分子构象发生了突变，导致了蛋白质与固定相接触电荷数的显著变化。而且各种蛋白质发生突变的脲浓度值是不同的，且以还原变性 Lys 变化最大。

10.4.4　Z 值对还原变性溶菌酶活性回收率随脲浓度变化趋势[36]

研究蛋白质在液-固界面上的分子构象变化，对研究蛋白质折叠特征及规律，以及防止天然蛋白质失活和提高变性蛋白质复性的活性回收率有着十分重要的作用。对于脲变还原 Lys 来说，在脲浓度为 $4.0\,mol \cdot L^{-1}$ 时 Z 值最小（见图 10-16），表明此时脲变还原态 Lys 与固定相接触电荷数较少，作用力强度最大，有助于蛋白质折叠。

图 10-17 显示出了脲变还原态 Lys 的复性效率与流动相脲浓度的关系，说明在此 WCX 的复性体系中，脲变还原态 Lys 活性回收率的最大值发生在变性蛋白质与固定相作用最强、接触电荷数最少的条件下。这是因为当变性蛋白质与固定

相作用时，与固定相接触的位点数越少，其面向流动相的区域越大。一方面蛋白质与固定相之间强的作用力保证了蛋白质与蛋白质分子之间互相不接触，不发生分子间的聚集；另一方面最大部分的区域面向流动相给予一维结构充分的自由度，使得它在合适的情况下向三维结构卷曲，开始协同的折叠过程。而与固定相接触的位点过多，则不利于其向天然态折叠。脲变非还原的 Lys 的 Z 值随脲浓度的增大先增大而后减小，脲浓度大于 $2.0 \text{mol} \cdot \text{L}^{-1}$ 时与"准天然态"的 Lys 相似；其经 WCX 柱后活性均在 80％以上［见图 10-17（b）］，这与其复性的双态机理是一致的[18]。

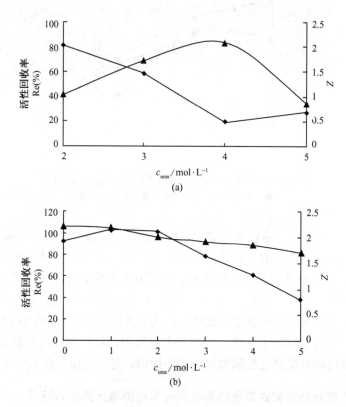

图 10-17　不同变性状态溶菌酶的 Z 及活性回收率随脲浓度
变化趋势图[36]
◆：Z 值；　▲：活性回收率
（a）非还原变性肽；（b）还原变性

10.4.5　Z 值对 Lys 分子构象变化的定量表征[16]

表 10-17 列出了不同变性状态的 Lys 在 WCX 上的保留值 t_R。前已指出，由于 HPHIC 使用盐水体系为流动相，操作条件比 RPLC 温和，使得蛋白质在分离

之后仍可保持较高的生物活性。因此，在 WCX 中的天然态就是真正的天然状态的 Lys。从 t_R 值可以看出，天然、脲变和脲变还原的 Lys 保留时间很相近，由保留值不能区分这 3 种状态。

与 RPLC 不同的是，在离子交换色谱中 Z 值与蛋白质分子同固定相的接触面积无关，而只与蛋白质分子能有多少电荷与固定相接触有关。具有三维或四维结构的天然蛋白质分子富有弹性，当其分子中的正电荷与阳离子交换柱的固定相接触时，蛋白质分子中电荷分布的对称性遭到破坏，故邻近固定相的正电荷就有了向固定相移动的倾向，使蛋白质分子与固定相接触面的正电荷增加，同时使具有弹性的天然蛋白质分子发生变形。而失去三维结构的变性态蛋白质分子只会用正电荷较集中的残基部位与固定相作用。肽链上其他带正电荷的氨基酸残基因远离固定相表面，没有向固定相移动的倾向，故在 WCX 中天然蛋白质的 Z 值会比变性态大。

表 10-17 同时列出了 WCX 中不同分子构象状态的 Lys 的 Z 值。从表 10-17 可见，天然和脲变 Lys 的 Z 值非常相近，说明这两种构象状态的 Lys 分子表面与弱阳离子交换柱的相接触电荷数相近，而脲变还原 Lys 的 Z 值则小于前两种构象状态，证实了前面的理论预测。从表 10-17 中所列的 α 和 α' 的数据可看出，天然与脲变 Lys 相近，而与脲变还原 Lys 的 Z 值相差较大。

表 10-17   WCX 中不同分子构象状态的 Lys 的 Z 值及失活度[16]

构象状态	t_R	Z	α	α'
天然	7.043	2.50±0.01	0.00±0.00	0.00±0.00
脲变	7.082	2.53±0.01	0.02±0.00	−0.07±0.00
脲变还原	7.135	1.82±0.01	−0.27±0.02	1.00±0.07

§10.5　$\lg I$ 的表征

Snyder 将 Z 值的物理意义赋予 S，使在 Z（S）被广泛用于溶质结构和色谱体系的表征[8]，$\lg I$ 是 SDT-R 第一组线性参数中除 Z 值外另一个线性参数[37]，它包括了一组参数（已经在 §10.4 作了介绍），将其用于表征镧系元素的四素组效应现象更为明显[38]，而且首次通过测定天然和变性蛋白质的 $\lg I$，准确地测出蛋白质折叠中的自由能[39]，如果溶质与固定相间的相互作用力是非选择性的，则 $\lg I$ 和 Z 值两者之间还存在线性关系，表达式见（5-7），Z 和 $\lg I$ 均都具有热力学平衡常数的性质，从而也为 Z 和 $\lg I$ 作为 LC 中新的表征参数奠定了热力学基础。此外，Bowers 等[40]指出由于 SDT-R 中参数有明确的物理意义对于在分离系统中系统优化提供吸附剂和溶剂的相对强度是很有好处的。

10.5.1　在 RPLC 中不同折叠状态下蛋白质的 $\lg I$ 值

在 RPLC 中蛋白质分子的 Z 值与疏水性氨基酸残基暴露的程度呈相同趋势变化。表 10-18 为 RPLC 中 Lys 分子处在不同构象状态的 $\lg I$ 值。从表 10-18 仍然可以看出，"天然"和脲变这两种构象状态的 $\lg I$ 值也非常接近，与 Z 值变化相同。对于同为非还原变性态的 Lys 来说，胍变的 $\lg I$ 值要大于脲变。而对于还原变性来说，同样，胍变还原的 $\lg I$ 值也大于脲变还原的 $\lg I$ 值，当然，蛋白质的变性与变性剂有关。此外，同样可用式（10-1）的计算结果来判断分子构象变化的程度。

表 10-18　在 RPLC 中不同构象状态的溶菌酶的 $\lg I$ 值及失活度[16]

构象状态	$\lg I$	α	α'
天然	28.9 ± 0.2	0.00 ± 0.00	0.00 ± 0.00
脲变	28.7 ± 0.4	0.00 ± 0.04	0.00 ± 0.15
胍变	32.0 ± 0.1	0.11 ± 0.01	0.41 ± 0.04
脲变还原	32.0 ± 0.6	0.13 ± 0.03	0.48 ± 0.11
胍变还原	36.1 ± 0.8	0.27 ± 0.04	1.00 ± 0.15

表 10-19　不同蛋白质不同折叠态的 $\lg I$ 值[24]

蛋白质和形态	MW	$\lg I$
Heme	618	
水中		2.3 ± 0.3
脲中		2.3 ± 0.3
RNase	13000	
表面去折叠态		2.5 ± 0.7
脲变态		4.9 ± 0.4
二硫键还原变性态		7.0 ± 0.7
LYSO	14300	
折叠态		-0.6 ± 0.2
表面去折叠态		4.9 ± 0.6
二硫键还原变性态		11.6 ± 1.2
APMY	17000	
表面去折叠态		6.5 ± 1.1
脲变态		11.2 ± 1.2
PAPN	21000	
折叠态		-0.3 ± 0.3
表面去折叠态		6.1 ± 0.5
脲变态		10.7 ± 1.1
CHTG	25000	
折叠态		-1.3 ± 0.1
表面去折叠态		7.9 ± 0.1
脲变态		9.6 ± 0.1

在表 10-19 中[24]介绍了一系列标准球形蛋白在不同折叠状态下在 RPLC 中的保留行为以及每一种蛋白四种不同的折叠状态，分别是折叠态，色谱表面去折叠态，脲变态及二硫键还原变性态的 lg I 值。

从表 10-19 中可以看出，每种蛋白质其不同状态的 I 值变化与在表 10-8 列出的 Z 值遵循同样规律，即折叠态≪色谱表面去折叠态＜脲变态＜二硫键还原变性态。

此外，与表 10-9 相对应，表 10-20 所示是两种人工交联修饰蛋白质在 RPLC 中的保留行为以及交联修饰后及未被修饰的蛋白质的 lg I 值。也可以看出，在折叠状态下，修饰与未被修饰的蛋白质 lg I 值相差不大。但在去折叠状态下，修饰过的蛋白质其 lg I 值要比未修饰的蛋白质相对减小。研究表明，在 C₈ 反相柱上附加一人工二硫键的 T₄-LYSO 的洗脱时间要比未修饰的短[25]。对于 RNase-A，其去折叠态 lg I 值相差不大，但在还原状态下有明显区别。这是由于在还原状态下，RNase-A 的 4 个二硫键会被破坏，而人工的 Lys（7）-Lys（41）交联仍存在且限制了蛋白质的去折叠，从而使得其与固定相接触面积减小，Z 值减小，因在 RPLC 中组分与 RPLC 固定相之间的作用为非选择性作用力，所以接触面积减小，其组分与固定相之间的相互作用 D 减小，从而也使 lg I 减小。

表 10-20 在 RPLC 中交联修饰及未修饰的蛋白质的 lg I 值[24]

蛋白质	交联数	lg I
折叠态（35-108）LYSO	5	-0.3 ± 0.1
折叠态 LYSO	4	-0.6 ± 0.2
去折叠态（35-108）LYSO	5	4.6 ± 0.7
去折叠态 LYSO	4	4.9 ± 0.6
（7-41）RNase-A	5	2.6 ± 0.7
RNase-A	4	2.5 ± 0.7
还原态（7-41）RNase-A	1	3.0 ± 1.1
还原态 RNase-A	0	4.5 ± 0.7

10.5.2 IEC 上的 lg I 值

1. 在 WCX 中不同变性状态下溶菌酶的 lg I 值[17]

由图 10-15 知，不同变性状态下 Lys 在 WCX 上的色谱保留行为相近。但是在 WCX 中不同分子构象状态的 Lys 的 lg I 值的变化却明显存在着差别。从表 10-21 看出，天然和脲变 Lys 的 lg I 非常相近，其静电作用力相当。而脲变还原 Lys 的 lg I 值却大于前两种分子构象状态。这是由于静电力不仅与作用的电荷数有关，还与电荷之间的距离有关，天然蛋白质分子受三维结构的约束，虽然在分子中正电荷与固定相接触时能够拉动附近的正电荷向固定相移动，但距离较远，故作用力较弱，反映到 lg I 值较小。而还原变性态以正电荷较集中的氨基酸残基直接与固定相作用，故其静电作用力强度反而要大于天然态蛋白质，所以 $\lg I$ 值比天然态的要大。从表 10-21 中所列的变性度 α 和相对变性度 α' 的数据看出，天然与脲变相近，而与脲变还原相差较远。

表 10-21　WCX 中不同分子构象状态的 Lys 的 $\lg I$ 值及变性度[17]

构象状态	α	α'	$\lg I$
天然	0.00 ± 0.00	0.00 ± 0.00	-2.09 ± 0.01
脲变	0.02 ± 0.00	-0.07 ± 0.00	-2.17 ± 0.01
脲变还原	-0.27 ± 0.02	1.00 ± 0.07	-1.46 ± 0.01

2. 在 WCX 中不同构象 Lys 分子与固定相的亲和力

图 10-18 为 3 种不同变性状态的 Lys 的 $\lg I$ 与脲浓度关系图[36]。从图 10-18 看出，在相同脲浓度下"准天然态" Lys 的 $\lg I$ 值较还原变性态的 $\lg I$ 值小，"准天然态"和非还原变性态 Lys 的 $\lg I$ 值非常相近，说明这两种构象状态的 Lys 分子对同一固定相的亲和势相近，而脲变还原态 Lys 的 $\lg I$ 值则大于前两种分子构象状态。这是因为变性 Lys 分子的结构较疏松，伸展的较远，与固定相作用的机会多，亲和力大。这与"准天然态"蛋白质的 Z 值比变性态的 Z 值大并不矛盾，因为蛋白质分子中，即便改变一个氨基酸，也会严重影响蛋白质的保留，因为蛋白质只有以一定的区域接触固定相才会保留[41]。

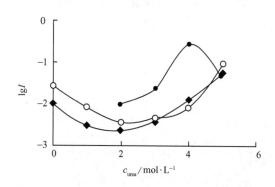

图 10-18　在 WCX 中不同变性状态溶菌酶的 $\lg I$
对脲浓度作图[36]
◆：准天然态；○：脲变；●：脲变还原变性

10.5.3　HIC 上不同浓度变性剂条件下测定 $\lg I$ 的精度

如前所述，在不同浓度变性剂（脲或盐酸胍）存在条件下，即蛋白质分子以不同分子构象存在时，$\lg k'$ 对 $\lg [H_2O]$ 作图（如图 10-11）的线性关系良好，变性蛋白质在高效疏水色谱中的保留完全服从 SDT-R。表 10-22 列出了在不同变性剂浓度条件下 Lys 的 lg I 值及其测定的相对平均偏差和线性相关系数，以考察试验的准确性和重现性。

表 10-22 在 HIC 中 Lys 在不同脲浓度条件下的 lg I 值[35]

c_{urea}/mol·L^{-1}	lg I	S_1/%	R
0	132	±1.17	0.9981
0.5	130	±0.994	0.9936
1.0	125	±0.372	0.9921
1.5	116	±2.86	0.9969
2.0	115	±0.239	0.9991
2.5	108	±0.219	0.9989
3.0	104	±1.25	0.9965
3.5	85.0	±1.70	0.9934
4.0	86.6	±2.87	0.9996
4.5	84.8	±3.73	0.9948
5.0	75.5	±3.82	0.9941

注：固定相：HIC-3 型疏水柱，流动相：A 液为 2.5 mol·L^{-1} （NH$_4$)$_2$SO$_4$ ＋0.05 mol·L^{-1} KH$_2$PO$_4$＋ X mol·L^{-1} urea (pH7.0)，B 液为 0.05 mol·L^{-1} KH$_2$PO$_4$＋ X mol·L^{-1} urea (pH7.0)，$T=25℃$，表中 S_1 为两次平行测定 lg I 值的相对平均偏差，R 为线性相关系数。

从表 10-22 结果发现，蛋白质的 lg I 值随变性剂浓度的增大而减小，主要原因在变性剂存在下，蛋白质分子构象发生了变化，使其与固定相接触的表面积发生了变化，从而对固定相的亲和势发生了变化，因此引起 lg I 值的变化。

从表 10-22 可看出两次平行测定的 lg I 的最大相对平均偏差不超过 3.80%，准确的求得变性蛋白的 lg I 值，具有良好的重现性，这为后面的蛋白折叠自由解的准确测定奠定了良好的实验基础。

10.5.4 变性蛋白质的折叠自由能及折叠自由途径（pathway）

在第六章中有关液-固界面上的热力学函数研究中[42~49]知，小分子溶质的总保留和总吸附吉布斯自由能变可以分别被分成两个独立的分量：净吸附自由能变 $\Delta G_{N,A}$ 和净解吸附自由能变 $\Delta G_{N,D}$。在变性蛋白质折叠过程中，其净吸附自由能变 $\Delta G_{N,A}$ 和净解吸附自由能 $\Delta G_{N,D}$ 又可分别表示为 $\Delta G_{N,A}=-2.303 RT\lg Ia$，和 $\Delta G_{N,D}=-2.303 RTZ\lg a_D$。从这两个关系式分别求出天然蛋白质与变性蛋白质在 HIC 中的各自的净吸附自由能变分量与净解吸自由能变分量。如上所述，lg I 能够对处于不同分子构象的蛋白对固定相的亲和势进行表征。表 10-22 列出的 lg I，便可以包括柱相比在内的天然蛋白吸附自由能变 $\Delta G_{T,N}$ 和包括柱相比在内的变性蛋白的吸附自由能变，表 10-23 是变性蛋白折叠自由能变 ΔG_T。纵观表 10-23 的折叠自由能数据，绝大部分的数值在 100kJ·mol^{-1} 以上，比在溶液中的折叠自由能（一般为几到十几千焦）高出很多。这说明固定相可以为蛋白质折叠提供更多的能量。这也是为什么变性蛋白质在 HIC 上复性效率高的原因。

表 10-23　在不同脲浓度条件下 5 种变性蛋白质的 $\Delta G_{T,F}$ 值（kJ/mol）[35]

c_{urea}/mol·L^{-1}	0.0	2.0	3.0	3.8	4.8
Cyt-C	439.5	514.2	834.1	831.9	984.0
Lys	57.6	76.3	223.4	366.0	400.8
α-Amy	52.2	199.8	236.9	351.4	492.8
α-Chy-A	37.0	130.0	170.6	262.1	341.8
Myo	172.9	284.6	377.2	480.5	520.3

10.5.5　蛋白质在不同 HIC 固定相的 lg$I$

表 10-24 列出了 Lys 在三种固定相上不同脲的浓度下的 lg$I$。HIC-1、HIC-2 和 XDF-GM 型柱均为聚醚链类固定相。经测定，其疏水性强度依次增大。从表 10-24 中可看出，虽然固定相对 lg$I$ 的影响较大，但 lg$I$ 值与固定相疏水性并无平行关系。这似乎与 lg$I$ 值越大、固定相的疏水性越强的理论预计相矛盾。其实，这是由于蛋白质在 HIC 中保留的复杂性和 lg$I$ 值组成的复杂性所引起的。如理论部分所述，lg$I$ 值包括溶质置换溶剂的热力学平衡常数 K_a、固定相表面吸附层中溶剂的活度 a_{LD}、从固定相表面释放出的溶剂分子数 nr、柱相比等四种影响因素。在这四个参数中，固定相的疏水性越强，K_a 越大。但是，对于不同的色谱柱，其余三个与固定相疏水性无关或相关性较小的参数 a_{LD}、nr 和 φ 对 lg$I$ 值的贡献大小不同，会引起一定的偏差。

表 10-24　Lys 在不同固定相上的 lg$I$ 值

固定相	0.0	1.0	2.0	3.0	3.8	4.8
HIC-1	162.2	156.0	152.6	126.4	101.0	94.8
HIC-2	162.1	141.3	122.8	121.4	99.9	84.8
XDF-GM	144.3	115.9	89.8	92.6	68.6	64.9

因此，在实际应用中，选择适于蛋白质复性的固定相时，既要考虑固定相的疏水性，又要估计到蛋白质失活的可能性，加以全面衡量。

参 考 文 献

[1]　Shiaw-Lin W, Figueroa A, Karger B L. J. Chromatogr., 1986, 371: 3

[2] 时亚丽，马凤，耿信笃. 分析化学，1994，22 (5)：453

[3] Lin S W，Karger B L. J. Chromatogr.，1990，499：89

[4] 时亚丽，马凤，耿信笃. 分析化学，1990，22 (7)：712

[5] 时亚丽，马凤，耿信笃. 分析化学，1994，5：453

[6] 时亚丽，马凤，耿信笃. 高等学校化学学报，1994，15 (9)：1288

[7] Geng X D，Regnier F E. J. Chromatogr.，1984，296：15

[8] Snyder L R，Kirkland J J. Introduction to Modern Liquid Chromatography. 2nd ed. New York Wiley，1979

[9] Kunitani M，Johnson D，Snyder L R. J. Chromatogr.，1986，371：313

[10] Gao J，Yu Q，Geng X D. J. Liq. Chrom. & Rel. Technical，2000，23：1267

[11] Chang J，Guo L，Feng W，Geng X D. Chromatographia. 1992，34 (11/12)：589

[12] Kunitani M，Hirtzer P，Johnson D，Halenbeck R，Boosman A，Koths K. J. Chromatogr.，1986，359：391

[13] Aguilar M I，Hodder A N，Hearn M T W. J. Chromatogr.，1985，327：115

[14] Lahm H W，Stein S. J. Chromatogr.，1985，326：357

[15] Rekker R F. The Hydrophobic Fragmental Constant. Amsterdam：Elsevier，1977，p. 301

[16] 王彦，李敏，龚波林，耿信笃. 高等学校化学学报，2003，24 (7)：1207

[17] 王彦. 液-固界面吸附及溶菌酶在液相色谱中复性的应用研究. 西北大学博士论文，2002，12

[18] Bert van den Berg，Ellis R J，Dobson C M. EMBO J.，1999，18 (24)：6927

[19] Ingraham R H，Lau S Y M，Taneja A K，et al. J. Chromatogr.，1985，327：77

[20] Pace C N. Methods Enzymol.，1986，131：266

[21] Bolen D W，Santoro M M. Biochem.，1989，27：806

[22] Pace C N. Trends Biochem. Sci.，1990，15：14～17

[23] Greene P F，Pace C N. J. Biol. Chem.，1974，249：5388

[24] Shiwen L，Karger B L. J. Chromatogr.，1990，499：89～102

[25] Perry J L，Witzel R. Science（Washington. D. C），1984，226：555

[26] Beatrice de Collongue-Poyet，Claire Vidal-Madjar，Bernard Sebille，Klaus K. Unger. J. Chromatogr. B，1995，664：155

[27] Morries C J O R. Trends Biochem. Sci. (pers. ed). 1977，2，N16

[28] 卫引茂. 高分子聚合色谱填料的合成及生物大分子构象变化研究，西北大学博士论文. 1997，8

[29] 冯文科，姜新其，耿信笃. 高等学校化学学报，1994，15 (10)：1450

[30] Feng W K，Jiang X Q，Geng X D. J. Liq. Chromatogr.，1995，18 (2)：217

[31] Geng X D，Guo L A，Chang J H. J. Chromatogr.，1990，507：1

[32] 卫引茂，常晓青，耿信笃. 分析化学，1997，25 (4)：997

[33] 卫引茂，常晓青，耿信笃. 分析化学，1997，25 (4)：396～399

[34] Hibbard L S，Tulinsky A. Biochemistry，1978，17：5460

[35] 薛卫华. 蛋白质的液相色谱复性研究及液-固界面上蛋白折叠自由能的测定. 西北大学硕士论文，2001，60

[36] 李敏，王彦，龚波林，耿信笃. 色谱，2003，21 (3)，214

[37] 耿信笃，时亚丽，边六交，白泉，卫引茂，贺浪冲. 分析化学，1998，26 (6)：665

[38] 宋正华，耿信笃. 中国稀土学报，1987，5 (3)：63

[39] 耿信笃，张静，卫引茂. 在液-固界面上变性蛋白折叠自由能的测定. 科学通报，1999，44 (19)：2046～2049

[40] Bowers L D, Pedigo S. Solvent Strength Studies on Polystyrene-divinylbenzene Columns. J Chromatogr, 1986, 371: 243~251

[41] Drager R R, Regnier F E. J. Chromatogr., 1986, 359: 147

[42] 耿信笃. 化学学报, 1996, 54: 497

[43] 耿信笃. 中国科学（B辑）, 1995, 25 (4): 364

[44] 耿信笃, 时亚丽, 边六交等. 分析化学, 1998, 26 (6): 665

[45] 陈禹银, 耿信笃. 高等学校化学学报, 1993, 14 (9): 1432

[46] Geng X P. Thermochimica Acta, 1998: 131

[47] Geng X P, Han T S, Cao C. J. Thermal. Anal., 1995, 45: 157

[48] 陈禹银, 耿信笃. 化学通报. 1995, (7): 53

[49] 张瑞燕, 白泉, 耿信笃. 化学学报, 1996, 54: 900

第十一章　蛋白质复性及其在生物工程中的应用

基因工程生产蛋白质药物的特点是：① 样品的组分复杂，目标产品的含量很低，如以大肠杆菌（$E.\ coli$）为宿主所得到的目标产品多存在于细菌的细胞质和外周质间隙之间，含有大量的杂蛋白、核酸等杂质；② 对产品纯度要求较高，一般药用的蛋白质需要纯度在99%，最低也要在95%以上；③ 经过复性和纯化的蛋白质通常活性回收率和质量回收率都很低，特别是含有二硫键的蛋白质，在复性过程中，变性蛋白质的聚集沉淀、二硫键错配都使生产成本增高。这就是基因工程的下游主要存在的三个难点，即如何提高活性、纯度和收率。如果能解决这三个难点，便可得到很好的经济效益。

SDT-R 在分离科学和各种 LC 体系中的研究应用，为解决这一棘手难点提供了新的手段与思路。如前所述，作者等基于 LC 中的 SDT-R，使 Z 值和 $\lg I$ 成功地用于表征生物大分子的构象变化和在液-固界面上蛋白质折叠自由能的测定[1-6]。20世纪90年代初期首次对从 $E.\ coli$ 中提取的重组人干扰素-γ（rhIFN-γ）的盐酸胍提取液用 HPHIC 经一步操作完成复性并同时纯化，并且具有① 完全除去变性剂；② 分离大多数杂蛋白；③使 rhIFN-γ 复性在 40min 内完成，其活性回收率是稀释法的 2～3 倍，纯度大于 90%[7~12]，大大简化了 rhIFN-γ 下游生产工艺。这一创新被色谱领域认为"这种方法是迷人的，是国际首创"。此外，还根据 LC 中的复性机理，设计并制成了如图 9-9 的蛋白质复性并同时纯化装置，使其能用于工业化生产。

本章在简要介绍用各种 LC 对变性蛋白质复性的基础上，主要介绍如何用 SDT-R 指导 LC 的蛋白质折叠方法，以 HIC 复性蛋白质的复性机理和如何用其对蛋白质复性以及应用于生物工程为例说明。

§11.1　蛋白质复性的策略

11.1.1　传统的复性方法

科学家一直在研究促进蛋白质体外折叠的策略。三十多年前，Anfinsen 等[13]就发现，去除变性剂后，脲变性的核糖核酸酶 A 可在体外通过空气氧化自发地再折叠成其天然态。这一经典实验及理论已经成为重组蛋白质折叠的理论基础。除去变性剂后，蛋白质就开始再折叠。可以认为蛋白质折叠取决于其一级结构或倾向于热力学上的能量最低态，Anfinsen 等因此获得 1973 年诺贝尔奖。依此理论，在用多种方法除去变性剂，或稀释、透析和超滤，完全除去或降低变性剂浓度就应当使变性蛋白质能自动折叠到它的天然态。这三种传统的蛋白质复性方法可简要介绍如下：①用复性缓冲液稀释变性蛋白质可以降低变性剂浓度，提供可供蛋白质复性的环境。稀释的不利之处就在于将样品的体积增大，而且变性剂浓度的降低可能会导致变性蛋白分子间的聚集[14]。为此，有时可考虑用"两步稀释"法，即先稀释到中等变性剂浓度，使蛋白质形成部分二级结构，以降低疏水表面的暴露；随后再进一步稀释或透析除去变性剂，但是变性剂浓度仍是非连续性的降低，所以不可避免的还会产生蛋白沉淀。②通过透析也可除去变性剂，其驱动力是渗透压。随增溶剂浓度渐减，蛋白质开始再折叠。透析的缺点在于受质量迁移的控制，速度很慢。③超滤是交换缓冲液的另一方法，其驱动力是跨膜的压力，在伴随变性剂除去的同时，以同样速度加入复性缓冲液。这使得在除去变性剂的同时使蛋白质浓度保持恒定。这一方法耗时较少，适于生产规模。从变性蛋白质再折叠的一般机制看出，再折叠是分子内的一级反应，而聚集反应则是发生在分子间的二级或高级反应。

由于上述传统复性方法存在着自身的缺陷，为了提高复性效率，降低重组蛋白质的生产成本，在依据复性基本原理和复性策略的基础上，提出了许多新的复性方法。

11.1.2 人工促进蛋白质折叠

1. 稀释添加法

在蛋白质复性研究中发现，向用稀释法复性的缓冲液中加入许多化学物质（称之为添加剂）可以提高复性效率。常见的添加剂有聚乙二醇（PEG）[15]，反向胶束（reversed-micelles）[16,17]，环糊精与直链糊精，大分子充塞试剂（macromolecular crowding agents）[18,19]，表面活性剂[20]，丙酮、脲的衍生物，乙酰胺[21]，丙三醇[22,23]，液态有机盐乙基硝酸铵（ethylammonium nitrate）[24]，有机酸[25]，氨基酸[26]，抗体[27]以及在非水复性缓冲液中的盐[28]等，特别是可用精氨酸减少聚集来提高复性率[29]。虽然从理论上讲蛋白质的一级结构决定其空间结构，也确有许多蛋白质，如核糖核酸酶 A 可在缓冲液中自发复性。但由于蛋白质空间结构的形成常常是一个需要能量的过程，因此，大部分的哺乳类蛋白质缺少自我复性的能力，在溶液中不能自发形成有功能的空间结构。对于某一个添加剂影响某一个指定蛋白质折叠的机理还是不清楚。添加剂可能影响失活蛋白质、折叠中间体以及最终天然态蛋白质的溶解度、稳定性等。而且，这些添加剂也可能会影响折叠、误折叠或聚集的速率。

2. 分子伴侣与人工分子伴侣辅助折叠

分子伴侣（molecular chaperone）普遍存在于各种生物体内，参与和调控细胞内新生肽链的折叠，运输及组装[30]。其主要作用不是加快蛋白质二级结构的形成，而是通过识别结合肽链折叠中的过渡态结构使之保持稳定，阻止过渡结构分子之间发生错误的相互作用和凝聚，从而有利于肽链完成正确折叠及组配。分子伴侣主要包括两个热休克蛋白质家族 Hsp60 和 Hsp70。如与大肠杆菌 Hsp60 相关蛋白质被称为分子伴侣（chaperoinis），即 GroEL/GroES，每个 GroEL 分子由 14 个相同亚基组装而成，亚基分子量各为 60kDa。其中每 7 个亚基构成一个圆柱状结构。一个 GroEL 一次最多只能结合 1～2 条肽链。

因此，分子伴侣辅助蛋白质复性，是近年来出现的令人瞩目的新方法，但也存在不少问题。首先，分子伴侣促进再折叠的确切机理目前仍不清楚，纯化的分子伴侣价格昂贵，直接添加或固定化在基质上成本都将会很高。如固定在凝胶基质上的 DnaK 虽然能促进免疫毒素的正确折叠，但所需的 DnaK 的价格竟超过免疫毒素的 100 倍[31,32]。Rozema 和 Gellman 用小分子物质模仿分子伴侣的机理并称之为人工分子伴侣，对人工分子伴侣体系辅助碳酸酐酶、柠檬酸合成酶和溶菌酶复性进行了研究[33～36]。与分子伴侣 GroEL＋ATP 辅助复性的作用机理相似，其复性过程分为两步进行：第一步为捕获阶段。在变性蛋白质溶液中加入去污剂，去污剂分子通过疏水相互作用与蛋白质的疏水位点结合形成复合体，抑制肽链间的相互聚集；第二步为剥离阶段。加入环糊精，由于环糊精分子对去污剂分子有竞争性吸附作用，从而去污剂分子被剥离下来，使多肽链在此过程中正确折叠为活性蛋白质。

人工分子伴侣与稀释法、稀释添加剂法在机理上的区别可见图 11-1。从图 11-1 中看出，稀释法和稀释添加剂法都只有一步反应，而人工分子伴侣与分子伴侣方法均为两步反应，前者形成聚集物的程度较后者大。

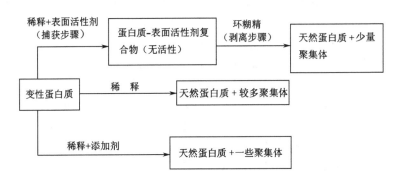

图 11-1　人工分子伴侣（上）、稀释法（中）和稀释添加剂法（下）对蛋白质复性作用的比较

此外，与 GroEL 等蛋白质分子伴侣相比，联合使用去污剂和环糊精作为人工分子伴侣辅助蛋白质复性具有明显的优点：① 人工分子伴侣不属于蛋白质，不易受环境影响而失活，操作条件较为宽松；② 去污剂和环糊精均可直接购买，省去人工分子纯化步骤；③ 去污剂与环糊精的分子质量较小，容易与蛋白质分

离，有利于提高工业生产效率。目前其他一些模式的人工分子伴侣也得到了应用。

11.1.3 蛋白质折叠机理争论的焦点

蛋白质折叠机理研究一直是科学家们关注的问题，在分子水平上研究蛋白质折叠机理，争论的焦点主要集中在两个方面：第一，折叠过程是由热力学控制还是由动力学控制？第二，折叠过程的途径是什么？是否存在着折叠过程中的中间体？

Anfinsen 等[37]认为，蛋白质折叠过程是由热力学控制的，天然蛋白质的三维结构是所有可能构象中吉布斯自由能最低的一种。他们认为天然蛋白质的多肽链所具有的分子构象是在一定环境条件下热力学上最稳定的结果，此时具有天然蛋白分子构象的多肽链和它所处的一定环境条件（如溶液组分，pH，温度，离子强度等）使整个系统的总自由能最低，所以蛋白质处于变性状态的多肽链在给定的环境条件下能够自发折叠成其天然构象。换言之，可以认为变性蛋白质在除去变性环境后，就能自发地折叠成天然构象。然而，Martin 等[38]认为蛋白质折叠是一个动力学过程，蛋白质折叠是以一定速率和折叠途径进行的。Goldenburg 等[39]认为，在从变性态到天然态折叠的过程中可能存在着许多能垒（energy barrier），要使变性蛋白质重新折叠成天然蛋白质，必须越过这些能垒。Sauder 和 Baker 等[40,41]分别通过细胞色素-C 和 α-细胞溶解蛋白酶的折叠动力学常数的研究，推测出能垒的存在和其数值的大小。因此，长期以来在蛋白质折叠的研究中一直存在着热力学控制与动力学控制的争论。Dill 等[42]提出的多维能量景观（multi-dimensional energy landscape）学说或折叠漏斗（folding funnel）较好地解决了这一矛盾。其基本点是，去折叠分子是一组具有不同结构状态的分子群，在折叠过程中各个分子沿着各自途径进行折叠，不存在单一的、特异的折叠途径。在折叠早期，去折叠分子结构松散，自由能高，可选择的构象自由度（即构象熵，conformation entropy）也大，随着折叠所形成的构象越来越稳定，即自由能越来越小，构象熵也越来越小，折叠中间体数目也在不断减少，最终形成自由能最小的、独一无二的天然构象，这一系列逐步收敛的变化呈漏斗状。就各个分子而言，由于折叠起始分子的结构的不均一性，折叠前期次级键、共价键形成的随机性以及环境的影响，在折叠开始阶段各个分子所形成的分子构象也会有所不同。当有些分子构象有利于进一步正确折叠时，这些构象的分子都会顺利地转变为天然产物。

11.1.4 变性蛋白质折叠过程中的自由能

1. 溶液中蛋白质折叠过程中自由能（ΔG_T）的测定

从热力学观点来讲，天然蛋白质折叠是一种由处于高能态的变性态到最低能态的天然态；但从动力学机理讲，在蛋白质折叠过程中可能存在着能垒会阻碍蛋白质顺利地折叠到它的天然态。只要发现蛋白质在折叠途径（pathway）中有无能垒存在，就能找到解决这一问题的答案。这就要求能绘制出蛋白质折叠过程中，总折叠自由能变（ΔG_T）对引起该过程变化的参数，如变性剂浓度、温度的作用。这样对于在蛋白质折叠过程中能量变化及折叠自由能大小的测定就显得十分重要了。

目前，国际上常用测定蛋白质 ΔG_T 的方法是量热法[43]和平衡常数法[44]：前者测定蛋白质折叠过程中伴随的热量变化；而后者则是通过获得的平衡常数，就可以计算出蛋白质折叠过程的热力学参数变化。Carra 等人[45]就是用量热法与 m 值（蛋白质失活平衡常数的对数与变性剂浓度线性作图的斜率）之间的关系提出了蛋白质折叠的三态模型。从 20 世纪 70 年代末以来对蛋白质折叠平衡常数的测定方法主要有热力学平衡状态下的直接测定法和动力学测定法。

热力学平衡状态下的直接测定法原理是，在蛋白质折叠处于热力学平衡状态下，确定溶液吸光度、溶液黏度等性质随变性条件，如温度、变性剂浓度变化的曲线，即所谓的构型转变曲线（transition curves），就能计算出蛋白质折叠的平衡常数[46]。测定手段很多，溶液黏度法、圆二色谱法、紫外差示光谱法、荧光吸收法是传统的测定方法[47]。随着科学技术的发展，高分辨率二维核磁共振、质谱技术[48]已在蛋白质折叠热力学研究中获得了应用。应当指出，不同的测定方法仅反映了蛋白质构象变化的一个侧面[49]。所以，即便是对于同一蛋白质而言，用不同测定方法所获得的折叠平衡常数亦不完全相同[46]。Pace[50]最近对以不同手段测定的无稳定中间体存在的二态（two-state transition）反应常数进行了校正，才使得不同的分析方法取得了结果上的一致性。然而，对有稳定中间体存在的变化过程：N＝（$X_1 + X_2 \cdots$）＝D（N：天然态；X_i：稳定的中间体；D：完全变性态），用测蛋白质分子构象转变曲线求平衡常数的方法，Charles Tanford[46]曾对此进行过详细的研究。

动力学测定法是根据化学上可逆反应的速率常数求蛋白质折叠平衡常数的一种方法。该方法仅适用于无稳定中间体存在的二态反应（N＝D）[46]，依据类似于化学上的碰撞理论对 k，k^{-1} 进行处理，即可求出蛋白质折叠的平衡常数。这种经典的研究方法至今仍无多大变化，只是测定手段已趋向多样化。然而，以上的研究不仅是在溶液中进行的，而且多为测定组成蛋白质的氨基酸残基对蛋白质折叠自由能的贡献。在第六章和第十章中介绍的有关生物大分子色谱热力学研究已经发现 LC 中的 SDT-R，可将溶质在通常 LC 中测定的溶质总自由能变分成两个独立的分量，净吸附自由能及净解吸附自由能，其中的净吸附自由能变、净吸附焓变和净吸附熵变直接用于变性蛋白质折叠的这些热力学函数的测定[51~57]，这便为测定变性蛋白质在 LC 固定相表面折叠自由能的研究奠定了基础，使其能够用于测定变性蛋白质在色谱固定相表面折叠自由能变化，以研究变性蛋白质在

LC 中的复性机理。

2. HIC 的液-固界面上 $\triangle G_T$ 测定

如上所述，研究蛋白质在液-固界面上的折叠特性及规律是很有意义的。笔者等研究了蛋白质在 HPHIC 的疏水界面上的折叠[58]。已知 HPHIC 固定相是一种适度疏水性的界面，蛋白质在 HPHIC 中进行折叠时蛋白质折叠自由能由 3 种组成。

（1）HPHIC 中所用流动相为盐的水溶液，故蛋白质分子会产生水合作用。众所周知，天然蛋白质分子中是没有水分子的，因此，蛋白质分子实现折叠的第一步必须使水合蛋白质分子失水，在蛋白质自发折叠过程中，表面失水为自发折叠过程，故去水合自由能 $\triangle G_H$ 则应为负值。从另一方面讲，如果该蛋白质用通常方法不能或难以复性，或虽能自发复性但需很长时间才能实现其复性的原因是来源于失水过程，并且必须由外界施加能量使其脱水，这时所施加的能量 $\triangle G_H$ 则应为正值。

（2）蛋白质分子在液-固界面上存在着化学势突跃，即 HPHIC 固定相吸附蛋白质分子为自发过程，这是色谱学的基础，称其为保留自由能 $\triangle G_R$，因是自发过程，故其值为负值。

（3）蛋白质从变性态折叠成天然态是一个从无序结构到有序结构的自由能减小过程，或自发过程，称其为结构自由能变 $\triangle G_S$ 其值亦为负值。

因此，对于通常折叠完全的蛋白质而言，蛋白质折叠自由能按照在生物物理化学中惯用的表示方法为 $\triangle\triangle G$，其总折叠自由度以 $\triangle\triangle G_T$ 表示，应包括上述 3 种自由能。在第六章中已经描述了在 HPLC 中由通常的分配系数得到的自由能可被分为两个独立的部分：净吸附自由能 $\triangle G_{N,A}$ 和净解吸附自由能 $\triangle G_{N,D}$。这两者都能由 SDT-R 中的线性参数 $\lg I$ 和 $\lg a_D$ 测得。由于蛋白质在 HPHIC 中的保留机理与 RPLC 中小分子及生物大分子极为相似，公式（4-16）也适用于蛋白质在 HPHIC 柱上吸附及解吸附自由能变的定量描述，因此，利用 $\lg I$ 的物理意义和能量加和原则，得出变性蛋白质在 HPHIC 固定相表面折叠自由能变 $\triangle\triangle G_T$ 为变性蛋白质净吸附自由能变 $\triangle G_{N,U}$（始态）与在相同条件下天然蛋白质净吸附自由能变 $\triangle G_{N,N}$（终态）之差：

$$\triangle G_T = 2.303\,RT(\lg I_N - \lg I_U) \tag{11-1}$$

式中：$\lg I_N$ 和 $\lg I_U$ 分别为天然蛋白质和变性蛋白质的 $\lg I$ 值。现已准确测定了溶菌酶，核糖核酸酶，α-淀粉酶和 α-糜蛋白酶在适度疏水性界面上的折叠自由能，这是目前所知的惟一的能用来测定蛋白质在液-固界面上折叠自由能的方法。

§11.2 液相色谱法对蛋白质进行折叠及其应用

11.2.1 各种 LC 对蛋白质复性的热力学基础——化学平衡

用 LC 法对蛋白质折叠与通常的色谱分离在操作上基本上是相似的。首先将含有去折叠过的目标蛋白质的 $7.0\ \mathrm{mol \cdot L^{-1}}$ GuHCl 或 $8.0\ \mathrm{mol \cdot L^{-1}}$ urea 的抽提液直接进样到一个合适的色谱柱，然后收集含有复性的目标蛋白质流出液。从流动相和固定相对折叠蛋白质的贡献出发，作者等[59]报道了用 HPHIC 复性并同时纯化蛋白质的机理。为了更容易理解用在各种 LC 法对蛋白质折叠的一般原理，用如图 11-2 所示的化学平衡来说明在 LC 中蛋白质折叠整个过程。并且在图 11-2 也显示了用 LC 的分离及用 LC 进行蛋白质折叠两者之间一些相似和不同处。

图 11-2 中两条水平虚线将图分成了三个不同的过程。顶部的（4）～（8）步骤表示了在通常缓冲液中蛋白质折叠过程图；底部的步骤（1）表示通常 LC 分离天然蛋白质过程；而中间的步骤（3）和（2）说明了一个处于单体状态的变性蛋白质怎样折叠到天然态及怎样使顶部和下部过程结合一起。另外一条垂直虚线又将图 11-2 分成了左右两侧，左侧表示固定相，右侧表示流动相。通常的色谱分离，仅仅是以单体状态存在的天然蛋白质在固定相处于吸附状态的 $P_{(N,mo,a)}$ 的吸附以及在流动相中处于解吸附态的 $P_{(N,mo,d)}$ 的解吸附。要得到好的分离效果只依赖蛋白质在两相中的分配系数。

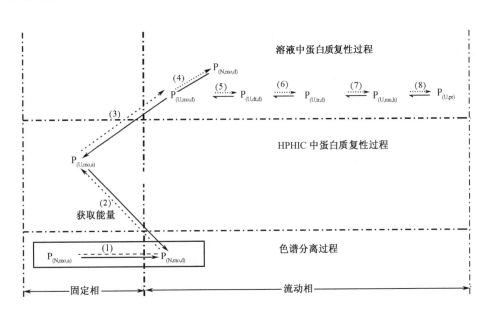

图 11-2　色谱分离与不同模式色谱复性的化学平衡示意图

在用图 11-2 的顶部说明在缓冲溶液中的蛋白质复性时，主要决定蛋白质分子的一级结构，在缓冲溶液中的蛋白质折叠过程除了从变性态 $P_{(U,mo,d)}$ 到天然态 $P_{(N,mo,d)}$ 外，还发生如图 11-2 顶部虚线箭头所指方向，从单体 $P_{(U,mo,d)}$ 形成二聚体（5），三聚体（6）以及多聚体（7）直到形成沉淀（8）的一系列不同的聚合过程。无论如何，蛋白质复性只能在过程（4）实现，即从其变性态（单体）到天然态进行，不可能从任何一种聚合体或沉淀状态直接地进行蛋白质复性。换言之，各种变性蛋白质的聚合体只可能通过解离成单体的这一种间接的方式向天然态转变。变性蛋白质形成的聚合体阻碍蛋白质复性，然而，一旦溶液中形成聚合体和沉淀，只要变性蛋白能被快速和不断的再折叠到天然态，或化学平衡向着实箭头所指的方向移动，便有利于使蛋白质沉淀溶解以使蛋白质复性。因为图11-2 中任何一个化学平衡常数都不是无限大的数值，除非能将完全折叠蛋白质从溶液中以上述的固定相吸附的方式，再用梯度洗脱方法将完全折叠的该蛋白质从柱上洗脱（按实线箭头所指方向）移去外，在溶液中蛋白质折叠就难以进行完全，有时甚至完全不能折叠。

在 LC 中进行蛋白质复性时有两种因素促使蛋白质折叠：一方面因为变性蛋白质分子在盐酸胍溶液中以单体状态存在，单体态变性蛋白质分子 $P_{(U,mo,a)}$ 被紧紧地吸附在固定相上，结果阻止错误折叠的蛋白质分子进一步形成聚集和沉淀；另一方面，在不出现蛋白质形成沉淀的情况下，由于以单体态存在的变性蛋白质在两相中的分配（见图 11-2）会减小其在溶液中的浓度，有利于化学平衡沿着实线箭头的方向移动。假如万一在溶液中聚集和沉淀两者都形成，只要变性蛋白质能快速、不断的折叠到天然态，或化学平衡向着实线所指方向移动，就会有利于溶解蛋白质沉淀和促使蛋白质再折叠。这里要指出的是因为沉淀通常会缓慢溶解，即使用 LC 法进行蛋白质复性，有时蛋白质也会朝着产生沉淀的虚线所指方向进行。

除了变性蛋白质分子在固定相上吸附能够防止溶液中蛋白质聚集和沉淀外，如步骤（2）所示，固定相和流动相各自对蛋白质的再折叠也有贡献的。最后要指出的是各类 LC 都涉及到化学平衡，而图 11-2 便是用化学平衡方法对变性蛋白质的 LC 折叠方法原理的图示。

图 11-2 可适用于各类 LC 法对变性蛋白质复性原理的解释，而各类 LC 之间的不同之处只是对图 11-2 中的步骤（2）的描述存在着差别而已。所以不同的 LC 法有各种各样的观点解释在色谱环境中蛋白质是怎样从它的变性态折叠到天然态以说明固定相和流动相以及它们之间的协同作用对变性蛋白质复性做出贡献的。

由笔者等[12]报道在 HPHIC 的变性蛋白质是在高盐浓度流动相中的疏水作用力推动变性蛋白质分子的 $P_{(U,mo,d)}$ 向疏水作用色谱（STHIC）的固定相移动，并以氨基酸序列中非极性区牢牢地被吸附在 STHIC 固定相上，形成稳定的复合物 $P_{(U,mo,a)}$，该变性蛋白质的亲水性部分则面向流动相。如上指出的，变性蛋白质分子就不能在这种环境中相互聚集。此外，变性蛋白质分子在分子水平上可从 STHIC 固定相得到足够高的能量并同时实现三个功能[60,61]：①STHIC 固定相识别多肽的特定疏水区[62]；② 从水合的变性蛋白质和 STHIC 固定相接触表面处挤出水分子[63,64]；③ 在 STHIC 固定相上形成该蛋白质分子的微区。随着盐浓度的降低或流动相中水浓度的增大，变性蛋白质分子是一定要从 STHIC 固定相上解吸附的。由于蛋白质的错误微区结构在热力学上的不稳定性，它们在流动相中将通过瞬间消失以得到修正。随着在梯度洗脱过程中蛋白质多次的吸附和解吸附，具有错误微区的蛋白质分子将会变得越来越少，而具有正确的微区结构的蛋白质分子将会变得越来越多，结果蛋白质便能得到比较完全地复性。

11.2.2 各种 LC 法的变性蛋白质复性法

不容置疑，LC 法是一种最有效的纯化蛋白质的方法，自笔者等在国际上首次提出用 LC 法进行蛋白质复性以来[8,9]，近些年也已成为基因重组蛋白质复性的重要手段[7,10~12,64]。自 20 世纪 80 年代初，RPLC 中的 SDT-R 问世以来，引起了国内外色谱界的广泛注意。由于此理论有坚实的理论基础，经过 20 年的不断发展和创新，SDT-R 已广泛应用于化学、生物化学、分子生物学和基因工程中，显示出了这种方法有广泛的适用性。与此同时，色谱复性的概念也逐渐得到国际科技界的认同，国外科学家分别用离子交换色谱[65]、排阻色谱[66,67]和亲和色谱[68]进行了蛋白质折叠的研究，迄今已有百余篇论文发表。

目前，能够用于蛋白质复性的 LC 方法包括 HIC、IEC、SEC 和 AFC 四种，但这四种色谱对蛋白质复性机理的描述各不相同。首先对这四种方法进行简要地介绍。

1. 排阻色谱（SEC）

SEC 分离是按蛋白质分子大小不同进行分离的。SEC 填料中具有一定大小的孔，样品进入色谱柱后会随着流动相向柱出口运动并同时进行扩散。在变性蛋白质进入柱顶端时，因有高浓度的变性剂存在，变性蛋白质分子有一个随机的构象状态和大的分子动力学半径，不能进入柱填料颗粒内孔的空隙，蛋白质在 SEC 柱上不保留。当使用复性的缓冲溶液洗脱时，因其逐步取代变性剂并使变性剂浓度降低，使变性蛋白质分子处于热力学不稳定的高能状态，这些蛋白质分子就会自发地向热力学稳定的低能态——即蛋白质的天然状态转化，从而使蛋白质开始复性（见图 11-3）。此时，局部复性的蛋白质可以进入孔的内部，开始在液-固两相间进行分配，随着时间的推移，当蛋白质分子的结构变得更加紧密时，蛋白质在两相中的分配系数就会逐步增加。

当蛋白质进入柱填料的孔隙后，其扩散速度减缓，从而限制了变性蛋白质分子的聚集，使蛋白质沉淀减少。蛋白质分子质量大，先从柱子上洗脱下来，变性剂分子质量小，最后流出色谱柱。SEC 的主要作用不是变性蛋白质与 SEC 固定相间的特殊作用力，而是利用其缓慢地更换变性蛋白质的变性剂溶液与洗脱蛋白质复性的缓冲溶液。

Milton H 和 Robert J. Fisher 等[69]用凝胶过滤复性了 RETS-1，RNase-A 和

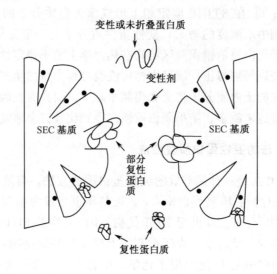

变性或未折叠蛋白质

变性剂

SEC 基质　　　　　　　　　　SEC 基质

部分
复性
蛋白
质

复性蛋白质

图 11-3　SEC 法复性蛋白质时蛋白质结构从失活态
向天然态转变的过程

IHF。Julian B 等[70]也将凝胶过滤应用于几种蛋白质的复性中，均收到很好的效果。Carsten M 和 Ursula R[71]用凝胶过滤复性血小板衍生生长因子（platelet-derived growth factor，PDGF-AB），经过条件优化获得 75％的活性回收率。李明等[72]在双梯度 IEC 法提高溶菌酶的复性率的研究基础上，又研究了 SEC 中，用含有低浓度脲和离子试剂洗脱缓冲液，进行不同折叠组分分离和复性。此外，SEC 在工业生产的分离、纯化聚合物和蛋白质中用得很多。据对 1982 年出版的《生物化学杂志》（Journal of Biological Chemistry）发表的所有纯化蛋白质的色谱柱进行统计，其中 60％的色谱纯化体系中至少有一步是用 SEC 柱。理想的 SEC 仅是利用产品的分子大小不同进行分离的，它应当与流动相组成无关。事实上，当流动相盐浓度很低和 pH 值发生改变时，SEC 会呈现出离子交换的性质。在 SEC 中所用的色谱介质仍然有软和硬基质之分，如常压型比较有名的是瑞典的 Sepharose 系列、SephadexG 系列和高压型的日本的 TSK 系列柱等。这种方法的缺点是分离效果差和进样体积受到限制，而且需一系列配套柱才可对分子质量大小不同的产品进行分离。这类色谱虽然成本相对较高且分离效果较差，但因操作简便且可用于除盐，故容易推广和使用。

2. 离子交换色谱（IEC）

将 IEC 基团键合于一定的惰性载体之上，并以此作为固定相，依据蛋白质等电点（pI）的不同，从而与固定相上的离子交换基团相互作用的程度不同而进行蛋白质分离的一种色谱方法。对变性蛋白质来说，变性蛋白质与固定相间有分子间的电荷作用，这种作用力可导致变性蛋白质吸附在固定相表面，在洗脱过程中进行吸附-解吸附-再吸附的复性。

捷克科学家 Suttnar J 等[73]首次使用了强阴离子交换色谱法对人乳头瘤病毒16囊膜蛋白质 7MS2（HPV16E7MS2）融合蛋白质成功地实现了复性。他们分别使用 0.01mol·L^{-1} NaOH、1% 十二烷基磺酸钠（SDS）和 8mol·L^{-1} 脲溶解 HPV16E7MS2 融合包涵体，对于脲和 SDS 溶解的包涵体，则使用了 50mmol·L^{-1} 的 Tris-HCl，pH8.0 的溶液透析和离心，其上清液用 Mono Q 柱进行复性和纯化，用 NaOH 溶解的样品可直接用 Mono Q 柱进行同时分离纯化和复性。Creighton[74]也将离子交换介质应用于蛋白质折叠复性中。

IEC 由于价廉和纯化后的蛋白质保持较高的原有活性，是另一种在生物大分子分离和纯化中应用广泛的通用型色谱。IEC 作为一种分离技术的原理是众所周知的电荷之间的选择性相互作用力。其应用于蛋白质的分离又有一些新的特点。这就是蛋白质有不同的 pI，所以可用调节 pH 值的方法使一些蛋白质带正电荷，而使另外一些蛋白质带负电荷，剩余的蛋白质呈中性或接近中性，从而可选择阳离子（强阳或弱阳型）或阴离子（强阴或弱阴型）离子交换剂作为固定相以进行蛋白质的相互分离。在 IEC 中所用的流动相为盐的水溶液。依据 pH 值、盐浓度的变化与使用固定相的种类，可用 pH 值或盐浓度梯度或等浓度洗脱，除蛋白质的活性部位恰好处于可解离性基团上，用 IEC 分离时可能失活外，在绝大多数情况下，以 IEC 法进行分离和纯化的蛋白质均保持原有的活性。

3. 亲和色谱（AFC）

AFC 是一类有 30 余年历史、专门用于生物大分子的色谱。它是基于固定相的配基与生物大分子之间的特殊的生物亲和能力的不同来进行生物大分子相互间的分离的。亲和色谱可用于下列生物体系：酶（底物、抑制剂、辅酶）、抗体（抗原、病毒、细胞）、外源凝集素（多糖、糖蛋白、细胞表面受体）、核酸、激素及维生素、细胞。

依其 AFC 柱填料配体的端基不同，也可将其分为固定化金属亲和色谱（IMAC），脂质体亲和色谱及分子伴侣亲和色谱。由于配体与目标蛋白质间的作用特异性强，而且不同配体与蛋白质间的作用差别较大，所以 AFC 作为蛋白质复性的机理比较复杂。这里仅介绍分子伴侣的 AFC 固定相端基的方法。

前面已经提到分子伴侣是一种高效的促进蛋白质折叠剂，在溶液中加入分子伴侣后，尽管可提高蛋白质的复性效率，但溶液中同时引入了杂蛋白（即分子伴侣），而且分子伴侣价格昂贵，又不能重复使用，限制了其应用。而将分子伴侣固定在基质上就可以部分地克服以上的缺陷。Phadtare[75]在 1994 年将 GroEL 固定在凝胶基质上，实现了对谷氨酰氨合成酶（glutamine synthetase，GS）和微管蛋白（Tublin，TU）的复性。1997 年英国剑桥大学的 Altamirano 等[76,77]将小的分子伴侣（mini-GroEL）/ 二硫键异构酶（DsbA）/脯氨酸顺反异构酶（PPI）键到琼脂糖色谱填料上，合成了一种三组分的折叠色谱填料，并将其用于还原变性的蝎子毒素 Cn5（scorpion toxin Cn5）的复性，其质量回收率为 87%，而活性回收率可达到 100%。然而，用其他方法根本无法使蝎子毒素 Cn5 复性。目前这一方法还应用于重组人白细胞分化抗原（CD1）[78]和溶菌酶[79]等蛋白质复性中。

金属螯合配体是近年发展起来的另一种通用性配体亲和色谱技术。将过渡金属离子 Cu^{2+}、Zn^{2+} 和 Ni^{2+} 等以亚胺金属络合物的形式键合到固定相上，由于这些金属离子与组氨酸和半胱氨酸之间形成了配价键，从而形成了亚胺金属-蛋白质螯合物，使含有这些氨基酸的蛋白质被这种金属螯合物亲和色谱（MAC）的固定相吸附。由于这种螯合物的稳定常数是受单个组氨酸或半胱氨酸解离常数所控制，从而亦受流动相的 pH 值和温度的影响，将含有这两种氨基酸中的一种或两种的多肽接到欲纯化的蛋白质分子上，形成含有该多肽的蛋白质，再将其用上述方法纯化。最后，用酶或化学方法将该附加的氨基酸或多肽链切除并与目标蛋白质分离，从而将目标蛋白质纯化。这种色谱又称之为螯合肽固定金属离子亲和色谱（chelating-peptide immobilized metalion affinity chromatography，简称 CP-I-MAC）。由于该法价廉，且不易给分离体系带来对人体有严重危害的杂质，最近的应用逐渐增多。

4. 疏水相互作用色谱（HIC）

依据 HPHIC 中蛋白质的 SDT-R，在高盐浓度时蛋白质分子与流动相之间强疏水作用力驱使蛋白质分子以其疏水区部分与固定相作用，与此同时，亲水区朝向流动相。通过梯度洗脱和随着流动相中盐浓度的降低，来自流动相的推力也不断减小，从而在低盐浓度下从固定相上洗脱该蛋白质。蛋白质在 HPHIC 中的保留模型是用八个热力学平衡推导出来的，其中一个平衡就是蛋白质分子和 HPHIC固定相上的配基可形成络合物。前已述及 SDT-R 的核心是当该溶剂化的蛋白质分子被溶剂化的 HPHIC 固定相吸附时，在蛋白质和固定相之间的接触界面上必然释放出一定计量数目的水分子[12,62]。

最近，Perkins 等测定了从蛋白质分子与 HPHIC 固定相之间的接触区置换出水分子的量[63]。通过理论和实验方法，他们还能够测定当蛋白质分子被疏水色谱固定相吸附时，从蛋白质分子的疏水区瞬间释放出的水分子的量。作者和Regnier 也定量测定了在 RPLC 中胰岛素置换出甲醇的量[80]，还发现了 RPLC 中两相界面的传质动力学对这种置换作用的影响[81]。HPHIC 可防止变性蛋白质聚集或形成沉淀，这也为除 SEC 外的其他液相色谱用于变性蛋白质折叠的研究奠定了基础。由于 HPHIC 的广泛研究和其具有的重要性，将在 §11.3 中做详细地介绍。

5. 各种 LC 复性方法的比较

以变性蛋白质复性与同时纯化时所用固定相的硬度不同，LC 又可分为以刚性基质硅胶的 HPLC 和其他非刚性基质的中压或常压色谱。上述 HPHIC 基本上属于前者，其余属于后者。这不仅涉及到一个复性与同时纯化所需的时间长短，还涉及到在流动相置换变性剂时出现的变性蛋白质分子聚集及固定相表面吸附两者速度快慢之间不匹配，从而形成沉淀的动力学以及由此带来的形成变性蛋白质沉淀的多少问题，从而会影响到复性效率。

各类 LC 法对蛋白质复性相同之处是色谱固定相为防止或减小变性蛋白质对蛋白质复性做出了贡献，但作用机理却差异甚大。SEC 固定相使变性蛋白质分子在洗脱过程中分子体积逐渐减小而进入 SEC 填料孔中而保留，因此蛋白质先被洗脱，而变性剂最后流出 SEC 柱，因此柱的负荷受到了很大限制，而且在用流动相置换变性剂的过程中不可避免地会产生沉淀。此外，SEC 的分离效果是 LC 中最差的，故用于纯化蛋白质的效果也不够理想。与 SEC 比较，IEC 的柱负荷高，且变性蛋白质分子可与固定相作用使变性蛋白质在色谱填料的表面吸附，减少由于分子间聚集产生沉淀的趋向较 SEC 强，且分离效果也好于 SEC。但在 IEC 上进行蛋白质复性时，最常用的变性剂盐酸胍也会在 IEC 柱上保留，这不仅会影响柱容量，而且往往与蛋白质一起在洗脱过程中流出色谱柱，从而使最有效的提取蛋白质的变性剂盐酸胍的使用受到限制。然而，对于某些二硫键断裂的变性蛋白质的复性而言，IEC 仍有其相当的优势。AFC 固定相，特别是使用含有分子伴侣的二组分和多组分的 AFC 固定相与变性蛋白质分子间有特异的亲和力，使变性的蛋白质分子间形成沉淀的可能性大大减小，能将原来认为不可逆折叠的蛋白质变成了可逆的折叠，使其成为一种强有力的研究蛋白质折叠的手段。遗憾的是一种 AFC 柱只对一种或少数几种蛋白质有亲和作用，使用范围窄，而且，试液须先在分子伴侣存在条件下稀释 100 倍，然后才用 AFC 复性，手续繁杂，所需时间变长。更重要的是其柱价格十分昂贵，目前还难以达到制备规模，更难以用于工业生产中蛋白质的复性和纯化。

HIC 固定相是从高浓度盐溶液（近饱和状态的 $3.0 \mathrm{mol \cdot L^{-1}}$ 硫酸铵溶液）中吸附变性蛋白质，且与变性剂瞬时分离，不仅大大降低了蛋白质分子间的聚集作用，还因固定相能在分子水平上为变性蛋白质提供很高的能量，使水化的变性蛋白质瞬时失水，并形成局部结构，以利于蛋白质分子从疏水核开始折叠[9]。此外，梯度洗脱使各种蛋白质分子"自己选择"对自己有利的条件进行折叠，以达到同固定相和流动相间的协同作用，更有利于复性和纯化的最优化条件的选择。从技术上讲，HPLC 的流速可以从 $1.0 \mathrm{mL \cdot min^{-1}}$ 到 $1000 \mathrm{mL \cdot min^{-1}}$ 不等，大大缩短了变性蛋白质分子脱离变性剂环境后与 HIC 固定相的接触时间，从另一角度避免了变性蛋白质分子间的相互聚集，以利于固定相的吸附。因此，用 HIC 对变性蛋白质复性时，其质量和活性回收率一般都较高，而活性回收率有时会超过 100%[8,77]。HIC 是一个好的蛋白质分离手段，故在蛋白质复性的同时又能与包括折叠中间体在内的其他杂蛋白质进行很好地分离，以实现蛋白质折叠过程中的质量控制（quality control）。更重要的是 HIC 柱较便宜，可用于制备规模，一般可在 30～40min 内就可完成上述过程，所以 HIC 可能是一种较为理想的，且最具有发展潜力的，对变性蛋白质复性及同时纯化的色谱方法。然而，对于二硫键已经断裂的蛋白质而言，HIC 未必就是一种很好的方法。

笔者认为 HIC 的固定相对蛋白质折叠做出了重要的贡献，还要指出的是，固定相与流动相间的协同作用会对蛋白质折叠实现质量控制，因此，现在重点介绍用 HPHIC 法对变性蛋白质的复性。

§11.3 变性蛋白质在 HPHIC 复性与同时纯化

11.3.1 HIC 蛋白质复性的分子学机理[12]

本节着重介绍在图 11-2 的（2）中所示的，从分子间相互作用的分子学机理上阐明用 HIC 法对蛋白质复性时的机理。

1. 变性蛋白质在 HPHIC 固定相上的吸附及微区的形成——固定相对蛋白质折叠的贡献

HPHIC 是一种在高盐浓度保留、低盐浓度洗脱的色谱模式。众所周知，在高盐浓度的溶液中，由于非极性分子和盐水溶液之间的疏水相互作用，任何非极性分子都倾向于从溶液中被挤出。这样，蛋白质分子中的疏水区就会被疏水相互作用力推动并寻找和其他分子的疏水区相接触。对于被吸附在疏水色谱固定相上的变性蛋白质分子亦是如此。因为对于特定的 HPHIC 固定相只有一个适中的且不变的疏水性，不同蛋白质分子只有少数的疏水区因其疏水性和立体效应才有可能被固定相所吸附。Fausnaugh-Pollitt 等[82]报道了蛋白质分子在 HPHIC 的保留是由其在催化反应裂口相反表面上的氨基酸残基决定的。所以，正确折叠的蛋白质分子应该与其天然态具有相同的保留时间。

将盐酸胍或脲变性蛋白质进样到 HPHIC 色谱柱上，并再用特定的梯度方式进行洗脱时，随着变性剂的除去，如图 11-4（a）所示，呈线状结构的多肽链在高盐浓度时首先被吸附在 HPHIC 固定相上，同时因 HPHIC 固定相能提供较通常方法高出数十乃至数百倍的能量[59]。如表 11-1 和表 11-2 是依据式（11-1），利用表 10-25～表 10-28 中所列出的 lg I 值，计算出在不同变性剂浓度条件下的变性蛋白质折叠自由能值的结果。

HPHIC 固定相结合了分子伴侣和蛋白酶[85]二者的优点。在一次色谱过程中，HPHIC 固定相能够在分子水平上给变性蛋白质分子提供足够高的能量，并同时起着质量控制的作用。首先，虽然报道一些蛋白质分子内部包含水并对分子构象起稳定作用[86]，但大部分天然蛋白质分子的内部并不含有自由水。一方面，当蛋白质分子变性时，蛋白质分子必须去折叠（unfolding）。如图 11-4（a）所示，去折叠的蛋白质分子将在盐的水溶液中进行水合作用。去折叠蛋白质分子被水分子（蓝色）包围变得更加稳定。因此，依据热力学的观点，变性蛋白质分子

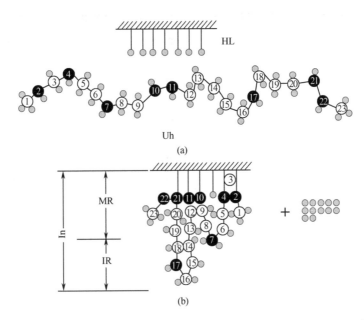

图 11-4 HPHIC 中变性蛋白质失水和形成蛋白质折叠中间体的模型示意图[12]

（a）水合蛋白质分子和 HPHIC 固定相；（b）含有区域结构和诱导区的折叠中间体的形成

● ：疏水氨基酸残基；　　○ ：亲水氨基酸残基；

● ：水分子；　　┌┴┴┴┐：疏水色谱固定相配基

HL，水合配基；Uh，变性的水合氨基酸残基；MR，区域结

构；IR，诱导区域；In，中间体

表 11-1　四种标准蛋白质在不同脲浓度条件下的折叠自由能 $\triangle\triangle G_r$（单位：kJ/mol）[83]

$c_{urea}/mol\cdot L^{-1}$	α-淀粉酶	α-糜蛋白酶	溶菌酶	核糖核酸酶-A
0	0	0	0	0
0.3	−68.5	—	—	—
0.5	−114	−22.8	11.4	51.4
0.7	0	—	—	—
1.0	85.6	17.1	40.0	74.2
1.5	68.5	177	91.3	131
2.0	11.4	188	97.0	143
2.5	194	171	137	187
3.0	234	251	160	207
3.5	348	445	268	265
4.0	388	798	259	286
4.5	422	935	270	324
5.0	502	—	322	347

注：固定相：LHIC-3 型疏水柱（4mm×100mm I. D.）；流动相：A 液为 $2.5mol\cdot L^{-1}$（NH$_4$）$_2$SO$_4$＋ $0.05 mol\cdot L^{-1}$ KH$_2$PO$_4$＋ $X mol\cdot L^{-1}$ urea（pH7.0），B 液为 $0.05 mol\cdot L^{-1}$ KH$_2$PO$_4$＋ $X mol\cdot L^{-1}$ urea（pH7.0），$T=25℃$。

表 11-2　两种标准蛋白质在不同盐酸胍浓度条件下的折叠自由能 $\triangle\triangle G_r$（单位：kJ/mol）[83]

c_{GuHCl}/ mol·L^{-1}	α-淀粉酶	α-糜蛋白酶
0	0	0
0.25	240	143
0.50	371	160
0.75	365	166
1.00	520	234
1.25	622	320
1.50	554	457
1.75	428	764
2.00	—	925
2.25		994

注：固定相：LHIC-3 型疏水柱（4mm×100mm I. D.）；流动相：A 液为 2.5mol·L^{-1}（NH$_4$)$_2$SO$_4$+ 0.05mol·L^{-1} KH$_2$PO$_4$+ Y mol/L GuHCl（pH7.0)，B 液为 0.05 mol·L^{-1} KH$_2$PO$_4$+ Y mol·L^{-1} GuHCl（pH7.0)，T＝25℃。

在水合过程中会释放能量以降低其势能，以水合形式存在的水的熵则减小。另一方面，当除去变性环境时，水合的蛋白质分子的失水过程是自发进行的，即使以很慢的速率，则以水合形式存在的水的熵会增加。若蛋白质分子能获得外加能量时，失水过程就会加速。当蛋白质分子被 HPHIC 固定相表面吸附时，蛋白质分子的失水就会以相当快的速度进行。因此，HPHIC 固定相在此过程中一定会为蛋白质分子提供能量。图 11-4（a）表示在 HPHIC 固定相表面水合蛋白质分子的失水过程示意图。从图中便可看出以水合状态存在的变性蛋白质分子是如何在与 HPHIC 固定相接触表面区域挤出水分子的。

其次，天然蛋白质分子的疏水袋是埋在分子的内部。那么，我们有理由相信蛋白质折叠应该是从分子内部的疏水袋开始的。因此，形成含有多数疏水氨基酸残基且结构正确的蛋白质分子内部疏水袋是非常重要的。

在 HPHIC 中，变性蛋白质分子通过疏水氨基酸残基与固定相表面结合而被吸附在固定相上。这些高密度疏水氨基酸残基就起着使蛋白质分子形成具有正确的三维结构所必需的内部疏水袋的作用。蛋白质分子形成不正确的三维结构也是可能的。蛋白质分子形成的区域结构和折叠中间体过程的示意图如图 11-4（b）所示。疏水氨基酸残基（红色）结合到 HPHIC 固定相表面上，亲水氨基酸残基（黄色）则面向流动相。该变性蛋白质分子很牢固地结合在固定相表面以形成稳定的络合物，因此，即便蛋白质分子还剩余有一些疏水区，但因这些牢牢固定的蛋白质分子不能相互作用，当然也就不会发生蛋白质分子间的相互聚集。如图 11-4（b)所示，因为肽链骨架是刚性的，HPHIC 固定相提供的能量能够顺着肽链传递到变性蛋白质分子的其他氨基酸残基。这样，最初没有和固定相接触的氨基酸通过氨基酸残基间的相互作用而脱水。虽然已经有蛋白质分子内部的水对稳定蛋白质分子有一定的贡献的报道[86]，但也已经证明区域结构形成过程中伴随着脱水过程[41]。

2．流动相对蛋白质折叠的贡献

变性蛋白质在固定相表面形成具有一定三维结构的折叠中间体，但是如果没有流动相的梯度变化来提供给折叠中间体解吸附所需的能量，这些折叠中间体将会永远停留在固定相表面而无法进一步完成折叠和复性的过程。因此，在变性蛋白质折叠过程中，流动相同样也起着非常重要的作用。流动相的作用主要表现在以下四个方面：其一，可以除去变性环境。当变性蛋白质进入 HPHIC 柱后，由于 GuHCl 或脲等变性剂在固定相表面不被阻留，因此，流动相就直接将变性剂迅速带出色谱柱，这种除去了变性环境后的盐溶液有利于变性蛋白质的折叠。其二，与固定相一起诱导蛋白质的折叠。从图 11-4 看出，具有高盐浓度的流动相推动变性蛋白质分子向 HPHIC 固定相表面接触，使亲水性的部分与流动相接触，这种与固定相表面的协同使变性蛋白质分子"定向"地与固定相表面接触，从而顺利地完成了接触表面"脱水"和生成区域结构。其三，提供给变性蛋白质一个适宜的、组成连续变化的、可供选择的折叠环境，并不断修正含有错误三维结构的折叠中间体（见其四）。在 HPHIC 中，流动相的组成是在一个很宽的盐浓度范围内进行梯度变化，不同变性蛋白质可以"自己选择"适宜于自己折叠的盐浓度范围来进行折叠。另外，那些热力学不稳定的错误折叠中间体也可以在吸附与解吸附的过程中不断地被修正。其四，提供蛋白质解吸附的能量。变性蛋白质分子只有获得足够高的接近净吸附自由能的能量，才会有离开固定相表面的机会，才有可能利用流动相的环境来进行正确的折叠或修正错误折叠，并使折叠复性的蛋白质进入流动相及顺利流出色谱体系。流动相的这一作用与分子伴侣辅助折叠法中三磷酸酰苯（ATP）的作用类似，变性蛋白质在分子伴侣辅助下完成折叠后，ATP 可提供一定的能量，使折叠复性好的蛋白质脱离分子伴侣。

3．HPHIC 固定相和流动相在蛋白质折叠过程中的作用

在 HPHIC 体系中，固定相与流动相并不是单独对变性蛋白质折叠起作用的，它们之间的关系是相互补充、相互辅助的协同作用。当处于水合状态的变性蛋白质分子（Un）进入 HPHIC 色谱柱中时，如图 11-5 所示，大部分蛋白质分子被吸附并且同时完成脱水（绿色）。因为蛋白质在两相的分配系数不可能是无穷大，仍会有一小部分蛋白质在流动相中，在溶液中它也会慢慢脱水（黑色，1b）。被吸附的已失水的处于变性态的蛋白质，一些则会形成折叠中间态，其中一些可能形成正确的疏水结构（蓝色和绿色，2a），另一些可能形成错误的疏水构型（黑色，2a）。因为这些折叠中间体被牢牢地吸附在固定相表面，具有正确疏水结构的蛋白质分子无法继续折叠成的天然态，而具有错误疏水结构的蛋白质分子也不能仅仅依靠 HPHIC 固定相进行修正。

因此，HPHIC中连续改变的流动相组成能帮助变性蛋白质分子折叠成的天然态。图 11-5 给出了蛋白质再折叠的各步骤示意图。pH＝7.0 时，从高盐浓度到低盐浓度进行梯度洗脱，被吸附的构象正确的和错误的折叠中间体将会在不同的保留时间时被洗脱下来。构象正确且热力学稳定的折叠中间体在合适的流动相条件下可继续折叠成天然态。而构象错误、热力学不稳定的折叠中间体在流动相中一定会很快消失并成为无序的线团状的多肽（2b）。无序的线团状的多肽，如在水溶液中进行折叠一样，在流动相中也可进一步形成分子构象正确的，或错误的折叠中间体（3b）。

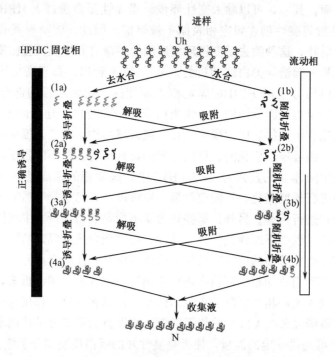

图 11-5　蛋白质复性中固定相和流动相的协同作用步骤示意图[12]

〜〜：水合变性蛋白；〜：含正确区域结构和诱导结构的中间体；〜：去水合变性蛋白；

〜：正确折叠的蛋白；〜〜〜〜：错误折叠的中间体

a. 疏水色谱固定相上的诱导复性；b. 流动相中的随机复性；1a 和 1b. 分别是吸附态和解吸附态的去水合变性蛋白质分子；2a. 在疏水色谱固定相上形成的正确的（蓝色和绿色）和错误的（黑色）中间体；2b. 在溶液中随机复性形成的中间体；3a. 天然蛋白质（蓝色）和疏水色谱固定相上的正确中间体（蓝色和绿色）；3b. 流动相中复性的天然蛋白质（蓝色）和正确中间体（蓝色和黑色），和错误中间体（黑色）；

4a 和 4b. 分别是在疏水色谱固定相上和在流动相中的完全复性的蛋白质

所有天然态蛋白质分子与具有正确和错误疏水区域结构的折叠中间体将会再次被 HPHIC 固定相吸附，如图 11-5（3a）所示，上述过程将不断重复。随着时间的推移，更多的天然态蛋白质分子（蓝色）就会形成，但仍有较少的具有错误构象的分子（黑色，3b）。最后，大多数蛋白质分子将如图 11-5（4a）和（4b）所示进行正确折叠。不同的蛋白质分子需要在一个特殊的或很窄盐浓度范围内进行折叠。用上述方法，采用梯度洗脱方式能成功地将几种变性蛋白质进行了复性。

另外，只要变性蛋白质分子被复性，或者部分被复性，那么它们被洗脱时流动相的盐浓度应该与其天然态完全一样。因此，在色谱分离过程中，HPHIC 可使不同蛋白质同时实现复性和分离。这也就是变性蛋白质在 HPHIC 中复性的机理。

实验可观察到变性蛋白质分子被 HPHIC 固定相吸附前在流动相中会产生聚集。在此情况下，变性蛋白质分子则根本无法复性，或者只能部分复性。此外，如果 HPHIC 固定相不能给变性蛋白质分子提供足够高的能量，或者配基的立体结构与目标蛋白质不匹配，则蛋白质分子不能，或只能部分复性。如果疏水色谱固定相给变性蛋白质提供过高的能量，变性蛋白质可能折叠成某些自然界中不存在但分子构象稳定的折叠中间体。

这里还要指出的是，变性蛋白质可能在进样过程中，或在样品溶液与流动相混合，但蛋白质未和固定相接触之前就已经形成了聚集体。如果变性蛋白质与固定相接触之前形成聚集体或沉淀，就会在样品环中或色谱柱的顶端产生聚集。那么，目标蛋白质的质量和活性回收率均会降低，色谱柱也会被堵塞。这对于那些强疏水性的重组治疗蛋白质的复性和纯化特别重要。因为 HPHIC 中盐浓度很高（如 $2.5 \sim 3.0 \mathrm{mol \cdot L^{-1}}$ 硫酸铵溶液），特别是在制备规模 HPHIC 中，变性蛋白质会产生一些沉淀。为了减少样品在样品环中的停留时间以及样品从样品环进入色谱柱的时间，应采用小的柱死体积和高流速。因此，研制大直径 USRPP 的便可解决上述难题。因为蛋白质沉淀只能堵塞很小的面积，如 USRPP 过滤器或固定相顶端总横截面 1/100，这时 USRPP 的柱压一般不会增加。沉淀则可用变性剂或合适的流动相进行溶解后，在用 USRPP 进行再复性。

11.3.2　HPHIC 法折叠蛋白质与人工分子伴侣

综上所述，可以发现 HPHIC 复性蛋白质的过程与分子伴侣辅助折叠法复性蛋白质的具有某些相似之处。首先，含有疏水基团的 HPHIC 固定相可与变性蛋白质分子作用并形成蛋白质-配基络合物，从而防止了变性蛋白质分子形成聚集或沉淀。其次，变性蛋白质分子能够通过加入其他化学试剂或改变环境以使其从该络合物中释放出来而折叠。但是这里要指出的是，用 HPHIC 对蛋白质复性的方法要比人工分子伴侣早问世 4 年。此外，HPHIC 固定相与分子伴侣一样都是通过疏水作用对变性蛋白质进行折叠和质量控制的。不仅如此，HPHIC 固定相对变性蛋白质的复性有更多的贡献。当一个组分从溶液中转移到一个固体表面时，就会发生化学势跳跃[60]。变性蛋白质被固定相吸附时，就会从固定相上得到能量。最近研究结果表明，HPHIC固定相能够为用 $2.8 \text{mol} \cdot \text{L}^{-1}$ 盐酸胍变性的 α-淀粉酶提供高达（838 ± 36）$\text{kJ} \cdot \text{mol}^{-1}$ 的能量[59]。与通常蛋白质分子在缓冲溶液中的折叠能 $2 \sim 20 \text{kJ} \cdot \text{mol}^{-1}$ 相比，HPHIC固定相实际上能为变性蛋白质分子提供更高的能量。可以这样设想，如果变性蛋白质在折叠过程中有潜在的能垒存在并且不是太高的能垒的话，则用HPHIC法可以有效地克服或越过这种存在的能垒。

§11.4　影响HPHIC对蛋白质复性的因素

在LC法中除了固定相和流动相对蛋白质折叠做出主要贡献外，流动相的组成、温度、pH值等对蛋白质复性也起着重要的作用，这可以从HPHIC复性蛋白质机理的讨论中看出：HIC固定相与流动相在蛋白质复性过程中对于分子瞬间的失水、折叠区域结构的形成、中间体的形成及修正、蛋白质折叠自由能大小的提供等方面对蛋白质复性起着极其重要的作用。另外，蛋白质的种类不同，上述各因素的影响程度也不同[11]。

如 α-葡糖苷酶在使用稀释复性时的最佳浓度为 $5 \mu\text{g} \cdot \text{mL}^{-1}$，使用IEC最大浓度则可以达到 $5 \text{mg} \cdot \text{mL}^{-1}$，增加蛋白质浓度在1000倍以上，而且活性回收率比稀释复性提高了4倍。但无论如何，在LC中可允许变性蛋白质的浓度比稀释法要高。用LC复性蛋白质时，尽管蛋白质的复性浓度要比传统的稀释法高，但在浓度过高时，仍然会有部分沉淀产生。变性剂浓度同样也影响蛋白质复性效果，如溶菌酶在SEC上进行复性时尿素的浓度为 $2 \text{mol} \cdot \text{L}^{-1}$ 时复性效果最好[20,39]。蛋白质在失活状态向天然状态转化时存在数目不等的中间体，而中间体在向天然态的转化又是复性的限速步骤。为了使中间体完全复性，在进行色谱复性时，有些蛋白质必需在色谱柱上停留一段时间。对于牛碳酸脱氢酶（BCA）[28]、重组膜蛋白（LHC2）复性而言，需要停留大约30min，这样才可获得合适的复性效果。当流速较低时，脂质体可以比较充分地帮助BCA进行复性，在高的流速下，脂质体无法有效地同BCA进行作用，直接影响了复性的效果。在HIC的流动相中加入氧化型谷胱甘肽，提高了还原型牛胰岛素中双硫键的正确对接率。

§11.5　蛋白质复性并同时纯化装置

11.5.1　蛋白质复性并同时纯化装置对变性的标准蛋白质复性效果

为了将高效疏水色谱投入实际应用，检验如图9-7所示的蛋白质复性并同时纯化装置的复性效果，首先用标准蛋白质检验这种装置。表11-3是在流动相组成和梯度条件相同时，实验型装置（5mm×4mm I. D.）、制备型装置（10mm×50mm I. D.）和普通HPHIC色谱柱（100mm×4mm I. D.）分别对胍变的Lys

和 RNase 及脲变的 α-Amy 复性的活性回收率比较。

表 11-3　三种变性蛋白质在不同规格的装置中复性结果与普通疏水色谱柱结果的比较[84]

变性蛋白质的活性回收率	实验型装置 (5mm×4mm I. D.)	制备型装置 (10mm×50mm I. D.)	普通疏水色谱柱 (100mm×4mm I. D.)
Lys/7mol·L^{-1} GuHCl	98.0%	95.9%	95.3%
RNase/7mol·L^{-1} GuHCl	102.4%	94.4%	88.6%
α-Amy/4.5mol·L^{-1} urea	49.9%	48.6%	46.6%

从表中数据看出,三种变性蛋白质在装置中的复性结果均略高于普通疏水色谱柱,这主要是由于装置具有较短的柱长,减少了不锈钢表面对蛋白质的吸附而具有较高的质量回收率。

利用装置也可在一次操作过程中同时对多种变性蛋白质进行复性和纯化。将 7mol·L^{-1} GuHCl 变性的 RNase-A 和 Lys 混合蛋白质进样到实验型蛋白质复性及同时纯化"装置"(5mm×4mm I. D.)中,可以得到如图 11-6 所示的分离并复性图。从图 11-6 中看出,这两种变性蛋白质可在 20min 内复性并完全分离,其中 RNase-A 的活性回收率为 102.4%,Lys 的活性回收率为 98.0%。

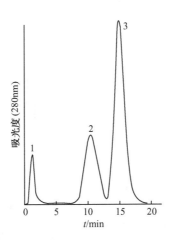

图 11-6　实验型装置对 7mol·L^{-1} GuHCl 变性的 RNase-A 和 Lys 混合样品分离并同时复性色谱图[85]

1. 溶剂峰;2.RNase-A;3.Lys;流动相:A 液为 3.0mol·L^{-1} (NH$_4$)$_2$SO$_4$+0.05 mol·L^{-1} KH$_2$PO$_4$,B 液为 0.05mol·L^{-1} KH$_2$PO$_4$,流速为 1.0mL·min^{-1},梯度时间为 20min 的线性梯度

11.5.2 蛋白质复性并同时纯化装置对 rhG-CSF 复性[85,86]

G-CSF（granulocyte colony-stimulating factor）是造血干细胞在体内增殖、分化有关的一类造血刺激因子，广泛地用在临床治疗上，对粒细胞减少症、肿瘤化疗引起的血细胞减少、贫血和骨髓发育异常综合症等有很好疗效。

1986 年 G-CSF cDNA 克隆成功，hG-CSF 基因位于 17 号染色体的 q21-22 区，长约 2.5kb，有 5 个外显子和 4 个内含子。G-CSF 基因转录后产生一种前体 mRNA，在加工过程中第 2 内含子 5 端剪切拼接位置的不同，蛋白质可以由 174 和 177 个氨基酸组成。分子质量为 18.6kDa，等电点为 5.8，有 *o*-连糖基化位点，对酸碱（pH2～10）、热以及变性剂等相对较稳定。rhG-CSF 是高度疏水的，在合适的条件下，于 4℃可放一年仍保持高的活性。hG-CSF 有 5 个半胱氨酸，Cys36 与 Cys42，Cys64 与 Cys74 之间形成两对二硫键，Cys17 为不配对半胱氨酸，二硫键对于维持 G-CSF 生物学功能是必需的因素。

传统方法复性和纯化 rhG-CSF 主要遇到的困难是：G-CSF 的疏水性很强，在稀释复性时，大量的蛋白质聚集沉淀，仅有少量的蛋白质在溶液中复性，进而才能继续被分离纯化。针对 rhG-CSF 的这一特点，我们采用制备型蛋白质复性及同时纯化装置对某厂发酵的 rhG-CSF 细胞破碎的月桂酸提取液进行了一步的复性及纯化。图 11-7 为制备型蛋白质复性并同时纯化装置（10mm×50mm I.D.）对基因工程发酵的 rhG-CSF 的月桂酸提取液的复性纯化图。从该图看出，仅用 50min 就可使 rhG-CSF 与杂蛋白质很好的分离，将收集的复性纯化样品测

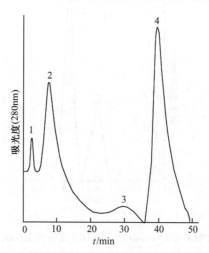

图 11-7　制备型蛋白质复性及同时纯化装置对基因工程中发酵的
rhG-CSF 的复性纯化图[85,86]
1.GuHCl；2，3.杂蛋白质；4.rhG-CSF

活，作 SDS-聚丙烯酰胺凝胶电泳，如图 11-8 所示，其纯度接近于 100%。生物活性为常规复性方法的 2.6 倍以上。这一结果主要与该装置中的疏水介质能防止变性蛋白质的聚集沉淀、提供变性蛋白质折叠自由能以及诱导蛋白质的复性功能有关。

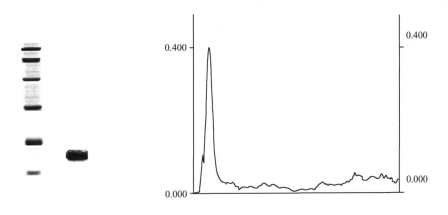

图 11-8　经制备型蛋白质复性并同时纯化装置的 rhG-CSF 电泳图（银染法）及纯度扫描图[86]

1. Marker（14400Da、20100Da、31000Da、43000Da、66200Da、97400Da）；

2. 经蛋白质复性及同时纯化装置的 rhG-CSF

11.5.3　蛋白质复性并同时纯化装置对 IL-2-Ang 复性[86]

白细胞介素是一类介导白细胞相互作用的细胞因子，白细胞介素的种类很多，以阿拉伯数字排列，IL-2 就是其中的一种。IL-2 可以促进 T 和 B 细胞的增值和分化、诱导和促进多种细胞毒性的活性抑制胶质细胞的生长，对于治疗病毒性肝炎、分枝杆菌和真菌的胞内感染等以及肿瘤、肾细胞癌、白血病等均有明显的疗效。IL-2-Ang 是在 IL-2 中又连接了一段肽链，它可作用免疫抑制剂抗多种病毒。

IL-2 含有 133 个氨基酸残基，其分子质量为 16000～17000Da，等电点为 7～8，分子中有三个半胱氨酸分别位于第 58、105 和 125 位氨基酸，其中 58 位与 105 位半胱氨酸之间所形成的链内二硫键对于保持 IL-2 的生物活性起重要作用。在 IL-2-复性与纯化中，如二硫键的错配或分子间形成二硫键都会降低 IL-2 的活性。而 IL-2-Ang 中连接在 IL-2 的氨基酸链的分子质量约为 11000Da 左右，含有四对二硫键。因此，IL-2-Ang 的分子质量为 27000～28000Da，等电点为 7～8，分子中有九个半胱氨酸，有四对二硫键，因此，二硫键错配概率很大。将 IL-2-Ang 的 $8\text{mol} \cdot \text{L}^{-1}$ 脲提取液直接用制备型蛋白质复性及同时纯化装置（10mm×

50mm I. D.）进行复性并同时纯化，可得到如图 11-9 所示的分离图。从图上看出，IL-2-Ang 可以在 35min 内与其他杂蛋白质能够很好的分离，电泳结果如图11-10 所示，纯度可达 77%。如前所述，该目标产品中有四对二硫键，正确配对与错误配对的二硫键用 SDS-PAGE 电泳法是无法区别的，但在色谱柱上的保留性质差别甚大，只有由 IL-2-Ang 的生物活性测定方法来进一步加以确定，目前尚无法下结论。但无论如何，在用制备型装置进行复性及纯化时，不仅能与杂蛋白质分离，而且能与其错配双硫键的 IL-2-Ang 分离，或部分分离。这是显示出该装置的又一优点之一。

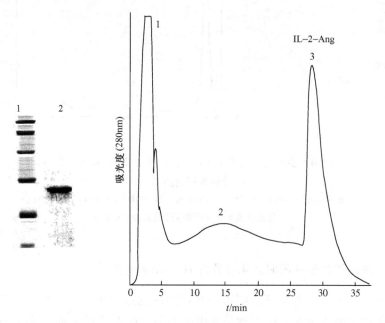

图 11-9　制备型蛋白质复性并同时纯化装置对 IL-2-Ang
复性纯化及电泳图[86]
1. Marker（14400Da、20100Da、31000Da、43000Da、66200Da、97400Da）；
2. 经蛋白质复性及同时纯化装置的 IL-2-Ang

11.5.4　蛋白质复性并同时纯化装置对 rhIFN-γ 复性与纯化[12,87]

干扰素是一类在同种细胞中具有广谱抗病毒活性的蛋白质，根据干扰素的分子结构和来源可将其分为 α、β、γ 型。其中 γ-干扰素又称免疫干扰素，是细胞分泌的一种功能调节蛋白质，它不仅能够抑制病毒复制和细胞分裂，而且具有免疫调节功能。在临床上可治疗免疫功能低下、免疫缺陷、恶性肿瘤以及某些病毒性疾病，其中治疗免疫效果较好的有肾细胞癌、白血病、黑色素瘤、肺癌、结肠癌以及生殖器疣等病毒病。γ-干扰素是由 143 个氨基酸组成的，分子质量为

16 775Da,等电点为 8.6,由于其分子中无半胱氨酸,因此分子中不含二硫键。

基因工程 *E. coli* 发酵获得 γ-干扰素是以包涵体形式存在的,需用高浓度的强变性剂,如 $7.0\ \text{mol}\cdot\text{L}^{-1}$ GuHCl 和 $8.0\ \text{mol}\cdot\text{L}^{-1}$ urea 溶液对其溶解,因此,得到的干扰素无生物活性,且与大量的杂蛋白质混杂在一起,使进一步的复性和分离纯化比较困难。传统的方法是先用透析法或稀释法将蛋白质复性,再采用多步的分离纯化。图 11-10 是制备规模的复性并同时纯化分离图,用复性并同时纯化的装置得到了如图 11-11 所示的电泳结果,一步就得到纯度可达 95% 左右的活性

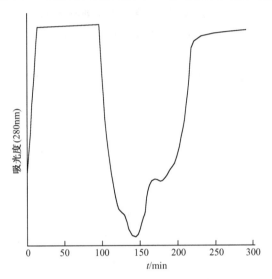

图 11-10　10mm×300mm I. D. 色谱饼对基因工程发酵的 rhIFN-γ 同时复性及纯化图[84]

流速：100mL/min；非线性梯度：50%A-100%B, in 90min

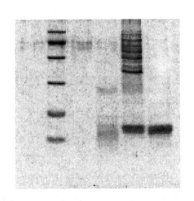

图 11-11　经 10mm×4.6mm I. D. 色谱柱的不同色谱峰收集液电泳图（蓝染法）[12]

γ-干扰素。惯用的这些先复性而后分离纯化过程中的一个共同的缺点是：复性效率低，分离纯化步骤多，活性回收率和质量回收率均较低，致使生产成本高。如前所述，利用 HPHIC 作为工具，可一步完成除去变性剂、复性蛋白质、分离杂蛋白及便于回收变性剂等四种功能（图 9-16）。表 11-4 是优化不同进样条件下用色谱饼（10mm×20mm I. D.）对 rhIFN-γ 纯化的色谱峰收集液中的蛋白质总量及比活的结果。

表 11-4　不同进样条件下用色谱饼（10mm×20mm I. D.）
对 rhIFN-γ 纯化的色谱峰收集液中的蛋白质总量及比活[87]

疏水填料类型	100%A 液进样		50%A 液进样	
	蛋白质总量/mg	比活/IU·mg^{-1}	蛋白质总量/mg	比活/IU·mg^{-1}
填料 I	0.53	$1.52×10^7$	1.24	$2.26×10^7$
填料 II	0.65	$2.21×10^7$	1.27	$3.78×10^7$
填料 III	0.81	$8.16×10^7$	9.87	$9.70×10^7$
填料 IV	0.51	$1.39×10^7$	1.21	$2.11×10^7$

§11.6　LC 法应用展望

在过去的 20 年里，从 1991 年笔者首次用高效疏水色谱进行重组人干扰素-γ 复性和 LC 中 SDT-R 研究与应用，使 LC 法得到了长足的发展显示了 LC 法具有很广泛的适用性特别是在生物化学、分子生物学和基因工程等领域中广泛地应用。与通常稀释、透析以及超滤法比较，研究显示 LC 具有除变性剂、使蛋白质折叠复性、与杂蛋白质分离及便于变性剂回收的"一石四鸟"的优越性。但是，尽管其问世至今已有 20 年历史，但它仍然是一种处于发展阶段的方法。从理论方面对蛋白质复性的机理研究远远的不够。从应用方面来讲，合成性能优良的对蛋白质复性效果好、分离效果亦好的各类 LC 的固定相，并使之放大到制备规模，都将需要我们在 SDT 的指导下进行更加深入的研究，使这一技术发展得更快。从各类 LC 法用于蛋白质复性并同时纯化的各项指标比较看出，从对已研究过的蛋白质而言，HPHIC 是一个较理想，并具有发展前途的方法。用 LC 创造的特殊环境对那些通常认为不可逆折叠的变性蛋白质实现"蛋白质人工折叠"是有可能的。基于这一事实，从 LC 研究所得的数据和结论对于非 LC 体外及体内蛋白质折叠研究都会有借鉴的价值，所以用 LC 法研究蛋白质折叠也有可能为体内蛋白质的折叠规律及生命起源的研究起到重要的作用。

虽然色谱复性的机理尚不十分清楚，从图 11-2 中看出可能涉及的因素有：（1）色谱复性与色谱分离类似，都涉及到被分离的蛋白质与色谱介质的结合和洗脱两个过程。变性蛋白质与色谱介质结合后，便不能再相互之间聚集形成包涵体；（2）变性蛋白质固定到基质上后，通过流动相的洗脱可使变性剂被逐渐稀释，从而促进蛋白质复性；（3）用高效疏水色谱对变性蛋白质进行柱上复性时，变性蛋白质与疏水色谱介质的相互作用有助于蛋白质疏水内核的形成，这一点与分子伴侣的作用极为相似；（4）从液-固界面的吸附的研究，建立的测定变性蛋白质在固体表面折叠自由能的原理和方法会进一步了解色谱复性过程，也可能是通过提高变性蛋白质的自由能，以利于其跨越复性过程中可能出现的能垒。

因此，随着基因工程技术的迅速发展，按照人们的意愿高效地开发和生产人类所必需的产品越来越多，使 LC 作为基因工程产品分析和制备不可缺少的一个手段，也有着广阔的应用前景。

参 考 文 献

[1]   时亚丽，马凤，耿信笃. 分析化学，1994，22（5）：453

[2]   Lin S W, Karger B L. J. Chromatogr., 1990, 499：89

[3]   耿信笃，F. E. Regnier，王彦. 科学通报，2001，46（11）：881-889

[4]   时亚丽，马凤，耿信笃. 分析化学，1994，22（7）：712

[5]   时亚丽，马凤，耿信笃. 高等学校化学学报，1994，15（9）：1288

[6]   耿信笃，张静，卫引茂. 科学通报，1999，44（19）：2046

[7]   刘 彤，耿信笃. 西北大学学报（自然科学版），1999，29（2）：123

[8]   耿信笃，常建华，李华儒，冯文科. 高技术通讯，1999，1（7）：1

[9]   Geng X D, Chang X Q. J. Chromatogr., 1992, 599：185

[10]   耿信笃，冯文科，边六交，马凤，常建华. 一种变性蛋白质复性并同时纯化的方法. 中国发明专利，ZL 92102727.8

[11]   郭立安，耿信笃. 生物工程学报，2000，16（6）：661

[12]   耿信笃，白泉. 中国科学（B 辑），2002，32（5）：460

[13]   Anfinsen C B. Science, 1973, 181：223

[14]   David J M, Narachi M A, Alton N K, Arakawa T. Biochem., 1987, 26：1322

[15]   Cleland J L, Hodgepeth C, Wang D I C. J. Biol. Chem., 1992, 267（19）：13327

[16]   Hagen A J, Hatton T A, Wang D I C. Biotech. Bioengineer., 1990, 35：955

[17]   Zardeneta G, Horowitz P M. J. Biol. Chem., 1992, 267（9）：5811

[18]   Li J, Zhang S, Wang C C. J. Biol. Chem., 2001, 276（37）：34396

[19]   Trivedi V D, Raman B, Rao Ch M, T Ramakrishna. FEBS, 1997, 418：363

[20]   Wetlaufer D B, Xie Y. Protein Science, 1995, 4：1535

[21]   Yasuda M, Murakami Y, Sowa A, et al. Biotechnol. Prog., 1998, 14：601

[22]   Rariy R V, Klibanov A M. Proc. Natl. Acad. Sci., 1997, 94：13520

[23]   Sawano H, Koumoto Y, Ohta K, et al. FEBS, 1992, 303：11

[24]   Summers C A, Flowers R A. Protein Sci., 2000, 9：2001

[25]   Yang P W, Kumar T K S, Jayaraman G, Yu C. Biochem. Molecular Bio. Inter., 1996, 38：393

[26]   Shiraki K, Kudou M, Fujiwara S, Imanaka T, M Takagi. J. Biochem. (Tokyo), 2002 132（4）：591

[27]   Carlson J D, Yarmush M L. Bio/Tech., 1992, 10：86

[28]   Rariy R V, Klibanov A M. Biotech. Bioengineer., 1999, 62（6）：704

[29] Yasuda M, Murakami Y, Sowa A, Ogino H, Ishikawa H. Biotechnol. Prog., 1998, 14 (4): 601

[30] Fedorov A N, Baldwin T. Meth. Enzymol., 1998, vol290, 1

[31] Guise A D, West S M, Chaudhuri J B. Mol. Biotechnol., 1996, 6: 53

[32] Chaudhuri J B. Ann. NY. Acad. Sci., 1994, 721: 374

[33] Rozema D, Gellman S H. J. Am. Chem. Soc., 1995, 117: 2373

[34] Daugherty D L, Rozema D, Hanson P E, Gellman S H. J. Biol. Chem., 1998, 273 (51): 33961

[35] Rozema D, Gellman S H. Biochem., 1996, 35: 15760

[36] Rozema D, Gellman S H. J. Biol. Chem., 1996, 271: 3478

[37] Anfinsen C B, Scheraga H A. Adv. Protein. Chem., 1975, 29: 205

[38] Martin K, David W L. Nature. 1976, 260: 404

[39] Goldenberg DP, Creighton TS. Biopolymers, 1985, 24: 167

[40] Sauder J M, Mackenzie N E, Roder. H. Biochemistry, 1996, 35: 16852

[41] Baker D, Sohl J L, Agard D A. Nature, 1992, 356: 263

[42] Dill K A, Chan H S. Nat. Struct. Biol. 1997, 4: 10

[43] Shortle D, Meeker A K, Freire E. Biochemistry, 1988, 27: 4761

[44] Ellis R J, Hartl F U. FASEB J., 1996, 10: 20

[45] Carra J H, Privalov P L. FASEB J., 1996, 10: 67

[46] Tanford C. Adv. Protein Chem., 1968, 23: 121

[47] Dobson C M. Curr. Opin. Struct. Bool., 1995, 5: 56

[48] Miranker A, Robinson C V, Radford S E, et al. FASEB J., 1996.10: 93

[49] Lumry. R. Biopolymers, 1966, 4: 917

[50] Pace C N. Methods Enymol, 1988, 131: 266

[51] 耿信笃. 化学学报, 1995, 53: 369

[52] Kaibara A, Hohda C, Hirata N, Hirose M, et al. 1990, 29 (5/6): 275

[53] 陈禹银, 耿信笃. 高等学校化学学报, 1993, 14 (9): 1432

[54] Geng X P. Thermochimica. Acta., 1998: 131

[55] Geng X P, Han T S, Cao C. J. Thermal. Anal., 1995, 45: 157

[56] 陈禹银, 耿信鹏. 化学通报, 1995, (7): 53

[57] 张瑞燕, 白 泉, 耿信笃. 化学学报, 1996, 54: 900

[58] 耿信笃, 张 静, 卫引茂. 科学通报, 1999, 44 (19): 20469

[59] Geng X D, Zhang J, Wei Y M. Chin. Sci. Bull., 2000, 45 (21), 236

[60] Giddings J C. Unified Separation Science. New York: A Wiley-Interscience Pub, 1991, 144~149

[61] Fausnaugh-Pollit J, Thevenon G, Janis L, et al. J. Chromatogr., 1998, 443, 221

[62] Geng X D, Guo L A, Chang J H. J. Chromatogr., 1990, 507, 1

[63] Perkins T W, Mark D S, Root T W, et al. J. Chromatogr. A., 1997, 766, 1

[64] Gu Z, Weidenhaupt M, Ivanova N, Pavlov M, Xu B, Su ZG, Janson J C. Protein. Expr. Purif., 2002, 25 (1): 174

[65] Suttnar J, Dyr J E, Hamsikova E, Novak J, Vonk V. J. Chromatogr. B., 1994, 656 (1): 123

[66] Werner M H, Clore G M, Gronenborn A M, Kondoh A, Fisher R J. FEBS. Lett., 1994, 345 (2-3): 125

[67] Batas B, Schiraldi C, Chaudhuri J B. J. Biotechnol., 1999, 68 (2-3): 149

[68] Zahn R, von Schroetter C, Wuthrich K. FEBS. Lett., 1997, 417 (3): 400

[69] Werner M H, Clore G M, Gronenborn A M, Kondoh A, Fisher R J. FEBS. Lett. 1994, 345: 125

[70] Batas B, Chaudhuri J B. Biotech. & Bioengineer., 1996, 50 (1)：16

[71] Carsten M, Ursula R. J. Chromatogr., 1999, 855：203

[72] Li M, Zhang G F, Su Z G. J. Chromatogr., 2002, 959：113

[73] Suttnar J, Dyr J E, Hamsikova E, et al. J. Chromatogr. B., 1994, 656 (1)：123

[74] Creighton T E, Oxender (eds) D L, UCLA Symposia on Molecular and Cellular Biology, new series, 1986, 39：249-257

[75] Phadtare S, Fisher M T, Yarbrough L R. Biochimica et Biophysica Acta., 1994, 1208：189

[76] Altamirano M M, Golbik R, Zahn R, et al. PNAS, 1997, 94 (8)：3576

[77] Altamirano M M, Garcia C, Possani L D, et al. Nat. Biotechnol., 1999, 17 (2)：187

[78] Altamirano M M, A Woolfson, et al. PNAS, 2001, 98 (6)：3288

[79] 董晓燕，杨晖，甘一如，白姝，孙彦. 生物工程学报，2000, 16 (2)：169

[80] Geng X D, Regnier F E. Chin. J. Chem., 2002, 20 (1), 68

[81] Geng X D, Regnier F E. Chin. J. Chem, 2002, 20 (5), 431

[82] Fausnaugh-Pollit J, Thevenon G, Janis L, et al. Chromatographic Resolution of Lysozyme Variants. J. Chromatogr., 1988, 443：221～228

[83] 薛卫华. 蛋白质的液相色谱复性研究及液-固界面上蛋白折叠自由能的测定. 西北大学硕士论文，2001, 6

[84] 张养军. 制备型色谱饼的理论、性能及应用研究. 西北大学博士论文，2001, 11

[85] Liu, Geng X D. Chinese Chemical Letters, 1999, 10 (3)：219

[86] 刘彤. 蛋白质复性及同时纯化理论、装置及应用. 西北大学博士论文，1995, 5

[87] 李翔. 重组人干扰素-γ 生产工艺的重大改进. 西北大学硕士论文，2002, 5

第十二章 反相液相色谱中世界四大难题的解决

§12.1 难题的提出及历史背景

12.1.1 问题的提出

在各种类型的高效液相色谱（HPLC）中，无论从发表论文数目还是从应用的广泛程度上讲，反相高效液相色谱（RPLC）都是最多的。然而长期以来RPLC中却有许多根本性的理论问题尚未解决，早在 1969 年在 L R Snyder 等的有关 HPLC 的第一部著作中就提出了在 RPLC 中溶质保留属吸附、分配、还是二者混合的这三种机理的一直悬而未决的问题[1]。所以在 1993 年国际色谱学杂志出版了一个"RPLC 溶质保留机理"特辑，在该特辑的前言（J. Chromatogr. 656，1）中将几十年来国际上尚未解决的，除上述难题之外，又添加的另外三个难题，合称为 RPLC 中四大理论难题公布于世[2]，以鼓励世界各国的科学家能予以解决，故称其为 RPLC 中的世界四大难题。它们是：① Does sample retention cause displacement of organic solvent from the stationary phase?（样品在被固定相吸附的同时，是否会从固定相表面置换出有机溶剂?）② To what extent can sample retention be described by a partition or an adsorption process (or some combination of the two)?（用分配机理或吸附机理能够对样品的保留解释到什么程度？或者就是二者的混合机理?）③ Do sample molecules penetrate into the bonded phase and or adsorb at the interface between the two phases?（样品分子是进入键合相表面的吸附层内还是仅仅在两相界面上吸附?）④ Can generalizations be made that apply to most samples and reversed-phase systems?（能否由此得到一个应用于解决 RPLC 中大部分样品的普遍理论?）其争论的核心是难题 2，即保留机理是吸附还是分配？因为主要是吸附机理，就一定有溶剂分子被置换出来（即难题 1），而且认为是发生在液-固界面上的表面过程（即难题 3），固定相对溶质的保留起决定性的作用，改进分离应着眼于固定相的改进（难题 4）；如果是分配机理，即不考虑溶剂分子是否会被置换出来（即难题 1），而且溶质分子一定会进入到固定相表面吸附层的深处（体积过程，难题 3），流动相对溶质保留起决定性的作用，改进分离应着重于流动相的选择（难题 4）。

然而要确认是置换还是分配机理的实验基础首先是要能直接测定出在溶质被固定相吸附的同时是否有溶剂分子从固定相表面释放出来，这样从方法论角度考虑，首先必须解决难题 1。

虽然该四大难题的公开公布迄今已经 10 余年了，但仍未解决该四大难题中的任何一个。因为这些理论上的难题未曾解决，严重地阻碍了 RPLC 的更加广泛地应用。本章将就作者及其合作者、美国普渡大学的 Fred E Regnier（弗莱德•依•瑞格涅尔）教授如何用 SDT 一举解决这四大难题及所用的基本思路、实验方法、理论基础和由此所得的新理论、新结果和新数据做一简要的介绍。

12.1.2 历史根源

截止到 1974 年的统计，在以往的诺贝尔奖中有两次是专门发给色谱理论上的贡献，一次是 1948 年的瑞典科学家蒂赛留斯（Tiselius A.）的关于"电泳和吸附分离"，后者是关于液相吸附色谱；二是 1952 年英国科学家马丁（Martin A. J. P.）和辛格（Synge R. L. M.）的分配色谱。还有 12 次获奖是因色谱为其做出了重要的贡献，换句话讲，没有色谱法就不能有这 12 次诺贝尔奖的获得，其中的 Karrer（1937），Ruzicka（1939），Butenandt（1939）和 Reichstein（1950）均使用了液相色谱中的吸附色谱。所以上述四大难题的争论归根结底是用该两种获诺贝尔奖理论中的哪一种，还是二者都用？

12.1.3 难点之所在

其实难点并不是该用这一个理论和不该用另一个理论，而是为什么要用那个理论，其证据是什么？否定二者中的任何一个都是对支持该理论的一大批色谱学家的挑战。如果认为"分配"和"吸附"两者都不完全，将会是对该两种理论拥护者的挑战，可以说这时就成了向几乎所有色谱学家的挑战，这比解决四大难题的本身要更难。

§12.2 基 本 思 路

在 20 世纪中期之前，人们对月球上有无生命，或是否曾经有过生命存在，只是处于各种猜测和争论的阶段。然而自从人类登上了月球并分析了从月球带回到地球上来的大量样品后才得出了无可辩驳的、月球上从未有过生命存在的结论。这个例子说明，猜测只是了解自然界现象的开始，要想了解自然界中事物的本质，必须有能证实该事物存在或其本质的直接证据。

众所周知的液-固界面上的 SDT[3] 所描述的就是在液-固体系中，当固相表面上吸附一种新的组分，或样品，或溶质时，则在液-固界面上必然会有一定数目的，原来被吸附在固体表面上的，在 SDT 中以 Z 值表征其大小的溶剂分子被置换出来，并有大量数据证实了这一结论。该理论本身就表明了在 RPLC 中溶质保留为置换机理，或至少有置换机理存在。但因 Z 值是用间接方法测定出来的，所以科学家还是仍然就属分配还是属吸附机理争论不休。这正如在半个世纪前争论在月球上是否有过生命存在一样，是因缺乏证实溶质置换溶剂的直接证据。所以，必须要提供出在 RPLC 中由溶质置换出有机溶剂的直接证据。但仅此还不够，如果还能测定出置换出有机溶剂量的大小就能使科学家更加信服。也就是说，首先必须要找到一个可靠的、高灵敏度的、能对被样品置换出的有机溶剂进行定量测定的方法。这样，至少可以为解决这四大难题中的难题 1 和难题 3 提供直接证据。如果说 SDT 是合理的，而且有牢固的物理和化学基础的话，则由此定量结果亦应能对解决剩余难题提供有用的信息。

从 1995 年元月至 1996 年的 2 月，作者在美国普渡大学化学系 Regnier 教授的实验室就完成了这个非常仔细和非常艰难的实验。如原来预计的一样，实验结果显示出在 RPLC 中胰岛素在被固定相吸附的同时，确实置换出了原来吸附在固定相表面上的甲醇，这就表明了已解决了该四大难题中的难题 1。然而，因当时仍有许多无法解释的实验数据，还无法对其余的三大难题的解决提出有力的证据。在经历了长达 6 年的思考和理论处理后发现，能解释所有数据的惟一方法是，除考虑通常的，在色谱过程中的热力学因素外，还必须考虑溶质保留过程中的动力学因素。在将这两种因素同时考虑后，该四大难题也就迎刃而解了。

§12.3　液相色谱中一种全新实验方法的建立

2003 年，恰好是色谱诞生的 100 年。在过去的一个世纪里，科学家的所有研究均放在样品本身的色谱行为。而笔者和 Regnier 用于解决四大难题的方法却是前人从未用过的。当时我们不仅是研究样品本身保留的色谱行为，而更重要的是研究伴随样品保留的同时所发生的，从固定相解吸附的有机溶剂的"色谱行为"。如前所述，我们感兴趣的不仅仅是"宇航员登上月球做了些什么，而更有兴趣的是宇航员从月球上带回来样品的性质"。也就是 RPLC 固定相在样品吸附过程中，从键合相表面吸附层（bonded phase layer，BPL）中反馈回来的，能表征发生在该 BPL 中的有机溶剂解吸附的，包括了热力学和动力学行为两方面的信息。不同于通常色谱法所得到的仅是反映各种不同样品的特殊信息，如溶质保留时间、峰形、峰高、吸收波长等，而是由所有不同样品在吸附时所得出的，用相同的有机溶剂表征的，对应于该不同的溶质吸附的热力学和动力学信息。

在由 50%（体积分数）甲醇-水溶液组成的流动相中，在这种有高浓度甲醇存在条件下以准确测定被置换出的浓度极低的甲醇的确是一件十分困难的事。通常选择波长为 254 nm 检测小分子溶质和 280 nm 检测生物大分子溶质的原因是样品在此波长条件下的 UV 吸收最高，而对所用有机溶剂的要求则是在此波长条件下的 UV 吸收极低，实际视其为零。故要在此二波长条件下测定被置换出的极少量的有机溶剂是不可能的。如果在接近 200 nm 波长条件下进行检测，虽然可以测定有机溶剂的 UV 吸收，但样品的 UV 吸收会更强，这就决定了用通常的RPLC 方法，在用 UV 检测样品洗脱峰的同时，也会同时测定被置换出的有机溶剂的 UV 吸收，所以用这种方法根本是不可能的。然而如果选择一种在近 200 nm 波长条件下，样品与被置换出的有机溶剂不能同时被洗脱的前沿色谱法

(frontal analysis，FA)，并且在样品洗脱曲线上的"突破点"之前的那一段时间内，对被置换出有机溶剂的流出曲线进行检测，则 UV 法仍然是可以采用的。因许多物质都会有强的 UV 吸收，故在选用 UV 法的同时，还必须采用其他具有极高选择性的测定方法以进行确认。

如果 SDT 是合理的，大分子溶质置换出的有机溶剂的量（以 Z 值表征）比小分子多[3,4]。故高纯度的大分子样品，如能用于给人注射的胰岛素（纯度大于99.9％）就成了首选的溶质或样品了。

§12.4　实验装置及定量测定甲醇方法的可靠性
——定性回答溶质置换溶剂[5]

在波长近 200 nm 条件下，如用 FA 法使溶质以恒定的浓度和流速进样到RPLC 柱上，如果在溶质被吸附的过程中能置换出有机溶剂，如甲醇，则被置换出的甲醇流出曲线也应是平滑的并具有一定的台阶高度（"阶高"），如果溶质的"突破体积"足够大，则有可能对该被置换出的甲醇进行"在线"检测，该"在线"测定的高于流动相中甲醇的浓度称为"甲醇增量"。如果要对此"甲醇增量"进行定量测定，要求基线必须非常稳定、平滑且"阶高"足够高。而通常所用的FA 法的实验装置和方法是无法满足这一特殊要求的。因此首先必须设计一种特殊的实验装置和实验程序以得到基线足够长，且要建立一套完整的清洗柱和检验柱清洁度的方法[5]。

12.4.1　实验装置[5]

首先必须进行一个模拟实验以验证上述设想的可行性，其方法是：制备足够体积的含有 0.03％盐酸（$V_{甲醇-水}/V_{盐酸}$）的 47％甲醇（$V_{甲醇}/V_{水}$）的流动相以完成一套胰岛素的前沿色谱分析。它有两个作用：(1)充当胰岛素吸附和制备胰岛素溶液的流动相。对一套实验，其浓度保持恒定，并记作溶液 A-1；(2)用于其他目的，例如用于胰岛素解吸附的梯度洗脱的弱溶液。在实验过程中，后者浓度可能变化，并记作溶液 A-2。有两种溶液，50％醋酸-水溶液（$V_{醋酸}/V_{水}$）叫做溶液 B-1，以及含有 0.03％盐酸（$V_{甲醇-水}/V_{盐酸}$）的 90％甲醇-水溶液，叫做溶液 B-2。B-1 和 B-2 是梯度洗脱中清洗色谱柱的两种强溶液。在本实验中需要三个泵进行前沿色谱分析。泵 1 用来输送盛放在大瓶 1 中的，用以胰岛素吸附和制备胰岛素溶液 A-1。泵 2 用来输送两个 B 溶液或者溶液 A-2 以清洗连接管路。泵 3 只用来输送如图 12-1 所示的盛放在 15mL 塑料瓶中的胰岛素溶液。为避免每一种溶液进入另一种溶液时产生的污染，每一种溶液必须储存在一个密封极佳的储液瓶中。当用同一个泵来输送不同的溶液时，含其他溶液的瓶子与吸滤器4、塞子 5、不锈钢针 6 以及塑料连接管 7 一起更换。

为了保持一套实验中试剂瓶 1 中的溶液 A-1 的组成不变，在胰岛素吸附过程中始终不得脱气。其操作程序如下：① 为了完全将胰岛素溶液和周围空气隔离，盛放胰岛素溶液的塑料瓶 3 用一个特制的橡皮塞 5 密封（图 12-1）；② 在图 12-1 中标记为 6 的 20♯ 注射用不锈钢针穿透到橡皮塞 5 中并浸到胰岛素溶液中。与氮气瓶相连的钢针不仅避免了在胰岛素吸附过程中由于样品溶液的减少而在塑料瓶 3 中形成负压，也会避免因瓶 3 不密封而造成在此过程中样品溶液中甲醇和水蒸发损失，从而引起样品溶液中甲醇浓度，或胰岛素浓度的变化。而钢针出口处有氮气泡形成表明前沿分析中色谱系统正常运行。

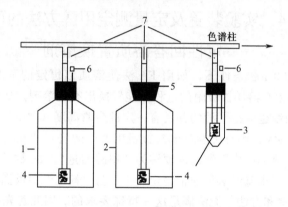

图 12-1　实验装置简图[5]

1.内装溶液 A 或溶液 A-1 的玻璃瓶；2.内装强溶剂或溶液
A-2 的玻璃瓶；3.只装有胰岛素溶液的 15mL 的塑料瓶；
4.过滤器；5.一种特制的橡皮塞（stopper sleeper）；
6.注射用不锈钢针；7.塑料连接管

12.4.2　不同波长下甲醇的洗脱曲线

用 RPLC 分离蛋白质时，流动相必须有离子对试剂存在，通常用三氟乙酸作为 RPLC 中蛋白质分离的一种离子对试剂。然而，三氟乙酸不仅有很强的紫外（UV）吸收，而且在一定程度上能被 RPLC 固定相吸附。它的吸附和解吸附会影响在线 UV 光谱的定量测定。盐酸经常用于 RPLC 分离多肽[6,7]。它的 UV 吸收弱，而且不被反相液相色谱柱吸附。因此它是本研究的一个理想离子对试剂。

图 12-2 表明在三种不同波长 280nm［图 12-2（a）］，254nm［图 12-2（b）］和 198nm［图 12-2（c）］下得到的甲醇增量的一组洗脱曲线，参考波长为 550nm。因为在图 12-1 中，大瓶 1 中盛放的是甲醇准确浓度为 47.00% 而这时该图所示的 15 mL 塑料瓶中盛放的甲醇的准确浓度分别为 47.05%，47.10%，47.20%，47.30%，47.40% 和 47.50%，并含有 0.03% 盐酸作为离子对试剂。故图 12-2 中由 FA 方法所得的 6 条曲线对应的甲醇增量分别为 0.05%，0.10%，0.20%，0.30%，0.40% 和 0.50%。相互比较图 12-2 中的三组洗脱曲线，可以

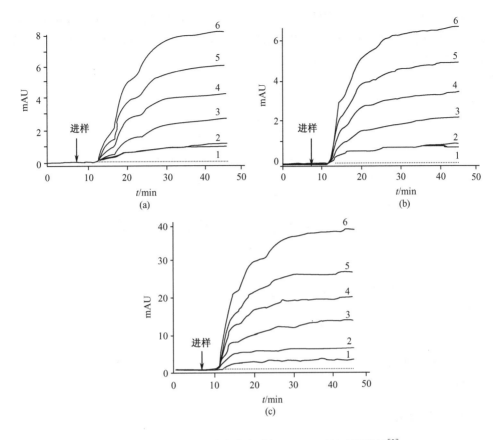

图 12-2　各种浓度甲醇在参考波长 550nm 时的洗脱曲线[5]

SynChrompak：RP-C18；流动相：含 0.03％ HCl（$V_{甲醇}/V_{水}$）的（47.0％～47.50％）甲醇和水（$V_{甲醇}/V_{水}$），甲醇浓度：1．47.05％，2．47.10％，3．47.20％，4．47.30％，5．47.40％，6．47.50％；流速：0.40 mL·min^{-1}；柱温：25±0.5℃；参考波长：550 nm；进样时间：7.50 min. 检测

波长：（a）280 nm；（b）254 nm；（c）198 nm.

清楚地看出每一组曲线的形状与在 FA 中任意一个普通溶质的洗脱曲线形状很相近。发现在 280nm 和 254nm 波长下的检测灵敏度几乎是一样的，但 198nm 波长下得到的灵敏度比其余两个波长下得到的要高得多。在 198nm 条件下检测，二极管阵列检测器仍然能够很清楚地将它和用虚线表示的基线相区别，甚至对甲醇浓度改变 0.05％ 的情况来说也是可以和基线区别开的。

众所周知，胰岛素在 280nm 的吸收比 254nm 的强。为了减少胰岛素本身的可能影响，选择 280nm 作为参考波长。

图 12-3 表示在与图 12-2 中相同的条件下，只是参考波长为 280nm，在 198nm 条件下检测的甲醇增量的一组共六条洗脱曲线。与图 12-2（c）所示的以

550nm 为参考波长相比，在图 12-3 中以 280nm 为参考波长的灵敏度降低了大约 20％。看起来检测甲醇增量的灵敏度降低了 20％，但这有利于扣除万一有胰岛素存在及在 280nm 有强 UV 吸收的杂质的干扰。

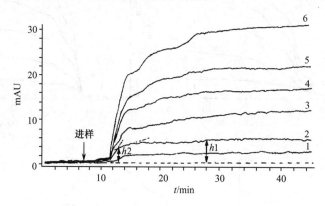

图 12-3　甲醇在 198nm 参考波长 280nm 时的洗脱曲线[5]

甲醇浓度：1. 47.05％，2. 47.10％，3. 47.20％，4. 47.30％，

5. 47.40％，6. 47.50％。其他实验条件与图 12-1 中的相同

从图 12-2 和图 12-3 看出，用 FA 法检测低至 0.03％（体积比）的甲醇增量是可能的。

12.4.3　定量方法

1. 甲醇的紫外光谱（UV）校正曲线

用 UV 法准确测定甲醇增量取决于平台高度测定的准确性。图 12-3 表示在流动相中甲醇浓度范围为 0.05％～0.50％时，在甲醇增量平台上两处高度 h_1 和 h_2 是怎样测定的。定义 h_1 为洗脱曲线和用虚线表示的普通基线之间的平均距离，定义 h_2 为洗脱曲线的两个切线的交点与基线之间的距离。如图 12-4 所示，从 h_1 和 h_2 对流动相中甲醇的真实浓度的作图，得到两条直线。这两条直线可以用于甲醇的定量测定，并用以下的两个公式（12-1）和（12-2）来表示的。

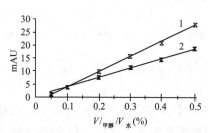

图 12-4　在含 0.03％ HCl（$V_{甲醇-水}$/$V_{盐酸}$）的 47.0％（$V_{甲醇}$/$V_{水}$）甲醇-水溶液中甲醇增量的紫外光谱标准曲线[5]

标准曲线 h_1：

$$mAU_{(1)} = -2796.67(\sigma = \pm 0.423) + 59.46(\sigma = \pm 1.08)c_{MeOH}$$
$$R = 0.9983$$

(12-1)

标准曲线 h_2 :

$$mAU_{(2)} = -1756.17(\sigma = \pm 0.677) + 37.36(\sigma = \pm 1.74)c_{MeOH}$$

$$R = 0.9983 \tag{12-2}$$

因为公式 (12-1) 和 (12-2) 给出的常数和标准偏差 σ 是从连续三次平行测量得到的，可以认为其可信度还是很高的。公式 (12-1) 的相对标准偏差为 $\pm$ 1.8%，而公式 (12-2) 的相对标准偏差为 $\pm$ 4.0%，表明公式 (12-1) 更准确。然而，在本章中我们认为用这两个平台高度的任何一种都能满足测定准确度的要求。

2. 用核磁共振测定甲醇

尽管用 UV 法可以得到足够灵敏和足够准确的定量结果，然而因 UV 缺乏高的选择性。为确保方法的可靠性，必须用一个选择性极高的另一种独立的定量分析方法对检测结果进行确认。因为重水中的氘及羟基和甲基中的氢交换得非常快，用核磁共振 (NMR) 测定甲基及羟基的量是一件很容易的事。这样，甲醇或水的浓度的任何改变都能够通过羟基的量和甲基的量的比率 R_{OH/CH_3} 来定量测定。只要测定的甲醇-水溶液不含有任何其他有甲基和/或羟基基团的物质，用 NMR 测定胰岛素释放的甲醇应具有很高的选择性和可靠性。当将甲醇浓度的改变限制在很窄的范围内，也就是在 0.03% 盐酸存在下从 47.00% 到 47.50%，能够得到有很好线性的甲醇浓度的标准曲线，并可以用式 (12-3) 表示如下：

$$R_{OH/CH_3,1} = (4.871 \pm 0.0001) - (0.05914 \pm 0.0014)c_{MeOH} \quad R = 0.9985$$

$$\tag{12-3}$$

从式 (12-3) 看出，虽然 NMR 法测定的灵敏度不如 UV 法高，但仍能区分 0.10% 的改变 ($V_{甲醇}/V_水$)。它的相对标准偏差为 $\pm$ 2.8%。

3. 在胰岛素吸附过程中释放的甲醇的测定

图 12-5 (a) 表示用 FA 法所测得的胰岛素洗脱曲线的全部，用含有 0.03% 盐酸的 47.0% 甲醇水溶液将胰岛素配成浓度为 0.025 mg·mL^{-1} 的溶液。在用 FA 法在 0.40 mL·min^{-1} 流速条件下使胰岛素溶液流过 RPLC 柱，在 50 min 后出现胰岛素洗脱曲线的平台。此曲线在 0～50 min 之间显示出良好的，几乎是直线的基线。然而，在将图 12-5 (a) 放大约 200 倍，且只取图中 0.0～10 mAU 之间的那部分，如图 12-5 (b) 所示，在 12～48 min 的范围内出现一个很小的平台。为了把此小平台和胰岛素吸附所形成的大平台区分开，把小平台叫做"第一平台"，而把大平台叫做"主平台"。如图 12-5 (b) 所示，第一平台看起来与浓度固定在 47.05% 时的甲醇增量的洗脱曲线很相似。

当然也可以将问题考虑的复杂一些，简单假定第一个平台是由于杂质，包括胰岛素在内的一些变体及小分子溶质等形成的。它们在 RPLC 柱上不保留，但在 198 nm 时有很强的吸收（这将在本节 5 小节中说明）。从另一方面讲，根据

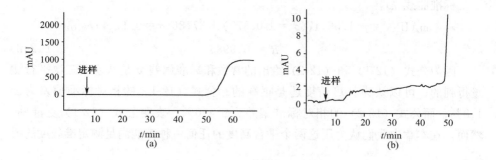

图 12-5 $0.025mg \cdot mL^{-1}$ 胰岛素置换出的甲醇的曲线[5]

（a）胰岛素的原始洗脱曲线；（b）用缩放技术将胰岛素洗脱曲线的 $0\sim10mAU$ 范围内曲线放大 200 倍。

除过检测波长为 198nm 和参考波长为 280nm，所有实验条件与图 12-2 中所示的相同

SDT-R[3,4]，最初被 RPLC 固定相吸附的甲醇会因胰岛素的吸附而被置换。解吸附的甲醇进入流动相，增大了流动相中的甲醇浓度。结果，现在流动相中也应该有一些过量的甲醇或甲醇增量。

4. UV 法和 NMR 法的结果比较

表 12-1 表示在不同浓度条件下，由在线 UV 和 NMR 测得的，在胰岛素吸附时甲醇增量浓度的比较。在 FA 中的实验条件与图 12-4 中所示的一样。表12-1 中的结果是两次连续测定的平均值。列出的标准偏差表明 UV 和 NMR 的重现性相当令人满意。UV 得到的结果显示出比 NMR 更高的灵敏度。如上面所指出的，NMR 的灵敏度只有 0.10％甲醇。这样，表 12-1 所表示的用 NMR 方法测定的被置换的甲醇浓度的结果只能是高于 0.10％。虽然 NMR 得到的结果比 UV 得到的结果略高，但从分析化学的观点来看，在如此高浓度的甲醇-水溶液（47.0％ 体积比）中，测定低到 0.10％～0.50％的甲醇增量，这两种方法产生的结果还是一致的。然而，当胰岛素的平衡浓度超出 $0.30~mg \cdot mL^{-1}$时，所置换出的甲醇减少。一方面，需要解释其原因。但另一方面，也能够得出一个非常重要的结论，那就是第一个平台不是主要来自杂质。否则，该存在的杂质的浓度将会随流动相中胰岛素的平衡浓度的增大而成正比增加。

从表 12-1 还可以看出，当胰岛素的平衡浓度不是很高时，甲醇增量（以浓度表示）随胰岛素浓度的增大而增大。这是因为胰岛素吸附引起置换甲醇的速率在高浓度时比在低浓度时高。另外，因为当前沿色谱系统固定时，固定相表面上吸附层的组成和厚度应该有恒定值，在固定相和胰岛素分子之间的接触区域的甲醇被胰岛素分子置换得越快，第一个平台就会越高，它的长度也就越短。

胰岛素浓度很高时，甲醇增量的降低也许是由于固定相上胰岛素多分子层的形成。胰岛素分子之间的相互作用可能引起溶剂化胰岛素分子的去溶剂化。胰岛素分子应该通过一些强疏水性氨基酸残基与 RPLC 固定相间的相互作用，使一些

强亲水性氨基酸残基面向流动相。结果，在这种情况下置换出的甲醇应该比胰岛素吸附为单分子层时的少。当然也会因固定相表面上的 BPL 在深度方向上甲醇浓度的不均匀性（在 12.5.2 一节中会详细讨论所引起）。

表 12-1　由 UV 和 NMR 测得的甲醇增量的比较[5]

$c_{胰岛素}/mg \cdot mL^{-1}$	UV		NMR	
	实际浓度	甲醇增量	实际浓度	甲醇增量
0.025	47.034±0.001	0.034±0.001	—	—
0.050	47.045±0.003	0.045±0.003	—	—
0.075	47.057±0.004	0.057±0.005	—	—
0.100	47.089±0.010	0.089±0.010	47.17±0.04	0.17±0.04
0.200	47.155±0.011	0.155±0.011	47.20±0.04	0.20±0.04
0.300	47.193±0.012	0.193±0.012	47.24±0.02	0.24±0.03
0.400	47.182±0.010	0.182±0.009	47.19±0.02	0.19±0.02

注：UV 和 NMR 的三次测定平均值。SynChropak-RP C18，甲醇/水（47%，体积比）＋ HCl（0.03%，体积比），25±0.5℃。

因为 NMR 能直接用于测定甲醇，这样，我们就可以得出这样肯定的结论：在对应于图 12-4（b）中的第一个平台的流出组分中存在有甲醇增量。从前面对 UV 和 NMR 得出的结果的比较进一步证实了这样一个事实，那就是我们测得的的确是甲醇增量而且是在足够准确的范围内。

5. 质谱（MS）和 NMR

MS 是鉴定在 11.77～34min 的收集液中是否含有某种生物大分子的很可靠且很灵敏的方法。收集此范围内的馏分并真空干燥，用 MS 检测残留物质。MS 的结果表明，没有检测到相对分子质量在 1000～6000Da 的任何物质。

在文献[5]中，当用含有 0.03% 盐酸的甲醇作为流动相时，用 NMR 测定胰岛素置换出的甲醇，并用 UV 确证。NMR 应该用于这里所用流动相中离子对试剂 TFA 的定量检测。

采用文献[5]提出的方法，从图 12-6（a）中得到 UV 的校正曲线。用 NMR 测定在盐酸或者 TFA 存在下胰岛素置换出的甲醇，并用 UV 测定在盐酸存在时胰岛素置换出的甲醇，相互进行了比较。表 12-2 实际上表示两种比较：流动相均为含 0.03% 盐酸的 47.0% 甲醇时 UV 和 NMR 的比较。0.1% TFA 存在下的 NMR 结果（见最后一列）总是比 0.03% 盐酸存在时的 NMR 结果（列在最左边一列）高约 0.10%。这个可以用产生了一个具有几乎相同峰高并且可能是相同峰面积的 TFA 峰解释，如图 12-6（a）中甲醇洗脱曲线的交点区域所示，因为在胰岛素吸附前 TFA 在 RPLC 固定相上积累，当胰岛素或高浓度甲醇被固定相吸附时 TFA 解吸附并返回到流动相中时也会产生一个 TFA 增量。应该指出，在 NMR 中 TFA 是一个很有用的试剂，但在此它会引起一个较高的结果，就像上面讨论的一样，这归因于 RPLC 固定相的吸附和解吸附。对用 UV 检测来来说，除了胰岛素的浓度是 $0.10\ \mathrm{mg \cdot mL^{-1}}$ 时的情况，从在线 UV 和 NMR 得到的结果符合得很好，因为流动相中盐酸的浓度很低，固定相对它的吸附也比对 TFA 的弱。这样，盐酸作为离子对试剂对 NMR 结果的影响可以忽略。

比较用盐酸作为离子对试剂时的 UV 和 NMR，如表 12-2 所示，NMR 的结果仍较 UV 的结果系统偏高。

表 12-2　UV 和 NMR 测得的甲醇增量的比较[8]

$c_{胰岛素}/\mathrm{mg \cdot mL^{-1}}$	$c_{甲醇}/\%$		
	UV	NMR	
	0.03% HCl	0.03% HCl	0.1% TFA
0.025	0.033 ± 0.002	—	—
0.050	0.049 ± 0.003	—	—
0.075	0.064 ± 0.006	—	—
0.10	0.122 ± 0.009	0.17 ± 0.04	0.29 ± 0.03
0.20	0.164 ± 0.007	0.20 ± 0.04	0.32 ± 0.02
0.30	0.177 ± 0.018	0.24 ± 0.02	0.33 ± 0.02
0.40	0.198 ± 0.022	0.19 ± 0.02	0.25 ± 0.02

注：SynChropak-RP C18，甲醇/水（1.47.0%＋0.03% HCl；2.45%＋0.10% TFA），(25±0.5)℃；三次连续单独 UV 和 NMR 测量结果的平均值。

虽然本节定量地测定了胰岛素置换出来的甲醇，回答了四大难题所提出的难题之一，但仍未回答胰岛素和甲醇之间的置换是否是以计量方式进行的，所以仍然算是定性地回答了这一问题，也就是说如要定量地回答，还需进行更进一步地深入地研究。

§12.5　在 RPLC 中溶质保留的动力学因素——
样品分子可否进入到键合相层深处[8]

样品分子是渗透到键合相里面还是吸附在两相之间的界面上也是 RPLC 中的四个理论难题之一。随着界面过程的广泛研究，不仅可能解决此难题，而且还能依次应用到一些新的高技术中去。已经证实当溶质被吸附时，必须从 RPLC 固定相释放有机溶剂[3,4]。这一点证明 RPLC 中溶质的保留机理存在着置换机理。作者曾从理论上分析得到，无论 RPLC 中溶质的保留机理是分配机理还是置换机理，甚至是二者的混合机理，它们全都遵守溶质的 SDT-R[3,4]。但它仍需要一个直接的证据进行证明。

第一平台是有机溶剂增量，但它事实上是由溶质吸附引起的，第一平台的特征可能从另一侧面反映溶质的保留行为。RPLC中溶质保留发生在一个非常复杂的BPL上，此BPL含有一端键合到硅胶上、另一端易于摆动的配基以及有机溶剂、离子对试剂和水的混合液。从第一平台的形状看出，提供了解BPL的组成和区域结构以及溶质吸附的动力学的一些信息是可能的。

12.5.1 甲醇和 TFA 之间的计量置换性

众所周知，流动相中离子对试剂如 TFA、甲酸和 pH 2.5～3.0 的磷酸缓冲液是 RPLC 分离生物大分子所必需的。盐酸作为一种离子对试剂用于多肽分离[6,7]已有报道，前一节已经谈到将其用于胰岛素的 FA[5]。据报道 TFA 在生物大分子分离过程中有三个作用[9]：(1) 与蛋白质相互作用使生物大分子变性易于被洗脱与此同时，样品溶液中的 TFA 浓度降低；(2) TFA 能够被 RPLC 固定相吸附，并在固定相上聚集以改变固定相的特性；(3) 像溶质一样参与生物大分子和有机溶剂之间的计量置换过程。因为 TFA 有很强的紫外吸收，甲醇置换出的 TFA，在洗脱曲线上能够以一个峰的形式被观察到。在通常的 RPLC 中，置换出的 TFA 将会和溶剂峰一起出来。这样，就不能很容易地监测到它。

图 12-6 分别表示由 0.10％ TFA 的 45.025％ 到 45.50％甲醇溶液 ［图 12-6 (a)］和由 0.03％盐酸的 47.05％～47.50％甲醇溶液 ［图 12-6 (b)］所形成的甲醇增量的两组洗脱曲线。为了增加甲醇增量的紫外吸收并减少残留胰岛素和其他生物大分子存在时的干扰，二者的检测波长均为 198nm，参考波长均为 280nm[5]。图 12-6 (a) 中对应的甲醇增量的浓度分别是 0.025％，0.05％，0.10％，0.20％，0.30％，0.40％和 0.50％。图 12-6b 表示对应的甲醇增量的浓度分别是 0.05％，0.10％，0.20％，0.30％，0.40％和 0.50％。

比较图 12-6 (a) 和 12-6 (b)，如前节所述，图 12-6 (b) 与前沿分析中溶质的洗脱曲线的通常形状相同，并适合于用在线 UV 定量测定甲醇增量。因为图 12-6 (a) 中每一个基线甚至不能相互吻合（两条虚线之间的部分），两条切线交点上的洗脱曲线部分呈现一个不光滑的形状，所以用在线 UV 测定甲醇增量是困难的。

图 12-6 (a) 和 12-6 (b) 的共同点是当甲醇增量大于一定值时，在交点区存在一个峰或平台，虽然这个现象在图 12-6 (b) 中不是很明显。比较图 12-6 (a) 和 12-6 (b) 可以得出这样的推论：这里的 TFA 看起来好像是一个通常的溶质，而且当它被甲醇置换出时在洗脱曲线上形成一个峰。

为了进一步证实这一点，需要比较 TFA 和 HCl 之间的紫外吸收差别。图 12-7 表示用通常 RPLC，流动相为 45.0％甲醇水溶液时不同浓度 TFA 的一组色谱图。曲线 1，2，3，4 和 5 表示 25μL 浓度分别为 0.05％，0.10％，0.20％，

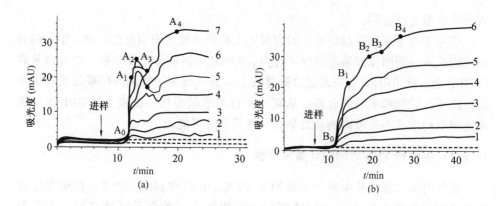

图 12-6　两种离子对试剂的各种浓度甲醇的洗脱曲线[8]

(a) 含 0.10% TFA 的甲醇和水。甲醇浓度（%，V/V）为：1. 45.025；2. 45.050；3. 45.10；4. 45.20；5. 45.30；6. 45.40, and 7. 45.50；(b) 含 0.03% HCl 的甲醇和水。甲醇浓度（%，V/V）为：1. 47.05；2. 47.10；3. 47.20；4. 47.30；5. 47.40, and 6. 47.50.SynChropak，RP-C18；流速：0.40 mL·min^{-1}

0.30% 和 0.40% TFA 的色谱图。如图 12-7 所示，当参考波长为 280nm 时，TFA 在 198nm 处的紫外吸收很强。例如，通常 RPLC 中 25μL TFA 的平均紫外吸收强度的变化等于 0.30% 甲醇（体积比）在 FA 中变化的 10 倍。然而，25μL 0.03% HCl 的紫外吸收只有 4.5mAU，25μL pH2.0 的磷酸缓冲液（0.03mol·L^{-1}）的紫外吸收只有 4.3mAU。这只有 0.1% TFA 在相同波长下的紫外吸收的 1/50。

观察到的一个很有意思的事情是图 12-6（a）中所示的 TFA 的出现时间随着流动相中甲醇浓度的降低而减小。如果 TFA 的作用之一是作为一个溶质，这里 TFA 峰的出现时间可以被简单地称为"保留"时间。因为 TFA 的保留时间在甲醇浓度为 0.20%～0.50% 的范围内改变不大，测得的峰高（从每一个峰谷到相应的峰尖）几乎不变，（2.58±0.24）mAU。

如果 TFA 确实是一种溶质，在甲醇和 TFA 之间的置换应该是计量的而且遵守 SDT-R 的表达式：

$$\lg k' = \lg I - Z\lg[D] \tag{4-16}$$

式中：k' 是 TFA 的容量因子。$\lg I$ 是与 TFA 对 RPLC 固定相的亲和势有关的常数。Z 是当 1 mol TFA 被固定相吸附时从 TFA 和固定相的接触区域置换出的甲醇的总物质的量。

用式（4-16）线性作图，线性相关系数为 0.98，这表明甲醇和 TFA 之间的置换关系确实是计量的。测得 $\lg I$ 和 Z 分别是 130.5 和 122.5。这意味着如果 1 mol TFA 从固定相解吸附，就会有 122.5 mol 甲醇吸附在固定相上。为了满足这个条件，它需要足够高的甲醇增量，或者足够长的时间完成 TFA 的解吸附。应该是甲醇增量越高，所需时间越短。当甲醇增量≥0.20% 时，虽然 TFA 的"保

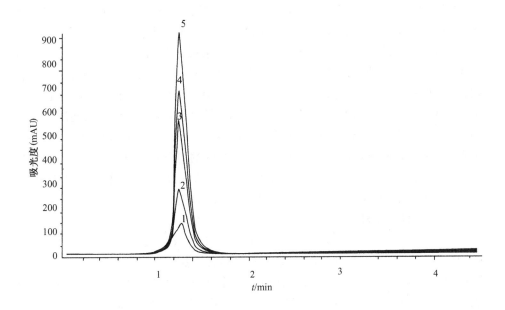

图 12-7　不同浓度 TFA 的峰高[8]

甲醇/水（45%，体积比）溶液，检测波长 194.8nm，参考波长 280.2nm，流速 1.0mL·min^{-1}，样品体积 25μL。峰 1，2，3，4 和 5 分别代表 TFA 的浓度是 0.05，0.10，0.20，0.30 和 0.40（体积比）

留"随着流动相中甲醇增量的降低而增加，能够清楚地观察到每一个 TFA 峰（洗脱曲线 4～7），并且正如上面所指出的，具有几乎相同的高度，但是每一个谷（从甲醇的谷底到平台的顶部）的深度变得越来越低直到零（见洗脱曲线 1～3）。当甲醇增量的浓度≤0.10% 时，置换出的 TFA 的保留很长，就像用通常的 RPLC 等度洗脱生物大分子一样，导致峰变得很宽，峰高很低直到不能观察到峰。

TFA 的 $\lg I$ 和 Z 的大小与生物大分子相当是令人惊奇的。作者用通常的 RPLC 在相同的实验条件下测定了 TFA 的 $\lg I$ 和 Z。正如所预计的，当甲醇浓度在 47.0%～47.5% 范围内变化时 TFA 没有保留。这个事实说明通常的 RPLC 与 RPLC 中的 FA 中的 TFA 和甲醇的计量置换过程是不一样的。现在需要回答图 12-6（a）中的两个问题：（1）为什么在每一条洗脱曲线的交点区域出现 TFA 峰，并且每一个峰有几乎相同的高度？（2）为什么 TFA 的峰比 HCl 的峰明显？

当一个色谱系统中使用的流动相只有三种组分，即离子对试剂、甲醇和水，并在两相之间建立平衡时，固定相也含有相同的这三种组分。如果改变三种组分中的任何一种的浓度，假定流动相中的甲醇浓度增加，固定相中的甲醇浓度也应该增加。根据物理学中的两个原理，能量守恒和一个空间不能同时被两个物体占据，离子对试剂和水必须从 BPL 离开并重新在两相之间建立新的平衡。测得置换出的 TFA 的峰高为 $2.58 \pm 0.24 \mathrm{mAU}$ 的事实表明置换出的 TFA 或水的量与流动相中的甲醇浓度无关。换句话说，在这三个组分中肯定发生了计量置换过程。

从组分极性的观点来看，极性按下列顺序增加：TFA＜甲醇＜水＜HCl。如果用通常的 RPLC 洗出该四个组分，它将以峰的形式洗出而且洗脱顺序将与它们极性的降低顺序相同。然而，从 BPL 洗脱置换出的组分顺序就决定了它们在 BPL 深度方向的逗留区域。因为在本研究中甲醇增量（也就是在相同溶液中水的减少量）作为一个连续物质流入前沿分析系统，甲醇增量或者水的减少量不应该形成一个峰，而应该形成一个平台，而解吸附的离子对试剂应该在两个切线的交点或者突破区域形成一个峰。它们的紫外吸收强度会影响峰和平台的高度。TFA 的紫外吸收比 HCl 的紫外吸收大得多，结果在图 12-6（a）中出现 TFA 峰，而在图 12-6（b）中却没有。

从前面的讨论可以得出这样一个结论：当甲醇浓度大于 0.20％，TFA 的峰高与图 12-5（a）中甲醇增量的浓度无关的事实以及式（4-16）好的线性进一步证明甲醇和离子对试剂之间的置换过程是一个计量置换的过程。另外还有两个问题仍然需要回答：（1）为什么图 12-5（a）中甲醇增量的洗脱曲线的交点部分出现一个谷，图 12-5（b）中出现两个平台？（2）为什么从前沿分析得到的 Z 值与从通常 RPLC 得出的大不相同？

为了回答这两个问题，应该首先知道 BPL 的复杂区域结构，然后比较 TFA，HCl，水和甲醇的紫外吸收和极性；第二，应该讨论两相中组分的分配速率，或者组分在两相间界面上的传质动力学；最后，需要知道溶质是否进入 BPL，或者只是在通常 RPLC 中只与 BPL 表面接触。如上面指出的，最后一个问题也是仍然没有解决的四个理论难题之一。

12.5.2 置换出的组分浓度的不连续及两个切线之间交点附近的曲线形状

Miller 等将溶质以连续方式进入 RPLC 柱，以甲醇和水为流动相，并用电子能谱（ESR）和 NMR 对其进行了监测[10,11]。这个方法与本章所用的 FA 法很相似。另外，Miller 等的方法中使用的流动相组成与本章中的几乎相同，甲醇浓度等于 50％。两种方法的不同是 Miller 等使用不同极性的检验溶质吸附在 RPLC 填料上，而此处检验洗脱的甲醇组分，并用在线 UV 检测。Miller 等的结论对我们的研究应该是适用的。

为方便起见，将图 12-6（a）和 12-6（b）所表示的该二洗脱曲线上的突破区域上的部分能被分为四个区域。根据 Miller 等的结论，从硅胶表面到流动相，区域的顺序为Ⅲ，Ⅱ，Ⅳ，Ⅰ。这个顺序与 BPL 上的组分的极性顺序不同。除区域Ⅲ中键合到硅羟基上的水可能永远不会在洗脱中被置换出来外，其他三个区域将对应于以下曲线：区域Ⅰ对应于曲线 $A_0 A_1$ 和 $B_0 B_1$，区域Ⅳ对应于曲线 $A_1 A_2$ 和 $B_1 B_2$，区域Ⅱ对应于曲线 $A_2 A_3$ 和 $B_2 B_3$。曲线 $A_3 A_4$ 和 $B_3 B_4$ 对应于流动相中最后平衡浓度和区域Ⅱ中最后平衡浓度之间甲醇浓度的差。

应该首先比较图 12-6（a）和图 12-6（b）中的一些相同点。这两个图中 A_0 和 B_0 前的两条线及 A_4 和 B_4 后的线分别代表流动相中甲醇的原始平衡浓度［图 12-6（a）中 45.0％甲醇和图 12-6（b）中 47.5％甲醇］及甲醇的最后平衡浓度［图 12-6（a）中 45.5％甲醇和图 12-6（b）中 47.5％甲醇］。因为 RPLC 固定相有很强的非极性，区域Ⅰ中的非极性应该比流动相中的非极性强得多。另外，两种流动相中原始及最终甲醇的浓度差只有 2％，导致这两种情况下流动相和区域Ⅰ之间甲醇的浓度差几乎相同，因此形成了洗脱曲线上的这两个跳跃高度。

第二，必须解释图 12-6（a）和 12-6（b）中存在的差别。图 12-6（a）中出现一个"保留"时间较短的尖峰（$A_1A_2A_3$），紧跟着是一个深谷（$A_2A_3A_4$）；而图 12-6（b）中有一个很宽的"峰"（$B_1B_2B_3$），紧跟着是一个浅谷 $B_2B_3B_4$。从 A_1 到 A_4 和从 B_1 到 B_4 分别对应于区域Ⅳ和Ⅱ。如上面指出的，图 12-6（a）中的 TFA 在 TFA、甲醇、HCl 和水四种组分中中的非极性最强，且紫外吸收也最强，应该位于区域Ⅳ中，而图 12-6（b）中的 HCl 在这 4 种溶剂中的极性最强，并且其紫外吸收很弱，不应该位于区域Ⅳ中。因为流动相的紫外吸收很弱，而且浓度很低，为方便起见，它对从 B_1 到 B_4 的曲线形状的贡献可以忽略。区域Ⅳ中的组成在图 12-6（a）中主要是甲醇中的 TFA，而在图 12-6（b）中则是甲醇。TFA 的紫外吸收远比甲醇的强，这引起一个大的紫外跳跃（A_1A_2）和紫外吸收的缓慢微小增加（B_1B_2）。从 A_1 到 A_2 以及 B_1 到 B_2 的绝对峰高的观点来看，二者几乎相等。然而，绝对高度包括图中平衡引起的基线的贡献。如果 A_1A_3 和 B_1B_3 之间的连接直线被认为是图中基线，图 12-6（b）中区域Ⅳ的绝对贡献事实上比图 12-6（a）中的低得多。这两种情况下推动区域Ⅳ中的甲醇出来的力只是由于甲醇从高浓度向低浓度的扩散。然而，对图 12-6（a）来说，除了甲醇扩散以外，TFA 和甲醇之间的化学势不同推动 TFA 从 BPL 中迁移出来，结果有一个较短的"保留"时间。

另外，从图 12-6（a）和 12-6（b）还可看出，即使流动相中的甲醇浓度只改变一个很小的范围（0.50％），对图 12-6（a）中的甲醇来说至少需要 20min，对图 12-6（b）中的甲醇来说在区域Ⅲ，Ⅱ，Ⅳ和Ⅰ及流动相之间建立平衡也同样需要 20min。这是解释溶质在 RPLC 中保留机理的很重要的事实。它表明必须注意 RPLC 中组分在固定相和流动相之间的界面上的传质动力学。假定溶质能够渗透到 BPL 内部。虽然不知道溶质到达 BPL 内部需要多长时间，但现在知道了 TFA 迁移出 BPL 至少需要 20min。在通常的 RPLC 中，溶质的保留时间通常只是几分钟。这便可以得出一个很重要的结论：溶质没有足够的时间渗透到 BPL 的内部，或者讲，在还没有进入到 BPL 前，它就被洗脱出来。人们认为在 RPLC 中，溶质只能停留在表面，或者至少 BPL 的表面区域以置换出原来停留在 BPL 表面区域的有机改性剂分子。因为在进行色谱分离之前溶剂，如甲醇有足够的时间在两相间达到平衡，所以在 RPLC 的 FA 中的 TFA 就能够渗透到 BPL 的内部。

在 BPL 内部的 TFA 意味着是它被烷烃链、甲醇和水所包围。将 TFA 从 BPL 挤出需要更多的甲醇分子。这就是为什么由式（4-16）测出的 Z 值很大的原因。另一方面，整个 TFA 分子与周围的组分相互作用，这样，对固定相的亲和势也很大。很容易理解为什么由式（4-16）估算的 $\lg I$ 值这么大。传统上，这里的溶质保留机理属于分配机理。在这种情况下，溶质保留仍然遵守溶质的 SDT-R。从前面的讨论，可以得出下面几个很重要的结论：

（1）在 RPLC 中，即使两个浓度相差仅 0.20% 的流动相，建立一个新的平衡需要 20～30 min，这的确是真实的；

（2）基于 TFA 和水的解吸附动力学，通常 RPLC 中溶质没有足够的时间离开 BPL 的内部；

（3）只要组分的吸附和它的逆过程，即它在固体表面的解吸附是由化学平衡控制的，当溶质被吸附时，无论组分是否能进入 BPL 的内部，或者只是与固定相表面接触，固定相中任何地方的任何组分必须离开固定相并返回到流动相中。这只是溶质和溶剂之间的置换。这样，讨论保留机理是分配，吸附，甚至两者的混合机理并不像人们所讲的那么重要；

（4）在通常的 RPLC 和 FA 中，溶质和有机溶剂之间的确是以置换方式进行的。然而，这两个过程可能不相同。对通常的 RPLC，置换只发生在两相的接触表面上，或者称为直接置换。而对 FA，它发生在整个 BPL 的任何地方。它包括直接的和间接的，或者是诱导的置换；

（5）作为蛋白质分离时的一个离子对试剂，TFA 是研究 RPLC 中小分子溶质保留机理的一个标记。本研究中 TFA 确实进入到了 RPLC 的 BPL 内部，并参与了水和甲醇之间的置换。

虽然本节涉及到对四大难题中两个难题"溶质在被固定相吸附的同时，是否会从固定相表面置换出有机溶剂"和"样品分子是进入固定相表面的吸附层内还是仅仅是在两相界面上吸附"的回答。然而，还不能回答从 BPL 表层中能置换出多少溶剂和溶质能进入 BPL 层多深处，所以这种回答还是定性的，仍需进一步从定量的角度来回答。

§12.6 胰岛素对甲醇的计量置换——
溶质置换溶剂的定量回答[12]

在 LC 中的 SDT-R 描述的是必须在溶质和固定相之间的接触区释放或置换一定计量数的溶剂分子[3,4]。只有一部分置换出来的溶剂是来自固定相上的。如果被置换的溶剂能够被定量且能直接进行测定，它不仅可以用来证明 SDT-R，而且能够为上述棘手问题直接提供一个确定的答案。

12.6.1　胰岛素的一组洗脱曲线

对应于图 12-6 (b) 中所示甲醇的一组洗脱曲线，我们也得到了包括第一个平台在内的一组胰岛素吸附的洗脱曲线。流动相中胰岛素的浓度分别是 0.025，0.050，0.075，0.100，0.200，0.300 和 0.400mg·mL^{-1}。采用放大技术可明确看到第一个平台。为了看得清楚，只用它们中的两个，0.025（曲线 4）和 0.100mg·mL^{-1}（曲线 5）并表示在图 12-8 中。为了方便比较，只列出了原来表示在图 12-6 (b) 中的三个甲醇浓度，47.05%（曲线 1），47.10%（曲线 2）和 47.20%（曲线 3）的三个洗脱曲线并与上述的胰岛素洗脱曲线的两个第一平台放在一起，如图 12-8 所示的以便观察。另外，上面的两条线与虚线表示的公共基线几乎平行。它意味着从 0.025mg·mL^{-1} 胰岛素所得甲醇增量的浓度与 0.050% 过量甲醇几乎相等。事实上，它的浓度是（0.033±0.002）%（见表 12-2）。然而，从 0.10mg·mL^{-1} 胰岛素得到的第一个平台曲线与图 12-6 (b) 所示的从 47.5% 得到的曲线非常相似。这两次测定的平均甲醇增量是（0.164±0.006）%（见表 12-2）。随着胰岛素浓度的增加，第一平台会逐渐缩短，直到两条洗脱曲线上的第一平台和胰岛素的主平台合并为一个平台，也就是主要平台。那就是产生的过量甲醇的最大浓度，它可以通过 UV 检测。但主要问题是第一平台与公共的基线不平行。如果文献报道的 h_1 和 h_2 能用于测定胰岛素浓度为 0.025mg·mL^{-1} 时的第一平台，但只有 h_2 才能被用于胰岛素浓度为 0.10mg·mL^{-1} 的流出曲线上第一平台高度的测定[5]。所有由于胰岛素吸附而置换出的甲醇增量的平均结果均可用在线 UV 测得，并列在表 12-2 中。

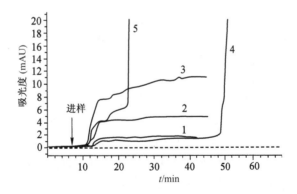

图 12-8　将胰岛素置换出的甲醇增量的小平台插入纯甲醇的洗脱曲线[8]

所有实验条件与图 12-6 中所示的相同。甲醇增量分别为：1.0.05%；2.0.10%；3.0.20%；胰岛素浓度为：4.0.025 mg·mL^{-1}，5.0.10 mg·mL^{-1}

用在线方法测得的甲醇 UV 不存在从容器中蒸发的问题，与 NMR 相比，它的吸附或解吸附的校正不仅简单得多，而且容易得多。基于这一点，从 UV 得到的结果应该比从 NMR 得到的结果好，只要系统清洗的很好，而且所用的所有化学试剂很纯，UV 结果仍是可靠的。然而，没有 NMR 鉴定就不能得出，在高浓度甲醇水溶液存在下 UV 可用来测定过量的浓度很低的甲醇这样的结论。

12.6.2　SDT 的直接证明[12]

虽然有许多实验能证明在 RPLC 的 SDT-R 中，在 1mol 溶质被固定相吸附时，在固定相与溶质两相接触表面上释放出的溶剂的总物质的量 Z 是计量的。然而如前所述，该测定的 Z 值只是一个间接的方法，仍然需要一些直接实验证据来加以证明。如果在 FA 的流动相中，在溶质浓度不同的条件下能定量测定出从 RPLC 固定相和溶质接触的界面上所置换的甲醇的总量，而且该被置换出的溶剂物质的量与被吸附胰岛素总物质的量之比为一常数，这将是证明 SDT 适用于 FA 和通常 RPLC 的直接实验证据。

1. 简化的 SDT-R

简化的 SDT-R，如式（4-6），是由 5 个热力学平衡推导出来的[3,4,13]。

$$\lg k' = \lg I - Z \lg a_D \tag{4-6}$$

$$\lg I = \lg K_a + nr \lg a_{LD} + \lg \varphi \tag{4-7}$$

$$Z = nr + q \tag{3-6}$$

式（4-6）可适用于由二组分溶剂组成的流动相，并且置换剂浓度变化范围不很宽的条件下的色谱体系，因其简单所以在本研究中仍采用式（4-6）。

2. 在通常 LC 中的 Z 和 FA 中的 Z_{FA}

采用不同溶剂浓度进行等浓度洗脱时，如用式（4-16）作图，则 $\lg k'$ 对 $\lg [D]$ 的线性作图的斜率便是 Z 值。此外，又如式（3-6）所示，Z 值包括了两个分量 nr 和 q。从 Z 值的量纲为吸附 1mol 溶质所释放出的溶剂总物质的量看出，通常 RPLC 中测得的 Z 值应当与样品量的大小和样品浓度无关。

然而，在 FA 中，情况就不一样。样品溶液是连续流过 RPLC 柱的。无论使用样品溶液浓度有多大，一旦色谱柱中的一段被样品溶质覆盖，或者饱和，从动力学平衡的角度来讲，这一段色谱柱就会"永久性"被溶质所覆盖，这一过程一直会继续到固定相表面全部被该溶质覆盖为止。

假定所用的溶剂是甲醇，而所用的溶质为胰岛素，在结束 FA 后，则被置换的甲醇总物质的量 $M_{甲醇(T,D)}$（T 代表总量，D 代表解吸附）对被吸附的胰岛素 $M_{胰岛素(T,A)}$（A 代表吸附）之比则为吸附 1mol 胰岛素时置换出甲醇的物质的量，并且用 Z_{FA} 表示。

由于固定相能在分子水平上为溶剂化的胰岛素分子提供足够高的能量，从该溶剂化胰岛素分子表面挤出水是瞬时完成的。这里应当指出，在胰岛素溶液中因胰岛素的溶剂化使其甲醇浓度的降低几乎可以完全由在 FA 过程中该溶剂化胰岛素的脱溶剂化予以补偿。只要在流动相中胰岛素浓度不是很高，因溶剂化胰岛素分子间相互作用使甲醇的增量减少，是不可忽略的。所以直接测定的 $M_{甲醇(T,D)}$ 仅代表从 BPL 置换出来的甲醇。它将与通常 RPLC 中的式（3-6）中所讲的 nr 物理意义相同，因为 $M_{甲醇(T,D)}$ 和胰岛素可直接由实验测得[5,8]。与在通常的 RPLC 中用间接法测定 Z 值相比较，在 FA 中用直接法测定出的胰岛素从固定相上置换出的甲醇可以用 Z_{FA} 表示。

从上述的讨论中，似乎可以认为只要所有实验条件相同，在 RPLC 中的 FA 中测定的 Z_{FA} 就应当比通常 RPLC 测定的 Z 值小，或者 $Z_{FA} < Z$。而实际情况不是这样。因为，如前所述，在 FA 中存在着甲醇迁移的动力学问题使得胰岛素会从 FA 中置换出较 RPLC 更多的甲醇。

从前面的讨论得知，在 FA 中小分子溶质，如 TFA，至少需要 40min 才能实现一个吸附-解吸附这样一个循环。其结果使得在通常的 RPLC 中小分子溶质在两相分配时根本没有足够的时间进入 BPL 的内部[8]。在这种情况下，胰岛素的吸附就如同"一堆松散的大米"覆盖在一个吸饱了水的"海绵"表面上。胰岛素浓度愈高，犹如"大米"愈多，则来自于"大米"的压力就愈大，胰岛素分子在 BPL 表面上陷进（而不是钻进）去的就愈深，结果就会有更多的水从"海绵"中被挤压出来。这里所讲的"压力"实际上是来源于流动相中胰岛素浓度增加所引起的两相间较大的化学势之差。换句话讲，该 $M_{甲醇(T,D)}$ 取决于在流动相中胰岛素的浓度。然而这里仍存在着一个动力学上的问题，胰岛素在"海绵"表层的下沉速度仍取决于甲醇、水等从 BPL 内部向外的扩散速度。

只要胰岛素与甲醇之间的置换是按计量方式进行的，则 $M_{甲醇(T,D)}$ 与 $M_{胰岛素(T,A)}$ 之间的线性关系就能存在，并且可用式（12-4）来表示为：

$$M_{甲醇(T,D)} = Z_{FA} \times M_{胰岛素(T,A)} + c_{FA} \tag{12-4}$$

c_{FA} 的物理意义为在 FA 中当胰岛素浓度为零时所置换出的甲醇量。我们知道，在式（12-4）中该 $Z_{FA} \times M_{胰岛素(T,A)}$ 项的物理意义仅表示在 FA 中因胰岛素的吸附而置换出甲醇对 $M_{甲醇(T,D)}$ 的贡献。而在 FA 中，式（12-4）中的 c_{FA} 项却是一个与胰岛素的浓度无关的常数项。换句话讲，无论一个前沿分析（FA）是否进行，c_{FA} 都存在，并且是在 RPLC 中固定相上 BPL 中固有的存在的甲醇。一个 FA 的进行过程就意味着需要一个足够长的时间使流动相中的溶质流过色谱柱并使固定相饱和。所以溶质浓度（热力学因素）和足够时间（动力学因素）是实现一个 FA 过程的两个必要的条件，并且在式（12-4）中的 $Z_{FA} \times M_{胰岛素(T,A)}$ 项就是同时满足这两种因素对 $M_{甲醇(T,D)}$ 的贡献。式（12-4）中的 c_{FA} 项则表示是在 RPLC 中，即便胰岛素或任何溶质不存在时，在 BPL 中也会实际上存在的甲醇。

它可以理解为在 FA 或通常 RPLC 中能潜在被溶质瞬时置换的甲醇，该 c_{FA} 的单位可以是能够被变成热力学量的质量单位，亦可以是浓度单位。但是它不像式 (12-4) 中的 $Z_{FA} \times M_{胰岛素(T,A)}$，是一个不受动力学因素影响的量。再换句话说，在 RPLC 中的固定相上存在的有 c_{FA} 这么多量的，能够被溶质瞬时置换的甲醇，这种情况当然也包括通常的 RPLC。我们知道，只要与通常的小分子溶质相比，胰岛素（$\approx 6k$ Da）算是相当大的分子了，它不可能从 RPLC 固定相上的 ODS（十八硅烷）配基之间插入，表明它不能以此方式进入到 BPL 的内部。在 FA 进行过程中，随着被吸附的胰岛素量的增加，首先是从 BPL 的表面置换的甲醇，然后这种置换才会逐渐深入到 BPL 内部的深处。很容易理解，c_{FA} 应当存在于 BPL 的表面，或者是两相的界面上。

当 $c_{FA}=0$，式（12-4）的线性作图应当通过坐标原点。这就意味着在 BPL 表面上不存在潜在的可被溶质置换的甲醇。

当该 $c_{FA}>0$ 时，会有两种情况：第一，在流动相中存在有胰岛素，但在 FA 中胰岛素和甲醇之间的置换作用永远都不会发生。这就表明在流动相中所用的甲醇浓度太高，使得在 FA 中胰岛素根本就不会被吸附，或在通常的 RPLC 中胰岛素根本不保留；第二，甲醇的浓度是合适的，但胰岛素根本不存在。在这两种色谱体系中，前者表明是在清洗色谱柱，后者则是在进行任何一种色谱分离前所必须建立固定相和流动相之间的动力学平衡。如果要从甲醇吸附与解吸附的动力学因素来看，从前已指出的 c_{FA} 的物理意义，就能得出一个在 BPL 表面上存在着一种可以自由的，能够瞬时吸附和解吸附的甲醇量，c_{FA}。

假定有一个与甲醇分子差不多大小的小分子溶质，如 TFA，可以用通常的 RPLC 进行分离，那么该小分子溶质就能在 c_{FA} 区域中实现瞬时置换甲醇。相反，如果一个发生在溶质和溶剂之间的置换过程是瞬时的，则该置换过程也就只能在 BPL 表面上的 c_{FA} 区域中进行。这可能就是 Miller[10,11,14] 等提出的，在 BPL 中的区域 I。

当 $c_{FA}<0$，则该 BPL 需要的甲醇量不足，需要予以补足以实现 FA 必须的甲醇量，这表明该色谱体系中两相间尚未达到平衡，而这是没有任何的实际意义的。

从 Z_{FA} 的物理意义来看，在式（12-4）中 Z_{FA} 与 $M_{胰岛素(T,A)}$ 的乘积，是紧挨着 BPL 的 c_{FA} 层底下，或者是能从 BPL 内部被溶质所置换出的甲醇的量。

只要式（12-4）是合理的，就能得到一个重要的结论。从动力学的角度讲，在 RPLC 中固定相上被吸附的有机溶剂，或在 RPLC 中固定相表面上的 BPL 中的有机溶剂可以分为两部分，在 BPL 表面上的动力学因素为零的一部分 c_{FA} 和在 BPL 深处的动力学因素不等于零的另一部分。在通常的 RPLC 中只有前者能被溶质瞬时置换，而在 FA 中则是首先置换前者而接着逐渐扩展到后者。

3. RPLC 中计量置换存在的普遍性[12]

图 12-9 为在 RPLC 的 FA 中，在 0.1%TFA 存在下的 4 种有机溶剂水溶液中的不同浓度胰岛素条件下的洗脱曲线。该四种流动相的组成分别为：45.0%甲醇[图 12-9 (a)]；32.0%乙醇[图 12-9 (b)]；18.0%的异丙醇[图 12-9 (c)]和 27.5%乙腈[图 12-9 (d)]。其检测波长为 254nm，参考波长为 550nm。除有机溶剂种类不同外，在图 12-9 所示的所有实验条件均相同。正如文献[5,8]所指出的，该研究中需要做为空白的基线长度仍为 7.5min。将此四组洗脱曲线相互比较，有其共同点与不同点。首先在每一个洗脱曲线上，在胰岛素洗脱曲线上的主

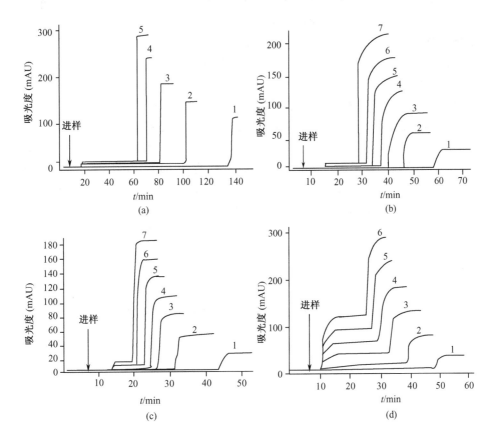

图 12-9　在 0.1%TFA（体积比）存在条件下 4 种流动相中胰岛素的流出曲线[12]

SynChrompak RP-C18；流速 0.40mL·min^{-1}；用二极管阵列检测器检验波长 254nm，参照波长 550nm，在 7.5min 时开始进样，在 4 种有机溶剂-水-0.10%TFA 溶液中的胰岛素浓度为（mg·mL^{-1}）：（a）1. 0.20；2. 0.30；3. 0.40；4. 0.50；5. 0.60 溶在 45%（体积比）的甲醇-水-0.10%TFA 溶液中；（b）1. 0.10；2. 0.20；3. 0.30；4. 0.40；5. 0.50；6. 0.60；7. 0.70 的 32.0%（体积比）的乙醇溶液；（c）1. 0.10；2. 0.20；3. 0.30；4. 0.40；5. 0.50；6. 0.60；7. 0.70 的 18%（体积比）的异丙醇溶液；（d）1. 0.10；2. 0.20；3. 0.30；4. 0.40；5. 0.50；6. 0.60 的 27.5%（体积比）的乙腈溶液

台阶出现之前均有一个小的，或者是第一台阶 FP 出现。第二，该每个 FP 高度随各自流动相中胰岛素平衡浓度的增大而增高。第三，当胰岛素浓度一定时，该FP 高度对各自对应的主台阶高度比取决于溶剂种类，乙腈为最大，而甲醇为最小。当乙腈为有机溶剂时，其 FP 的高度甚至高达胰岛素主台阶的 30%。如果该FP 是来源于乙腈中的杂质，那么乙腈中的这些杂质无论是用于通常的 RPLC，还是 RPLC 中的 FA，都会显得太高了。虽然其他的 3 个 FP 不像乙腈中形成的FP 那么明显，但它们是毫无疑问地在胰岛素主台阶之前由一个有机溶剂增量形成的 FP。现在我们可以得出的一个结论是，无论是用何种有机溶剂和用何种离子对试剂，在 RPLC 的 FA 中，溶质和有机溶剂之间的置换是一个普遍存在的现象，这个结论至少对于胰岛素作为溶质是真实的。

4. 通常 RPLC 中的 Z 值对样品量的独立性

在通常的 RPLC 中，为了使溶质遵守线性色谱行为，进样量应当是尽可能地小。一个新的问题现在就会提出来，那就是样品大小是否会影响 Z 值的大小？表 12-3 列出了在不同浓度和不同进样量条件下的胰岛素和溶菌酶的 Z 值。这里所有流动相和固定相均与前述的 FA 相同，表 12-3 所显示出胰岛素和溶菌酶的 Z 值基本上与样品量和浓度无关。这表明了胰岛素及溶菌酶与甲醇之间的置换是以计量的方式进行的。另外，在表 12-3 所示的通常的 RPLC 中所进胰岛素的量已高达毫克级，几乎同后面的表 12-5 所示的，在 FA 中其流动相中胰岛素浓度为 $0.1 \ mg \cdot mL^{-1}$ 时固定相上的饱和吸附量相当。这就意味着，无论胰岛素的进样量有多大，或者无论所用样品溶液中的胰岛素浓度有多么高，胰岛素分子都没有时间穿透，甚至陷进到紧挨着 BPL 表层下的深处，其结果是胰岛素与甲醇之间的置换仅仅发生在 BPL 的表面上。

表 12-3　在不同浓度和进样品时胰岛素和溶菌酶的 Z 值[12]

进样量/μg	浓度/$mg \cdot mL^{-1}$	胰岛素	溶菌酶
2.0	0.10	21.3	44.8
5.0	1.0	19.8	42.7
20	5.0	16.9	40.2
1000	10.0	18.4	48.4
平均			44.05 ± 4.9

注：47% 甲醇–水–0.03% 盐酸溶液。

5. 在 FA 中胰岛素与甲醇之间的计量置换

表 12-4 表示出了当流动相为 47.0% 甲醇–水–0.03% HCl 时，用 UV 及 NMR 的 3 次连续单独测定结果的平均值的比较。与从前报告[5,8]所述相同，表 12-4 所示的结果也有很好的一致性。

表 12-4　用在线紫外法及核磁共振法所测甲醇增量的比较[12]

$c_{胰岛素}/mg \cdot mL^{-1}$	$c_{甲醇增量}/\%$	
	UV	NMR
0.025	0.033 ± 0.010	——
0.050	0.046 ± 0.004	——
0.075	0.060 ± 0.006	——
0.10	0.089 ± 0.006	0.17 ± 0.04
0.20	0.139 ± 0.025	0.20 ± 0.04
0.30	0.186 ± 0.020	0.24 ± 0.02
0.40	0.192 ± 0.013	0.19 ± 0.02

注：SynChrompak-RP C18，47％甲醇-水＋0.03％HCl，25±0.5℃。连续测定三次的平均值。

　　表 12-5 所示为该平均置换甲醇总量 $M_{甲醇(T,D)}$ 与平均总吸附胰岛素量 $M_{胰岛素(T,A)}$ 分别为突破体积（未写出）与列在表 12-4 中的测定出的甲醇增量及其与流动相中胰岛素浓度之积。从表 12-5 看出，当流动相中胰岛素浓度增加时，被 RPLC 固定相吸附的胰岛素的总量 $M_{胰岛素(T,A)}$ 也跟着增加。然而当胰岛素浓度高于 $0.4mg \cdot mL^{-1}$，虽然被吸附的胰岛素的总量 $M_{胰岛素(T,A)}$ 增加了，但在表 12-4 中显示出的置换出的甲醇增量及表 12-5 所示的置换出的 $M_{甲醇(T,D)}$ 却减小了。其原因已在前面论述过的，因胰岛素分子间的相互作用在 RPLC 固定相表面形成了双吸附层，甚至多吸附层[8]。当流动相中胰岛素浓度为 $0.3mg \cdot mL^{-1}$ 时，该 $M_{甲醇(T,D)}$ 对 $M_{胰岛素(T,A)}$ 间的线性作图，所得到的线性方程及偏差为

$$M_{胰岛素(T,D)} = (0.071 \pm 0.0043) + (694.4 \pm 27.2) \times M_{胰岛素(T,A)} \quad (12-5)$$

图 12-10 表示了这种线性关系的存在，其线性相关系数为 0.997。表示了胰岛素与甲醇之间计量置换的确存在。其斜率 694.4 表明了 1mol 胰岛素能从 RPLC 固定相上置换出甲醇的量 Z_{FA} 就有 694.4mol，与表 12-3 列出的 Z 值比较，这里 Z_{FA} 的 694.4（如前所述，实为仅从 RPLC 固相表面上被置换出的甲醇，而不是从固定相与胰岛素分子表面释放出甲醇总量）是 19.1 的 36.4 倍，这就证实了在理论部分的预计，更进一步说明其原因如下。

表 12-5　平均总吸附量，$M_{胰岛素(T,A)}$ 和平均总置换出的甲醇，$M_{甲醇(T,D)}^{a,b*[12]}$

胰岛素浓度/$mg \cdot mL^{-1}$	$M_{胰岛素(T,A)}/mmol \times 10^5$	$M_{甲醇(T,D)}/mmol \times 10^2$	占最高吸附量的分数/％
0.025	8.75	12.7	48.7
0.050	12.0	15.4	59.0
0.075	14.5	17.7	67.8
0.100	16.3	18.9	72.4
0.200	23.5	23.4	88.5
0.300	27.6	26.1	100
0.400	29.6	24.1	92.1

注：SynChrompak，RPLC-C18，47％ 甲醇-水－0.03％ HCl，25±0.5℃。三次连续测定的平均结果。

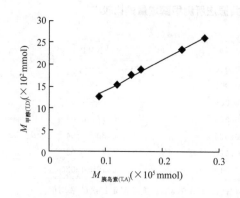

图 12-10 在反相液相色谱的前沿分析中胰岛素和甲醇之间的计量置换关系[12] 所有实验条件与图 12-9 相同

一种合理的解释是，与存在于 BPL 表面上的甲醇总量相比较，从深度上讲，整个的 BPL 厚度当然较其表面层深。如果说在 BPL 的表面层只能浸渍很小一部分大的胰岛素分子的话，那么，整个 BPL 则能浸渍胰岛素分子的更多部分。正如在理论部分指出的，因为胰岛素分子足够大，它是不可能钻进的 BPL 内部深处的。胰岛素分子只能是"躺倒"在 BPL 表面，并依据两相间化学势之差的大小的不同而使其逐渐陷进 BPL 深处的。可以设想，在流动相中低浓度胰岛素的饱和吸附时，除了它能置换出处于 BPL 表层上的甲醇 c_{FA} 以外，它也只能有置换出处在表层之下的一部分甲醇。

基于 Miller 和 Sentell 等[10,11,14] 的报告，在 BPL 中四个区域在深度方向上其组成及黏度均不相同。无论在流动相中甲醇的浓度是多么的不同，在紧挨着区域 I 下面的区域 IV，几乎是纯的有机溶剂。从图 12-10 的 $M_{甲醇(T,D)}$ 和 $M_{胰岛素(T,A)}$ 之间有线性关系来看，纵然胰岛素分子在区域 I 和区域 IV 陷落向下了相同的距离，从区域 IV 中置换出的甲醇也会远比从区域 I 中多，两者都遵守计量置换关系。这就是为什么在 FA 和通常 RPLC 两者色谱条件相同的情况下，从在 FA 体系中测得的 Z_{FA} 要比在通常 RPLC 中的 Z 值大很多的原因。这也表明该计量置换是由能量守恒控制，而不是由等体积的液体置换所控制。

从表 12-5 看出，从式（12-4）计算出的，在 BPL 表面层上的 c_{FA} 为 0.071mmol，是 BPA 中存在的最多能置换的 0.261mmol 甲醇的 27.2%。换句话讲，在通常的 RPLC 和 FA 中，该存在于 BPL 表面上的、潜在的能够被溶质置换的，不存在任何的动力学因素的甲醇量 c_{FA} 是整个 BPL 最大吸附量的约四分之一。

文献[15,16] 报道通常 RPLC 和 RPLC 中的 FA 测得的芳香醇同系物的 Z 值吻合得很好，此处得到的结果好像与文献报道的结果相矛盾。事实上那是不正确的。虽然两个研究都是用 RPLC 中的 FA 进行的，从方法学的观点来看，本研究中测得的甲醇是一个直接的方法，而另一个，在通常 RPLC 中 Z 值的测定仍然是一个间接的方法。前一种情况包括热力学和动力学上对溶质置换出的甲醇的贡献，以及当流动相中甲醇浓度不变时，被溶质置换出的甲醇，如式（12-4）所示，可以直接测定，甲醇量的直接测定依赖于 BPL 的组成和溶质进入其中的深浅程度。然而，后者只涉及 5 个热力学平衡，且 Z 值是通过计算在 RPLC 中的

FA 和通常的 RPLC［式（4-6）中的 k'］中分配系数的变化来获得。在两种情况下，溶质的分配系数依赖于 BPL 和流动相的组成，但是 Z 值却与两者无关。因此，Z 值对溶质分配系数的影响，如式（4-6）所示，依赖于 Z 和 $\lg a_D$ 的乘积。换句话说，无论是通常的 RPLC，还是 RPLC 中的 FA，只要 Z 值是间接测定的，它只能间接地反映了 RPLC 中溶质和处于 BPL 表面层溶剂之间的计量置换关系。

这里还应当指出，一个完全的 FA 过程就意味着在流动相中有胰岛素存在并在固定相上为饱和吸附，与此同时甲醇也会被从 BPL 上置换出来。从传统的物理化学来讲，除了胰岛素吸附量的增加是取决于溶质在体相中的浓度外，还会归诸于在固定相表面上形成了多层吸附。现在应当从一个新的观点来考虑，它还应当与在固定相上所吸附的总溶剂中有多少能被溶质所置换有关。可以得出的一个结论是，从传统的观点来讲，被吸附溶质形成多少吸附层，仅仅是由溶质，吸附剂和体相溶液特征来决定，而在此则首次建议，溶质的吸附量除取决于溶质、流动相外，还取决于在固定相上的吸附层中所存在的置换剂被置换出的完全程度。

12.6.3　结论

（1）前沿分析（FA）方法所得的直接的实验数据不仅证实了在 RPLC 中胰岛素和甲醇之间是置换过程，而且是按计量方式进行的。

（2）物理学中的两条基本定律，能量守恒和一个空间不能同时被两个物体所占据，要求从溶液中吸附溶质的同时，必须伴随着一定计量的溶剂离开键合相（BPL）并返回到流动相，所以该两条定律便是 SDT 的理论基础。

（3）虽然在 SDT-R 中考虑到了各种分子间的相互作用，用化学平衡方法推导出的 SDT-R 方法简单，且能应用在很广泛地领域中，但该 SDT-R 仅仅是用热力学方法推导出来的，它不可能包括任何动力学因素。如果需要一定的时间才能达到化学平衡，那么溶质就没有时间置换出来那些处在 BPL 深处的相同的溶剂分子，结果就会置换出较在 FA 中少得多的溶剂。

（4）从胰岛素对 4 种有机溶剂置换发现，在胰岛素洗脱曲线上的胰岛素主台阶之前均存在有第一台阶，表明了在 RPLC 中溶质与溶剂之间的计量置换是一种普遍存在的事实。

（5）虽然在 BPL 的深度方向上其结构是不均匀的，但在 FA 中该被置换出的甲醇总量 $M_{甲醇(T,D)}$ 与被吸附胰岛素总量 $M_{胰岛素(T,A)}$ 之比是一个常数，这与理论部分的分析是相符的。在通常的 RPLC 中溶质的 Z 值是与溶质的质量及浓度大小无关的常数。在这两种情况下，在 RPLC 中溶质保留机理均遵守 SDT-R。在 FA 中测定被胰岛素置换出甲醇的量时发现，在通常的 RPLC 中溶质仅能从 BPL 中置换出最大甲醇量的约 1/4，即从 c_{FA} 甲醇量中置换出甲醇。这通常被认为是属吸附机理的表面过程。即便在这种情况下，溶质分子仍有一个被淹没了多少的问题，换句话讲，在 c_{FA} 中也不排除有分配机理存在。然而，在 FA 中该计量置换过程首先发生在该 c_{FA} 区，然后再扩展到该 c_{FA} 区下面 BPL 的深处，或者是通常被认为的分配机理的体积过程。虽然在研究过程中采用的方法是 FA，但所得出的结论却适用于通常的 RPLC 和 RPLC 中的 FA 这两种情况。所以从 SDT 的角度来看，完全没有必要严格区别在 RPLC 中溶质的保留到底是属于分配机理、吸附机理、还是二者的混合机理。

(6) 在 FA 中胰岛素的饱和吸附并不一定意味着在 BPL 中的甲醇完全解吸附，或者它完全被胰岛素所置换。所以从研究结果看出，除了通常的液-固吸附体系中溶质的吸附量取决于溶质在体相中的浓度和溶质被吸附在吸附剂表面上形成了几个吸附层外，而且还取决于原来被吸附在吸附剂表面上的溶剂有多少能被置换出来。

§12.7　吸附和分配机理的统———在分配和吸附机理中两者各自贡献的大小[17]

在前面的讨论中，对 RPLC 中溶质保留机理的四个难题中的两个，即"样品保留是否会从固定相上置换出有机溶剂"及"样品分子是进入到 BPL 内部或是停留在两相界面上"进行了定量的回答。第三个难题"样品保留在多大程度上能被描述成一个分配过程或吸附过程，或者是二者各自的贡献是多少"也得到了定性的回答[12]，因为在所有条件下溶质的保留机理都遵循通常 RPLC 中溶质的SDT-R[3,4,13]，区分分配机理和置换机理[12]确实是没有必要的。然而，这样的回答还是很不充分的。如果要求从传统的观点，或从四大难题提出的本意来回答这个问题，也就是说，回答分配和吸附各自对溶质保留的贡献大小，这将对理解RPLC 中溶质的保留机理有很大帮助，并使色谱学家对此答案更确信无疑。

有两种极端的分子作用过程，也就是在 LC 中用置换机理和分配机理来描述溶质在流动相和固定相中的分配过程。置换过程被认为是一个表面过程，而分配过程则是一个体积过程。前者在正相液相色谱中占统治地位。在正相液相色谱中，固定相是极性固体表面上的单分子层或双分子层，而在分配过程中，固定相足够厚且能将溶质分子容纳在它的内部[1]。上述标准在传统的 LC 体系中完全能够得到满足，因为在此系统中固定相和流动相是不相溶的。然而在有化学键合相配基的 RPLC 中，所形成的 BPL 相当厚，适合于分配机理中所要求的容纳溶质分子的条件[18,19]。然而，在 RPLC 中出现的溶质的分配又与在二互不相溶液相中的溶质的分配有很大的不同，因为 BPL 中既有一端被牢固结合在基质表面上的配体，又有大量的溶剂分子，不能视其为一个固相，也不能视其为一个"体相"，即液体[20]。这样，就提出了置换机理或吸附机理（AM）和分配机理（PM）的混合模型，Jaroniec 已经对其进行了综述[19]。

吸附过程也叫竞争吸附，是由溶质和溶剂在固定相上吸附的差异所控制。而分配过程是由固定相和流动相与溶质分子间相互作用的不同所控制。Dorsey 等提出吸附机理和分配机理的两点不同以将二者区别[21]。这样，将它们相互区分开的两个常用标准是：（1）从现象学的观点来看，对吸附机理而言，溶质的分配是一个表面过程（单分子层或双分子层），对分配机理讲，是一个体积过程（溶质埋入吸附层足够深）；（2）从分子机理的观点来看，吸附过程是由溶质和溶剂在固定相上的相互作用的不同所控制，而分配过程则是由溶质分子与流动相和溶质与固定相间的分子相互作用的不同所控制。看起来好像前者涉及 BPL 的厚度，后者则涉及溶质、溶剂和固定相的分子间的相互作用的种类和数量。

从前面的讨论知，无论 BPL 有多深，溶质能够达到的深度不仅决定于 BPL 本身的厚度，而且决定于 BPL 中的传质动力学。换句话说，即使 BPL 的确深到能足以容纳一种溶质，但只要该溶质没有足够的时间进入到该 BPL 的内部，或从其内部离开，讨论 BPL 的厚度将是没有意义的。另外，只考虑上面提到的吸附过程或分配过程中的一部分分子间的相互作用而忽略了另外一部分分子间的相互作用也是不够的。

RPLC 中的 SDT-R 包括溶质、流动相和固定相之间的五种分子间相互作用，并分别用一个方程表示它们各自对溶质保留的贡献。这样，SDT-R 应该满足上述的既考虑分子间的相互作用又考虑 BPL 的深度两个方面的要求，使其能深入地和定量地研究吸附过程或分配过程对反相液相色谱中溶质保留的贡献。

该理论中的计量置换参数 Z 不仅在 RPLC 中[9,13,22,23,24]而且在整个 LC 中[25,26,27]被用作一个新的表征参数。然而，固定相和溶质表面对 Z 的贡献的分量还没有准确测定。

通过将 SDT-R 和 SDT-A 的结合有可能得到 Z 分量的大小。从 §5.5 知，只要能准确测得 Z 的分量值，也就有可能计算出吸附机理和分配机理各自对溶质保留的贡献。

在本节中，将用实验数据对在前沿分析中固定相上吸附最多的甲醇分子层数和在通常的 RPLC 中能够容纳溶质最多的甲醇分子层数，还要进一步对流动相和固定相各自对通常 RPLC 中溶质的保留的贡献进行估算。

12.7.1 吸附和分配机理各自的论点

首先应该讨论分配机理和吸附机理中所提到的分子相互作用。

（1）分配机理中考虑的分子间的相互作用

（A）裸露的溶质（P）和溶剂（D）

$$P + mD = PD_m \tag{12-6}$$

式中：PD_m 是溶质–溶剂络合物；m 是与 1mol 裸露的溶质分子结合的溶剂分子的物质的量。

（B）溶质和固定相

当一个裸露的溶质分子与固定相上裸露的配基 七 相互作用时，

$$nr\overline{L} + P = P\overline{L}_{nr} \qquad (12\text{-}7)$$

式中：$P\overline{L}_{nr}$ 是溶质–配基复合物；n 是被 1mol 溶质覆盖的 "平均活性点" 的物质的量；r 是当溶剂被固定相吸附时溶质实际能够到达的溶剂的吸附层数。这样，nr 便代表 1mol 溶质从固定相表面置换出的溶剂的总物质的量。

（2）吸附机理中考虑的分子间的相互作用

溶质和固定相配基的相互作用已经表示在式（12-7）中。溶剂和固定相配基的相互作用为

$$\overline{L} + D = \overline{L}D \qquad (12\text{-}8)$$

式中：$\overline{L}D$ 是配基–溶剂复合物。

比较 SDT-R 和 SDT-A 中的每一个分子相互作用，式（12-6）～（12-8）确实是 SDT-R 中已经考虑的五种分子间相互作用[3,4,13,26]中的即式（3-2），（3-3）和（3-1）所描述的三种分子间的相互作用，但未考虑溶质溶剂化、溶质–配基络合物的形成以及配基溶剂化的另外两种分子间的相互作用。

12.7.2 统一吸附和分配机理的方法

从上述得知，吸附过程和分配过程都存在着一些理论和实验上的问题。首先，如文献[12]提到的，分配机理中假定样品量很低以至于它不能改变 BPL 的组成，这是不合理的。因为分配过程就说明溶质在固定相和流动相中的分配是一个体积过程，表明溶质全部或者几乎全部被 BPL 所淹没。它也没有考虑当溶质分配在两相时原先停留在 BPL 中的溶剂必须要离开 BPL，或溶质置换溶剂。这样，传统的分配过程与物理学中的两个定律，即能量守恒和一个空间不能同时被两个物体占据相背离。其次，虽然吸附过程考虑溶质会置换出 BPL 中的溶剂，但确实没有考虑由于溶剂化溶质被吸附到溶剂化配基上时，还会从溶质表面挤出溶剂，更未考虑溶质解吸附后溶质和固定相还会再溶剂化。为了弥补上面指出的吸附机理和分配机理只考虑了三种分子间相互作用的弱点，还应该加上以下两种分子间的相互作用。

当裸露的溶质和固定相上裸露的配基相互作用形成溶质–配基复合物时，如方程（12-6）所示，它暴露在流动相中的表面将继续溶剂化以弥补吸附机理的弱点：

$$P\overline{L}_{nr} + (m-q)D = P\overline{L}_{nr}D_{(m-q)} \qquad (12\text{-}9)$$

式中：$P\overline{L}_{nr}D_{(m-q)}$ 是溶质–配基–溶剂络合物；q 表示在 1mol 溶质–配基暴露的表面上所吸附的溶剂物质的量。

最后，为了弥补分配机理的弱点，将式（12-6）～（12-9）通过（12-7）＋（12-9）－（12-6）－（12-8）的方式联立组合，得到：

$$PD_m + nr\overline{L}D = P\overline{L}_{nr}D_{(m-q)} + (nr+q)D \qquad (12\text{-}10)$$

式（12-10）表明当 1mol 溶剂化溶质（PD_m）被溶剂化配基（$nr\overline{L}D$）吸附

时所形成溶质-配基-溶剂络合物（$P\overline{L}_{nr}D_{(m-q)}$），一个计量数目的溶剂，即溶剂的总摩尔数 Z（nr 和 q 的和）会在 RPLC 中固定相和溶剂化溶质的接触区被挤压出来。前面的 5 种分子相互作用［式（12-9）和（12-10）］分别对应于 SDT-A 或 SDT-R 中的式（3-4）和式（3-5）[3,4,13,26]。

可以用几种方式表示反相液相色谱体系中分子间的相互作用力的大小。一种方式是精确计算所有类型分子间的相互作用的大小，如文献[12]指出的那样，那是非常困难且很难用于实际的。第二种方法是测定溶质和溶剂在流动相和固定相中的活度系数，以表示在这两相中的溶质-溶剂相互作用力的大小。第三种方法是利用各步的化学平衡常数表示 RPLC 中每一种类型分子间的相互作用，接着将各步骤平衡常数合并为一个总的平衡常数。如文献[12]指出的，这种方法简单，且容易实现。众所周知，SDT-R 是用后一种方法从理论上推导出来的，已广泛地应用于许多领域[13]。本节将利用 SDT-R 统一吸附机理和分配机理并使其成为 RPLC 中一个完整的理论。

在文献中出现了许多对 SDT-R 的误解。其中的三个是：① 式（12-7）中代表吸附的溶剂层数的 r 值被当作只能是 1 或 2，得出 SDT-R 完全属于吸附机理中的表面过程的结论。事实上这是不对的。r 值可以是任何一个正整数，5，10，甚至其他。这样以来，SDT-R 也可以认为是分配机理中的一个体积过程。② 认为 SDT-R 和 Snyder 及 Soczewinsky 提出的置换模型[28,29]是相同的。这种观点是忽略了一个基本事实。前者不仅只是一个置换模型，而且是一个定量地计量置换模型，包括 Z 的分量 nr 和 q。而后者只是一个半定量模型，它可能含有一个类似于 Z 的值，但它没有 Z 的任何分量。③ 忽略固定相和流动相中的溶质和溶剂分子间的相互作用，其理由是在 SDT-R 的表达式中不含活度系数。正如上面所指出的，五个分子相互作用已经包括了 Peter Carr 等考虑的活度系数[30]，而且 SDT-R 的简化表达式（4-6）事实上是活度形式，而不是浓度形式。

因为 SDT-R 包括了所有分子间的相互作用，包括了吸附机理和分配机理中都考虑过的那些分子间的相互作用，利用 SDT-R 弥补吸附机理和分配机理的弱点，从理论上讲，统一吸附机理和分配机理，甚至二者的混合模型将是可能的。

用质量作用定律和化学平衡方法，如果将上述五个平衡的平衡常数分别表示为 K_{a1}，K_{a2}，K_{a3}，K_{a4}，K_{a5}，则按式（3-1）～（3-11）及式（4-1）～（4-6）相同的处理方法，就能得出与式（4-6）相同的数学表达式。当然，这里 Z 表示从溶质和固定相表面挤出的溶剂的总物质的量是由三个部分，n，r 和 q 组成。

已经知道，在 SDT-R 中溶质保留是由两个参数，$\lg I$ 和 $Z\lg a_D$ 控制的。$\lg I$ 和与从流动相中吸附的溶质的量有关，而 $Z\lg a_D$ 与从固定相中解吸附的溶质的量有关。由于在可逆过程中二者的竞争导致了溶质的保留。随着流动相中 a_D 的增加，k 减小。因为在 $\lg I$ 和 Z 中各自的许多参数都包括了固定相和流动相的贡献，所以将它们截然分为固定相和流动相的贡献是很困难的。然而，在 RPLC 中

另一个与 $\lg I$ 和 Z 有关的 SDT-R 的基本方程［如式（5-7）所示］中包括了 j 和 $\lg \varphi^{[13,31]}$，j 是一个与 1mol 溶剂对固定相的亲和势有关的常数，与溶质的种类无关。j 的理论值等于纯有机溶剂（100％）的对数值[13,31,32]。

在第七章中所得的式（7-1）是一个由联立方程（4-6）和（5-7）所得的。可以得到 RPLC 中和 HIC 中 SDT-R 的另一个表达式，从方程（7-1）知，溶质的容量因子 k' 只决定于 Z 和 a_D。假定色谱在等浓度洗脱条件下进行，k' 只是由 Z 值决定。

SDT-R 表明没有 Zmol 溶剂从固定相和溶质的界面释放出来，或者其相反过程，溶质就永远不会有色谱分离。换句话说，在溶质吸附的可逆过程中，如果没有固定相再吸附 nrmol 溶剂和溶质从流动相中获得 $q$mol 溶剂以达到再溶剂化，则该溶质就不能从固定相离开并进入到流动相中去。我们从以往的多次讨论中已经知道 Z 成为表征固定相和流动相对溶质的总贡献的一个参数这样结论的理由。也知道 Z 由 nr 和 q 两个分量组成以及 §5.4 和从 §5.5 中知 nr 成为表征固定相对溶质保留贡献的一个参数，q 为流动相对溶质保留贡献的一个表征参数。

如上面指出的，通常考虑的在 RPLC 中保留机理的两个极端条件是：吸附机理是由固定相所控制的，而分配机理是由流动相所控制的[19]。无论这种观点是否合理，为了使持这种观点的人信服，暂且假定是可以接受的，则在 RPLC 中将会得到三个重要的结论。首先，基于 SDT-R 中 nr 和 q 的值永远不为零的事实，这样，溶质保留，或者纯属吸附机理，或者纯属分配机理的情况将永远不会出现。因此，在 RPLC 中溶质保留属吸附机理和分配机理的混合模型才会永远存在。第二，参数 nr 的大小可以被用来表征吸附机理对溶质保留的贡献，而参数 q 的大小能够表示分配机理对溶质保留的贡献。另外，从文献[12]可知，nr 和 q 的大小均与键合相层的深度无关，只决定于溶质实际上能够到达 BPL 中的位置。第三，只要能精确测定 nr 和 q，就能分别得到吸附机理和分配机理各自对溶质保留的净贡献。

12.7.3　在键合相层中可容纳甲醇分子层数的估算

从上一节中已经知道，被吸附甲醇的最大量 $M_{甲醇(T,A)}$ 是 26.1mmol/柱体积（$4.14\mu mol/m^2$），其中只有 27.2％（$1.34\mu mol/m^2$）对传质没有任何动力学影响。前者对 RPLC 中的 FA 很重要，而后者则对通常的 RPLC 更重要。因为溶质保留是吸附机理还是分配机理，或它们的混合模型的争论只是限定在通常的 RPLC 中，而不是前沿分析。这样，由 $1.34\mu mol/m^2$ 甲醇所形成的被吸附甲醇分子层数的多少就成为判断溶质在两相中的分配属于吸附机理还是分配机理的一个重要的信息。

文献[21,33,34,35,36]中许多作者报道覆盖 BPL 的厚度在 1.7～3.0nm 范围内。虽然 Miller 等和 Sentll[10,11,14]报道了在深度方向上 BPL 的组成是不均一的，但他们没有测定每一个区域内的精确组成和厚度。因此，很难计算溶质能够到达哪一个区域。即使我们知道使用的固定相的比表面积大约为 $80m^2 \cdot g^{-1}$，柱的总表面积大约是 $53m^2 \cdot$ 柱$^{-1}$，键合密度是 $4\mu mol/m^2$，甲醇的准确层数仍然几乎无法计算出来[12]。这是因为虽然十八烷基配基被尽可能密地键合在硅胶表面上，但残余硅羟基还有约 $4\mu mol/m^2$。这样，仍然不知道剩余多少空间能被甲醇和水一起所占据。幸运的是，在文献中测得 27.2% 的比率只是甲醇，从而使得在本研究中忽略了 BPL 中水的存在。

为方便起见，假定只有甲醇分子存在，并且其在 BPL 中深度方向上的分布是均一的。虽然文献中报道十八烷基覆盖的固定相的厚度在 1.7～3.0nm 之间[21,33～36]，其中的两篇综述认为是 3.0nm[21,33]。故将 BPL 的厚度取作 3.0nm 似乎是合理的。在甲醇分子中，两个原子之间的最长距离是 0.258nm，这样可以计算得出固定相或 BPL 上的甲醇层数是 10.6。

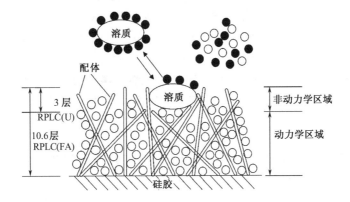

图 12-11　反相液相色谱中 SDT 对溶质保留的吸附，分配
和二者的混合模型的统一理论和各自的贡献示意图[17]

RPLC（U）——对通常 RPLC 的校正；

RPLC（FA）——对前沿分析的校正

●——q，分配机理对溶质保留的贡献（53%）；

○——nr，吸附机理对溶质保留的贡献（47%）

固定相：SynChropak RP-P，C-18；流动相：甲醇-水-0.10% 三氟乙酸；溶质：胰岛素

如图 12-11 所示，在溶质保留过程中该甲醇层的整个厚度是 10.6 层，包括传质的动力学层和非动力学层两部分。从实验结果可知，后者是 2.9 层，表示了在通常的 RPLC 中溶质能够到达最深之处。换句话说，由于前者是 7.7 层，对通常的 RPLC 而言，进样前体系达到平衡是需要一定时间的（通常为 30min）。虽然它对溶质的保留是无用的，然而对 RPLC 中的 FA 却是有效的。苯分子中两个氢原子间的最长距离是 0.497nm。它可以完全被近似 3.0 层的甲醇分子所淹没。根据 Jaronic[19] 和 Dorsey 等[21] 提出的标准，表面过程只发生在单分子层或双分子层中，而体积过程意味着键合相层足够厚，能够容纳溶质分子在其中。如果这个

标准是可以接受的话，则在 RPLC 中苯的保留应该属于一个体积过程，或者是属一个分配过程。

应该强调的是，固定相在控制溶质保留机理中起着很重要的作用[21,23,37]。一些报道讨论了吸附机理和分配机理的混合模型，但均没有分别回答吸附机理和分配机理各自准确的贡献是多少？如前指出的，从传统的观点来看，对吸附机理，固定相控制着溶质保留[14]，而对分配机理，流动相控制着溶质保留。然而，据报道，即使许多科学家声称溶质保留可能属于分配机理，但仍然承认固定相对溶质保留有重要贡献[38]。

许多文章分别研究了固定相[33,35,37,39]和流动相[25,33,40,43]对 RPLC 中溶质保留的贡献，但它们的报道仅限于对固定相或流动相本身的研究。

将分别从公式（4-6）得到的 Z 值和从公式（5-22）得到的 nr/Z 或从公式（3-27）得到的 q 值相结合列入表 12-6。表 12-6 也显示出了 nr 和 q 值的大小。它们分别代表分配机理和吸附机理对胰岛素保留的贡献。表 12-6 中所示的 nr 小于它们对应 q 的这一事实说明了吸附机理（AM）对胰岛素保留的贡献小于分配机理（PM）。例如，当甲醇作为有机溶剂时，二者的贡献是，吸附机理为 47%，分配机理为 53%。这也表示在图 12-10 中，虽然"●"和"○"都代表了甲醇分子，为方便起见，"●"表示与溶质有关的甲醇，而"○"表示与键合相层有关的甲醇。

表 12-6　吸附机理（nr）和分配机理（q）对胰岛素保留的贡献[17]

醇	浓度范围/%	R	Z	lg I	AM（nr）	PM（q）
甲醇	50～58	0.9965	22.4±1.3	26.3±0.1	10.6	11.8
乙醇	32～37	0.9944	17.1±1.0	13.8±0.1	7.66	9.44
异丙醇	18～22.5	0.9975	14.0±0.5	26.2±1.0	5.87	8.13

12.7.4　结论

（1）SDT-R 和 SDT-A 相结合，用包括胰岛素、含准同系物甲醇、乙醇及异丙醇、水、三氟乙酸的流动相的 RPLC 体系进行验证，成功地分别测定了从固定相上置换下的甲醇的物质的量 nr 和从溶质上置换下的甲醇的物质的量 q，或 Z（nr 和 q 的和）的分量。

（2）RPLC 中溶质的保留机理从来就不存在纯粹的吸附机理或分配机理。吸附机理和分配机理的混合模型才是永恒存在的。胰岛素的 nr 和 q 分别表示了吸附机理和分配机理的贡献。固定相表面甲醇的层数也可以进行测定，可以分为两个部分，一是没有任何传质动力学问题的 2.9 层，它仅仅是通常 RPLC 中溶质能够到达的最深距离；对前沿色谱而言，它首先到达该无动力学因素的 2.9 层的深度，然后逐渐占据该存在动力学问题的 7.7 层。虽然在分配过程中，溶质只在大约 3 层的前者中分配，从传统的观念上讲属体积过程，已经确证同时发生了计量置换过程。

（3）溶质的 SDT-R 考虑了溶质、溶剂和固定相之间的五种分子间的相互作用，其中的三种是在吸附机理和分配机理中已经考虑到的。这样，吸附机理、分配机理以及二者的混合模型能够用 SDT-R 从理论上得到统一。

（4）对包括胰岛素，含 0.1％三氟乙酸的甲醇/水的 RPLC 体系，发现吸附机理和分配机理对胰岛素保留的贡献分别是 47％和 53％。这个事实表明用 SDT-R 对吸附机理和分配机理的统一已用定量数据进行了证实。

（5）发现吸附机理和分配机理对胰岛素保留的贡献会随流动相中作为有机改性剂的准同系物的链长的变化而变化。与吸附机理相比较，随着准同系物碳原子数的增加，分配机理的贡献越来越大。

（6）作为研究 RPLC 中生物大分子保留机理和行为的方法，可以用一个同系物，甚至一个准同系物作为流动相中的有机改性剂。基于同系物规则，能够得到生物大分子保留的更多信息。

§12.8 运用于 SDT 解决 RPLC 中的多种难题[41,42]

及胰岛素吸附等温线研究举例

从§12.7 中的讨论中可以看出，其实就在 20 世纪 80 年代中期，在 SDT-R 问世之时，就为解决该四大难题奠定了理论基础，当时有科学家将 SDT-R 归到吸附机理，但后来发现 SDT-R 包括了吸附和分配两种机理中各自考虑的分子间相互作用力。而近 20 年来的努力所推导出的许多公式事实上都是在围绕着解决该四大难题做"量"的积累，直到世纪之交才形成了一个"质"的突跃，从定量的角度对该四大难题做出了明确地回答。溶质的 SDT 提出已经近 20 年了，在 LC 中得到了广泛的应用，解决了 RPLC 及其他模式 LC 中的，用其他保留机理解决不了的理论问题和实际问题，Kaibara[22] 已从实验上检验了 SDT-R，并与 Snyder 的经验公式[37] 以及 Schoenmaker 等的溶解度参数模型[43] 相比较，得出计量置换参数 Z 是更为合理的结论。1993 年的 Journal of Chromatography 的特辑中将 SDT-R 列为 RPLC 中公认的四大保留模型之一[44]。而且，SDT-R 是解释生物大分子保留机理的惟一模型[45,46]。所有这些应用，也已从事实上回答了上面提出的四大难题中的最后一个难题。

现在作者等已经将 SDT-R 应用于分子生物学中的蛋白质复性及同时纯化和分子构象变化研究中[23~25]。无论是从理论观点还是从其范围应用之广来看，到目前为止，还没有任何液相色谱保留机理和物理化学中的吸附机理能和 SDT-R、SDT-A 相比较。1984 年提出的计量置换模型现在实际上已发展为一个系统的理论，一个应用于分离科学、化学、生物学和药学等自然科学的计量置换理论。已经发表了计量置换理论在蛋白质的液相色谱复性[47]和整个领域中[41]的新近发展及应用的几篇综述。

如上面提到的，因为已经用 SDT 解决了通常 RPLC 中的许多问题，或回答了最后一个难题，在本节中将通过解决物理化学中溶质从溶液中吸附的一些问题作为一个例子来回答这个难题。本节中将仍然使用前面所用的 RPLC 中胰岛素的前沿分析[5,8,12,17]。

由于 RPLC 的简单、快速和高分辨率，因此是最常用的 LC 之一。在用 RPLC 进行蛋白质分离和纯化的过程中，蛋白质分子通常失去它们的三维结构，因此它在大规模纯化中的应用是有限的。然而，在 RPLC 体系中许多蛋白质的变性好像有一个完全的或部分的可逆性质。换句话说，通过除去变性条件，如从固定相上解吸附，从流动相中完全除去有机溶剂或离子对试剂，一些变性蛋白质就能够完全或部分复性。从大肠杆菌中大规模生产胰岛素并用 RPLC 分离和纯化是这些成功例子之一[48]。

溶质的吸附等温线可以用来预测其在大规模 LC 中的色谱行为。这样，在此领域的研究成为非线性色谱理论中的一个重要课题。虽然预期的准确性决定于许多因素，但吸附等温线以及模拟吸附等温线的公式被认为是最重要的影响因素之一。Poppe 发表了一篇用 RPLC 测定吸附等温线的综述文章[49]。

当用溶质的吸附等温线预测大规模 LC 中溶质的色谱行为时，必须考虑两个重要的因素。首先，前沿分析中使用的色谱条件应该和制备色谱中的尽可能相同[50]。这里的色谱条件包括了固定相的种类、流动相以及离子对试剂的种类和浓度。第二，为了很好的得到溶质的吸附等温线，有必要寻找一个理论基础坚实的定量公式。基于公式和吸附等温线并将它们与一个合适的动力学方程相结合，就能够与实验结果较接近地预测制备色谱中溶质的峰形和保留。不幸的是，涉及这个问题的许多文章不仅忽视了上面提到的两个重要点，而且只是用小分子溶质进行研究。

基因工程生产治疗蛋白质的分离纯化是一个很重要的，但也是一个很困难的课题。人们还没有完全理解随上样量的增大，治疗蛋白质的保留和峰形的变化规律，这将影响目标蛋白质纯化工艺的优化。

胰岛素是一个相对分子质量大约 5.7k Da 的多肽，但它含有通常典型蛋白质的特征。胰岛素也是一个特殊的治疗蛋白质。这样，选择胰岛素作为一个典型的生物大分子来研究 RPLC 体系中的洗脱曲线和吸附等温线是合适的。

朗缪尔公式被广泛地应用于溶液中的溶质吸附。这样，应该用它来解释溶液中溶质的吸附。朗缪尔公式的线性形式可以表示为：

$$c_m/c_s = 1/a + (b/a)c_m \tag{12-11}$$

式中：c_s 和 c_m 分别代表吸附剂和体相溶液中溶质的浓度；参数 a 的物理意义代表溶质置换溶剂的整个热力学平衡常数以及吸附剂表面上的活性点总数；参数 b

是在一定浓度溶剂条件下溶质与吸附剂作用的总的热力学平衡常数。当给定一个吸附体系时，$1/a$ 和 b/a 是常数，式（12-11）即为一个线性方程。通过 c_m/c_s 对 c_m 作图，可以求得斜率 b/a 和截距 $1/a$。

SDT-A 是从纯物理化学的角度推导出的，并从实验上证明，对溶液中的吸附而言优于朗缪尔公式[13]，并可与气-液体系中的吸附相比较[51]。最近也用量热方法证明了这一点[27,52]。物理化学中的 SDT-A 有两个表达式[13,26]。首先，吸附剂上溶质平衡浓度（$mmol \cdot m^{-2}$）的对数 $\lg c_s$ 和体相溶液中溶质平衡浓度（$mol \cdot L^{-1}$）的对数之间的关系可以表示为：

$$\lg c_s = \beta + nr/Z \lg c_m \tag{12-12}$$

式中各参数的物理意义前已叙述。

12.8.1 影响胰岛素吸附的因素

作者曾报道了有机溶剂浓度对溶质吸附等温线的影响[50]。文中得出的结论是从溶液中所吸附的溶质量决定于流动相中强溶剂的浓度。因此，当需要用溶质的吸附等温线来预测溶质的色谱行为或真实的吸附时，在 RPLC 中体相溶液中有机溶剂的浓度应该与实际应用中的尽量一致。除流动相中有机溶剂的种类和浓度对溶质吸附有重要影响外，RPLC 中离子对试剂的贡献仍然很重要。

12.8.2 在溶液中胰岛素随时间的稳定性

胰岛素在许多溶液中是不稳定的，而且在这些溶液中的自聚集非常复杂[53]。这样，RPLC 条件下胰岛素稳定性的问题变得尤为重要。文献中报道[8]在盐酸存在下胰岛素与甲醇和水的作用速率不同。因为胰岛素溶解后的放置时间仅 3h 和 5h，所测得的甲醇增量就不相同，但在这两种条件下的两条洗脱曲线是相同的。这个事实表明胰岛素的自聚集在那种条件下没有出现。然而，在前文中[17]，我们发现当流动相中包括甲醇、水和 0.1％TFA 时，与甲醇和异丙醇相比，通过用 SDT-A 模拟得到的胰岛素的 β 值是不正常的，这归咎于胰岛素的自聚集、分子构象的变化和聚合。问题是当所用的流动相仍然是甲醇、水和 0.1％TFA 并且放置时间有很大不同时，胰岛素的洗脱曲线还会一样吗？

为了进一步证明这一点，图 12-12 表示了胰岛素的自聚集受放置时间的影响。胰岛素溶解在含 32％甲醇、水和 0.01％TFA 的流动相中。曲线 1 和曲线 2 分别表示胰岛素从浓度相同的 0.1 $mg \cdot mL^{-1}$ 的胰岛素中的吸附，但胰岛素溶解后的放置时间分别是 1h 和 20h，而曲线 3 和曲线 4 表示 0.20 $mg \cdot mL^{-1}$ 的胰岛素溶液，但放置时间分别是 6h 和 25h。从图 12-12 看出，一方面，胰岛素的突破时间和它们所对应的台阶高度决定于所用流动相中的胰岛素浓度。流动相中的胰岛素浓度较高，突破时间就较短，这是正常的。另一方面，发现当胰岛素浓度相同时，胰岛素的台阶高度和突破时间受胰岛素溶解后的放置时间的影响很严重。胰岛素溶解后放置的时间越长，台阶高度越高，突破时间越长，反之亦然。这个现象可以归咎于胰岛素的分子构象变化、自聚集、变性[53]。胰岛素的突破时间的减小说明在通常反相液相色谱中胰岛素保留的减小。分子构象的改变或胰岛素的变性可能引起在通常反相液相色谱中蛋白质保留的减小。台阶高度和突破时间的改变将影响 RPLC 中固定相上所测得的胰岛素的吸附量，就如同影响它的吸附等温线一样。然而，我们的实验数据表明，随着时间的推移，只要胰岛素溶解后的放置时间在 24h 以上，这些改变可以被忽略。

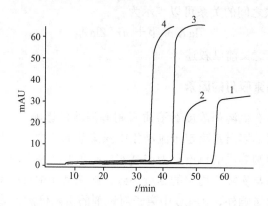

图 12-12　胰岛素溶液稳定性对照[42]

色谱条件为：SynChrompak 高效液相色谱柱 RP-P（100mm×4mm），32%（体积比）甲醇＋0.10%

TFA 溶液；流速 0.40mL·min⁻¹；检测波长 254nm；参考波长 550nm；柱温 25±0.5℃。

曲线 1 和曲线 2 分别是溶解后放置 1h 和 20h 的 0.10mg·mL⁻¹ 的胰岛素溶液，在程序运行后 7.50min 泵入，而曲线 3 和曲线 4 分别是制备后放置 6h 和 25h 的 0.20mg·mL⁻¹ 的胰岛素溶液，在相同的起始时间泵入胰岛素溶液。254nm 检测，参考波长为 550nm

　　从文献得出的结论[5,8]，随着放置时间的变化，胰岛素的台阶高度和突破时间会发生变化，在胰岛素洗脱曲线上在胰岛素突破时间前应该出现乙醇突破的增加。为了证明这一点，用放大技术将胰岛素突破前的那部分放大，发现确实存在一个台阶（文中未绘出）。虽然乙醇突破高度的增量决定于胰岛素浓度，但它们的突破时间几乎相同。

12.8.3　离子对试剂的种类和浓度的选择

　　用 RPLC 进行蛋白质分离时，向流动相中加入离子对试剂是必要的。TFA是 RPLC 中最常用的离子对试剂之一。基于 TFA 对生物大分子的反相液相色谱分离的三种作用[9]，一个合理的假定是 TFA 应该会影响蛋白质的吸附等温线。图 12-13 表示流动相中的乙醇浓度为 32% 时，TFA 浓度在 0.10%（曲线 1）和0.15%（曲线 2）之间的影响的比较。从图 12-13 可以看出，胰岛素在 0.15%TFA 的吸附较在 0.10%TFA 中的强。这个结果与所报道的蛋白质的保留时间随

TFA 浓度的增加而增加相一致[9]。不同种类的离子对试剂也应该对胰岛素的吸附等温线有影响。虽然盐酸对不锈钢是有害的，但它还经常被用于反相液相色谱中分离多肽[6,7]，并且有时用来分离蛋白质[5]。正如上面指出的，应该将蛋白质的可比较的保留时间作为选择离子对试剂的种类和浓度的标准。但是，同时满足这两个条件是不可能的。换句话说，如果选择相同种类的有机溶剂和不同种类的离子对试剂以得到大小相当的保留，这两种情况下的浓度必须不同。TFA 和 HCl 对蛋白质分离的作用可能很不相同。基于从通常的 RPLC 中的实验结果，胰岛素在含 0.10% TFA 的 45% 甲醇溶液的保留与在含 0.03% HCl 的 47% 甲醇溶液中的保留相当。即使我们保持着两种情况下的胰岛素的保留时间尽可能相同，如图 12-14 所示，在后者情况下

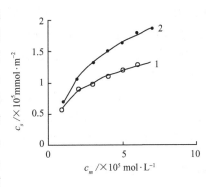

图 12-13　TFA 浓度对胰岛素吸附等温线的影响[42]

胰岛素溶液用含不同浓度 TFA 的 32% 乙醇制备后放置 24h，程序开始 7.5min 后用泵将其泵入。色谱条件是：流速 0.40mL·min⁻¹；柱温 25±0.5℃。曲线 1 和 2 分别是用含 0.10% 和 0.15% TFA 的 32% 乙醇所得到的胰岛素的吸附等温线

胰岛素吸附多于前者。这个事实可以用文献[8]中的结论来解释。只要比较 TFA 和 HCl 的极性，可以发现，前者的非极性较强，位于 Miller 等所报道的临近流动相中的Ⅳ区，而后者的极性较强，位于硅胶表面附近的Ⅱ区。因为 TFA 比 HCl 靠近流动相，在动力学上置换 TFA 较盐酸容易。然而，在热力学上置换 HCl 较 TFA 容易，因为 RPLC 固定相吸附非极性的 TFA 较 HCl 强得多。对通常的

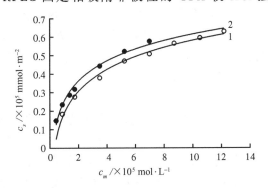

图 12-14　不同离子对试剂对胰岛素吸附等温线的影响[42]

曲线 1 和 2 分别是用含 0.10% TFA 的 45% 甲醇溶液及含 0.03% HCl 的 47% 甲醇溶液所得到的胰岛素的吸附等温线

RPLC 来说，溶质没有足够的时间渗透到 BPL 的内部。这表明动力学因素是重要的。而对 RPLC 中的前沿分析，溶质有足够的时间吸附和解吸附，这表明热力学是重要的。这样便能得到这样一个结论，与 HCl 相比，TFA 的存在能使胰岛素的吸附减弱。

前面的实验结果也说明了如果我们想得到吸附等温线的重现性结果，在整个前沿分析中 TFA 的种类和浓度以及流动相中的有机溶剂必须保持不变。这就是在本章一开始就讲明了胰岛素在 RPLC 的吸附过程中从来不用脱气的原因之一。

12.8.4 胰岛素在各种流动相中的吸附等温线

为了研究流动相种类对胰岛素吸附等温线的影响，选择了 RPLC 中的六种流动相。详细比较并估计了洗脱曲线、吸附等温线、说明吸附等温线的方程以及这些方程中的参数。

1. 用两个方程模拟胰岛素在六种流动相中的吸附等温线

本节中使用了前沿分析中测定胰岛素吸附量的通常方法。换句话说，六种流动相中每一个胰岛素突破时间的产生，就会得到一个胰岛素的吸附量，胰岛素的吸附等温线从以下六种流动相中得到：（1）含 0.10% TFA 的 45% 甲醇；（2）含 0.10% TFA 的 18% 异丙醇；（3）含 0.10% TFA 的 32% 乙醇；（4）含 0.10% TFA 的 22.5% 乙腈；（5）含 0.15% TFA 的 32% 乙醇；以及（6）含 0.03% 盐酸的 47% 甲醇。除过含 0.03% 盐酸的甲醇水溶液，其他溶液作为流动相时胰岛素的浓度范围较宽。

用朗缪尔公式（3-68）和 SDT-A 公式（3-25）模拟了所得到的吸附等温线。一方面，从表 12-7 中所列的回归系数 R^2 可以看出，从 SDT-A 得到的所有 R^2 均大于 0.99，而从朗缪尔公式得到的两个 R^2 小于 0.99。这样，基于 R^2 值的好坏，可以得出 SDT-A 优于朗缪尔公式的结论。另一方面，因为 SDT-A 使用 lg-lg 作图，只用 R^2 进行估计是不够的。从这两个公式得到的参数应该进一步用来解释胰岛素从不同流动相中吸附的特征。

2. 两个公式的参数

朗缪尔和 SDT-A 公式都含有两个参数，分别为 $1/a$ 和 b/a 以及 nr/Z 和 β。从六种流动相中得到的所有这些参数列于表 12-7 中。式（3-68）中两个常数 $1/a$ 和 b/a 在液-固体系中的物理意义也是取自气-固体系。正如上面指出的，它们和上面指出的扩展的朗缪尔公式具有不同的意义。还是如上面解释的，SDT-A 是从液-固体系中推导出来的，也含有式（3-25）和（3-27）中的两个常数 β 和 nr/Z。这样，β、nr/Z 和 q/Z 也有了精确的物理意义。这样，我们首先应该比较从朗缪尔和 SDT-A 所得到两个常数的大小和其物理意义的合理性。

如表 12-7 所示，因为 nr 和 q 是 Z 的分量，所有的 nr/Z 小于 1。它与理论部分所预料的相一致。所用的三种溶剂甲醇、乙醇和异丙醇可以作为反相液相色谱中的准同系物[17]。当用0.10％TFA作为离子对试剂并且胰岛素溶液足够稳定时，这三种流动相中的胰岛素的吸附特征应该与醇的准同系物的碳数 N_C 有关。这一点已经得到了证明[17]。然而，表12-7所示的参数 $1/a$ 和 b/a 以及朗缪尔公式中的 a 和 b 本身没有这种线性关系。

从表12-7中还可以看出，从SDT-A得到的结果的确遵循同系物规则，而朗缪尔公式则不遵循，这表明在本研究中SDT-A优于朗缪尔公式。

表12-7 朗缪尔公式与SDT-A的比较[42]

流动相	公式					
	朗缪尔			SDT-A		
	R^2	b/a	$1/a$	R^2	nr/Z	β
甲醇（45％＋0.1％TFA）	0.9939	128220	4.22	0.9958	0.472	-3.33
甲醇（47.5％＋0.03％HCl）	0.9929	138764	2.70	0.9988	0.482	-3.23
乙醇＋0.1TFA	0.9920	60422	1.99	0.9981	0.448	-3.10
乙醇＋0.15TFA	0.9972	36850	2.02	0.9924	0.523	-2.66
异丙醇＋0.1％TFA	0.9890	79350	3.12	0.9991	0.419	-2.82
乙腈＋0.1％TFA	0.9903	45546	2.45	0.9969	0.516	-2.82

根据计量置换理论，在六种流动相中，两相中胰岛素分配系数的对数都与其平衡浓度成正比（见图12-15）。

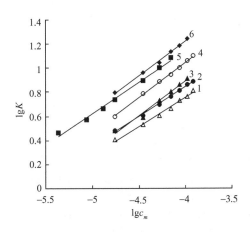

图12-15 胰岛素分配系数的对数与其平衡浓度间的关系图[42]

至此，再次表明了对前面所提出的四大难题都进行了完满的解决。证明当溶质保留时一定会有一定计量的溶剂从溶质和固定相的接触表面被置换出来，而且当样品保留时溶质分子只仅仅是在两相界面上，而不能进入能进入固定相表面的吸附层。证明溶质在 RPLC 中的保留既不是纯的吸附机理，也不是纯的分配机理，而是二者的混合机理。SDT-R 解决了 RPLC 中许多用其他理论无法解决的问题，这些事实证明 SDT-R 是一个能够应用于解决 RPLC 中大部分试样的普遍理论。

参 考 文 献

[1] Snyder L R, Principles of Adsorption Chromatography. New York: Marcel Dekker, 1968

[2] Carr P W, Martire D E, Snyder L. R. J. Chromatogr. A, 1993, 656:1

[3] Geng X D, Regnier E F. J. Chromatogr., 1984, 296:15

[4] Geng X D, Regnier F E. J. Chromatogr., 1985, 332:147

[5] Geng X D, Regnier F E. Chin. J. Chem., 2002, 20:68

[6] Corradini D, Cannarsa G. J. Liq. Chromatogr., 1995, 18 & 19:3919

[7] Yamada H, Imoto T. Fac. Pharm. Sci., CRC Handbook. HPLC Sep. Amino Acids, Pept., Proteins, Vol. 1, Hancock W. S. 1984, 1, 167

[8] Geng X D, Regnier F E. Chin. J. Chem., 2002, 20:431

[9] Shi Y L, Geng X D. Chem. J. Chin. Univ., 1992, 8 (3) :15

[10] Miller C, Dadoo R., Kooser R. G., Gorse J. J. Chromatogr., 1988, 458:255

[11] Sentell K B. J. Chromatogr., 1993, 656: 231

[12] Geng X D, Regnier F E. Chin. J. Chem., 2003, 21 (2) :181

[13] 耿信笃著. 现代分离科学理论导引. 北京: 高等教育出版社, 2001

[14] Miller C, Joo C, Roh S, Gorse J, Kooser R. Chemically Modified Oxide Surfaces. in: Chemically Modified Surfaces. Vol. 3., Leyden D. E., Collins W. T. Ed New York: Gorden & Breach, 1990, p. 251

[15] 耿信笃, 王彦, 虞启明. 化学学报, 2001, 59 (11) :1847

[16] Geng X D, Zebolsky D. J. Chem. Edu., 2002, 79:385

[17] Geng X D, Regnier F E. Chin. J. Chem., 2003, 21 (3) :311

[18] Horvath Cs, Melander W, Molnar I. J. Chromatogr., 1976, 125:129

[19] Jaroniec M. J. Chromatogr. A, 1993, 656:37

[20] Jaroniec M, Martire D E. J. Chromatogr. A, 1986, 361:1

[21] Dorsey J G, Dill K A. Chem. Rev., 1989, 89:331

[22] Kaibara A, Hohda N, Hirata M, et al. Chromatographia, 1990, 29 (5/6) :275

[23] 时亚丽, 马凤, 耿信笃. 分析化学, 1994, 22 (7) :712

[24] 时亚丽, 马凤, 耿信笃. 高等学校化学学报, 1994, 15 (9) :1288

[25] 时亚丽, 马凤, 耿信笃. 分析化学, 1994, 22 (5) : 453.

[26] 耿信笃, 时亚丽. 中国科学 (B辑), 1988, 6:571; 1989, 32:11

[27] Geng X P, Han T, Chen C. J. Therm. Anal., 1995, 45: 157

[28] Snyder L R, Poppe H. J. Chromatogr., 1980, 184:363

[29] Soczewinski. J. Chromatogr., 1977, 130:23

[30] Cheong W J, Carr P W. J. Chromatogr. A, 1990, 499:373

[31] 耿信笃. 中国科学 (B辑), 1995, 25 (4); 364

[32] Geng X D, Guo L A, Chang J H. J. Chromatogr., 1990, 507:1

[33] Schunk T C, Burke M F. J. Chromatogr. A, 1993, 856:289

[34] Sander L C, Glinka C J, Wise S A. Anal. Chem., 1990, 621:99

[35] Wheeler J F, Beck T L, Klatte S J, Cole L A, Dorsey J G. J. Chromatogr. A, 1993, 656:317

[36] Buszewski B, Suprynowicz Z. Chromatographia, 1987, 24:573

[37] Snyder L R, Kirkland J J. Introduction to Modern Liquid chromatography. 2nd, New York: Wiley-Interscience, 1979

[38] Tan L C, Carr P W. J. Chromatogr. A, 1998, 799:1

[39] Tanaka N, Kimata K, Hosoya K, et al. J. Chromatogr. A, 1993, 656:265

[40] Tan L C, Carr P W, Abraham M H. J. Chromatogr. A, 1996, 752:1

[41] 耿信笃, 弗莱德·依·瑞格涅尔, 王彦. 科学通报, 2001, 46:881-889; Chin. Sci. Bull., 2001, 46:1762

[42] Geng X D, Regnier F E. Chin. J. Chem., 2003, 21:429

[43] Schoenmakers P J, Billiet H, Galan L de. J. Chromatogr., 1978, 149:519

[44] Valko K, Snyder L R, Glajch J L. J. Chromatogr. A, 1993, 656:501

[45] Hearn M T W, Hodder A N, Aguilar M I. J. Chromatogr., 1985, 327:47

[46] Belenkii B G, Podlkladenko A M, Kurenbin O I, et al. J. Chromatogr., 1993, 645:1

[47] 郭立安, 耿信笃. 生物工程学报, 2000, 16 (6):661

[48] Kroeff E P, Owens R A E, Campello L, et al. J. Chromatogr., 1989, 461:45

[49] Poppe H J. Chromatogr., 1993, 656:19

[50] 席琛, 王彦, 耿信笃. 离子交换与吸附, 2001, 19:248

[51] Zhao F, Shen J, Langmuir, 1995, 11:1403

[52] Geng X P. Thermochimica Acta, 1998, 308:13

[53] Brems D N. Brown P L, Bryant C, et al. Protein Folding, ACS Symposium Ser., 526, Am. Chem. Soc., Washingtion D. C., 1993, p. 254

后　记

自从 SDT 提出至今，它已经在物理化学、分离科学、生物化学、分子生物学和基因工程等各方面得到了应用。

用 SDT-A 推导出弗仑德利希及朗缪尔吸附模型，也说明了 SDT-A 也能统一沿用了近一个世纪的液-固界面的两类主要的吸附模型。推导出了液相色谱中溶质的统一保留模型，并在反相液相色谱、疏水色谱、正相色谱、离子交换色谱、亲和色谱、薄层色谱与纸色谱等多种色谱中得到了广泛的应用。用计量置换概念又将多年来物理化学表面研究的吸附机理和 LC 中各自研究的保留机理统一起来。SDT 中的几组线性参数有着明确的物理意义，在物理化学、分离科学、生物化学、分子生物学等领域得到了广泛的应用。并利用 SDT 对液-固吸附体系和反相液相色谱中组分迁移过程中的热力学函数及其分量进行了研究。以 SDT-R 为基础，得到求算收敛点坐标的方程并给出了收敛点及其坐标的物理意义，研究了 LC 中多种类型的收敛。以 SDT-R 和 Z 与同系物碳数 N 之间存在线性关系这两点为基础，得到了改进的马丁方程。SDT-R 解决了反相液相色谱、疏水色谱、正相色谱、离子交换色谱、亲和色谱、膜色谱等分离生物大分子的许多问题，并对许多实验现象进行了解释。根据 SDT-R 提出了短柱理论并设计出一系列的短柱并用于基因重组蛋白质药物的复性与同时纯化中，其柱长度最小为 2mm，而直径可达 500mm。此装置分离效率高，柱压低，分离速度快，在蛋白质的分离纯化及复性方面都有很好的应用前景。研究了蛋白质在 HIC 的疏水界面上的折叠，利用 $\lg I$ 的物理意义和能量加和原则，得出变性蛋白质在 HIC 固定相表面折叠自由能变 $\Delta\Delta G_f$ 为变性蛋白质净吸附自由能变 ΔG_u（始态）与在相同条件下天然蛋白质净吸附自由能变 ΔG_n（终态）之差，准确测定了溶菌酶、核糖核酸酶、α-淀粉酶和 α-糜蛋白质酶在适度疏水性界面上的折叠自由能，这是目前所知的唯一的能测定蛋白质在液-固界面上折叠自由能的方法。基于 HIC 中的 SDT-R，1992 年首次用 HIC 对大肠杆菌表达的重组人干扰素-γ（rIFN-γ）进行了复性，而依据短柱理论研制开发的蛋白质复性及同时纯化装置对重组蛋白质药物也有很好的复性效率。Z 值已成功地用于表征生物大分子的构象变化，用 Z 值研究蛋白质分子构象变化的优点是可以使用不纯的样品，因为在测定 Z 值的过程中就会与其他组分分离，另外，Z 是具体数值，在一定程度上可进行量的表征。

在过去的十几年里，计量置换理论得到了长足的发展并在化学、生物化学、分子生物学和基因工程等领域中得到了广泛地应用。然而，作为一种新的理论，计量置换仍有许多值得深入研究之处，以使其在更加广阔的领域中得以应用。首先在色谱中，SDT-R 中各种参数的测定，如总平衡常数中各分步平衡常数，流动相在固定相表面的浓度等的测定，迄今并未完全完成。而这些参数对于深入了解色谱过程很有好处。